中国地质贤哥看

王卒萃逗

地质贤宗

丁文江

章鸿剑

翁文灏

李四光

壬寅年

寡瑞萍题

《地质贤宗》油画（宋瑞祥、彭兆远、徐虹策划，刘高峰创作）
左起：丁文江、章鸿钊、翁文灏、李四光

1922—2022

本书编写组 编著

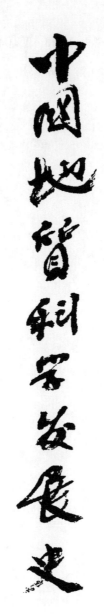

中国地质科学发展史

（中）

中国科学技术出版社

·北　京·

图书在版编目（CIP）数据

中国地质科学发展史 . 中 / 本书编写组编著 . -- 北京：中国
科学技术出版社，2022.10

ISBN 978-7-5046-9803-2

Ⅰ.①中… Ⅱ.①本… Ⅲ.①地质学史—中国 Ⅳ.① P5-092

中国版本图书馆 CIP 数据核字（2022）第 169661 号

本书编写组

顾　问：宋瑞祥　彭兆远

主　编：孟　琪　李裕伟　赵腊平　詹庚申

副主编：张　恒　杨　辉　夏小博

宋瑞祥

七律　賀中國地質學會百年華誕

西学终成东渐风，神州狮醒地初萌。

聊将兵马奠基业，更举旌旗寻矿踪。

何处漂来向扬子，秦华老盖摩山宗。

百年回首从头越，国运兴隆又一重。

二〇二二年八月于大连

序　言

2022 年，是中国地质学会的百年华诞。回眸中国地质科学发展的百年历史，每一个豪迈而艰辛的步伐，均在中华民族伟大复兴之路上留下了坚实的足迹，书写了精彩的篇章。一部《中国地质科学发展史》，就是一代又一代地质人追求科学报国、实现中华民族伟大复兴的历史缩影和生动见证。

20 世纪初叶，正是中华民族觉醒的前夜。一批心系民族存亡、立志振兴中华的有志青年，在西学东渐的时代背景下，毅然决然地选择了地质科学。其中最具代表性并为中国地质科学发展作出了奠基性重要贡献的代表性人物有章鸿钊、丁文江、翁文灏、李四光"四位贤宗"。前人栽树，后人乘凉。可以这样说，正是在这一代地质科学巨匠的引领下，中国现代地质科学方能快速起步，从而取得了今天中国地质科学的骄人业绩。

中华人民共和国成立以后，从计划经济到改革开放，我国的地质工作者始终肩负着"开路先锋"的神圣使命，他们呕心沥血、励精图治、跋山涉水、风餐露宿，为工业化、现代化建设提供了重要的矿产资源保障。地质科学的一个重要特点和特殊规律就是科研与生产一体化。地质工作的过程本质上就是科学研究的过程。地质找矿需要科学理论指导，同时，地质找矿本身也是地质科学探索与实践的过程。在不同的历史阶段，科技创新都始终贯穿地质工作全过程。反过来，这些实践又在不断地丰富与发展地质科学，促进地质科学与时俱进，始终屹立在基础科学的前沿。

当历史的车轮驶入新时代，经济社会可持续发展对地质工作提出了更新更高的要求。党的十八大以来，生态文明理念深入人心。基于大地质的理念，地质工作开始延伸到国民经济和社会发展的各个领域，尤其是在生态文明建设中发挥先行性的功能和强有力的科学技术支撑。历史和现实一再告诫我们：地质科学是探索地球奥秘的重要钥匙，与人类的生存和发展息息相关，不可或缺。过去是，现在是，将来亦是如此。

我是一个老地质工作者，已经进入耄耋之年，但仍以"老骥伏枥，志在千里；烈士暮年，壮心不已"激励自己，想继续为地质事业贡献一点余热。回首自己的职业生涯，最令我难忘、最令我珍爱的，就是曾经经历过的如诗如画的地质生活：钟山脚下南京地质学校求学阶段的如饥似渴；三湘大地野外地质工作的实践历练；西北边陲为政一方的地质情怀；北京西四谋划地质工作发展改革的殚精竭虑……这些，都在我的脑海里留下了难以磨灭的印象。在此期间，我深深地体会到：地质工作是一个小领域，在其从业人数最多的20世纪80年代，仅一百多万人；但在国家发展的每一个历史阶段，都起到提供"工业粮食和血液"的重要基础性作用。因此说，这门学科及这个行业的发展史是值得大书特书的。

　　古往今来，盛世修史。为英雄树碑、为先驱立传，踵事增华，由细流而大河，大河而汪洋，以为榜样，发扬光大，激励后世，既为中华民族之优秀传统，也是世界通行之惯例。几年前我开始琢磨，要为庆祝中国地质学会成立一百周年做一些有意义的工作。后来，我的思绪聚焦到了一个念头，那就是组织写一部书，以中华民族伟大复兴为背景，系统地回顾、全面地总结中国地质科学的发展历程。

　　基于上述宗旨，我策划了本书的基本框架和编写思路。现在，经过编写组主编、副主编们的共同努力，终于在中国地质学会成立一百周年之际，我们向广大地质队员献上了这份"厚礼"——一部百万字的巨作《中国地质科学发展史》（上、中、下三卷）。本书从先秦时代写起，直至全面建成小康社会的今天，按时间顺序，围绕中国的工业化、现代化直至生态文明建设的进程展开。依托地质科学发展的主线索，对其间出现的重要人物、重要事件、重要项目、重要成果、重要产地进行了全方位论述。本书回眸历史，立足当下，展望未来，框架博大、构思精巧、语言丰富，不失为地质学史著作编撰的一次有益探索和创新。

　　历史是一面镜子，是特殊的"人文资源"，每一次智慧的整合均能给人以启发。这部著作，记述和体现了老、中、青三代地质人的梦想，真实地还原了地质科学领域波澜壮阔的发展历程。我国地质科学萌芽阶段的地质宗师、地质大师、地质精英们的民族精神和人文情怀，令人荡气回肠。中华人民共和国成立以来地勘行业凝结的特有的"三光荣"精神，以及为共和国成长提供矿产资源和地质环境保障所作出的特有贡献，又把读者带进那个激情燃烧的岁月。21世纪以来地质工作转型升级的诸多探索与经验，新时期地质工作的新领域、新使命和新担当，更增强了读者对中国地质工作发展前景的坚定信心。

　　一部好的史书，能够起到"资政育人"的重要作用。地质工作不仅需要知识传承、技能传承，更需要精神传承、作风传承。2022 年，正值中国地质学会成立一百周年。中国地质科学和地质事业的百年历史所积累的宝贵经验是一笔弥足珍贵的精神遗产，已经成为红色历史经典的重要内容，将永远激励着我国新一代地质工作者。当前，中国共产党领导全国人民在为实现第二个百年目标而奋斗。因此我认为，本书可以作为全国地勘行业党史学习的推荐性教材。通过这本著作，让更多的地质工作者和普通读者了解地质科学与民族复兴的内在逻辑关系，并从历史中汲取无穷无尽的精神力量，将地质工作汇入中华民族伟大复兴的时代潮流中去。

世界正面临百年未有之大变局。国际形势的变化将影响国际能源、矿产的配置格局。对此，习近平总书记对国家资源安全及地球科学探索作出了一系列重要指示、批示和论述。党的十九届六中全会通过的《中共中央关于党的百年奋斗重大成就和历史经验的决议》中提出了"国家安全观"，并明确提出要加强地质勘查。新一轮找矿突破行动也将启动。因此，地质勘查工作使命光荣，任重道远，前途光明。

总结与回顾地质科学百年发展史，为的是瞄准"两个一百年"奋斗目标，把地质工作更加紧密地置身于中华民族伟大复兴的中国梦当中；为的是"努力向学、蔚为国用"，更好地把握地质工作的发展方向，确保地质工作始终与国家和人民同呼吸共命运；为的是进一步弘扬科学精神、创新科技，促进地质工作为建设人类命运共同体贡献中国智慧与力量。

2022 年 10 月 2 日，中国共产党第二十次全国代表大会召开的前夕，习近平总书记给山东省地矿局第六地质大队回信。在信中，习总书记站在历史和全球的高度，既高度赞誉了地质工作者的优良作风、历史功绩，更充分肯定了地质工作在经济社会发展和国计民生、国家安全中的战略地位，同时也为新时期地质工作的发展指明了方向。全国地质工作者倍感亲切、备受鼓舞。当前，全国地勘行业正在掀起一场学习习总书记回信精神的新高潮。

我衷心希望，广大地质科学工作者继续以史为鉴、以史为镜，进一步深刻领会和贯彻落实习总书记的回信精神，以饱满的热情投入工作，在开启新征程、奋进新时代，实现第二个百年宏伟目标和中华民族伟大复兴的历史进程中，不断创新发展，作出新的更大的贡献！

宋瑞祥

本卷目录

卷首语

中华人民共和国成立后，在中国共产党的领导下，我国的地质工作取得了历史性的辉煌成就。

中华人民共和国成立伊始，国家于1950年8月成立中国地质工作计划指导委员会，全盘承接了中华人民共和国成立前地质界的机构和人员，开始对全国地质工作进行统一管理。以1952年成立的地质部为标志，国家逐步建立了地质部和工业部门的地质勘探管理与队伍体系；中国科学院、地质部和工业部门的地质科学研究体系；教育部、地质部和工业部门的地质院校体系。从"一五"开始，地质勘探、地质科学研究和地质教育在这个新的国家地质工作架构下有序展开。

1953年，我国进入工业化阶段。当时有"156项重点工程"亟待投入建设，但缺乏矿产储量依据，加速矿产地质勘探成为摆在国家领导人面前需要解决的一个重大问题。国家对此进行了全面的计划和部署。从"一五"到"三五"期间，国家对30多种矿产开展了勘查，建立了五大煤炭基地和十大钢铁基地，扩充了国家黄金储备；发现了大庆油田、胜利油田等油田，使我国甩掉了"贫油国"的帽子；发现了铀矿和稀土矿床，为"两弹一星"成功发射提供了资源基础；初步调查了全国地下水的分布和形成规律；开展了"三线"地区的区域地质调查、石油与天然气调查、重点地区喀斯特地质调查、重大桥梁工程地质勘查和河西走廊地区水文地质调查。1964年，由于当时的形势需要，国家开始"三线"建设。地质部门和有关工业部门调动地质勘探队伍，辗转西南、西北，为我国纵深地区的钢铁、有色、能源、化工基地建设提供了矿产资源保障，四川攀枝花铁矿、贵州六盘水煤矿、金川镍矿都是为"三线"服务的重点项目。

改革开放之后，党和国家把工作重心转移到经济建设上来，地质工作获得了新的生机。进一步加强了重要成矿区带地质勘查，提高图幅质量。实施第二轮石油普查，塔里木盆地"沙参2井"高产油气流的产出实现了我国古生代海相油气的新突破。珠江口盆地油气的突破使南海成为一个重要的海上油气产区。"平湖一井"工业油流的发现，实现了东海油气勘查的重大战略性突破。实施两轮成矿远景区划和第二轮固体矿产普查，发现了一批重要矿床，尤其以金矿为突出。参与长江三峡等国家重大工程建设论证，成功实施长江三峡链子崖地灾防治工程。完成了全国水文地质普查，实施了西北地区特别找水计划，开展城市水工环地质调查，拓展地质工作新领域，促进地质工作结构调整。

从20世纪50年代起，我国的区域地质调查就已起步。开始是组建中苏合作区域地质调查队，之后逐步开展了1∶20万和1∶5万区域地质调查。改革开放后，区域地质调查加速进行。到20世纪末，我国已完成全国全部可测面积的1∶20万区域地质调查，1∶5万区域地质调查也在加速进行，中比例尺区域水文地质调查、地球物理调查和地球化学调查也覆盖了全国可测面积。

区域地质调查取得的大量新成果和新认识促进了我国基础地质理论的发展，使我国地层更为丰富完善，新的岩石地层单位不断创建；在板块构造影响下，对大地构造的认识不断创新；对岩浆岩、变质岩、沉积岩的研究不断深入。

在生油理论与成矿理论方面，中华人民共和国成立以来取得的成果是巨大的。大庆油田、胜利油田、大港油田、辽河油田等一批油田发现的大量实践和研究，冲破了传统的海相生油理论，建立了陆相生油理论，提出了一套坳陷盆地砂岩背斜油藏的勘探思路和油气聚集理论，即"源控论"。经过对渤海湾20多年的勘探，一套断陷盆地复式油聚集（区）带理论和以任丘古潜山油气藏为代表的"新生古储"油气聚集理论诞生，大大丰富和发展了陆相生油理论，形成了与世界海相生烃理论并列的理论体系，有效指导了我国油气勘探工作。在金属成矿理论方面，我国形成了有中国特色的成矿系列、成矿谱系与矿床模型系统，对铁矿、有色金属、金矿、稀土矿床的研究达到世界水平，如白云鄂博稀土矿、焦家金矿、柿竹园钨多金属矿、海南石碌铁矿等。

区域地质调查、地质勘探、地质科学之间存在互补互融的密切关系。每一项地质调查成果都为地质科学认识提供了新的养料，每一项新的科学理论产生为区域地质调查提供了新的科学指导。矿产勘探也是如此，每一次找矿发现，都含有新的成矿观点和找矿思路的贡献，而这种贡献，又丰富了成矿理论的内容。

从20世纪80年代初开始，我国开展了全国区域化探扫面工作，于90年代末结束。通过应用研制的高精度分析仪器，建立了 39 种元素的多方法系统和分析质量监控方案，这在全球是绝无仅有的，使中国区域化探工作进入国际领先水平，发现了一大批新矿床及一大批待查的异常矿化，为改革开放以来我国的找矿成果作出了重大贡献。

1982 年地质矿产部成立，1986 年颁布《矿产资源法》，这些标志着地质矿产工作已开始从部门行政管理转变为社会管理。1998 年国土资源部成立，之后又成立了中国地质调查局，国土资源部不再具有对地质工作实施部门行政管理的职能，成为一个依法对矿产勘查开发进行全社会管理的政府机构。中国地质调查局则是对公益性地质调查工作实施管理的机构。

地质科技的创新与发展离不开人才的培养及其梯队的建设。为加快工业建设，国家非常重视对地质人才的培养。1952 年，国内高校调整地质专业设置，成立学科齐全的专业地质院校。到 1966 年，除北京、成都、长春 3 个地质学院外，全国已有 20 余所高校设有地质系、煤田地质系、海洋地质系等。1953—1966 年，地质部门培养的各层次地质类毕业生达 7.5 万人，是 1949 年以前培养的地质专业人才的 100 多倍，加上其他部门培养的地质人才，总数逾 11 万人。其中，研究生占总数的 0.75%，本科生占 38.8%。这些毕业生被分配到全国地质勘查单位，充实了地质科技力量，并很快成为中国地质事业的中坚力量。

改革开放后，地质部及相关工业部门地质总局积极推进地质干部队伍和技术人才建设，注重选拔有实绩的中青年干部，完成了地质人才年轻化、知识化、专业化的转变。随着国家对地质需求的不断增加，地质工作服务领域不断扩大、延伸，高等地质教育办学规模不断扩大，地质专业不断健全和完善，1977—1996 年总计培养各类地质毕业生 30 万人。在地质工作进入全方位对外开放后，我国陆续成功举办了国际地质大会、石油地质国际会议等一系列国际性会议；积极参与国际地学计划，与国际地学领域广泛合作交流，拓展国际双边、多边合作关系，培养了一批地学领域国际化、专业化人才队伍。

需要特别指出的是，中华人民共和国成立以来，中国地质工作者秉承了无私奉献的传统，在 20 世纪 50 年代"到祖国最需要的地方去"口号的鼓舞下，到"以献身地质事业为荣、以艰苦奋斗为荣、以找矿立功为荣"的"三光荣"精神感召下，几代人奉献青春而不悔，历尽辛苦而为荣，集中体现了地质工作者报效祖国的坚定理想、甘于奉献的行为风范和不求名利的价值追求。依靠这种精神，这支队伍的凝聚力、战斗力进一步增强，推动了地质工作不断向前发展。

第三篇

工业化建设时期

1949 年 10 月 1 日，中华人民共和国庄严成立。中国正式开启社会主义建设的新纪元。历经沧桑的中华大地百废待兴，地质工作的战略地位得到老一辈无产阶级革命家的高度重视。广大地质工作者发扬艰苦奋斗的优良传统，跋山涉水，风餐露宿，为新中国的经济建设和社会发展提供了坚实的能源和矿产保障。与此同时，创建了比较完备的地质科学研究体系，在中华民族伟大复兴的历史上写下了浓墨重彩的篇章。

第六章
地质工作管理机构与地质队伍

中华人民共和国成立后，为了适应地质工作服务国民经济的需要，国家开始全面组建和不断完善地质工作的管理机构和地质队伍，为共和国地质事业的大发展提供了重要保障。

第一节　地质管理机构

在 1952 年地质部成立之前，由中国地质工作计划指导委员会实行全行业统一管理，1952 年后，由地质部及相关工业部门实行部门管理，各部门完成国家下达的地质工作任务，此外，还有两个全行业管理职能分别由全国矿产储量委员会和全国地质资料局管理，挂靠在地质部。

一、行业统一管理机构

1950 年 4 月 6 日，李四光冲破重重阻挠从国外回抵广州。5 月 6 日，李四光到达北京，很快受到周恩来总理的会见。为落实周恩来总理的工作要求，李四光草拟了一封关于如何组织全国地质工作的征求意见信，发给全国所有的地质学家和有关人员，征得 295 人对改进地质工作的意见。经李四光综合考虑，提出成立"一会一局二所"的方案意见。①成立中国地质工作计划指导委员会。1950 年 8 月 25 日，由政务院第四十七次政务会议通过设立，隶属于政务院财政经济委员会和文化教育委员会领导。

主任委员李四光，副主任委员尹赞勋、谢家荣，委员 21 人。②成立中国地质工作计划指导委员会矿产地质勘探局，由政务院财政经济委员会和中国地质工作计划指导委员会双重领导。1950 年 9 月 8 日，政务院第四十九次政务会议任命谭锡畴为局长。③成立中国科学院古生物研究所和中国科学院地质研究所。1950 年 8 月 25 日，政务院第四十七次政务会议任命李四光为古生物研究所所长（兼任），程裕淇为副所长。

二、部门管理机构

（一）地质部门地质工作管理机构

1952 年 8 月 7 日，中央人民政府委员会第十七次会议通过决议，决定成立中央人民政府地质部，中国地质工作计划指导委员会即行撤销。1954 年 9 月 15—28 日，中华人民共和国第一届全国人民代表大会在北京召开，中央人民政府地质部改为中华人民共和国地质部，任命李四光为地质部部长。1954 年 10 月 31 日，国务院全体会议第二次会议任命刘杰、何长工、宋应、许杰为地质部副部长。1959 年 4 月，第二届全国人民代表大会第一次会议之后，李四光继续任地质部部长，先后任命何长工、刘景范、旷伏兆、胥光义、宋应、许杰、卓雄、李济寰、刘汉生、李轩、张同钰、邹家尤为副部长。

1967 年 10 月 4 日，国务院、中央军委任命王乐天为地质部军事代表，蒋成玉为副军事代表，主持工作。1970 年 6 月 22 日，中共中央批准国务院《关于国务院各部门建立党的核心小组和革命委员会的请示报告》明确，成立国家计划革命委员会，地质部改为国家计划革命委员会地质局。1975 年 5 月 31 日，国务院任命孙大光为国家计划委员会地质局局长。1975 年 9 月 30 日，国务院《关于调整国务院直属机构的通知》决定，增设国家地质总局，孙大光任总局局长。

除以上述名称代表的地质部门行政管理机构外，还有两个归口管理的行业管理机构——全国地质资料局和全国矿产储量委员会，对矿产储量与地质资料实行全行业管理。

1952 年，地质部设置地质资料司，1955 年 6 月成立全国地质资料局，它是统一管理全国各种地质资料的国家机关，局长王含馥。全国矿产储量委员会和全国地质资料局在行业和省均设置有分支机构。

1953 年，国家成立全国矿产储量委员会，它是一个全行业的矿产储量报告评审和质量保障机构，主任宋应。1966 年全国矿产储量委员会停止活动，1983 年得以恢复。

（二）工业部门地质工作管理机构

1. "一五" 前工业部门地质工作管理机构

1）中央人民政府重工业部

1949 年 10 月 19 日，中央人民政府重工业部成立，下设钢铁工业管理局、有色金属工业管理局、建筑材料工业管理局、化学工业管理局和地质司。地质司负责管理上述 4 个工业管理局的地质勘探公司。1956 年 5 月 12 日，第一届全国人民代表大会常务委员会第四十次会议决定撤销重工业部，同时成立中华人民共和国冶金工业部（简称冶金部）、化学工业部（简称化工部）和建筑材料工业部（简称建材部）。原重工业部的地质队伍分别设立在冶金部地质局、化工部矿山司、建材部非金属矿及地方建筑材料工业管理局。

2）中央人民政府燃料工业部

1949 年 10 月 19 日，中央人民政府燃料工业部成立，下设煤矿管理总局、石油管理总局和水力发电工程局。1955 年 7 月 30 日，第一届全国人民代表大会第二次会议决定撤销燃料工业部，同时成立中华人民共和国煤炭工业部（简称煤炭部）、石油工业部（简称石油部）和电力工业部。原燃料工业部的煤矿、石油、水电部门的地质队伍分别隶属于煤炭部地质勘探司、石油部地质勘探司和电力工业部水利水电建设总局。

3）中华人民共和国第二机械工业部

1954 年 4 月，地质部普查委员会第二办公室成立，次年初改建为地质部三局，由刘杰任党组书记，雷荣天任局长、副书记，由国务院第三办公室领导，刘杰兼国务院第三办公室副主任。1956 年 11 月 16 日，第三机械工业部成立，宋任穷为部长，主管中国核工业的建设和发展工作，地质部三局改隶第三机械工业部。1958 年 2 月 11 日，第三机械工业部改名为第二机械工业部。

2. "一五" 后工业部门地质工作管理机构

1）石油部门地质工作管理机构

1970 年，石油工业部与煤炭部、化工部合并，组建燃料化工部。1971 年设石油勘探开发组，相当于局或总局机构。1975 年 2 月，第四届全国人民代表大会决定将燃化部中的石油与化学工业分离出来，组建石油化工部。1978 年 3 月，第五届全国人民代表大会决定撤销石化部，组建石油部。

2）煤炭部门地质工作管理机构

1970年1月，煤炭部撤销，由煤炭、石油、化工部门组成燃料化工部。同年7月，燃料化工部成立煤炭勘探开发组，各省（自治区、直辖市）煤田地质机构有的归煤炭管理局，有的归重工业局，也有的归地质局。1975年1月，国务院决定撤销燃料化工部，重建煤炭部。

3）冶金部门地质工作管理机构

1956年，冶金部成立。1958年，冶金部地质局与矿山管理局合并为地质矿山司，成为全国冶金地质勘探的管理机构。1969年，冶金部将地质司与计划司合并成立计划组。1971年，冶金地质13个勘探公司及其所属单位下放到有关省（区），实行双重领导，以省为主。1973年11月，冶金部计划组撤销，恢复冶金部地质司。

4）有色金属地质工作管理机构

1983年以前，有色金属工业行政管理属于冶金工业行政管理的一部分，冶金地质工作管理覆盖有色金属范围。

5）化学矿产地质工作管理机构

1956年5月，化工部成立，下设矿山管理局，负责化学工业的地质勘探和矿山生产建设。1970年6月，与石油部、煤炭部合并，成立燃料工业部。1978年3月，恢复化工部，成立中化地质矿山总局。

6）核工业矿产地质工作管理机构

1955年4月2日，在地质部普查委员会第二办公室的基础上，成立了地质部第三局，隶属于国务院主管重工业的第三办公室，负责领导铀矿地质工作。中国铀矿地质由此诞生。1956年11月，第三机械工业部成立后，地质部第三局划归第三机械工业部并更名为第三机械工业部第三局。1958年2月，随第三机械工业部改为第二机械工业部，改名为第二机械工业部第三局。

7）建材非金属地质工作管理机构

1956年，国家组建建材部，下设地质局。1960年，以建工部综合勘查院为基础，从地质部系统吸收部分技术骨干力量，重新组建了建工部地质局。1964年，成立了建材部地质总公司。

8）轻工业地质工作管理机构

轻工业部盐业管理总局设有地测处，对地质勘探工作进行管理，由国务院地质矿产主管部门依法实行地质工作的社会管理。

三、地质科研与地质院校管理部门

1.地质科研管理机构

中华人民共和国成立伊始，地质科研机构由中国地质工作计划指导委员会管理。1949 年中国科学院成立后，陆续组建的基础性地质类研究所纳入中国科学院研究机构序列管理。地质部和各工业部门组建的研究院所纳入各部门管理。

2.地质院校管理机构

1951 年 8 月，中国地质计划指导委员会建立东北地质专科学校，校长是李四光，这是我国第一个地质专业学校。1952 年院系调整，地质部成立东北地质学院和北京地质学院，之后又建立了更多的地质学院，均是部属大学。与此同时，工业部门如石油部、冶金部也建立了包含地质类专业的院校。设有地质系的大学均由教育部直属管理。除大学外，在 20 世纪 50—60 年代，还建立了大量中等地质专业学校，由地质部和工业部门管理。

这一时期，我国的地质院校形成了地质部门管理、工业部门管理、教育部门管理的基本格局。

四、管理职能的演变

在整个计划经济时期，地质工作均属业务管理性质，即地质部门和工业部门对所分配的地质工作任务在预算、计划、立项、实施、质量监督和成果上实行全过程行政管理。

中国地质工作计划指导委员会和地质部成立初期的主要任务是地质找矿。1952 年地质部成立之后，开始全面组织和实施区域地质调查、矿产勘查、水文地质调查、工程地质调查、地球物理调查、地球化学调查。各工业部门主要在与其相关的矿产资源领域开展矿产勘查。随着经济发展需求的变化与工业部门地质队伍力量的增强，国家不断调整地质工作管理部门的职能范围。

1965 年 4 月 28 日，《国务院关于煤田地质、石油地质的分工和全国矿产储量委员会的职责的通知》中明确：①煤田地质工作（包括地方小煤矿的普查勘探工作）交由煤炭部负责；②地质部的石油地质和石油地球物理探矿力量逐步压缩到 6000 人左右，协同石油工业部工作，组织部分技术骨干重点搞石油地质科学研究工作。

　　1969 年 4 月，地质部将直属领导的 26 个省（自治区、直辖市）地质局及所属队伍 17 万人下放省（自治区、直辖市）革委会，实行以地方为主的双重领导。

　　全国矿产储量委员会和全国地质资料局（馆）是挂靠在地质部和其后的地质矿产管理部门行使全行业行政管理的机构。1957 年，国务院发布了对这两个机构管理职能的通知。其中全国矿产储量委员会的职能是：审查和批准储量报告；制定储量等级分类规范；对各审查储量的机构进行业务指导。全国地质资料局（馆）的主要职能是：收集、整理、登记、保管地质资料；编制资料目录，提供各部门使用；编制矿产储量通报和全国矿产平衡表。国家对这两个全行业管理部门确定的基本职能至今没有实质性改变。

第二节　地质工作队伍

　　地质工作的重要特点是科研与生产一体化，在我国的地质科研队伍中，既包括国家部委所属的科研院所，也包括隶属于各个工业部门的地质勘探队伍。科研与生产部门相互支撑、协同发展是我国地质工作队伍的基本特征。

一、地质勘探队伍

（一）地质勘探队伍的体制

　　自中华人民共和国成立至 20 世纪末，中华大地发生了翻天覆地的变化。在这场历史性巨变中，有一支特殊的团队——国有地质勘查队伍，他们为国家工业化、现代化所做的贡献是巨大的。

　　中国的地质勘探队伍究竟在何时初创，据《辽宁省有色地质局发展史（1949—2008）》(《辽宁省有色地质局发展史》编辑委员会，2009）记载："1949 年 5 月 1 日，东北人民政府工业部有色金属管理局地质调查室成立。地址：沈阳市和平区南一马路。负责人苑子纪。""10 月，东北人民政府工业部有色金属管理局以地质调查室为基础组建有色金属调查队伍。"

　　1953 年，我国开始执行第一个五年计划，地质工作纳入国家计划。针对当时地质队伍小但对地质工作的需求大的局面，中央主张建立多部门分工合作的地质工作体系。

1956 年年初。毛泽东主席在听取地质部汇报工作时指示："要发挥各部的积极性，不要包到一个部。"按照这个指示，我国的地质工作队伍体系框架逐步形成。

地质工作由中央地质部门和相关工业部门地质总局管理，由驻地方的局组织实施，由局属队具体实施。部（总局）- 驻地方局 - 队是我国在 20 世纪 50 年代建立起来的基本地质工作队伍框架。按照这个框架，国家地质勘探费每年按部（总局）下达。部（总局）负责制订部门的地质工作计划，驻地方局负责组织并监督实施，队负责具体实施。各部门的地质工作管理机构和队伍建设均按这一基本模式。

驻省局是实施地质工作项目的责任机构，对项目的经费、设计、进度、实施、质量和成果负责。地质、石油、冶金、有色、化工、核工业、武警、黄金普遍设立省局层次的队伍机构。唯建材的驻省机构属队级单位，由上级建材地质局或中心对其实行直接管理。

地质队是最基层的独立核算地质工作单位。地质部门的队包括区调队、矿产勘查队、石油普查队、物探队、水文队和环境监测总站。队名多带有数字，如安徽地质局 321 队、地质部第一（石油）普查大队。工业部门的队属于驻地方地质局的地质工作实施机构，以矿产勘查和地球物理勘探为主，如煤田地质勘探队、石油地质勘探队、石油地球物理勘探队、冶金地质勘探队等，队名也多带有数字，如四川省冶金地质局六〇一队、山西煤田地质局一一四队等。

"一五"末期，全国地质勘探职工由中华人民共和国成立时的 200 多人发展到 28.62 万人，其中，地质部职工为 117064 人；从事地质工作的工程技术人员 4.14 万人。"大跃进"时期，地质勘查队伍迅速扩大。1960 年年底，全国地质职工由"一五"末的 28.62 万人，发展到 61.88 万人。其中，地质部门的职工由 11.70 万人，猛增到 34.31 万人。1961 年到 1962 年，遵照中央关于"精兵简政"的指示，从 1961 年起，地质队伍开始调整计划、缩短战线。1965 年，全国地质队伍总数为 38.69 万人，其中工程技术人员 8.01 万人，工人及学徒 20.29 万人。

（二）地质勘探队伍的组建

1. 地质系统

1）组建地质部直属队

1952 年 8 月，地质部成立，随即成立了由地质部直接领导的河北庞家堡二二一队、内蒙古包头二四一队、安徽铜官山三二一队、湖北大冶四二九队、甘肃白银厂六四一队和陕西渭北六四二队 6 个重点地质队。

2）组建大区地质局

"一五"前期，地质部相继在六大行政区设立地质局：华北地质局、东北地质局、西北地质局、西南地质局、中南地质局和华东地质局。

3）组建省、自治区、直辖市地质局

1956年7月14日，中央批准地质部党组《关于设立省（自治区）地质局和地质管理总局的报告》。批示称："地质部担负着发展重工业所需要的矿产资源及重大经济建设的地质勘测工作，在时间上必须先行一步；同时为了根本改变我国地质工作的落后状况，还必须大力开展地质科学研究工作，争取在12年内达到或接近世界先进水平。"经国务院批复，地质部于1956—1958年建立了北京地质局、河北地质局、内蒙古地质局、辽宁地质局、吉林地质局、黑龙江地质局、江苏地质局、浙江地质局、安徽地质局等。

每个省、市、区地质局管辖各类专业地质大队，包括区调队、矿产勘查队、水文队、物探队、环境监测总站、研究所、中心实验室等。

1955年地质部门组建了一支由6个普查大队组成的石油普查队伍，1983年更名为华北、东北、西北、华东、中南、西南6个石油局。每个局下辖若干个石油普查大队和物探队。1997年，这支石油队伍转为新星石油公司；2000年，新星石油公司并入中国石油化工集团公司。

2. 工业部门队伍组建

1）冶金系统

1948年11月，东北全境解放，成立了东北工业部。1949年2月，在鞍钢采矿部设计处成立了地质室，有10多人，是新中国冶金地质队伍的伊始。到1952年年底，全国冶金地质队伍共有专业技术人员849人。其中，地质349人、测量289人，物探29人，探矿138人，化验44人。

1956年5月，重工业部撤销，成立冶金部，下设地质局，管理黑色、有色地质队伍。1956年9月3日，冶金部地质局所属各地质勘探公司分别更名为冶金部地质局东北分局、湖南分局、四川分局、云南分局、华东分局、广东分局、江西分局、华北分局、鞍山分局以及物探队和矿物原料研究所等。

1958年9月，冶金部地质局与矿山管理局合并为地质矿山司，下设云南有色局地质勘探公司、陕西冶金局矿山地质公司、湖北鄂西矿务局、湖南冶金局地质勘探公司、河北地质勘探公司、北京石景山钢铁公司地质队、辽宁有色局地质勘探公司、鞍钢地质勘探公司、黑龙江冶金厅地质大队、北京地质研究所。"大跃进"时期，将冶金地勘探队伍的大部分下放到地方管理。

1962 年 8 月 23 日，冶金部电报通知各省（自治区、直辖市）冶金地质勘探公司（总队）和直属企业地质勘探部门，要求：一是建立直接领导的物探队；二是建立相应的水文地质专业队（组）。1963 年 3 月在 7 个省的地质勘探公司建立化验室。1964 年，将 1958 年下放地方的冶金地质队伍陆续收回冶金部管理。1965 年 4 月，成立冶金部地球物理探矿公司。到 1982 年年底，冶金地质队伍发展到 12 万多人，其中技术人员 1.68 万人。

2）石油系统

1953 年，燃料工业部设石油地质局；1955 年 7 月，石油工业部成立，1956 年即发展形成了 80 个地质队、21 个地震队、25 个重磁力队、15 个地面电法队、48 个井下测井队和 61 个地形测量队。从 1955 年起，按地区和油田设置石油勘探局。到 1982 年止，先后成立了四川石油勘探局（1955）、青海石油勘探局（1955）、克拉玛依矿务局（1956）、松辽石油勘探局（1958）、华北石油勘探局（1958）、华东石油勘探局（1958）、长庆石油勘探局（1970）、辽河石油勘探局（1970）、地球物理勘探局（1973）和中原石油勘探局（1982）。实施油气勘探的地质队和物探队分属于驻地方的石油勘探局。

3）煤炭系统

中华人民共和国成立伊始，燃料工业部就开始设立地方煤田地质勘探机构，1954 年，设立大区煤田地质勘探局。煤炭部成立后，继续组建省煤田地质勘探机构，到 20 世纪 70 年代初，已几乎遍及全国所有省份。先后组建的省及地区煤田地质局有：陕西煤田地质局（1952）、内蒙古煤田地质局（1952）、安徽煤田地质局（1952）、山东煤田地质局（1952）、江苏煤田地质局（1952）、河北煤田地质局（1953）、甘肃煤田地质局（1953）、山西煤田地质局（1954）、河南煤田地质局（1954）、湖北煤田地质局（1954）、新疆煤田地质局（1956）、广西煤田地质局（1956）、东北煤田地质局（1958）、贵州煤田地质局（1959）、云南煤田地质局（1960）、广东煤田地质局（1962）、江西煤田地质局（1963）和福建煤田地质局（1975）。

各省及地区煤田地质局所辖地质队主要从事煤田勘查、地球物理勘探、水文地质勘查和钻探工作。到 1955 年煤炭部成立时，在煤田地质勘探总局名下已有 40 个勘探队。到 1956 年年底，全国煤田地质勘探系统设有地质勘探队 54 个，水文地质专业队 5 个，物探队 5 个，地形测量队 6 个，地质调查队 6 个，专业采样队 2 个、化验室 8 个。职工总人数增加到 4015 人。到 1960 年年底，全国共有 111 个队，职工总数从 1957 年的 40200 人增加到 66700 人。1961 年开始进行"调整"，全国煤田勘探职工从 66700

人压缩至 37400 人。

4）化工系统

1953 年秋，重工业部在山东组建化工资源勘采大队。1956 年 5 月，成立化工工业部，下设地质矿山局，负责化学工业的地质勘探和矿山生产建设。到 1957 年，地质矿山局职工达到 3139 人。之后化工部经历撤销再重组再撤销，1993 年变更为中国明达化工矿业总公司。从 1953 开始，在化工部地质矿山局存续期间，全国陆续组建了省化工部地质勘探公司，下设勘探大队。

5）核工业系统

从 1956 年第三机械工业部第三局始，历经第二机械工业部第三局、核工业部地质局、中国核工业总公司地质局，省核工业地质队伍的组建和管理均由部或总公司的地质局负责。1955 年及其后几年，在湖南、湖北、四川、广东、广西、江西、贵州、河南、辽宁、陕西、吉林、青海、甘肃成立省核工业地质局，局下设队，共有 77 个队级单位，近 6 万人。

6）建材非金属系统

1956 年，国家组建建材部，下设地质局，组建地质中心实验所和华北、成都、昆明、株洲、兰州 5 个直属大队，职工总数约 1800 人。1979 年之前，由建材部地质局管辖的各地建材地质勘探队伍基本以队为单位，名称比较散乱。

7）轻工系统

轻工业部仅有一个盐业勘探队，成立于 1955 年。

8）水文地质部队

截至 1973 年，全国还有 2/3 的地区未进行区域水文地质普查工作。1973 年 7 月，遵照周恩来总理的指示，国家基本建设委员会主任谷牧召集有关部门和专家提出了在 1980 年以前完成雪线以下、沙漠腹地和边远地区的 350 万平方千米的水文地质普查任务，抽调部队和地方水文地质队共同完成。其中，部队承担最困难的 190 万平方千米的普查任务。1973 年 11 月 24 日，国务院、中央军委下令调沈阳军区工程兵第 307 团、兰州空军工程兵第 12 团、第二炮兵工程兵第 144 团 3 个建制团，从地质部门抽调技术人员、工人和管理干部组成了水文地质普查部队。以 3 个建制团为基础，扩编成 3 个指挥部（师级建制）和 12 个大队（团级建制）。水文地质部队实行基本建设工程兵"劳武结合，能工能战，以工为主"的方针。部队的军、政及后勤工作由部队管理，技术业务工作受国家计划委员会地质局领导。

1978 年 6 月 26 日，国务院中央军委批准成立中国人民解放军基本建设工程兵水文地质指挥部（军级建制），受基本建设工程兵和地质部双重领导。原 3 个指挥部改为支队（师级），大队改为团。每个支队又扩建一个团。至此，水文地质部队 15 个团，指战员增至 16700 人，分布在东北、华北、西北、西南、中南 13 个省（区）。截至 1980 年年底，共完成普查面积 198 万平方千米。1982 年 8 月 19 日，国务院、中央军委决定撤销基本建设工程兵，所属部队按专业系统对口集体转业。水文地质部队 4 个团分别交给北京军区、兰州军区、沈阳军区和乌鲁木齐军区，改为各军区的直属给水工程团，1 个团交给了深圳市，支队和团全部成建制转业到地质矿产部，就地改编为地质矿产部水文地质指挥部、中心和大队。

（三）地质勘探队伍的优良传统

中华人民共和国成立后，地质勘探队伍受到历届党和国家领导人的高度重视。毛泽东、周恩来、刘少奇、朱德、陈云、邓小平等多位国家领导人都表达过对地质工作的亲切关怀。1957 年，刘少奇接见北京地质勘探学院毕业生代表，把他们称为建设时期游击队员。1955 年，描写地质工作的纪录片《深山探宝》上映；1963 年，话剧和电影《年青的一代》演出和上映。这些都激励了无数青年投入并献身地质事业。后由佟志贤作词、晓河作曲的电影主题歌《勘探队员之歌》唱出了一代地质队员的心声，点燃了一代又一代地质人为地质事业奉献青春、奉献终生的火热激情。地质工作也成为那个年代有志青年向往的职业。

"以献身地质事业为荣，以艰苦奋斗为荣光，以找矿立功为荣"，是地质队员特有的"三光荣"精神。1980 年 4 月，地质部在北京召开了全国地质系统评功授奖大会。表彰了中华人民共和国成立 30 年来地质找矿有功单位、集体和个人。授予 24 个有特殊贡献的地质队和研究所（表 6-1）"功勋单位"称号；为 229 个有重大贡献的单位和集体颁发嘉奖令；对 50 名有重大贡献的地质工作者、231 名劳动模范和 3 名报矿有功人员颁发奖章、奖励证书和奖金。

表 6-1　24 个有特殊贡献的地质队和研究所

序号	地质队或研究所	主要贡献
1	第一石油普查勘探指挥部第二物探大队	发现大庆油田、川北含油气构造，打出油砂、油气流
2	第一石油普查勘探指挥部原第二普查勘探大队	发现大庆油田、川北含油气构造，打出油砂、油气流

续表

序号	地质队或研究所	主要贡献
3	安徽省地质局三二五地质队	发现和探明淮北闸河煤田
4	广东地质局七〇六地质大队	15 年中平均每年提交 1 个相当于大型铀矿储量的矿床
5	地质部原西南物探大队	发现、探明和扩大了攀西地区特大型钒钛磁铁矿
6	四川省地质局原攀枝花队	发现、探明和扩大了攀西地区特大型钒钛磁铁矿
7	四川地质局一〇六队	发现、探明和扩大了攀西地区特大型钒钛磁铁矿
8	原华北地质局二四一队	探明白云鄂博特大型铁、铌、稀土矿
9	安徽省地质局三二二地质队	不断扩大马鞍山铁矿储量
10	云南省地质局第九地质队	探明大红山大型铁矿、铜矿
11	广西壮族自治区第二地质队	探明大新下雷大型锰矿
12	江西省原铜矿地质队	探明德兴特大型斑岩铜矿
13	西藏自治区第一地质大队	查明江大玉龙特大型斑岩铜矿和发现曲松罗布莎铬铁矿
14	原西北地质局六四一队	探明白银厂大型黄铁矿型铜矿
15	山西省地质局二一四地质队	发现和探明中条山大型铜矿
16	甘肃省地质局第六地质队	发现和探明金川特大型铜镍矿
17	云南省地质局区域地质调查队	发现和探明兰坪金顶特大型铅锌矿
18	云南省地质局第十一地质队	发现和探明兰坪金顶特大型铅锌矿
19	山东省地质局第六地质队	13 年中平均每年提交 1 个相当于大型金矿的储量
20	湖南省地质局四〇八地质队	发现和探明郴县柿竹园特大型钨锡钼铋矿
21	原西北地质局金堆城地质队	发现和探明华县金堆城大型钼矿
22	河南省地质局地质三队	探明栾川大型钼矿
23	河南省地质局水文地质工程地质队	勘查了全省地下水资源，为工农业用水提供了大量资料
24	中国地质科学院矿产综合利用所	为攀西钒钛磁铁矿的综合利用提供了基础资料

二、科研机构

1. 中国科学院系统

中华人民共和国成立伊始，中国科学院设立了古生物研究所和地质研究所，隶属中国地质工作计划指导委员会。中国科学院成立后，1950年成立地球物理研究所，所长赵九章；1951年成立南京地质古生物研究所，所长李四光；1953年成立南京土壤研究所，所长熊毅；1956年成立地质研究所，所长侯德封；1966年成立贵阳地球化学研究所，人员多来自地质研究所，所长侯德封；1960年成立古脊椎动物与古人类研究所，所长杨钟健；1965年成立冰川冻土沙漠研究所，所长施雅风。以上这些奠定了中国科学院系统以学科为特征的地质科学研究机构体系。

2. 地质系统

1953年，地质部设立了孢粉研究室、岩矿鉴定研究室、矿产综合研究室、化学分析室、物化探研究室、水文地质工程地质研究室和地质力学研究组，后来分别并入地质部成立的直属专业地质研究单位。到"一五"时期末，地质部建立了地质矿产研究所、矿物原料研究所、水文地质工程地质研究所、地球物理探矿研究所、地质勘探技术研究所和地质力学研究室（后改为地质力学研究所）6个专业研究所（室）。

1956年，地质部党组决定"在中央未批准地质部建立地质科学研究院之前，部内先建立地质科学工作委员会"，由以下人员组成：主任宋应，副主任许杰，委员谢家荣、黄汲清、孙云铸、孟宪民、顾功叙、朱效成、程裕淇、习东光、田奇瑰、高振西、孙殿卿、吴俊如、任子翔、冯善俗、李捷、夏湘蓉。此机构是地质部地质科学研究院的前身。

1959年3月31日，经中央批准，地质部成立地质部地质科学研究院，并将地质矿产研究所、矿物原料研究所、水文地质工程地质研究所、地球物理探矿研究所、地质勘探技术研究所、地质力学研究室、地质博物馆和地质图书馆8个科研机构划归该院领导。

1960年，地质部地质科学院组建10个研究室：一室编图，二室大地构造，三室地层古生物，四室岩石，五室矿床，六室矿物，七室矿物综合利用，八室化验测试，九室普查勘探，十室情报，外加全国地质图书馆。地球物理探矿研究所归口地质部物探局领导，地质勘探技术研究所归口探矿司领导，水文地质工程地质研究所归口水文司领导，地质力学室直属部领导。

1964年，地质科学院原10个研究室合并成4个研究所，原区域地质、大地构造、地层古生物、岩石矿物研究室合并为地质部地质研究所（简称地质所）；原矿床、矿物、化学分析、勘探方法研究室合并为矿床地质研究所（简称矿床所）；原加工造矿研究室改为矿产综合利用研究所（简称综合所）；原地质科技情报研究室改为地质部地质科技情报研究所（简称情报所）。

1962 年，地质部组建华北、东北、西北、中南、华东、西南六个大区研究所，从而完成了地质科学院、地质部其他专业研究所和大区研究所构成的地质系统科研院所基本体系的构建。基于"三线"建设的需要，地质部对直属科研单位的布局进行了将北京、华北地质研究所一分为二，一部分与西北地质研究所的矿床研究部分合并成立华北矿床地质研究所，另一部分与西南地质研究所合并成立西南矿床地质研究所；华东地质研究所并入中南地质研究所；北京物探研究所和勘探研究所迁至陕西蓝田，后均迁廊坊；北京水文地质工程地质研究室迁至陕西渭南，后迁正定；北京矿产综合利用研究所和南京中心实验室迁至四川乐山，后分设于成都和郑州；兰州中心实验室增加矿产综合利用研究力量，成立兰州矿产综合利用研究所。海洋地质研究所（南京）、地质力学研究所（北京）、东北地质研究所（沈阳）留驻原地，中国地质科学院地质研究所、矿床研究所、情报研究所和全国地质图书馆仍留在北京。

全国地质图书馆和中国地质博物馆是我国两个重要的为科研和科普服务的机构。全国地质图书馆始建于 1916 年，隶属农商部地质调查所。1949 年，北平、南京两地地质图书馆藏书 13 万册。1952 年命名为"中央人民政府地质部图书馆"，1958 年周恩来总理将其改为"全国地质图书馆"，意在为全国地质科技人员服务。

中国地质博物馆始建于 1916 年，隶属农商部地质调查所，是中国人创办的第一个公立自然科学博物馆。博物馆初建于北京，后辗转迁移至重庆和南京。1959 年，新馆建成，收藏各类标本 12 万件，为地质科学研究和科普提供了宝贵的实物资料。

3. 工业部门

1952 年，国务院工业部门机构组建完成后，与矿产资源有关的工业部门纷纷组建地质研究所。1955 年，重工业部地质局矿物检验所正式成立，1956 年改名为重工业部矿物原料研究所，1958 年改名为冶金部地质研究所。1963 年，冶金部在西安、长沙建立冶金地质研究所。1972 年，冶金部在天津成立地质调查所。1956 年，煤炭部在北京成立煤田地质研究所，后迁至西安。1958 年，石油部成立石油科学研究院，后改名为石油勘探开发规划研究院。1978 年，化工部成立化学矿山地质研究所。1959 年，核工业部成立北京研究院，之后于 1975 年成立 230 所和 203 所，1979 年成立 290 所、280 所、

270 所、240 所。建材部于 1960 年成立地质总公司中心实验室，1978 年更名为国家建材局地质研究所。以上这些奠定了工业部门以矿产地质和勘查为专业特征的研究机构与体系。

三、社团组织

1. 中国地质学会

成立于 1922 年，是中国成立最早的学术团体之一。首任理事长张鸿钊。现有 57 个分支机构和 31 个省（市区）学会，个人会员 6 万多人。主办刊物有《中国地质学会志》《地质论评》《矿床地质》《岩石矿物学杂志》《岩矿测试》《石油与天然气地质》《中国岩溶》《沉积学报》《矿山地质》《矿产综合利用》等。

2. 全国地层委员会

成立于 1959 年，首届主任李四光。地层委员会是在国家科学技术委员会地质矿产组的协调下建立的全国地层工作的学术协调组织，负责促进全国地层工作，研究并解决有关地层的重大科学技术问题，组织起草、修订《中国地层指南》，负责拟定全国统一地层表及全国地层对比表，负责全国地层单位名称的管理等。全国地层委员会下设各大断代及一些专业分委员会和断代工作组。在全国地层委员会主持下，于 1959 年召开了第一届全国地层会议，1979 年召开了第二届全国地层会议，2000 年召开了第三届全国地层会议，总结了广大地质工作者在地层工作方面的成就，推动了地层工作与地层学研究的深入发展。

3. 中国矿物岩石地球化学学会

成立于 1978 年，首任理事长涂光炽。有 26 个分支机构，会员 7000 余人。主办 7 种刊物：《矿物学报》《矿物岩石地球化学通报》《地球化学》《岩石学报》《古地理学报》《地球与环境》和 *Acta Geochimica*。

4. 中国古生物学会

成立于 1929 年，首任理事长孙云铸。现有分支机构 5 个，主办期刊《中国古生物学报》。

5. 中国地球物理学会

成立于 1947 年，首任理事长陈宗器。现有 27 个分支机构和 27 个省（市区）学会。主办 7 种刊物：《地球物理学报》、*Applied Geophysics*、《地球物理学进展》《中国地球物理》、*Earth and Planetary Physics*、《地球与行星物理评论》《学会会讯》。

四、企事业单位

（一）直属企业

从 20 世纪 50 年代起，我国的地质机械仪器企业开始创立并发展。1949 年以前中国没有地质技术装备制造业。1953 年 4 月，经政务院批准，将铁道部张家口铁路工厂划归地质部领导，改名为地质部张家口探矿机械厂，主要产品是仿制苏联等国家的钻机及泥浆泵。1956—1965 年，先后在北京、上海、天津、沈阳、衡阳、兰州、武汉、无锡等地建立了 14 个地质机械仪器制造骨干工厂，并以省（区）为单元建立了 23 个地质探矿机械厂或修配厂，各地质大队也建立了修配间，初步形成了地质专用设备的制造和维修体系。这一时期，地质机械仪器工业由地质部的职能司局（机械司、后勤局）管理。1964 年，经国家经济委员会批准成立了中国地质机械仪器工业公司，同时建立了科研设计机构——地质机械仪器设计院，对地质机械仪器的科研和生产实行统一领导、统一规划、统一管理。1966—1976 年，公司和设计院撤销，工厂下放，生产受到一定程度的影响。"三线"建设期间，对产业布局作了相应调整，把上海探矿机械厂、上海地质仪器厂各自一分为二，一部分内迁重庆，命名为重庆探矿机械厂、重庆地质仪器厂。天津五四三厂迁至山西长治，命名为地质部长治五四三厂。

"文化大革命"以后，地质部设立了装备工业局。1976 年，恢复了中国地质机械仪器设计院（后改为勘查技术研究院），并在河北省三河市燕郊镇新建了研究设计基地。

（二）出版机构

这一时期，主要出版机构有地质出版社。1954 年 1 月，地质部在地质部资料司编译出版室的基础上筹备成立地质出版社。1954 年 3 月，核准签发了地质出版社取得经营执照。出版社下设保定地质图制印厂（五四三印刷厂）和北京地质印刷厂。1956 年 1 月 1 日，测绘出版社成立，对内与地质出版社为一套机构，设一个测绘编辑室，1957 年 12 月划归国家测绘总局管理。到 1960 年年底撤销时，共出版地质图书 1222 种，多为译著，主要是译自苏联的专著、工具书、教材、规范、规程，以及国内地质专家编写的优秀著作，对配合中华人民共和国成立初期的地质工作和人才培养起到了重要作用。1972 年 1 月，地质出版社重新组建。改革开放以后，地质出版社探索"以书养书"的发展方式，完成了从生产型向生产经营型的重要转变。

第三节 地质教育

中华人民共和国成立初期，毛泽东主席为留苏学生代表题写的"开发矿业"四个大字，极大地鼓舞了一批又一批青年学子走进地质院校及地质专业。

根据 1949 年召开的第一次全国教育工作会议提出的"教育为国家建设服务"的方针，南京大学、中山大学等原设有地质专业的高等学校开始恢复招生；新开办了南京、东北两所中等地质专科学校；在东北工学院增设了地质系；北京大学、清华大学增设了地质专修科班。当年招收了 600 多人，其中，1949 年 10 月 30 日成立的南京地质探矿专科学校于 1950 年 3 月开学，招收学生 110 人。其间，还办了各类培训班，解决了地质人才不足的燃眉之急。1952 年，中央决定，高等学校在全国范围内进行院系调整。南京大学、西北大学、重庆大学、中南矿冶学院等高校扩大了地质专业的招生。这一年，全国各地质院校共招收地质类本科生和专科生 3600 多人。

"一五"时期，地质部分别在北京、长春、成都建立地质学院。①北京地质学院。1952 年，由北京大学、清华大学、北洋大学、唐山铁道学院地质系以及西北大学地质系部分师生组成北京地质学院，院长刘型。当年 11 月 1 日在北京端王府夹道举行了首届开学典礼。1953 年年初，在北京西北郊的文教区三圣庵附近（现校址）建设了新的北京地质学院校区。1954 年搬迁至新校区上课。1957 年 1 月到 1958 年 10 月，学校曾一度改名为北京地质勘探学院。1960 年学校被列为全国重点院校。②长春地质学院。1952 年，由东北工学院地质系和物理系（部分）、山东大学地质矿物学系和东北地质专科学校合并组建东北地质学院，1957 年更名为长春地质勘探学院，1959 年改为长春地质学院。③成都地质学院。1956 年 10 月，以重庆大学地质系为基础，在北京、长春两个地质学院的支援下，建立了成都地质学院。

"一五"期间，其他工业部门院校相继创建地质系、石油地质系和煤田地质系，例如北京矿业学院、北京石油学院、中南矿冶学院、西安矿业学院、焦作矿业学院、山东矿业学院、山西矿业学院、阜新矿业学院、湘潭煤炭学院、鸡西煤矿学院、抚州地质学院、桂林冶金地质学院、广东矿冶学院、江西冶金学院、四川建筑材料工业学院、西南石油学院、大庆石油学院、华东石油学院、江汉石油学院、昆明工学院、贵州工学院、合肥矿冶学院、新疆工学院、青海工农学院等。到 1956 年年底，全国地质系或地质类专业在校学生已达 8000 人。

"一五"时期，地质部创建了 10 所中等地质专业学校：南京地质学校、武汉地质学校、重庆地质学校、长春地质学校、西安地质学校、宣化地质学校、北京地质学校、郑州地质学校、广州地质学校和昆明地质学校。到 1956 年年底，在校中专生已达 1.4 万人。

"一五"计划末期，在校的大中专地质专业学生 26842 人，其中大学本科、专科生 10424 人，中专生 16418 人。1951—1957 年，地质院校共招生 2.6 万人，毕业 9600 多人。

20 世纪 60 年代初，江西、沈阳、山东、南京地质院相继撤销。据 1965 年统计，全国有 30 多所高等学校和 30 多所中等专科学校设有地质类专业。据原地质部资料统计，1953—1966 年，原地质部下属地质院校毕业生总量已达 75561 人。地质教育的学科体系基本形成。

"文化大革命"时期，与全国其他高校一样，地质类专业没有招生。1970 年，北京地质学院迁至湖北江陵，更名为湖北地质学院；1974 年，学校迁至武汉并更名为武汉地质学院。从 1971 年起，原有学校陆续恢复招生。1972 年开始招收"工农兵学员"。"文化大革命"时期，地质院校共招生 2.63 万人，毕业 2 万人。

1977 年，我国恢复了全国统一高考制度。1978 年，国家地质总局在成都召开"文化大革命"以后第一次地质教育工作会议，就地质院校布局、规模、专业等重大问题作出部署。同年，武汉地质学院在北京原校址恢复办学，设立北京研究生部，北京校园开始恢复招生。外迁的武汉地质学院、中国矿业大学、中国石油大学加大新校址的建设力度。

1978 年 4 月，抚州地质专科学校升格为抚州地质学院，西安地质学校升格为西安地质学院，宣化地质学校升格为河北地质学院等。高等学校地质类工科和理科的本科专业启动目录修订工作。理科地质类专业有地质学、地层古生物学、岩石矿物学、矿床地质学、地球化学；工科地质类专业有地质矿产勘查、石油地质勘查、煤田地质勘查、水文地质与工程地质、地球化学与勘查等。到 1978 年，设地质学科的高校增至 43 所。

第四节　重要人物

一、代表人物

1. 李四光

李四光回国以后，于 1950 年 5 月任中国科学院副院长。1951 年 8 月，东北地质学院（长春地质学院）成立，任首任院长。1952 年 9 月，任中华人民共和国地质部部长。李四光在担任地质部部长期间，所做的突出贡献表现在以下几个领域：第一，积极寻找铀矿。李四光早就预见到新中国的国防和经济建设需要铀矿资源。1949年回国时，他从英国带回了一台伽马仪，为中国后来寻找铀矿发挥了重要作用。他根据地质力学理论提出："关键要把对构造规律的研究与辐射测量结合起来。"遵循李四光的思路，找铀队伍找到了211等特大型铀矿床，较好地保证了中国核工业发展的需要。第二，致力寻找石油。长期以来，中国被认为是一个贫油的国家。李四光认为，在中国辽阔的领域内，天然石油资源的蕴藏量应当是丰富的。松辽平原，包括渤海湾在内的华北平原、江汉平原和北部湾，还有黄海、东海和南海，都有经济价值的沉积物。第三，晚年的李四光钟情地震预报。尤其在他生命的最后几年，他将很大的精力投入了地震的预测、预报研究工作。邢台地震后，他分析了唐山等地区孕育发生地震的可能性，提出过一些预测性的意见，后来证明是正确的，可惜这项工作他没有来得及深入总结，就与世长辞了。1989年1月，国家设立李四光地质科学奖。2009年9月，李四光被评为100位中华人民共和国成立以来感动中国人物之一；同年10月，中国科学院和国家天文台把一颗小行星命名为"李四光星"。

2. 何长工

何长工是新中国地质事业的重要奠基人。他1919年赴法国勤工俭学。1923年年初到比利时进入劳动大学学习。1924年回国。1952年，何长工任地质部副部长、党组书记，协助李四光为新中国的地质事业进行了开创性和奠基性的工作。何长工十分重视地质勘探装备和仪器的生产。1953年，他把原属铁道部的张家口铁路工厂改造扩建成张家口探矿机械厂，结束了我国没有地质勘探装备工业的历史。此后，他先后领导建立了衡阳、上海、北京、天津、重庆五个探矿机械厂及无锡钻探工具厂，并在北京、上海、重庆建立了三个地质仪器厂。何长工亲自主持北京、长春两所地质学院的组建工作。在选择校址、基础建设、师资调配、物资供应方面四处奔波，极大地推动了建校进程。1956年，成都地质学院（现更名为成都理工大学）建立。筹建期间，何长工亲赴成都督战，创下了"当年筹备、当年建设、当年开学"的奇迹。他还先后领导创办了南京、武汉、重庆、长春、西安、宣化、北京、郑州、广州、昆明十所中等地质专业学校。此外，何长工还狠抓干部的业务培训，使许多老干部逐渐由"外行"变成了"内行"。到1966年年底，地质部的员工已达20万人，其中工程技术人员占1/4以上。

3. 谢家荣

1950年9月，谢家荣被任命为中国地质工作计划指导委员会副主任兼计划处处长。1952年，谢家荣任地质矿产司总工程师。1954年，谢家荣调任地质部普查委员会常务委员兼总工程师。1955—1957 年，谢家荣为三次石油普查会议作了学术报告，对全国的石油地质普查勘探工作发挥了重要指导作用，与黄汲清提出并坚持部署了松辽盆地的石油普查项目。1958 年，谢家荣在第一届全国矿产地质会议上作了《中国矿产分布规律的初步研究及今后找矿方向的若干意见》的学术报告。谢家荣是中国发现矿床最多的地质学家，是中国最早提出陆相生油的学者之一，更是发现松辽盆地大庆油田的主要贡献者，松辽盆地就是谢家荣命名的，石油地质中的"左潜山油藏"一词也是谢家荣首先提出的。谢家荣认为，在对中国各类矿产资源的理论研究和矿产分布规律研究中都应把大地构造格局放在首位，他对中国大地构造问题有自己的独到见解。

4. 黄汲清

1952 年，黄汲清被任命为西南地质局局长。1955 年年初，他与谢家荣一同担任地质部普查委员会技术负责人时，建议在松辽平原、华北平原、鄂尔多斯和四川盆地四大重点地区进行石油和天然气普查勘探。1974 年，黄汲清任中国地质科学院顾问，从事国家急需的富铜、富铁矿的地质研究。1982 年，荣获两项国家自然科学一等奖——《大庆油田发现过程中的地球科学工作》（排名第三）、《中国地质图类及亚洲地质图》（排名第三）。1994 年，荣获何梁何利基金科学与技术成就奖地球科学奖，同年被俄罗斯科学院选为外籍院士。黄汲清被称为地质学界的一代宗师，是中国地质事业的开拓者和奠基者之一。为纪念黄汲清对中国地质科学和地质事业作出的巨大贡献，中国地质学会在其本人捐赠的基础上，设立了黄汲清青年地质科学技术奖。

二、学部委员

1955 年 6 月 1—10 日，中国科学院举行学部成立大会，生物地学部选聘的地质学及相关专业的学部委员有李四光、杨钟健、竺可桢、黄汲清、谢家荣、尹赞勋、田奇瓃、乐森璕、孙云铸、许杰、何作霖、张文佑、武衡、孟宪民、赵九章、侯德封、俞建章、夏坚白、顾功叙、涂长望、黄秉维、程裕淇、斯行健、裴文中。

1957 年，中国科学院增补学部委员，其中生物地学部有王竹泉、冯景兰、傅承义。

第七章
政策法规制度

中华人民共和国成立至改革开放前，我国的地质勘探属于部门内部行政管理性质，中央方针有力，计划严密，行业标准规范齐全丰富，两个挂靠行业管理机构全国地质资料局和全国矿产储量委员会工作到位，适时总结经验教训，调整纠正"大跃进"与"文化大革命"对地质工作的影响，保证了我国地质勘探工作在整个计划经济时期的平稳发展。

第一节　方针与政策

一、中央关于地质工作的指导方针

中华人民共和国成立后，百废待兴。在"一五"计划项目中，绝大多数是大量消耗矿产品的原材料、制造业等重工业项目。寻找矿产资源、建立矿产和能源开发基地，成为摆在中央领导面前的一个重大问题。为此，中央听取了地质部门汇报，召开了一系列会议，提出了一系列关于地质工作发展的方针性意见。

1950年2月17日，毛泽东在访问苏联期间，应莫斯科地质勘探学院留学生任湘的要求，写下了"开发矿业"的题词。

1952年年初，在中共中央领导下，制订了《中华人民共和国发展国民经济的第一个五年计划草案（1953—1957年）》，并就苏联援助问题由毛泽东率团访问苏联。在与苏联谈判的156项项目中，需要地质勘探的高达47项，由于地质勘探资料特别是矿藏量资料不完全，使许多项目和设计迟迟达不成协议。毛泽东对此及时提出警示："地质工作'要提早一个五年计划，一个十年计划'，不然，一马挡路，万马不能前行！"1952年8月7日，在中央人民政府委员会第十七次会议上，周恩来提出成立地质部。从此，"地质工作提前一个五年计划，一个十年计划"就成为国家安排地质工作计划的总方针。

1952年11月，在全国地质计划会议上，政务院副总理兼财政经济委员会主任陈云在讲话中指出："1953年我国将开始大规模经济建设。为了适应这个新的形势，明年的地质工作，要有一个大的转变，就是从前地质工作是做多少算多少，转变为根据国家建设的需要，在一定时间以内，探明一定的储量。为此，地质工作要有一个大的发展。地质事业在国家经济建设中已成了一项最重要的事业了。"陈云代表中央的这段按需求办事、实现地质工作大转变、大发展指示，成为我国整个计划经济时期制订地质工作计划的方针。

1953年年底，毛泽东和周恩来就我国油气勘探前景垂询地质部部长李四光。李四光根据我国地质构造特点，认为我国勘探开发天然油气资源的前景是光明的，作了肯定的回答，为中央开展石油勘探的决策提供了科学依据。1954年12月，国务院决定从1955年起，除由燃料工业部石油管理总局继续加强对可能含油构造的细测和勘探外，由地质部、中国科学院分别担负石油天然气的普查和科学研究工作，以扭转石油勘探工作的落后局面，揭开了我国大规模石油勘探的序幕。

1956年，毛泽东在听取地质部汇报时指出："你们提早了一个五年计划，是否靠得住？"然后重复了之前的观点："地质工作要提早一个五年计划，一个十年计划，准备好矿产资源。"这个指示，也成为整个计划经济时期制订地质工作计划的中央指导方针。

1956年9月16日，周恩来总理在中共八大会议上所作的《关于发展国民经济的第二个五年计划的建议的报告》中指出："为了发展重工业，必须继续加强地质工作，并且使地质普查工作和重点勘探工作正确地结合起来，争取发现更多新的矿区和矿种，探明更多的矿产储量，以满足工业建设当前和长远的需要。"

二、贯彻落实中央"十二年科技规划"

1956年，中共中央组织制定了我国第一个科技发展规划——《1956—1967年科学技术发展远景规划纲要》（以下简称"十二年科技规划"）。规划分为任务和学科两大部分。任务包含自然资源开发利用、矿冶、燃料和动力等13个大类、57项任务;学科包括数学、力学、天文学、物理学、化学、地质学、生物学、地理学,共8个学科。整个体系是学习苏联的产物,主要目标是保证156个重大项目的完成;而在156项中,与地质勘探有关的矿业占到1/3以上。

"十二年科技规划"体现了"任务带学科"的指导思想。"任务带学科"就是在保国家重大工农业项目建设任务完成的过程中发展基础学科。"十二年科技规划"覆盖国家所有部委,是中华人民共和国成立后第一个国家科技发展的纲领性文件。

在57项科学技术任务中,地质占3项。①第9项:我国矿产分布规律和矿产的预测。为了有目的有计划地探测各种矿产资源,必须研究并尽可能掌握我国矿产分布的规律,预测其分布情况。今后12年内,应不断扩大黑色金属、有色金属和燃料矿产资源,寻找和研究放射性元素、稀有元素及其他特种矿物原料以满足国家发展重工业的需要,同时还要相应地解决化学工业、轻工业和农业所急需的矿物原料。对于干旱和半干旱地区的地下水资源也应调查研究。要求在某些矿产资源的分布上,如煤、铁及磷矿等逐渐求得地区平衡。完成本任务的科学途径,是运用地质科学各部门的理论知识,结合大规模的地质测量和勘探的资料进行综合研究。主要内容是:研究火成岩及变质岩,了解内生矿床的形成条件;研究沉积建造,了解煤和其他外生矿床的形成条件;研究地层发育史及岩浆活动,了解矿床在地区和地质时代中的分布规律;运用地球化学的理论与方法,查明各种元素在地壳中的富集条件及规律。此外,还要发展地质科学的薄弱和空白学科,如地球化学、沉积岩石学、海洋地质学。②第10项:地球物理、地球化学和其他地质勘探方法的掌握及新方法的研究。运用探矿方法的最新成就,扩展其使用范围,提高其工作效率,是取得可靠的矿产埋藏量的最关键问题。必须研究地球物理勘探、地球化学勘探、钻探、掘探和地质勘探五种方法。在地球物理勘探和地球化学勘探方面,研究航测技术和自动记录仪器,以便迅速完成在大面积内磁场及放射性的测量,研究放射性测量用于油气的勘探方法和地球化学应用于石油测井的方法;研究地球物理勘探扩大应用于各种金属矿床的方法。此外,在12年内,把地震法、重力、磁力和电测法普遍应用于全国探油区域的生产工作也是一个主要问题。在钻探、掘探方面,应根据矿床理论,利用直接观测的资料,研究最经济的钻进、掘进的布置和采样的规范,以求用较少的钻探工程,获得可靠的矿产埋藏量。③第17项:发现并开发石油天然气资源。石油和天然气经常共生,因其探采过程和方法相同,所以合并提出,但以石油为重点。我国沉积岩的分布占全国面积1/3以上,四周邻国又有许多油田,已发现的油气苗几乎遍及全国,最近克拉玛依和柴达木冷湖地区喷出石油，这些都说明我国石油和天然气资源的开发是极有希望的。首先应从地质工作着手，根据沉积、构造、古地理、大地构造和区域地质特征研究中国油气区的分布规律、油气储集的基本规律、储油层系和圈闭类型，并结合地球物理探矿和钻探发现好的油储；其次对现有和新发现的油田气田进行迅速而合理的开发和开采方法的研究，以保证最大限度地把油气资源从地下取出来；最后研究如何经济有效地把这些油气送到加工场所。

规划把57项科学技术任务中某些更为重要的部分抽出来，加以归并，形成12个重点，其中地质1项，即重点5：石油及其特别缺乏的资源的勘探，矿物原料基地的探寻和确定。

在基础科学中，含地质学。规划对其做了如下表述：地质学的任务首先在于保证我国社会主义建设对于矿产资源的需要，以及为水利、铁道、海港、工厂等工程建筑解决工程地基问题。因此必须着重发展下列学科：①为研究我国重要的、急需的有用矿产（特别是重工业原料——黑色金属、有色金属、可燃性矿物、石油、放射性元素与稀有元素）的分布规律，并指导普查勘探的金属矿床学、非金属矿床学、煤田地质学以及石油地质学；②为工程建筑、农田灌溉及国防建设所迫切需要的水文地质学和工程地质学；③为有助于上述学科的发展并为解决地质学上更基本问题的地球化学、矿物学、岩石学、沉积学、古生物学、地层学、动力地质学、构造地质学以及土质学。在这些学科中，有些在我国已较有基础，发展较易，但一般还很薄弱，还不足以担负日益繁重的任务，特别是地球化学、沉积学、水文地质学、工程地质学以及石油地质学的基础更为薄弱，必须从各方面努力，以期能逐步满足日益增长的需要。再比如海洋地质学，应结合海洋综合调查任务打下必要的基础。放射性地质学和航空地质学是两支有发展前途的新方向，也必须逐渐予以更大的重视。

"十二年科技规划"的地质部分对后来地质领域科技规划的制定产生了重要的影响，如成矿规律、生油理论、成矿预测一直是地质科技研究的主导性项目。

三、"大跃进"时期的"全党全民大办地质"

1958年6月18日，地质部召开由各省（区）地质局长参加的电话会议，提出了"全党全民大办地质"的口号。通过群众找矿报矿，全国圈定了15.4万个有待查证的矿点和矿化点。其中发现了一大批有价值的找矿线索。"大跃进"时期，地质勘探工作一度形成了"以钻探为纲"的局面。一时间涌现出了一批"千米钻""千米队"。由于追求数量、不顾质量，勘探阶段和先设计后施工的程序被破坏，致使大量钻探进尺和矿产储量报废。与此同时，地质队伍盲目扩大，造成队伍臃肿、素质下降。1961 年 12 月，地质部、冶金部、煤炭部、建筑工程部、化工部联名发出《关于复审核实储量的联合通知》，并由各有关部门抽调了 1080 名有经验的技术干部，对 1958—1960 年编入矿产储量平衡表的各种矿产储量报告进行复审核实，据统计，被审核的地质报告为 7500 份。经复审核实后，C1 级以上储量比原提交数一般减少 50% ~ 70%，少数矿种减少达 90% 以上。在复审的 1384 份最终勘探报告和提供设计的中间勘探报告中，能批准作为设计使用的只有 336 份，合格率仅为 24%；在复审的 6332 份勘探和普查报告中，其储量全部注销的为 1042 份，报废率达 16%。在三年调整时期，每年都进行了大量的"补课"工作，仅 1962 年"补课"工作量即达 20 余万米，占当年钻探工作量的 30%。

四、对地质勘探工作"调整、巩固、充实、提高"

1960 年秋，地质部开始总结地质工作的经验教训。1961 年 1 月，制定了《地质部对当前地质工作的十四条意见（草案）》，从理论与实践结合的高度总结了"大跃进"的经验教训；阐明了地质工作的性质与特点；明确了各种勘探手段与地质目的之间的关系等重大业务政策。1961 年 12 月，又制定了《地质队工作条例（草案）》（简称《五十条》）。1965 年，地质部新疆铬矿会战指挥部率先制定了《总工程师责任制（试行草案）》，明确规定："总工程师在队长领导下，作为大队一级的领导成员，是队长的第一助手，组织领导全队各项技术工作，并对地质成果的质量负全部责任。"

1962 年，根据李富春副总理关于地质工作要按时间、按地区、按企业需要探明矿产资源的指示精神，大幅度缩短了战线、压缩了项目。基本停止了在交通不便地区一般矿种的勘探工作和当前建设不急需的矿区勘探工作。在矿种安排上，除富铁和南方的煤外，对其他一般矿种都作了压缩。把主要力量集中在加强农业、满足钢铁所需的矿产上，加强了铬、铂、金刚石、钾盐、压电石英等国家急需矿产和国防尖端工业所需矿产的普查勘探工作。调整后的工作项目共有 278 项，其中抗旱找水 64 项，支农所需的黄铁矿、磷矿、钾盐、天然碱等矿产 32 项。地质勘探费由 1960 年的 6.5 亿元减至 2.48 亿元。整个地质勘探行业的钻探工作量也由 1960 年的 1085 万米降至 238 万米。

从 1960 年开始，我国北方地区连续三年发生了极大旱情。根据中央精神，地质部要求各省（自治区、直辖市）地质局在各地党委领导下，积极投入抗旱工作，并在河北、河南、山东、山西、内蒙古、陕西、北京、天津等北方干旱地区迅速开展打井抗旱工作。从 1960 年到 1961 年年底，地质部门投入职工 25000 余人，宣化、郑州、北京地质学校和北京、长春地质学院水文地质工程地质专业应届毕业生700余人，打井钻机496台，占当时地质部门开动钻机总数的20%以上。此外，还有物探专业队伍。两年完成钻探工作量53万多米，共打井3870眼。1962年和1963年，又投入钻机280台，进尺22.99万米。通过抗旱打井，共查清约10万平方千米的灌溉水文地质条件，编制了200多个县社的农田灌溉水文地质图。此外，还编制了《农田供水水文地质勘查规范》和《水文地质钻探技术操作安全暂行规程》。

1964年10月，中共中央同意国家计划委员会提出的从1965年起用10～15年时间，开展"三线"建设，在纵深地区建设起一个工农业结合，为国防和农业服务的比较完整的战略后方工业基地。"三线"建设地区主要覆盖四川、云南、贵州、陕西、甘肃、青海、宁夏7个省和自治区，以及山西、河南、湖北、湖南4省西部地区。在"三线"建设中，铁矿、煤炭，以及有色金属、稀有金属等矿产的勘查方面取得了重要成绩。1964年提出"三线"建设时，地质普查勘探力量的分布状况是：一线占47%，二线占29%，三线只占24%；科研、工厂、学校也是大部分力量摆在了一线。其中，科研，一线占75%、二线占8%、三线占17%；工厂，一线占73%、二线占18%、三线占9%；学校和3所地质学院一、二、三线各一所，中专和技工学校也是一、二线居多数。在这轮地质工作调整中，从一、二线抽调9个普查勘探队，加速攀枝花、白马、泸沽、盐源铁矿的普查勘探和补充工作；加速永仁、宣威、水城、威宁煤矿的勘探和辅助原料的普查勘探。调三峡、丹江水文地质工程地质队进行西昌地区水文地质勘查和雅砻江水电站及金沙江、大渡河桥梁工程等水文地质工程地质工作。调新丰江地质队进行西昌地区构造地质测量，以配合中国科学院对该地区地震问题的研究。调北京、河北、山东水文地质力量进行酒泉地区、河西走廊水文地质工作；加速审核镜铁山铁矿报告、河西走廊煤矿普查设计。另外，科研、教学、工厂的布局也作了相应的调整。

五、贯彻落实中央"科学十四条"

1961年，国家科学技术委员会党组和中国科学院党组提出《关于自然科学研究机构当前工作的十四条意见（草案）》（简称"科学十四条"）。条例提出：在自然科学学术问题上，必须鼓励各种不同学派和不同学术见解自由探讨，自由辩论，自由竞赛。条例规定，科学研究机构的根本任务是出成果、出人才，为社会主义服务；必须保证科研工作的稳定性，保证科研人员至少有5/6的时间用于业务工作。中央认为，该条例对一切有知识分子工作的部门和单位都适用。"科学十四条"的制定和执行，对逐步形成具有中国特点的社会主义科学事业的方针政策和具体制度起到了重要作用。"科学十四条"的贯彻落实，稳定了科研战线的军心，掀起了一个"出成果、出人才"的高潮，同时对地质科技界也产生了重要影响。在此后召开的第 32 届中国地质学会学术讨论会上，参加人员之踊跃，单位之多，论文数量之大、质量之高，是前无所见的。正是"科学十四条"的贯彻，激发了科研人员的创造力。

在 1956 年的"十二年科技规划"中，明确的指导思想是"任务带学科"，其中任务是主导的，学科是随任务发展而发展的。"科学十四条"指出："科学研究应当为国家建设服务，这是不能有任何疑问的。"但同时又指出："现代生产技术的重大变革，没有自然科学的理论指导是不可能的。"在起草"科学十四条"时，则体现了"学科促任务"的精神。"科学十四条"使科技人员的思想空前活跃，在地质部引发了一场关于地质工作性质的大讨论，讨论中提出的地质勘探工作既有生产性，又有研究性观点，为后来地质部确立"以地质找矿为中心"，处理好地质勘探中完成工作任务与提高研究水平埋下了伏笔。

第二节　法律

一、政府工作的行政管理

从中华人民共和国成立到 1986 年，我国的地质工作一直处于计划经济体制下的政府部门行政管理阶段，管理者是政府，被管理者也是政府，但还是颁布了一些属于社会管理的法律。

1951 年 4 月 18 日，中央人民政府政务院公布了《中华人民共和国矿业暂行条例》，该条例规定："全国矿藏均为国有，如无须公营或划作国家保留区时，准许并鼓励私人经营。"同时明确了公营和私营两种经营形式如何取得探矿、采矿许可执照和租用执照等事宜。1954 年 6 月 12 日，中央人民政府政务院财政经济委员会颁发《地质勘查工作统一登记暂行办法》。1954 年 8 月 22 日，中央人民政府政务院批复《接受群众报矿暂行办法》，由地质部公布施行。1955 年 9 月 8 日，国务院同意试行《矿产储量统计和矿产储量平衡表编制规程》。1963 年 5 月 30 日，国务院批准《全国地质资料汇交办法》，由地质部发布施行。1965 年 12 月 17 日，国务院批转了地质部制订的《矿产资源保护试行条例》。这些法律文件，地质工作和矿产开发的社会管理性质，一直延续到 1986 年颁布《矿产资源法》为止。

1. 全国矿产储量管理

1953 年 7 月 17 日，在《地质部党组关于目前工作情况及今后工作部署向中央的报告》中提出："地质部负责地质普查及全国矿产资料的统一登记保管，掌握全国矿产资源的平衡工作。"同年 10 月 8 日，在《中共中央对地质部党组关于目前工作情况及今后工作部署向中央的报告的批示》中指示："同意在国家计划委员会的领导下成立全国矿产埋藏量鉴定委员会，以便由这个委员会审查和批准各种矿物原料的储量，掌握全国矿产资源的平衡工作。其具体的组织工作由国家计划委员会负责办理"。1954 年 6 月，根据国家计划委员会的指示，地质部会同有关部门组成了全国矿产储量委员会。

1955 年 9 月，国务院指定地质部负责进行全国矿产储量统计及编制矿产储量平衡表。1957 年 6 月，国务院《关于地质部全国矿产储量委员会和全国地质资料局工作任务的通知》规定："地质部的全国矿产储量委员会是审查和批准各种矿产储量的国家机关。"1958 年 3 月，地质部通知要求成立省（区）地方矿产储量委员会。此后，陆续有 25 个省（区）成立了矿产储量委员会。"文化大革命"期间，全国矿产储量委员会和地方矿产储量委员会工作处于停顿状态。

2. 全国地质资料汇交管理

1952 年，地质部成立之初即设置了资料司。1954 年 10 月 18 日，地质部向所属各地质局下发了《关于加强地质资料工作的指示》，明确"地质资料工作的范围，不仅限于地质部门，而且更多关系到有关工业部门，强调其行业管理而非部门管理性质。"1957 年 6 月，国务院《关于地质部全国矿产储量委员会和全国地质资料局工作任务的通知》规定："地质部的全国地质资料局，是统一管理全国各种地质资料的国家机关。"1958 年 2 月 27 日，地质部制定发布了《全国地质资料汇交暂行办法》。1963 年 5 月 30 日，国务院批准《全国地质资料汇交办法》。

二、地质标准规范

中华人民共和国成立的最初十年，全国矿产储量委员会印发了苏联的《固体矿产储量分类》及分类规范 30 余辑。1959 年，全国矿产储量委员会制定了我国第一部《矿产储量分类规范总则》。1977 年发布了《金属非金属矿床地质勘探规范总则（试行）》，为 1988—2000 年全国矿产储量委员会组织制定的煤、石油、天然气、金属、非金属及水气类等 83 个矿种的 42 个勘查规范奠定了基础。

1955 年，国家计划委员会发布了《矿产储量填报规定》，建立了储量登记制度，对矿产储量进行动态管理。《矿产资源法》第十二条将这一制度上升为法律制度。直至 1995 年 1 月 3 日，地质矿产部颁布《矿产储量登记统计管理暂行办法》。

第三节　计划与规划

一、国家五年计划

地质部门向国家计委提供编制每个五年计划需要的可供建设的矿产地和矿产储量数据，由全国地质资料局与全国矿产储量委员会具体办理。此外，每年国家拨付的地勘费通过召开全国地质工作会议落实安排，地质部门则召开局长会议落实安排，并制订年度计划。

二、地质科技规划

自中华人民共和国成立到 20 世纪 70 年代，地质部与行业地质部门参与了编制全国中长期科技规划。①《1956—1967 年地质科技规划》。"一五"时期，国家科学技术委员会在组织编制《1956—1967 年科学技术发展远景规划纲要（修正草案）》过程中，要求地质部门负责组织实施"自然条件及自然资源"部分与地质矿产的相关部分，同时完成了《1956—1967 年地质科技规划》的编制。②《1963—1972 年地质科技规划（草案）》。1963 年，为适应党中央提出的"调整、巩固、充实、提高"的八字方针，国家科学技术委员会地质矿产专业组负责编制了《1963—1972 年地质科学技术发展规划（草案）》。

三、计划与规划的实施

（一）三年经济恢复期

在中华人民共和国成立前后，各级、各地人民政府开始组建专业化的地质调查机构。东北地质调查所、浙江地质调查所、河南地质调查所以及华东军政委员会工业部矿产勘测处相继成立。截至 1950 年 4 月，全国共接管和成立了 15 个地质调查所和研究所，员工约 800 人。1950 年 2 月，中央人民政府政务院财政经济委员会计划局组织编制了中国第一个统一的地质工作年度计划。当时，重点加强了东北地区的地质调查机构建设。1950 年 5 月，先后组成了东北南部、东北北部两个地质矿产调查队。南部地质队由李春昱、佟城任正、副队长；北部地质队由喻德渊任队长。其间，详细勘查了 10 余个煤矿和金属矿，尤其对鞍山、本溪等地矿山恢复生产提供了重要的地质资料。

1950 年 5 月，李四光向 299 位地质工作者发出征询意见信函。两个月间，陆续收到 296 人的反馈意见，经归纳研究，向政务院提出了建立地质机构的方案。1950 年 8 月，政务院第 47 次政务会议通过成立中国地质工作计划指导委员会，李四光任主任委员，尹赞勋、谢家荣任副主任委员，章鸿钊为顾问。同时在中国科学院设立古生物研究所和地质研究所，任命李四光兼古生物研究所所长，赵金科、卢衍豪为副所长；任命程裕淇、张文佑为地质研究所副所长（随后调地质工作计划指导委员会南京办事处主任侯德封任所长）。与此同时，西南军政委员会决定成立西南地质调查所，由黄汲清任所长，乐森璕、常隆庆为副所长。1950 年 9 月，政务院第 49 次政务会议通过成立矿产地质勘探局，隶属政务院财政经济委员会和中国地质工作计划指导委员会双重领导，任命谭锡畴为局长，李春昱、喻德渊为副局长。1951 年，由 300 余名地质工作者组成 84 个地质队，分赴全国各地调查。程裕淇和喻德渊分别担任东北地区南部和北部两个大队的队长。李璞担任西藏地质工作队队长，随军入藏做路线地质调查。截至 1951 年年底，全国地质人员已经超过 600 人。1952 年 8 月，中央人民政府委员会第 17 次会议决议成立地质部，任命李四光为部长、何长工、刘杰、宋应为副部长。在地质部成立的前后（1950—1953 年），燃料工业部、重工业部等工业管理部门分别在所属的煤矿、石油、钢铁、建材等管理局以及地质司设立专业化的勘探机构，并管理下属的专业地质勘探公司或地质队。其中，成立最早的机构是 1950 年的燃料工业部勘探组，由孙健初担任技术负责人。当时各工业部门地质机构拥有的地质人员总数约与地质部相等。1952 年，全国有地质勘查项目 80 余个，测制地质图件 5000 余平方千米，钻探进尺 3 万余米。

（二）"一五"计划时期

1952 年 11 月，在全国地质工作计划会议上对第一个五年计划期间（1953—1957）的地质工作做了部署，其主要内容是：①要把地质工作纳入国家经济计划轨道，在一定时间以内，探明一定的储量，地质工作要有一个大发展，地质事业在国家经济建设中已成为一项最重要的事业。②地质部和各工业部门的地质工作要在统一规划之下分工协作，地质部负责普查工作和全国地质资料汇交以及地质工作登记，掌握全国矿产储量的平衡。③1953年，要使技术力量增长10倍，为此决定投入更多的资金在各大行政区建立一所中等地质技术学校，增加各大学地质系的招生名额，大量举办短期培训班，培养地质技术人员和技工。④大量聘请苏联地质专家，学习苏联先进的科学技术。1953年开始执行的发展国民经济第一个五年计划中，对地质工作提出了以下要求：①地质工作的任务是要保证5年内新建企业所必需的矿产储量，要加强特别缺乏的资源（如石油）和地区分布不平衡的资源普查勘探工作，要有计划地开展全国矿产普查和部分区域地质调查，保证第二个五年计划所需储量，并为第三个五年计划所需储量准备好资源；保证第一个五年计划重要水利工程和水电工程需要的地质资料。②5年内要探明可供设计的煤矿储量202.7亿吨，铁矿储量24.7亿吨。完成钻探工作量923万米，地质勘探费计划16.7亿元。③鼓励群众报矿。④5年内，大学、专科和中等专业学校专业毕业生人数年均增长率要接近70%。⑤立即着手将张家口铁路工厂改建为探矿机械厂。5年内还要陆续筹建衡阳、上海、北京等探矿机械厂。"一五"计划时期，国家地质工作围绕的重点矿山是大同、开滦、平顶山、抚顺等煤矿；鞍山、包头、庞家堡、大冶等铁矿；东川、白银厂、中条山、铜官山、寿王坟等铜矿；桃林、水口山、泗顶厂等铅锌矿；个旧等锡矿；赣南等钨矿；昆阳等磷矿；等等。地质部直接领导了6个重点地质队：陕西渭北煤矿六四二地质队、河北宣化庞家堡铁矿二二一地质队、内蒙古包头白云鄂博铁矿二四一地质队、湖北大冶铁矿四二九地质队、安徽铜陵铜官山铜矿三二一地质队、甘肃白银厂铜矿六四一地质队。1954年年初，地质部成立了普查委员会，李四光任委员会主任，黄汲清、谢家荣、刘毅任常务委员。1955年1月，成立了全国石油地质委员会，康世恩任主任委员，谢家荣、黄汲清、侯德封、张文佑等任委员。

（三）"大跃进"和调整时期（1958—1965）

1958—1960年，地质工作在"大跃进"指导方针的影响下，提出了全党全民大办地质的方针。为此，将原来以勘查矿种划分的专业地质队改组为以行政专区为工作范围的地区地质队；同时还抽调行政人员和技术人员支援地方组建地、县的地质管理机构，并发动老矿工和农民一起上山找矿，群众找矿、群众报矿达到了空前规模。两年内发现各种矿点10余万处，探明储量的矿种由63种增加到93种。与此同时，"大跃进"给地质矿产勘查工作留下了深刻的经验教训。例如1959年，地质部系统曾提出"边设计、边施工、边编写地质报告"的口号，使不少矿区在地表地质情况及矿石质量未查清的情况下，就盲目施工大量钻探。"大跃进"时期编写提交的矿产储量报告约有1/3 不合格，以致不得不进行复审核实或补课返工。

1959 年 3 月，地质部建立了地质科学研究院，由许杰兼任院长。1959 年 11 月，中国科学院、地质部、石油工业部、煤炭部、冶金部与中国地质学会联合召开了第一届全国地层会议，并建立了全国地层委员会。

1961—1963 年，在中共中央提出的对国民经济实行"调整、巩固、充实、提高"方针的指引下，地质工作开始进入三年调整时期。实行了以下主要措施：①通过地质部主办的《中国地质》月刊，组织全国地质工作者对地质工作展开大讨论；举办地质管理干部轮训班，有计划地培训基层干部。②通过 1961—1962 年对工人和学徒的精简，地质队伍人数从 1960 年的 61.9 万人下降到 29.3 万人。③按照"保粮、保钢、保尖端"的地质工作方针，为农业服务的硫、磷、钾，尖端工业和科学技术研究领域所需的水晶、金刚石、硼矿等特种非金属，以及稀有、稀土金属和放射性矿产得到大力加强，同时水资源勘查工作也得以加强。④撤销了按行政专区设置的地区综合地质队，收回了下放给地区和县的地质队。地质部的地质勘探队统归省地质局直接领导，重新组建区域性的地质大队。⑤对"大跃进"时期提交的 6500 余份勘查报告分别由各省矿产储量委员会和各工业部门全国矿产储量委员会复审核实。⑥制订工作条例和规范。1961 年，地质部颁发了《地质队工作条例（草案）》，煤炭部也随后颁发了《煤田地质勘探管理工作八条》。1963 年 10 月，地质部制定了《关于地质队伍调整的初步方案》和《关于加强科学实验的一些问题》。

1964—1965 年，地质勘查工作经过三年的"调整、巩固、充实、提高"，再次作出了新的部署。①支援"三线"建设。地质部抽调了 16 个地质队 5400 余人支援"三线"建设，重点项目包括：抽调东部地区的石油队伍加强贵州、云南、四川、青海以及鄂尔多斯盆地的石油、天然气普查。抽调东部及沿海省、区勘探队去加速云南永仁、宣威，贵州水城、威宁的煤矿勘探；加速四川攀枝花、白马、泸沽、盐源等铁矿普查勘探。抽调水文地质队伍加强西昌地区重要水电站和成昆铁路工程的水文工程地质勘查，开展甘肃酒泉地区及河西走廊的供水水文地质工作。煤炭部也从东部地区和内地调集 12 个煤田勘探队到贵州开展六盘水煤田勘探会战。②围绕国家紧缺重点矿种开展会战。地质部组织了新疆萨尔托海、唐巴勒和克拉美丽地区的找铬铁矿地质会战，同时加强了对西藏、甘肃、内蒙古的铬铁矿地质工作。开展了山东、贵州、湖南、江苏、广西、辽宁等省、区的金刚石普查工作。③开展渤海湾石油会战。建立了渤海海洋石油指挥部，开展了大规模的普查勘探。

第八章

地质科学支撑的地质勘探成就

地质勘探是我国地质工作的最主要组成部分，包括区域地质调查、矿产勘查、水资源勘查和工程地质勘查。中华人民共和国成立到改革开放前，我国的地质科学研究紧紧围绕地质勘探实践进行部署和开展。每一幅区域地质填图、每一次找矿发现，都充满了地质科学问题的研究，都是一种地质科学认知上的创新。因此，区域地质调查、矿产勘查、水文地质工程地质调查、地球物理与地球化学调查，既是一个调查或勘探过程，也是一个地质科学研究的过程。调查和勘查是实物工作量的投入，科学研究是地质人员知识的投入。地质勘探与地质科学间存在密切的交互关系。许多重大的地质找矿成果，是在地质科学指导下取得的；许多重大的地质科学进步，是通过地质调查与地质勘探获得的资料和数据的基础上取得的。

第一节 基础地质调查

一、工作历程

（一）概况

从19世纪80年代到1949年，少数中外地质学者在一些著名的山系，如秦岭、南岭、祁连山、天山以及云贵高原、青藏高原等做过零星路线的地质调查工作；在北京西山、江苏宁镇以及湖南、江西、四川等部分交通较方便的地区填制过大中比例尺的区域地质图。全国的区调研究工作程度很低，更没有进行过综合性的区调工作。自 1949 年起，中国的综合性区调大体经历了以下几个阶段：

（1）1949—1966 年。1949—1957 年，开展 1∶100 万区域地质编图和编测工作，并进行 1∶20 万区调的试点。1958—1966 年，基本完成了中国东部地区（东经 180 度以东）的 1∶100 万区域地质编图和编测工作，广泛开展了 1∶20 万区调，并在个别省、区开始了 1∶5 万区调试点。

（2）1966—1980 年。除西藏外，中国大陆已基本完成 1∶100 万区调工作；1∶20 万区调工作在大多数省、区也陆续完成；在成矿远景区带开展了 1∶5 万区域地质矿产调查的试点。

上述工作为 20 世纪最后 20 年我国基础地质工作的集成奠定了重要基础。到 1998 年，1∶100 万区域地质调查工作实现了全部国土面积的全覆盖；1∶20 万区域地质调查完成 875.6 万平方千米，占国土面积的 91%。1∶5 万区域地质调查完成 165.2 万平方千米，占国土面积的 17%。

（二）中华人民共和国成立至 1966 年

1. 区域地质调查

1949—1957 年，以 1∶100 万区域地质编图和编测地质图为主，并进行了 1∶20 万区调试点，1958—1966 年，基本完成了中国东部地区的 1∶100 万区域地质编图和编测工作，广泛开展 1∶20 万区调，并在个别省开展了 1∶5 万区调试点。

1955 年，根据我国与苏联签订的关于在中国进行区域地质调查、矿产普查等技术合作合同，双方共同组建 1∶20 万区域地质测量。1956 年相继组成了 3 支中苏合作队，分别在南岭、大兴安岭、秦岭地区作 1∶20 万区域地质测量。

1955—1957 年，中苏合作队按照苏联 1∶20 万区域地质测量规范进行工作，在阿尔泰、库鲁克塔格及喀什等地区工作，共完成 12 个图幅，面积约 6 万平方千米。1956—1957 年，地质部大兴安岭区域地质测量大队（118 队）在大兴安岭地区进行 1∶20 万区域地质测量及普查找矿工作，研究并编制了各图幅的地质图和区域地质调查报告（黑龙江省志编纂委员会，1992）。1956 年 5 月，秦岭区域地质测量大队设在郑州，首批开展洛宁、鲁山、栾川、洛南、丹凤 5 个图幅，至 1958 年完成并提交报告（河南省志编纂委员会，1992）。1957 年，小兴安岭区域地质测量队在小兴安岭地区开展 1∶20 万区域地质调查工作，编写了《小兴安岭瑷珲县区域地质报告》。地质部在山西五台、长江三峡、大别山区和广东潮汕等地区单独进行 1∶20 万区域地质调查，共计完成了 10 万平方千米，同时还在康滇地区、祁连山地区进行了 1∶100 万的路线调查。

1957 年 4 月，地质部在北京召开全国第一次区域地质测量工作会议，并在新疆、南岭、秦岭、大兴安岭、内蒙古呼和浩特和河北承德等地区开展了 1∶100 万和 1∶20 万区域地质测量工作。1∶100 万地质测量面积累计完成 13 万平方千米。

1957—1965 年，区域地质测量工作基本完成了中国东部地区（东经 180 度以东）的 1∶100 万区域地质编图和编测工作，到 1961 年年底，全国共完成了 1∶100 万区域地质调查面积 407.8 万平方千米。广泛开展了 1∶20 万区调，共完成了 1∶20 万综合区域地质调查面积 43 万平方千米。

1954 年，地质部还逐步开展了普查找矿工作，以解决后备产地问题。同年，成立普查委员会，负责对我国急需的铬、铅、钼等矿种开展普查。同年 12 月，国务院作出决定，普查委员会转为专门领导石油普查的机构。1954 年 12 月，国务院决定从 1955 年起，由地质部和中国科学院分别担负油气普查和科学研究任务，并于 1956 年成立了全国石油地质委员会。1955 年 1 月，地质部在北京召开第一次石油普查工作会议，组成 5 个石油普查大队，承担石油普查任务。经过三年的侦查，找到了分布于各大区内的 256 个可能储油的构造，发现了以青海冷湖、四川龙女寺为代表的一批新油田，肯定了西北及西南等地区的含油远景，尤其是通过地质调查和地球物理工作，指出我国东部的松辽平原、华北平原具有良好的含油条件，由此，我国石油地质工作在 1957 年战略东移，为后来的大油田成功钻探奠定了基础。

除油气资源外，其他矿产的普查也在大规模开展，发现了几十个具有工业价值的新矿区，包括铜、铅、锌、钼、锑、钛、重晶石、萤石及稀有金属等许多矿产。

2. 区域水文地质、工程地质调查

1956 年 3 月，地质部召开第一届全国水文地质工程地质协作会议，总结 1952 年后的工作成就，提出为适应国家工农业发展需要，地质部门把重点从工程地质转向水文地质，大力开展区域水文地质普查，加强矿区水文地质工作。开展 1∶25 万～1∶50 万中小例尺调查，工作地区包括华北地区、西北和东北的平原区、南方的部分地区。工程地质上，对黄河、长江等重点河流流域进行了规划，对三门峡、三峡等大、中、小型水库、水电站的工程地质进行了勘查，同时对长江大桥、北京地下铁道、湛江海港等及许多国防工程做了地质勘查。

1957—1960 年，地质部开展了区域水文地质普查工作，先后在松辽平原、华北平原、内蒙古草原、陕北黄土高原及新、川、桂等省、自治区开展了 1∶20 万和 1∶50 万

的水文地质调查工作，出版了 1 : 300 万《中国水文地质图》和各类水文地质、工程地质的图件，同时在全国范围内有计划地开展和建立了一批水文地质观测站。1960 年，地质部配合中国科学院综合考察委员会、水电部黄河水利委员会参与了南水北调的选线考察工作。

1960 年以后，地质部提出以"保粮、保纲、保尖端"为中心任务，着重加强了与农业有关的水文地质工程地质工作，如查清北方缺水地区的地下水资源，各主要产棉区、畜牧区和农垦区的地下水资源普查等地质调查工作（夏治国、程裕淇，1990）。

3. 地质调查科研成果

与地质调查协同发展的是对地层认识的不断深化。1959 年，第一次全国地层会议召开，大大推动了中华人民共和国成立以来对地层和古生物工作的总结，20 世纪 60 年代初又分别出版了《中国各断代地层总结》和《中国各门类化石》两套专著，同时制定了我国第一个地层工作规范，这一系统的工作与西方学术界处于同一发展水平。同一时期，地质力学在原有基础上进一步完善了其理论体系和研究方法，并推广到应用中解决实际问题，还编制了全国构造体系图。

（三）"文化大革命"及过渡时期（1966—1978）

这一时期虽然经历了 1966—1976 年的"文化大革命"，但基础地质工作持续推进，仍然取得了较大成绩。

1. 区域地质调查工作

1 : 100 万区域地质调查。1961 年以后，地质部对西部地区 1 : 100 万区调工作进行了全面部署。截至 1975 年，共完成 21 幅区调图幅，面积为 345 万平方千米。1964 年，地质部决定由青海省地质局开展青藏高原北部地区 1 : 100 万温泉幅和玉树幅的区调工作。1975 年，西藏地质局开测的 1 : 100 万拉萨幅，通过陕西、河南等省地质局及中国地质科学院中青年地质技术人员五年的艰苦努力，于 1980 年公开出版发行。截至 1978 年年底，我国 1 : 100 万区域地质调查和编图工作已完成约 880 万平方千米（约占全国面积的 92%），未完成部分主要分布在西藏的日土、改则、噶大克、日喀则、拉萨亚东、错那地区，约 80 万平方千米。

1 : 20 万区域地质调查。"文化大革命"前期，区调工作经常处于停产状态。1969 年以后逐步恢复工作。到 1980 年，已有北京、陕西、山东、辽宁、广东、广西、湖南、福建、山西、江苏、河北、吉林、甘肃、河南等 19 个省、自治区、直辖市完成了 1 : 20 万区调任务，共 786 个图幅、面积 472 万平方千米，占全国应测图幅的 65%，全国陆地面积的 49%。未测图幅主要集中在西藏、新疆、青海、黑龙江、内蒙古、四川、云南等省、自治区的边远高寒地区。通过二十多年的区调工作，取得了丰富的区域地质和区域矿产资料。

1∶5 万区域地质调查。"文化大革命"前期，大比例尺地质调查工作为配合勘探的开展调查进行了地质填图。1974 年，国家计划委员会地质局在湖南省湘潭召开 1∶5 万区调工作座谈会。在会上，区域地质测量改名为区域地质调查。会议认为，当前 1∶5 万区调应安排在成矿条件有利、战略位置重要、交通方便或重点工矿区周围。据不完全统计，截至 1978 年，1∶5 万地质调查已完成十余万平方千米，约占全国总面积的 1.5%。

石油、天然气矿产资源调查在这一时期将重点转向四川、鄂尔多斯等地区，在川西北、陇东地区和苏北地区相继钻探见油，进一步肯定了这些地区的找油远景，并先后在南黄海、北部湾、珠江口、东海等地区陆续发现含油沉积盆地，在这些地区存在良好的油气远景，发现了西藏玉龙铜矿、山东焦家金矿、辽宁瓦房店金刚石矿等大型矿产地。

2. 水工环地质调查

在"文化大革命"发生以后到 1973 年以前，大部分地区的区域水文地质普查处于停滞状态，但海岸带的调查及某些省地质局水文地质队按照部署仍进行了一些普查工作。以广东省为例，1965—1978 年，按国家统一部署，进行了海岸带 1∶20 万水文地质普查。1973 年组建了基本建设工程兵水文地质普查部队，对东北、华北、西北、西南、中南 13 个省、自治区展开了大规模的水文地质普查勘探工作，并编制了《中华人民共和国水文地质图集》。截至 1980 年年底，共完成普查面积 198 万平方千米，超额完成了第一期任务。20 世纪 70 年代，地质部组织开展了西南的襄渝线、西北新疆横跨天山的乌鲁木齐—库尔勒线以及青藏线等新线的工程地质勘查工作，为建设官厅、三门峡、刘家峡、葛洲坝等 30 多座大型水库和一批中型水库进行工程地质调查提供了地质评价资料。

3. 新技术的引进和应用

我国于 1972 年从联邦德国引进了多功能航空摄影机，1973 年从美国引进第一颗陆地卫星多光谱扫描的拷贝底片，建立起遥感地质工作队伍，开辟了这一领域的工作（夏治国、程裕淇，1990）。其他关于地质调查的新技术，例如地质力学、地震观测等方面的技术手段也在不断取得进步。

二、主要成果

（一）东部地区 1∶100 万区域地质调查

新中国的 1∶100 万区域地质调查工作是 1953 年从东部地区开始的。首先，充分利用了已有的一些地质调查和矿区地质资料，在综合归纳的基础上，适当补做一些野外工作。编制出了《1∶100 万地质图》《矿产分布图》《大地构造图》《内生金属矿床成矿规律图》及其说明书。到 1961 年年底，共完成了 1∶100 万区域地质调查面积 407.8 万平方千米，对中国东部区域地质构造的基本特征、内生金属矿产的生成与分布规律等进行了第一次较系统的总结。

（二）西部地区 1∶100 万区域地质调查

1961 年，地质部对西部地区 1∶100 万区调工作进行了全面部署。这里非但自然环境非常恶劣，而且大部分是地质工作的"空白区"。截至 1975 年，共完成 21 幅区调图幅，面积 345 万平方千米。1964 年，地质部决定由青海省地质局开展青藏高原北部地区 1∶100 万泉幅和玉树幅的区调工作，从吉林、辽宁、河北、山东和陕西等省区调队各抽调一个分队支持青海区调队的工作。在两幅图的测区内，有著名的昆仑山、巴颜喀拉山和唐古拉山等海拔 5000 米以上的高山。1965 年实测了 3 条南北向纵贯图幅的踏勘路线。1966—1967 年，区调队先后组成 20 个小分队和专题组转战巴颜喀拉山、唐古拉山和可可西里无人区，于 1972 年完成并正式出版了 1∶100 万温泉幅和玉树幅，在后续的青藏铁路工程地质以及国防工程建设中发挥了重要作用。新疆区调队从 1955 开始进行 1∶100 万区调，经过 20 年的艰苦工作，到 1975 年完成了区调面积 162.6 万平方千米，查明了阿尔泰山、准噶尔、天山、昆仑山等山系的构造特征及其相互关系，建立了新疆的基本构造格架，初步调查了矿产资源分布情况。

（三）西藏地区 1∶100 万区域地质调查

1951 年，政务院文化教育委员会组织西藏工作队的地质工作者随同中国人民解放军首次进入西藏进行地质考察。历时 10 个月，行程约 11 万千米。此后，中国科学院先后又组织了 6 次综合科学考察工作。在珠穆朗玛峰地区进行了较系统的地质调查研究，并于 1968 年出版了珠穆朗玛峰地区 1∶100 万地质图，面积约 8.6 万平方千米。

1975 年，西藏地质局开测 1∶100 万拉萨幅，陕西、河南等省地质局及中国地质科学院派出中青年地质技术人员支援，历时 5 年，于 1980 公开出版发行。同年，西藏地质局建立区域地质调查队，先后完成了日喀则、亚东、改则幅的 1∶100 万区调任务，并与成都地质学院合作完成日土幅和噶达克幅。至此，西藏地区的 1∶100 万区调已接近完成，面积约 118 万平方千米。

（四）1∶20 万区域地质调查

1955 年，地质部决定开展 1∶20 万区域地质调查。当年秋在新疆组成中苏合作队，开展了阿尔泰、柯坪和西昆仑等地区的 1∶20 万区调。次年又相继组成 3 个中苏合作队，分别在南岭、秦岭和大兴安岭地区进行 1∶20 万区调。1957 年春，在北京召开了全国第一次区调普查工作会议，4 个中苏合作队汇报了 1956 年的工作情况，中、苏两国地质专家作了区调工作方法的学术报告。1958 年，中苏合作队结束工作，共完成 1∶20 万的区调图幅 22 个，约 13 万平方千米。1958 年，开始以省（区）为单元建立专业区调队，到 1960 年，全国建立了 27 个区调队。1962 年 4 月，地质部在广州召开区测普查工作会议，对 1∶20 万区调工作追求速度的倾向予以纠正，对 1958 年以来测制完成的 1∶20 万区调图幅予以审查，决定对已完成的 417 幅中的 375 幅予以清理。同时，制定了 1∶20 万区调规范，建立健全了质量检查和成果验收制度。到 1980 年，中国已有 19 个省（自治区、直辖市）完成了 1∶20 万区调工作，共 786 个图幅、472 万平方千米，占全国应测图幅的 65%，全国陆地面积的 49%。未测图幅主要集中在边远高寒地区。1981 年 8 月，地质部决定在总结 1∶20 万区调工作的基础上，以省（区）为单位编写《中国区域地质志》，并向国内外公开发行。到 1984 年，江苏、上海、江西、广西、福建、安徽、贵州、湖南、广东、吉林等省（自治区、直辖市）地质矿产局先后完成该项工作。

（五）1∶5 万区域地质调查

1957 年，苏联地质专家介绍了苏联 1∶2.5 万 ~1∶5 万区域地质调查工作规范的基本要求。1958 年起，一些省（区）地质队与地质院校合作，在北京北山和西山、辽宁西部、山东沂蒙山区等地开展了 1∶5 万地质填图。1960 年，广东、新疆、贵州等省（自治区）按照苏联规范开展了 1∶5 万区域地质调查试点。1974 年，国家计划委员会地质局在湖南省湘潭市召开 1∶5 万区调工作座谈会。会议认为，当前 1∶5 万区调应安排在成矿条件有利、战略位置重要、交通方便或重点工矿区周围。会后，广东、广西、湖南、湖北、江西、福建、安徽、江苏、河南、河北、辽宁、吉林、内蒙古、新疆、甘肃 15 个省（自治区）建立了 1 : 5 万区调分队。

第二节　能源矿产地质勘探成就

一、煤田地质勘探

煤矿是工业化时期的传统能源矿产，中华人民共和国成立前来自各方面的地质工作者已经对煤炭资源进行过系统的勘探，并初步估算出煤炭储量 2600 多亿吨。到 1999 年，我国煤炭累计探明储量 1.04 万亿吨，年产量达 10.44 亿吨，位居世界第一位。预测储量（包括已发现）5.57 万亿吨。从成煤时代上看，侏罗纪煤为最多；其次是石炭—二叠纪煤、南方晚二叠世煤、北方白垩纪煤；最少为第三纪、晚三叠世的煤。主要属于地台上的海陆交互相型、大型内陆湖盆型、断（坳）陷盆地型。已发现的煤炭资源中，低变质烟煤占 42.4%、炼焦用煤占 27.6%、贫煤占 5.5%、褐煤占 12.7%、无烟煤占 11.8%。总体上看，煤炭资源分布极不均衡，呈现西富、东贫、中居中、东部长江以南最贫缺的格局。至 20 世纪末，超 10000 亿吨的有新疆、内蒙古 2 区；1000 亿～10000 亿吨的有山西、陕西、贵州、宁夏、甘肃、河南 6 个省、自治区；100 亿～1000 亿吨的有安徽、河北、云南、山东、四川、青海、黑龙江、辽宁、北京 9 个省、自治区、直辖市；其余省、自治区、直辖市小于 100 亿吨。以致长期以来，中国呈现北煤南运、西煤东调的物流格局。

1. 煤炭工业化基础建设时期（1949—1957）

1950 年，燃料工业部首先建立了煤田地质勘探队，对辽宁、黑龙江、江苏等省的重要煤产地开展煤田地质勘探。随后，勘探工作又扩展至吉林、山东、山西、河北、河南、陕西、安徽、江西、甘肃等省重点煤矿。截至 1952 年年底，共完成钻探 30 余万米，扩大了原先的井田范围，延长了矿井寿命，从而得以改建、扩建矿井 32 处。新建矿井 21 处，使中国原煤产量较 1949 年增加了一倍，达到 6649 万吨，大大缓解了那个时期工业、交通、居民用煤的紧张状况。1953 年年初，中央人民政府在对燃料工业部报告的批示中指出，燃料工业建设"首先要集中力量来解决国家新建工业基地，如包头、大冶等处需要的燃料煤，特别是炼铁用的焦煤。燃料工业部必须协同地质部在包头、大冶周围，如石拐子、大同、淮南、平顶山等处积极勘探，迅速查明并提供必要的合乎经济原则的、照顾地区平衡的资源材料，以配合并保证这些新的工业基地建设计划的进行。"为执行这一指示，在1953—1957年的第一个五年计划期间，燃料工业部为适应老矿改扩建和新矿井建设的需要，将地质勘探重点放在扩大老矿区和开拓新矿区上面；地质部则将工作重点放在已建和拟建的钢铁基地附近，以勘查炼焦用煤为主，兼顾寻找铁路干线所需动力用煤。这一时期，主要是对辽宁阜新、抚顺，河北开滦、井陉、峰峰，山西大同、轩岗、潞安、汾阳，河南焦作、禹密、平顶山，安徽淮南、淮北，江西萍乡、丰城，湖南湘中、资兴，四川中梁山，贵州水城，云南宣威、恩洪，内蒙古石拐子、桌子山、乌达，陕西渭北，甘肃阿干镇、窑街，新疆哈密，广东茂名等老矿区进行勘探，从而保证了国家重点煤矿建设项目所需要的地质报告及工业储量。

为解决煤田普查落后于勘探的状况。1956年2月，煤炭部召开了第一次煤田地质普查工作会议，全面规划和部署了大面积的煤田地质普查工作。在随后的两年内，就相继发现了辽宁铁法，山东官桥、肥城、滕县、济宁、长清、齐河，安徽淮北宿蒙、淮南潘集，江苏丰沛，河南永夏、确山，河北邢台、蔚县等一批隐伏煤田。同时，也在老矿区附近找到了开滦吕家坨、范各庄、钱家营、毕各庄、大留庄，贾汪大黄山、潘家庵等新井田。

这一时期，地质部华东地质局则在淮北发现了全隐伏的闸河煤田、蒋河煤田。到1957年年底，提交了20余个井田勘查报告，探明储量20亿吨。

1954年，燃料工业部一〇三地质队、一〇四地质队还勘查了广东茂名油页岩矿。1956年，西藏地质局所属煤田地质队和藏北地质队在藏北土门以及藏南、拉萨、泽当—日喀则开展了找煤工作。

1953—1957年，中国大陆探明煤炭储量约370亿吨，其中燃料工业部探明257亿吨（内有可供新井建设的170亿吨）。地质部探明112.亿吨（内有可供新井建设的14亿吨）。与此同时，还探明了油页岩储量76亿吨。

这一时期，王竹泉、岳希新分别对组织部署燃料工业部系统和地质部系统的煤田地质勘探工作发挥了重要的指导作用。

2. 煤炭工业化体系建设时期（1963—1978）

1958年4月，煤炭部地质勘探司在山东兖州召开了全国煤田地质普查现场会议，推广寻找隐伏煤田的经验。会议之后，大范围的煤田普查工作在全国迅速展开。1958—1960年，煤炭部所属勘探队因地制宜地运用地球物理勘探方法——电法、电测井、地震方法等配合钻探取心，发现并初步探明了一批隐伏煤田，如辽宁沈北、康平三台子、沈南红阳，黑龙江集贤、宝清梨树沟，山东肥城、集宁、汶上、曲阜、运西，安徽宿县、潘集—谢集，河北邢台、蓟玉，内蒙古霍林河，吉林梅河，甘肃红水等。

1959 年，地质部召开了缺煤省、区煤田地质工作会议，确定在全国继续寻找炼焦煤的同时，要大力加强南方缺煤省、区的普查找煤。随后，1959—1960 年，福建省地质局第五地质队在漳平大坑、产盂一带发现了烟煤，并对该矿和龙岩苏邦、翠屏山、永春天湖山等煤矿进行了勘探。与此同时，地质部还为解决酒泉钢铁厂的用煤问题开展了甘肃河西走廊地区的煤田普查。在此之前，地质部安徽省地质局三二五地质队在扩大淮北煤田普查时，相继发现了童亭、临涣、砀山、涡阳等煤田。

从 1961 年开始，为了纠正"大跃进"造成的煤田勘探工作中违反勘探程序，片面追求数量、忽视质量，报废钻孔大量增加的状况，煤炭部进行了地质勘探工作的调整，先后从资源条件差、交通不便的 40 多处勘探区撤出了勘探队伍，将工作重点转移到资源条件好、与建井规划对口的项目和老矿区周围。

1958—1965 年，中国大陆（含海南岛）探明煤炭储量约 2240 亿吨，其中煤炭部探明约 2010 亿吨，地质部探明约 230 亿吨。

这一时期，在煤炭部 1959 年第一次全国煤田预测研究的基础上，1961 年出版了由北京矿业学院、北京地质学院、煤炭科学研究院联合编著的《中国煤田地质学》。此乃 20 世纪下半叶中国编写的第一部系统的煤田地质理论专著。

1964 年，为了加强"三线"煤炭基地建设和其他重点煤炭基地建设，煤炭部又相对集中力量，组织了贵州六盘水地区、宁夏贺兰山地区、东疆地区、豫西（平顶山）地区、徐州地区、山西长治地区的煤田勘探会战。与此同时，地质部也从广东、湖南、福建、浙江等省调集力量，组织了贵州水城、云南宝鼎、宣威羊场、四川芙蓉、青海格尔木等煤田勘探会战。

1966—1969 年，由于"文化大革命"的影响，中国煤田地质钻探大量减少，所施工者亦质量低劣。忽视地质规律，为"扭转北煤南运"而部署的湘赣煤田勘探会战，除获得了在江南各省、自治区含水量大的煤矿实行大口径集中抽水试验的成功经验外，其余均收效甚微。

1970 年，由于调整机构成立了燃料化工部煤炭勘探开发组，才重新注意加强对全国煤田地质勘探的领导，使中国煤田地质勘探工作有了起色。1972 年，燃料化工部又强调了管理和计划，并决定要恢复煤田地质局，之后便组成了煤田地质局筹备处。

1973—1975 年，为了解决新的钢铁工业基地用煤和东北三省及南方的煤炭自给问题，燃料化工部又调集队伍在全国组织了一系列的煤田勘探会战。其中获得显著成果的会战地区是河北邯邢煤田，山西太原煤田，内蒙古霍林河煤田、伊敏煤田、元宝山煤田，江苏徐淮煤田，陕西黄陵矿区及贵州织金煤田。会战第一年即探获储量60余亿吨，其中精查储量达到了50亿吨。1976年以后，还组织了河南永夏煤田勘探会战。上述会战成效显著的原因，主要是采用了地质与物探、钻探结合的综合勘探方法，因而有效地查明了隐伏煤田的构造形态和分布范围，加快了勘探速度。

1977年，国家地质总局根据国家计划委员会关于在南方各省多搞些中小煤矿的指示，召开了南方煤田和地热地质工作会议，部署了为支援江南9省、区地方用煤的煤矿勘查工作。其结果仅福建煤田勘查效果较为显著。同时，还在海南岛发现并探明了长坡褐煤及油页岩矿。1977—1978年，陕西省地质局还对陕北佳县三叠系煤田和绥德吴堡石炭二叠系煤田进行了勘查。

1977—1978年，煤炭部对列入煤炭建设计划的贵州六盘水、河南平顶山、江苏徐州、山东兖州、安徽两淮、河北开滦、山西古交、内蒙古平庄等大型矿区再次调集大批力量进行地质勘探。

总之，进入20世纪70年代以后，中国煤炭资源勘查工作取得了两方面的主要成果：一是发现和探明了一批大煤田或全掩盖的大型褐煤盆地，如四川筠连，云南富源老厂，山东黄县，内蒙古胜利、霍林河、白彦花、宝日希勒、元宝山、伊敏河等；二是通过煤田勘探会战，为若干重要煤炭基地的建设提供了资源保证，如河北邯邢、江苏徐淮、陕西黄陵等。在南方缺煤省、区也发现了若干逆掩推覆体下面或红层下面的小煤田，如江苏吴县东山，广西百色、红茂，江西丰城，福建永安、大田、邵武等。其中，仅福建永安煤矿各井田即探明储量2.5亿吨。在科学研究方面，从1974年开始，煤炭部门组织了大规模的第二次全国煤田预测工作，同时还综合汇编了《全国煤炭资源图集》，为编制煤矿建设远景规划提供了基础资料。

二、油气地质勘探

中华人民共和国成立的最初十年，中国石油勘探取得了辉煌成就。1956年3月26日，地质部、石油部和中国科学院联合成立全国石油地质专业委员会，组织领导全国石油地质工作。1949年，全国原油产量只有12万吨，主要产自甘肃玉门和新疆独山子等几个油田。到1978年，原油产量突破1亿吨大关。

1.油气勘探起步时期（1949—1957）

1950年，在谢家荣主持下，由郭文魁编制了中华人民共和国第一个石油天然气探矿计划，拟组织 5 个踏勘及钻探队，投资 1.2 亿元勘探石油（中国煤田地质总局，1993）。1950 年 3 月，燃料工业部勘探组技术负责人孙健初邀请袁复礼、潘钟祥、王嘉荫等 30 余位地质专家座谈，征询中国石油资源的前景和勘探方向。专家们指出，除已知的陕、甘、青、新、川的油气资源外，中国的东北、西南、中南和华北广大地区都可能蕴藏石油，值得进行勘查。但考虑到国家财力、物力有限，应先将以往工作基础较好的地区列为钻探重点，同时有计划地开展广泛的地质调查和地球物理勘探。据此，燃料工业部于同年 4 月召开的第一次全国石油工业会议作出了部署，集中主要力量，以陕、甘地区为石油勘探重点，在甘肃河西走廊和陕西、四川、新疆的部分地区开展地质调查、地球物理勘查和钻探。

1950 年，地质学家高振西在《地质论评》（1950 年，15 卷 1—3 期）发表《试论中国湖相白垩纪地层与石油之生成》文章，文中对比了甘、青、新等地湖相白垩系与石油生成关系后指出："凡湖相白垩纪地层分布之区，如东起辽宁西部，经热河、察哈尔，西至绥远、宁夏以西，大致作东西向的一带及大致与海岸平行，在辽西、山东、浙江一带，均应为探寻石油之对象，其重要者则为太行山以东之华北平原区。"（《当代中国丛书》编辑部，1990；王鸿祯，1992）。同年，王尚文在《玉门生油层的探讨》一文中也认为玉门老君庙油田岩系是陆相沉积之白垩系，从而为陆相生油理论和扩大西北地区石油普查进一步打下了理论基础（王鸿祯，1992）。

从 1950 年到 1953 年，燃料工业部所属石油勘探队伍在西北地区普查面积达 2 万余平方千米，发现适于储油构造 50 个。通过对甘肃老君庙和陕西延长两个老油田外围的 7 个构造钻探，扩大了老君庙油田面积，增加了储量，探明了陕西永坪油田。与此同时，他们对新疆准噶尔盆地南缘的天山山前坳陷和北缘的克拉玛依地区，以及南疆的库车与喀什地区也进行了地质、地球物理调查及钻探，在一些浅井内见到油、气显示，但在完成的 142 口钻井中却大多未获工业油气流。李四光却深信，在中国辽阔的领域内，天然石油的蕴藏量应当是丰富的，因此应当打开局限于西北一隅的勘探局面，在全国范围内广泛开展石油地质普查，找出几个希望大、面积广的可能含油地区，关键是要抓紧做地质勘探工作。

1954 年 3 月，李四光应邀赴燃料工业部石油管理总局作了题为《从大地构造看中国石油勘探的远景》的报告。他指出，中国石油勘探远景最大的地区"一是青、康、滇、缅大地槽；二是阿拉善—陕北盆地；三是东北平原—华北平原。""应该首先把柴达木盆地、黑河地区、四川盆地、伊陕台地、阿宁台地、华北平原、东北平原等地区，作为寻找石油的对象。""从东北平原起通过渤海湾到华北平原，再往南到两湖地区，可以做工作。先从新华夏系的旁边摸起；同时，在覆盖地区着手摸底，物探、钻探都可以上，看来是有重要意义的。"

谢家荣、黄汲清、翁文波也共同发表了《中国的产油区和可能含油区》，并编制有《中国含油远景图》，指出"中国肯定是有油的，并且其储量一定是相当丰富的。"同时分三大类预测了中国含油气区。同年，孙健初对中国找石油的方向也提出了重要意见。

1954年12月，国务院决定从1955年起由地质部、燃料工业部、中国科学院共同协作，分别负责石油资源普查、勘探开发、科学研究工作。1955年7月，又决定成立石油工业部，由李聚奎任部长。地质部为贯彻国务院的决定，1955年年初将普查委员会改为石油普查委员会，李四光任主任，刘毅任党委书记，谢家荣、黄汲清任技术负责人。1956年又改为石油地质局，任命白耀明为局长，黄汲清为总工程师。

1955年1—2月，地质部召开第一次石油普查工作会议，决定将石油与天然气普查工作列为地质部今后的工作重点。明确要加强地质普查，提出石油远景；圈定最有希望的油区，提出供详查细测和钻探的后备基地。在时任地质部石油局总工程师黄汲清的建议下，决定组成5个石油普查大队（其中包括普查队18个、详查队1个、专题研究队1个、重晶石和煤普查队3个、油页岩普查队1个）、17个地球物理队、1个地球化学队以及相应的地形测量队和经纬度测量队，于1955年3—4月分别开赴准噶尔盆地、吐鲁番盆地、柴达木盆地、鄂尔多斯和六盘山地区、四川盆地、华北平原和下辽河盆地展开野外工作。当年，这些队发现了可能储油构造171个和多处油气显示。1955年6月，地质部石油地质局正式向东北地质局下达了《松辽平原石油普查设计任务书》。同年秋，地质部又决定由东北地质局派出以韩景行为首的踏勘组先行进入松辽盆地调查。

1956年2月，地质部召开第二次石油普查工作会议，决定进一步扩大油气勘查，组成了14个石油普查大队，包括90个地质队、24个地球物理探矿队、29个浅钻队和相应的大地、地形测量队。除在原来地区工作外，又开辟了新疆塔里木、西藏黑河（1965年改为那曲县）、贵州、华东、内蒙古二连浩特和海南岛等新区的油气勘查工作。会议专门听取了松辽平原石油踏勘组的报告，报告人认为松辽平原"是一个挽近的下沉地带。其中堆积着很厚的新的沉积物，包括白垩纪地层以及第三纪和第四纪的疏松沉积，可能有含油岩系。"因此，决定组成157松辽石油普查队和112地球物理探矿队，开展整个盆地的石油普查工作。会上，李四光与地质部、石油工业部领导者交换意见后，就如何总结以往所获勘探成果，迅速发现新油田，以便对中国天然石油远景作出可靠评价问题向陈云副总理提交了书面报告。在这次会上，谢家荣论述了石油地质 6 个基本问题，提出了断层油藏和潜山油藏的论断，对找油具有重要指导意义。1956 年，地质部航测队首先在松辽平原和华北平原进行了大面积的 1∶100 万航空磁测。

总之，1955—1956 年，共计在 24 个省、区 200 万平方千米以上的地区开展了油气资源调查，获得了丰富的地质、地球物理资料，比较全面、系统地了解了全国各主要沉积盆地的地质构造和含油气情况，发现了 500 多个可能储油构造和 1000 多处油气苗。

1955 年 10 月 29 日，石油工业部队伍在克拉玛依（黑油山）1 号井三叠系中试获工业油流，发现了克拉玛依油田。1956 年，地质部六三二地质大队组织 17 个分队开展柴达木盆地北部 1∶20 万地质调查和构造细测，面积达 14 万平方千米。1956 年 5 月，地质部六三二地质大队在冷湖 9 号构造施工的 A2 井在第三系喷出工业油流，发现冷湖油田。1957 年 8 月，该队又在马海钻获日产 14 万立方米的天然气流，发现了马海气田。1957 年 12 月，地质部五一九石油普查队在川中龙女寺构造龙 4 井钻获日产 5.8 立方米的油流，发现了龙女寺油田。这些都是中华人民共和国成立初期油气勘查的重要突破。

1956 年 1 月，石油工业部召开了第一次石油勘探会议，总结了前段中国石油勘探成果不显著的原因——勘探工作量太少，每个含油区只从个别构造的勘探着手，忽视解决全区性的地质问题。因此，决定迅速将勘探重点由山前坳陷及山间小盆地转向大盆地，采用打区域大剖面和基准井的勘探方法，开展系统的区域勘探，结果很快获得了新突破。例如对新疆准噶尔盆地，将勘探重点由盆地南缘天山山前坳陷转向盆地西北缘克拉玛依—乌尔禾一带，当年就控制了 55 平方千米的含油面积；又如对四川盆地，将勘探重点由龙门山山前坳陷区移向盆地内部的川中、川东、川南地区。结果 1957 年就发现了川东、川南天然气区，揭示了二叠系、三叠系的含气远景，当年四川天然气产量达到了 6000 余万立方米。

1956 年，李四光提出新华夏系是中国东部控制油气区的主导性构造体系，它的沉降带是很有远景的含油气带。华北平原在地质部二二六地质队普查的基础上，石油部门的队伍打了 3 口基准井，获得了丰富的资料。韩景行等在 1955 年年底提出的踏勘报告中指出，松辽平原白垩系与第三系沉积厚度达 4000 米左右，其中可能有生油层、储油层和储油构造的存在。1956 年年初，地质部东北地质局组成以韩景行和王懋基为首的一五七石油普查队及一一二地球物理探矿队配合地质部九〇四航空磁法队对整个松辽平原进行了 1∶100 万航空磁测和地面重力磁力概查，完成了横贯平原的 5 条电测深剖面及少量地震剖面，从而肯定了松辽平原是一个大型的中新生代沉积盆地，并划分出东部隆起带、中央坳陷带、西部斜坡带等构造单元，肯定了白垩系松花江群是主要的生储油岩系，松花江群的沉积旋回是一套良好的生、储、盖组合。

1955—1957年，地质部广泛开展的石油地质普查取得了丰硕成果，摸清了进一步找油的方向，为石油地质工作战略东移奠定了基础。1957年3月，在地质部石油专业地质会议上，黄汲清作了"对我国含油气远景分区初步意见"的报告，将华北平原、江苏平原、松辽平原、云梦盆地列为可能含油、经济价值一般可能很大的地区。在此期间，李四光、黄汲清、谢家荣等均提出了石油普查向东部转移的意见。

基于上述已取得的成果和认识，地质部党组于1957年秋作出石油勘探战略东移的决定，提出第二个五年计划期间"将大力加强苏北、华北与东北三大平原的工作"，"务期迅速查明这些地区的含油远景，以改变石油资源不足的现状"。1958年2月27—28日，邓小平听取了石油工业部的汇报，并指出，石油勘探工作应从战略方面考虑问题，选择突击方向是第一个问题，要求重视对松辽、华北、华东等地区的勘探，争取在东北地区找出油来。在邓小平作出指示后，石油部决定成立东北石油勘探处，开始了由西向东的战略转移。于是，地质部和石油部的队伍云集松辽平原，联合携手普查勘探，终于发现了大庆油田。

如果说战略东移为石油普查提供了方向性指导的话，陆相生油理论为战略东移后的石油普查提供了理论上的指导。"陆相生油理论"的历史在我国源远流长，早在20世纪30年代由翁文灏和谢家荣提出，但未形成完整的成果。潘钟祥在美国留学时首次完整地表达了陆相生油观点，其论文名称为《中国陕北和四川的白垩系石油的非海相成因》，发表在美国《石油地质学家会志》上，之后他和一批老一辈地质学家不断沿此方向充实其理论。1943年，黄汲清在《新疆油田地质报告》中提出："新疆的石油不是海相成因的""侏罗系煤系中的生油层可能最为重要，即使不是大部分，也是许多源自侏罗纪的生油岩，如独山子的石油。这些生油层肯定为陆相沉积。"1957年，潘钟祥在《中国西北部陆相生油问题》一文中指出："陆相不但能生油而且是大量的"（王鸿祯，1992）。同年，谢家荣在论文中也指出"大陆沉积中有机物可能主要是由陆生植物分异而来，而三角洲、深湖和大的内陆湖皆为沉积大规模生油层的处所。……陆相地层才是最可能的生油层"（王鸿祯，1992）。1959年，在中国科学院地质研究所侯德封所长领导下，编写了《中国西北区陆相油气田的形成及其分布规律》一书，是我国第一部陆相生油学术专著。1960年，朱夏指出："陆相沉积生油是中国石油地质的最大特征之一"。石油科学研究院在翁文波院长的领导下，出版了三集《石油勘探研究报告集》（1960—1964），对我国石油地质特点、陆相生油的化学指标、陆相沉积的生油条件、陆相沉积中分散有机物质等问题进行了全面深入的研究。因此，陆相生油是我国一大批杰出的地质学家针对我国特定的石油地质条件共同创建的一个重大石油地质理论。

正是有了地质部提出、中央决策的油气普查勘探战略东移和老一辈地质学家长期积累形成的陆相生油理论，实现了我国20世纪50年代末到80年代的油气勘查大发展、油田发现大突破。

1957年4月，石油工业部北京石油地质研究所发现了海南岛莺歌海海滨村浅海油气苗。后经广东省燃料厅104队全面调查，核实该地共有油气苗39处之多。

2. 油气勘探发展时期（1958—1965）

1958—1965年，是中国石油勘探在东部平原地区获得重大突破的重要发展时期。

1958年2月，地质部与石油工业部共同部署，要求3年攻下松辽，尽快在中国东部找到油田。地质部从西北、华东调集队伍，组成了以王更华为队长，朱大绶为技术负责人的东北石油物探大队；一五七松辽石油普查队也扩充改建为松辽石油普查勘探大队，队长是刘来凤，技术负责人是韩景行。石油工业部也于同年6月设立松辽石油勘探处，增调石油深钻和物探、测井队伍，开始基准井的钻进。与此同时，中国科学院的地质科研队伍也进入松辽配合开展工作。4月，松辽石油普查勘探大队501井队首战告捷，在吉林前郭尔罗斯蒙古族自治县达里巴屯南17井打出了油砂，从而成为大庆油田的第一口发现井。当年，地质部队伍还在松花江以北到松花江以南的许多浅钻井中发现了油砂和油气显示，同时圈定了大同镇长垣构造（后改称大庆长垣）等一批油气构造的初步轮廓，并与石油部松辽石油勘探处的技术人员共同部署了松基1井与松基2井，该两井分别于1958年11月和1959年9月终孔，后者钻遇7米厚的含油砂岩；1958年9月，两部门技术人员又在东北石油物探大队圈定的高台子隆起上共同确定了松基3井井位。1959年9月，由石油工业部32118钻井队在大同镇长垣构造高台子隆起上施工的松基3井在井深1357~1382米白垩系中首先喷出日产14.9立方米的油流，它标志着大庆油田被正式发现；同时，由地质部513井队在扶余构造施工的扶27井也试获日产2.5立方米原油，标志着扶余油田的发现。从此，松辽平原石油勘探进入确定油田、探明储量的新阶段。经地震详查资料查明，大庆长垣是一个二级构造，面积约2000平方千米，初步勘探证实其中各个局部构造均有工业油流。因此，1960年，地质、石油两部联合正式展开松辽石油会战。1963年，大庆油田已初具规模，并能保证当时中国需要的石油基本上达到自给。松辽盆地勘探石油的突破，在中国石油勘探史上具有划时代的意义。它既是统一部署联合作战的结果，又是合理运用综合普查勘探方法的结果；同时，又在地质理论上确立了陆相地层可以生成大油田的新认识。值得一提的是，1959 年 1 月，黄汲清在松辽石油普查勘探大队曾经指出，松辽盆地的生油层系是多层型的，因此应当使用深钻，注意研究深部石油地质情况。同年 9 月，李四光对松辽石油普查勘探大队技术负责人韩景行等人讲，我们找油的远景区，就是这些被隆起所划分出来的盆地或平原地区。在松辽盆地南面隆起上找油，可能性很小。再向南沿渤海湾及渤海内可能是找油的好地方。因此，跨过东西隆起带向南去找油是非常重要的。

1959 年 11 月，地质部召开了石油普查专业会议，李四光在会上对石油普查勘探提出了 7 个新的重要工作地区：海拉尔—巴音和硕区，辽河平原下游，渤海，离海岸不远的黄海、东海、南海，陕西鄂尔多斯盆地中部地区构造，柴达木及西藏地区若干较大的山间盆地，塔里木盆地。

1960 年 9 月，地质部与石油工业部在长春召开两部联席会议商定：今后石油勘探以松辽为重点，由石油工业部统一指挥；石油普查以华北为重点，由地质部统一安排。同年 10 月，地质部在天津召开第一次华北石油普查勘探工作会议，认真分析研究了五年来地质部队伍在华北平原圈定的 8 个沉积坳陷和 15 个圈闭构造及隆起，决定选择济阳坳陷与黄骅坳陷为重点工作区，并以东营、义和庄、盐山、羊三木、马头营等构造为突破点。其中，东营构造安排由石油工业部队伍率先勘探。1961 年 2 月，地质部河南石油普查队在济源沁 3 井钻遇含油砂岩。4 月，石油工业部华北石油勘探处 32120 井队在东营构造华 8 井射井，首获日产 8.1 吨工业油流。6 月，地质部 3007 井队在羊三木构造黄 1 井见 6 层油砂，8 月获油流。7 月，地质部第一普查勘探大队 3004 井队又在济阳坳陷义和庄构造的沾 1 井获日产 3 立方米的原油。至此，生于第三系陆相沉积中的华北油区取得重大突破。1963 年 12 月，地质部第一石油普查勘探大队又在黄骅坳陷羊三木构造的黄 3 井钻获日产工业油流 84 立方米，天然气 3 万立方米，从而揭开了黄骅坳陷大规模油气勘探的序幕。1964 年 1 月，以石油工业部为首，在天津以南、山东东营以北的广大沿海地带正式展开华北石油勘探会战。为此，地质部派出第一石油普查勘探大队和中原石油物探大队全力以赴投入会战。1963—1964 年，地质部第二石油普查勘探大队和第二物探大队在辽宁省下辽河盆地进行石油普查时，先后发现了油燕沟、田庄台、黄金带、热河台等一批构造，评价了含油远景，在黄金带构造的辽 1 井老第三系钻遇含油砂岩。到 1965 年，地质部第一石油普查勘探大队又在大平房构造上的辽 2 井钻获以气为主的浅层油气藏，日产气 13 万立方米，日产原油 1.5～1.7 立方米，3205 井队在荣兴屯构造上的辽 3 井钻获日产 12～15 立方米的工业油流。1965年 2 月 1 日，石油工业部井队在东营坳陷胜利——坨庄地区坨 11 井、坨 9 井分别钻获两口日产原油 1000 吨以上的高产井（1962 年 9 月，石油部队伍曾在东营构造上打了一批深井，其中营 2 井试获日产原油 555 吨），胜利油田从此得名诞生。与此同时，地质部在惠民凹陷临邑构造上也钻获工业油流，后来发展为临盘油田。此后，在黄骅坳陷勘探会战中，石油工业部又发现了天津北大港油田，遂将该区命名为大港油田。华北地区突破大油田，进一步丰富了陆相沉积盆地可以形成大油田的地质理论。

1958 年 5—6 月，地质部华北石油普查大队和石油工业部华东勘探局还联合组成渤海油苗调查组，对渤海湾南部海岸沿线及岛屿进行了建设调查，认为油苗来自中、新生代地层。9 月，中国海军司令部成立海洋调查队，分别在黄海、渤海、东海及福建沿海进行包括石油和矿产资源在内的综合普查工作。11 月，地质部、石油工业部、中国科学院联合在渤海开展地震勘探试验。

1960 年 5 月，地质部在天津组建了中国第一支海洋石油勘查队伍——渤海综合物探大队，开展海洋油、气调查。截至 1961 年年底，该队在工作报告中已经提出"渤海湾沉积盆地厚达 2000～3000 米，……具有含油远景"。

1960 年，石油工业部队伍在鄂尔多斯盆地西缘马家滩、于家梁、李庄子等构造上侏罗系中钻获工业油流，以后又在大水坑、马坊等地钻获工业油流，从而形成了盆地西缘首例油田。1961—1965 年，地质部第三石油普查勘探大队与第三物探大队共同完成了鄂尔多斯盆地大部分的区域普查，查明了侏罗系油气分布范围，并在陕西吴旗吴参井中发现含油层，在延安、志丹、旬邑三叠系和侏罗系中打出了工业油流，圈出了含油区。

1961 年 7 月，地质部江陵石油普查队在湖北江汉盆地潜江凹陷王场构造王 1 井，发现老第三系浅油层，1962 年分别从江陵普查队和中原物探大队抽调力量，改建成地质部第五石油普查勘探大队和第四物探大队，配合开展潜江凹陷石油普查。到 1965年，完成了北部区域普查和构造详查，发现了 4 个小油田。同年 7 月，1204 井队在王场构造上的王 2 井老第三系潜江组试获工业油流 2 立方米，以后在该井以南 200 米施工的王 3 井又钻获工业油流。从此，江汉油田被正式发现。

1964 年，石油工业部在发现四川盆地川东、川南、川中一批中小型油气田的基础上，又在四川盆地西南部威远大背斜震旦系白云岩中发现了大气田。同年底，地质部决定将在东北地区工作的第二石油普查勘探大队和第二物探大队调入四川，加强四川盆地的油气勘探，同时首选川中、川东北、川西北（龙门山前坳陷）开展普查。不久便在广安构造上钻遇工业油流，在福成寨发现了浅气田。

1958—1965 年，除上述重点地区油气勘查外，地质部的队伍还在其他许多地区展开了大面积的油气普查。其中，经过钻井，钻遇油流发现含油层或油气显示的地区有 1961 年苏北坳陷的高邮三垛（上白垩统三垛组）苏 5 井、贵州凯里（奥陶系、志留系）、贵州平坝羊昌河（三叠系）、云南楚雄（三叠系、第三系）盆地、广西百色（第三系）盆地林蓬构造、广西洛崖（石炭系）等。1958—1962 年，内蒙古地质局鄂尔多斯石油普查队、地质部海拉尔石油普查大队还先后在内蒙古二连盆地开展了石油调查。1958 年，石油部的队伍（青海石油勘探局）还对柴达木盆地西部的构造进行了细测，对其中部分构造进行了钻探，结果发现油泉子、油砂山等油田。1963 年，石油部茂名页岩油公司开始了南海石油勘探工作，并于次年 3 月在莺歌海水道口外海二井中新第三系捞获原油 10 千克。

在石油地质科学研究方面，这一时期突出的成果是对含油气区大地构造的研究和陆相生油理论的研究。在大地构造研究方面，如朱夏的构造体制控制论（古生代盆地受地槽—地台体制控制，中、新生代盆地受板块体制控制），张文佑从断块构造角度提出的"定凹探迹"和"定凹探隆"论点，陈国达的地洼找油论等，这些论点对研究中国油气盆地的形成分布规律、确定找油找气部署都有重要指导作用。在陆相生油研究方面，侯德封提出的"内陆潮湿坳陷"生油论，其他石油地质工作者提出的"内陆深湖坳陷盆地"和"长期坳陷有利于生油"论点，对在中国中、新生代陆相盆地普查油气都具有指导作用。值得指出的是，1961 年，石油工业部召开的全国油气田分布规律研究成果汇报会较系统地总结了中国陆相沉积条件下石油地质理论和实践，指出了陆相生油的必要条件。1962 年，胡见义等在对大庆油田生油层研究的基础上，又初步建立了陆相生油层的评价标准（王鸿祯，1992）。1962 年 10 月，李四光在总结了松辽、华北及其他地区的石油普查勘探工作经验后，指出对油区和油田（特别是被新地层覆盖的、缺少油气显示的地区）的一般勘探程序可分为 7 个步骤：①指出油区；②选定油区；③开展物探；④地质钻探；⑤预测油田；⑥圈定油田；⑦评价油田。1964 年，石油工业部、地质部、中国科学院共同总结了中国石油勘探开发的成果，张文昭等概括了控制油气藏形成的 7 个要素（王鸿祯，1992）。1963 年，由关士聪指导编制出版的松辽、华北、四川、鄂尔多斯、滇黔桂、苏北、上海市 7 个地区的石油地质图集对后来中国的油气勘查具有指导作用。通过这些成果的出版，也初步总结了一套符合中国实际情况的普查勘探石油天然气的科学程序和工作方法。概言之，这套程序和方法就是：先找油区，再找油田；从盆地整体出发，区域展开与重点突破相结合；实行多专业、多工种联合作战。

3. 油气勘探巩固时期（1966—1978）

1966—1978 年，地质部系统的油气勘查重点转向西部，同时也在沿海地区继续开展普查。在四川盆地，1971 年 12 月，3205 井队于川西北中坝构造川 19 井三叠系钻获高产油气流，证实龙门山山前坳陷带具有油气藏远景；1975 年，在川东福成寨构造三叠系又钻获工业气藏；1977—1978 年，在达县雷音铺构造川 17 井分别于三叠系、二叠系、石炭系钻获工业气流。在鄂尔多斯盆地，1970 年，在陇东庆阳庆参井及华池华参 2 井侏罗系中首次钻遇工业油流；1971 年年初，第三石油普查大队 1501 井队在陕西吴旗吴 1 井钻获高产油流，相继又在吴 8 井、吴 2 井见油；在盆地西缘也发现了上古生界气藏。在苏北，1970 年 8 月，在泰兴溱潼凹陷苏 20 井第三系获工业油流，标志着苏北油气田的第一次突破；1974 年 11 月，在高邮凹陷真武构造苏 58 井又获工业油流；不久，金湖凹陷刘庄构造亦钻获工业气流。到 1976 年，苏北共找到 26 个断块型中小油田。在华北，1974 年，河北省地质局所属队伍在冀中坳陷任丘构造冀门 1 井，发现元古宇蓟县系硅化白云质灰岩含油层；1975 年，在东明坳陷发现桥口、白庙、张河沟等油气田，为此后建设中原油田奠定了基础。在新疆，1969—1970 年，地质部队伍深入塔里木盆地调查油气，写出了《塔里木中新生代盆地含油气远景初步认识》，促进了将石油勘探由库车转向塔里木盆地西南坳陷的决策。在此期间，地质部门队伍还在广东三水发现高产二氧化碳气田。由海洋地质科学研究所改建的第二海洋地质调查大队通过对南海北部海区 4700 千米的综合地球物理调查，于 1975 年发现了珠江口盆地。

同一时期，石油工业部系统的油气勘查工作重点是：①开展第二次四川石油、天然气勘探会战。20 世纪 60 年代末期在威远、泸州先打出一批高产气井，以后不断在川东、川南、川西发现不少中小型油气田。1966—1978 年，总计在四川获得 30 个气田与 2 个油田，其中最突出的是发现了川西北中坝气田和 1977 年在重庆相国寺构造首次突破石炭系工业气藏。②开展江汉石油会战。1969 年 8 月至 1972 年 5 月，通过地震勘探和施工 1065 口钻井，获工业油气井 145 口，发现油田 6 个、气田 1 个，还有一批含油气构造。③开展陕甘宁 3 省石油会战。1970 年 9 月，先在灵武、盐池、定边地区发现大水坑油田，肯定了鄂尔多斯盆地西南部有比较丰富的石油资源；1971 年，会战队伍在马岭、华池、城壕、南梁、吴旗均打出油井；1975 年，探明了庆阳马岭、盐池红井等油田，亦即所称的长庆油田。④开展辽河油区勘探。1967—1970 年，发现了 22 个含油气构造，初步控制了黄金带、于楼、热河台三构造的含油面积；1970—1975

年，又在辽河西部凹陷发现了曙光、欢喜岭、高升油田。到 1978 年，辽河油区共探明 11 个油田，其中 9 个投入开发，年产原油达 355 万吨，产气达 16.5 亿立方米。⑤开展冀中石油会战。1975 年 7 月，首先在河北任丘钻获日产 1000 多吨的油流，打开了中国新的古潜山类型油田的大门，接着组织了冀中石油会战，当年即探明了任丘油田；1978 年，该油田年产原油已达 1224 万吨，它是 20 世纪 70 年代中期中国石油勘探的重大突破。⑥开展中原油田勘探。1971 年，在南阳盆地钻获工业油流；1975 年，又在濮阳坳陷钻遇工业油流。⑦加强新疆石油勘查。1977 年 5 月，根据新疆地质局二队在玉力群背斜钻遇油流的线索，在南疆发现了柯克亚高产油气田，这是塔里木盆地油气藏的首次突破。⑧开展海域油气勘探。1967 年 6 月，首次在天津歧口以东海域海 1 井中试获原油 35 立方米、气 1941 立方米；1971 年 11 月，在渤中海 4 井老第三系再获日产原油 261 吨；1972 年 12 月，在渤海 7 井老第三系又获日产原油 910 吨，发现了埕北油田；1976 年 8 月，在渤海渤中 6 井侏罗系火山岩中钻获日产原油 334 吨，在渤中 5 井日产原油 370 吨，发现了 428 西油田；同年 12 月，"南海一号"钻井平台在北部湾试下海钻探，次年 8 月在湾一井老第三系试获日产原油 50 立方米、天然气 9490 立方米；1978 年 4 月，"南海二号"半潜式钻井平台在莺歌海二井首次钻获天然气。

此外，1977 年，由于解放军基建工程兵 00911 部队在内蒙古二连盆地东部勘查水文地质时打到了 74 米厚的含油层，导致石油工业部和地质部派出队伍分别在二连盆地和盆地东部开展了大量地球物理工作和钻井施工，初步圈定了阿尔善油田和额仁淖尔油田。1978 年 9 月，地质部第三石油普查大队在盆地东部马尼特坳陷施工二连盆地第一口参数井，随后，其他钻井队又陆续施工 6 口井，总共有两口井钻遇含油砂岩。

在油气地质研究上，这一时期地质部系统编制出版了《中华人民共和国石油地质图集》和《中华人民共和国石油天然气远景评价（附预测图）》；石油部系统编制了《中国含油气区大地构造与油气远景评价》等。这些成果都反映了具有中国特色的陆相成油理论和观点，对中国的油气勘探有重要的指导作用。

第三节　黑色金属矿产地质勘探成就

一、铁矿地质勘探

中华人民共和国成立初期，我国初步确立了以重工业化为重点的经济建设方针。

1956 年 4 月，毛泽东在《论十大关系》报告中指出："重工业是重点，要优先发展，大家没有异议……用多发展一些轻工业和农业的办法，来发展重工业……把重工业的发展建立在满足人民生活需要的基础上，使重工业发展的基础更加稳固，结果是，会使重工业发展得多些和好些。"中华人民共和国成立后的 30 年间，黑色金属资源勘探为保障钢铁工业发展和国家工业化建设作出了重要贡献。

（一）铁矿勘探起步时期

1950—1952 年是国民经济恢复时期，在解放战争和抗日战争期间被破坏的矿山、钢铁工厂生产得到恢复，1952 年粗钢产量 135 万吨，生铁产量 193 万吨。为了保证钢铁生产是原材料和矿山开采的接续资源，对部分矿山进行了铁矿资源储量估算。1953—1957 是中国第一个五年计划时期，这一时期苏联援助中国的 156 个工业项目开始实施，其中钢铁项目 7 个，合计建设产能生铁 670 万吨、粗钢 636.6 万吨、钢材 360 万吨。

1955 年，全国人民代表大会通过的《第一个五年计划》要求：五年内计划探明铁矿储量 24.7 亿吨，锰矿 5400 万吨，铬矿 21 万吨。地质部"一五"计划探明铁矿储量 15 亿吨，锰矿储量 4100 万吨。

整个"一五"期间，全国探明铁矿储量 56 亿吨，是国家"一五"计划的 2.27 倍，其中，地质部探明铁矿储量 25.85 亿吨，是地质部"一五"计划的 1.73 倍；全国探明锰矿储量 1 亿吨，是全国"一五"计划的 1.86 倍，其中，地质部探明锰矿 7501 万吨，是地质部"一五"计划的 1.84 倍。全国探明铬矿储量 16.7 万吨，均为地质队探明，达到全国计划的 80%。

新中国铁矿勘探的工作部署具有较强的历史背景。中国的铁矿地质调查工作开始较早，1921 年已编写出版了《中国铁矿志》一书，对中国的铁矿地质、矿床特征等都做了比较全面的论述。以后又陆续有许多中外地质学家对辽宁的鞍山、本溪地区，内蒙古的白云鄂博，四川的攀枝花和河北的东部地区铁矿进行了调查，有的还做过物探和地形地质测量工作，这些工作均局限于地表，缺乏必要的施工手段。因此，直到 1949 年，中国的铁矿估算储量仅 1 亿多吨。中华人民共和国成立后，为适应国民经济建设的需要，在上述已知铁矿区集中了较强的力量，开展正规的铁矿地质勘探工作。

1）鞍山铁矿

1950 年 10 月—1951 年 10 月，在顾功叙指导下，通过地面磁测，首先发现鞍山樱桃园山西坡下至环市铁路磁异常，推测可能是齐大山铁矿的延伸。1954—1958 年，鞍山地质勘探公司四〇一地质队、四〇二地质队先后对樱桃园、王家堡子等矿区进行勘探，提交了铁矿石储量近 9 亿吨。其中的东、西鞍山铁矿在 1950 年通过地面磁测证实可以连接，两端亦有延伸，估计总储量可达 20 亿吨。鞍山大孤山铁矿，1950 年先由鞍钢采矿部普查，1952—1955 年由鞍钢地质处组织进行勘探，探明铁矿石储量 4.6 亿吨，其中工业储量占 50%。鞍山关门山、砬子山、眼前山铁矿，1950 年由政务院财经委员会东北地质矿产调查队李春昱、沈其韩等进行调查，并填绘了 1∶5000 地质图。1956 年开始，由冶金部四〇二地质队分别进行评价和勘探。红旗铁矿（原名胡家庙子铁矿），1956 年亦由四〇二地质队做过普查。鞍山黑石砬子铁矿位于东鞍山铁矿与大孤山铁矿之间，是鞍钢地质处于 1953—1954 年通过 1∶5 万磁测发现的，但直到 1967 年才正式勘探。

2）本溪铁矿

本溪南芬铁矿（原名庙儿沟铁矿），1950 年由政务院财经委员会东北地质矿产调查队沙光文等做过调查，1953—1954 年由本溪钢铁公司地质处进行详勘，探明矿石储量约 4.4 亿吨，其中工业储量占 80% 以上。本溪歪头山铁矿，1951—1952 年由沙光文及曹国权先后调查，并施钻 5 孔，初步计算了矿石储量；1953—1954 年，本溪钢铁公司第一资源勘探队进行初勘，提交储量 2 亿吨；1957 年，由鞍钢四〇一地质队详勘。

3）冀东地区铁矿

包括滦县司家营、迁安铁矿（含水厂、大石河、裴庄、宫店子等铁矿）、遵化石人沟等大中型铁矿，先后于 1955 年、1956 年由地质部华北地质局一一三地质队、冶金部华北地质分局五〇三地质队（石景山钢铁公司地质勘探队前身）进行普查勘探，并对迁安铁矿的大石河矿、裴庄矿探明了部分储量。

4）四川攀枝花铁矿

1954 年，地质部西南地质局五〇八地质队初步调查和取样，估算储量在 1 亿吨以上。1955—1957 年，五〇八地质队撤销，将五〇八地质队二分队扩建为五三一地质队，以秦震为技术负责人，对该矿正式普查勘探，初步查明主矿区储量大于 10 亿吨，周围还有若干大型铁矿床。

5）包头白云鄂博铁矿

1952 年地质部组建以严坤元为技术负责人的二四一地质队进行勘探，到 1955 年，初步探明主矿、东矿、西矿三个矿体，储量逾 8 亿吨。

6）湖北大冶铁矿

1950 年，湖北地质调查所先行调查该矿，编有《湖北大冶铁矿初步报告》。1951 年 5 月—1952 年 1 月，中国地质工作计划指导委员会组建大冶资源勘探队对该矿进行包括磁法探矿的勘探工作，发现隐伏矿体尖林山铁矿，从而初步肯定了大冶铁矿的远景。1952 年 5 月—1954 年 3 月，地质部以程裕淇为队长的四二九地质队对该矿进行了系统普查勘探，探明铁矿石储量 1 亿吨，伴生铜金属储量 40 万吨。1954 年 6 月—1955 年 6 月，围绕矿山建设进行补充勘探，由重工业部武汉地质勘探公司第二勘探队于 1956 年 7 月提交补充勘探报告，获新增铁矿储量 1038 万吨。

7）宁芜地区铁矿

包括安徽的马鞍山地区、江苏南京及沿长江 50 千米地段内分布的安徽凹山铁矿、南山铁矿、向山铁矿、姑山铁矿，江苏的梅山铁矿等。1953 年，马鞍山铁厂钻探队（地质部三二二地质队前身）进入凹山铁矿进行钻探。1955 年下半年转入勘探，同时，地质部三二二地质队开始对马鞍山范围内的南山、向山、和尚桥、陶村等铁矿开展普查。后来证实该范围铁矿储量达 7 亿多吨。姑山铁矿是重工业部南京分局派出技术人员踏勘后由该部八〇四地质队于 1954 年 10 月—1956 年 5 月进行了普查勘探，1957 年 1 月提交年度总结报告，计算矿石储量约 2800 万吨。

8）梅山铁矿

该矿是 1956 年 3 月—1957 年地质部航测大队九〇二队做 1：10 万航磁测量时发现梅山地区高磁异常，冶金部八〇七地质队及物探总队于 1957 年年初开展综合找矿和地面磁测时发现了规模大、强度高的磁异常，经过钻探验证才被证实异常是铁矿引起的。

9）甘肃镜铁山铁矿

包括桦树沟、黑沟、头道沟、西柳沟、夹皮沟等 10 余个矿床（点），均是 1955—1957 年由地质部西北地质局六四五地质队和六三四地质队先后发现并勘探的。后来证实其总储量逾 5 亿吨，是中国发现的首例大型海相火山沉积变质铁矿床。山西代县山羊坪铁矿（又称峨口铁矿）是 1955 年重工业部地质局华北分局第二普查队根据报矿线索发现的。同年，地质部二一七地质队及山西物探队曾进行普查和地面磁测，1956 年，重工业部华北分局五〇四地质队正式勘探，1957 年提交年度总结报告，探获储量 2.3 亿吨。

10）海南石碌铁矿

1952 年，两广地质调查所先行地面调查，发现了新矿体，1953—1956 年，地质部中南地质局四一〇地质队进行北矿体勘探，1957 年 3 月提交报告，计算原生铁矿石储量 2 亿吨，坡积铁矿储量约 1061 万吨。全矿区原生铁矿储量为 2.6 亿吨，远景储量为 1 亿吨。全区坡积矿有 7 处，总计净矿储量 1764 万吨。1949—1957 年，由政府投入勘查铁矿的资金达 8000 余万元，钻探工作量 47 万米，探明矿石储量近 110 亿吨，保证了第二个五年计划建设 8 个大、中型钢铁厂的需要，同时也为第三个五年计划拟建钢铁厂准备了部分储量。

（二）钢铁工业大发展时期（1958—1980）

1958 年，在全党全民大办地质的"大跃进"浪潮中，当年全国群众报矿点达到 10 多万处。其中，许多矿点成为第二个五年计划时期，甚至是整个 20 世纪 60 年代地质勘查的主要对象。在第二个五年计划时期，勘查铁矿的投资达 2.2 亿元，钻探工作量达到 199 万米，可谓铁矿地质勘查的鼎盛时期。1958—1965 年，新发现或继续勘探的重要铁矿如下所述。

1）河北迁安水厂铁矿

1958 年 6 月—1959 年，由河北省地质局唐山综合地质大队发现，随即开展普查，并对大石河、杏山、裴庄等矿段进行中间勘探。1963 年 2 月—1964 年 5 月，该队又与石景山钢铁公司勘探队联合组织会战，求得矿石储量约 3 亿吨。

2）山西岚县袁家村铁矿

该矿于 1958 年 6 月经山西省地质厅吕梁山地质队根据群众报矿发现。1958 年 10 月—1962 年 4 月，由省地质厅五台山地质队（后改称二一八地质队）与太原钢铁公司五〇四勘探队共同勘探，探明矿石储量 6.7 亿吨，预测远景储量大于 3 亿吨。

3）吉林浑江板石沟铁矿

该矿于 1958 年 7 月被吉林地质局通化地质队发现。1958 年 8 月—1959 年 10 月，由该队对矿床进行了快速普查和勘探，提交了中间报告，满足了通化钢铁厂建设的急需。1960 年—1963 年 3 月，该队又正式详细勘探，最终探明储量约 1.2 亿吨。

4）湖南祁东铁矿

该矿于 1958 年由衡阳专署地质二队根据农民报矿发现，经踏勘证实矿区长达 10 余千米。与此同时，湖南冶金二一七地质队在矿区北西段鲤鱼山亦发现了铁矿露头。1959 年 2 月—1962 年 2 月，由衡阳专署地质一队、省地质局物探队、四〇九地质队先后对矿区进行勘探，四〇九地质队先提交了祁东铁矿对家冲矿区勘探报告，探获铁矿石储量约 2 亿吨。

5）陕西柞水大西沟铁矿

1958 年，陕西地质局秦岭中段地质一队首先发现了柞水大西沟铁矿的磁铁矿部分，经初步普查评价，计算铁矿石储量约 1000 万吨。

6）内蒙古黄岗锡铁矿

1959年10月，北京煤矿地质学校学生进行1：10万地质填图时，首先发现该矿Ⅰ区的露头。1960年，昭乌达盟地质局地质人员又发现该矿Ⅳ区露头。同年，地质部航测大队在进行1：20万航空磁测时发现整个矿区所反映的磁异常。1964年11月，内蒙古地质局派人查证磁异常。1965年2月，地质局黄岗地质队（后改称二〇四地质队）在Ⅰ区查证钻孔中发现厚达18～20米的富铁矿，随即上钻普查。

7）新疆哈密天湖铁矿

1960年5月，冶金七〇四地质队在矿区布置了6个钻孔，验证此前由该队发现的磁异常，结果只发现了几个小矿体。1963—1965年，该队又勘探Ⅱ号矿体，同时重新检查Ⅰ号异常，也发现了盲矿体，但此时尚未揭露该矿的厚大矿体。

8）云南新平大红山铁铜矿

1964年，云南地质局第二区测队在检查航磁异常时发现了该矿。后交由地质局第九地质队和物探队五分队普查评价，当年只确定了两个矿层9个矿体，计算铁矿石储量约4600万吨。

9）云南新平鲁奎山铁矿

1958年，云南省冶金工业局地质勘探公司三〇四地质队先对该矿麻腊依矿段Ⅰ号矿体进行普查勘探，1960年提交的中间性地质报告计算了铁矿石储量1180万吨，从而为以后大规模勘探该矿奠定了基础。

10）云南澜沧惠民铁矿

1958年，云南冶金三〇五地质队进行普查，普查报告计算铁矿石储量1.09亿吨。

11）福建龙岩马坑铁矿

为了满足三明钢铁厂生产急需，1958—1961年，福建省地质局闽中地质队（后改称地质五队）和物探大队六〇一分队共同对该矿进行了中间勘探。1962年，由地质五队提交了中间报告，计算铁矿石储量5000万吨。

12）山东淄河铁矿

1958年1月，淄博勘探队、昌潍专署地质队分别对1957年群众报矿发现的淄河铁矿孤山段、虎头山段施钻，结果见到地下富厚的褐铁矿。1958年8月—1960年2月，省地质局与冶金局派出几个地质队与前述地方地质队配合，分别对孤山段、虎头山段、朱崖段进行快速普查评价和勘探会战，工作中还得到由北京地质学院师生组成的山东第一区测大队进行1：20万区域地质测量提供的大量基础地质资料，因此很快发现了隐伏在奥陶系灰岩中的巨厚层状矿体，大大提高了勘探的质量。1962—1963年，又对朱崖铁矿进行了详细勘探，最后提交铁矿石储量 4000 万吨。

13）湖北长阳火烧坪铁矿

1958 年 6 月—1963 年 1 月，由冶金部六〇一地质队对该矿进行勘探，提交铁矿石储量 1.5 亿吨。

14）南京梅山铁矿

1958 年 5 月，华东冶金八〇七地质队开始用钻探验证梅山磁异常，终于发现了隐伏铁矿。见矿后继续进行勘探，于 1960 年 3 月提交了可供采矿初步设计的中间勘探报告，1964 年 6 月又提交了详勘报告，获得铁矿石储量 3 亿吨，满足了上海梅山铁厂生产之急需。

15）安徽霍邱铁矿

在 1957 年发现航磁异常的基础上，1959 年，安徽省地质局三三七地质队通过钻探验证，首先发现了霍邱矿区的张庄铁矿。

16）辽宁鞍山及本溪铁矿

在 20 世纪 50 年代前期和中期地质勘查和提交部分储量的基础上，1958—1965 年，冶金四〇一地质队、四〇四地质队又对鞍山铁矿的眼前山、关门山、砬子山矿段多次补充勘探，同时对许东沟—东小寺矿段进行普查，获得 3.7 亿吨贫矿储量。与此同时，辽宁地质局本溪地质队则对本溪铁矿黄柏峪矿区进行普查勘探，提交了远景储量 4400 万吨。1958 年，冶金四〇一地质队又对本溪歪头山铁矿再次详勘，1960 年复审该矿勘探储量为 1.9 亿吨。

此外，这一时期还完成了四川攀枝花铁矿的详细勘探，提交了报告，同时开展了外围白马及红格钒钛磁铁矿勘查。

第二个五年计划时期（1958—1962），总计投入铁矿勘查的资金达 2.2 亿元，钻探工作量 199 万米，探明矿石储量近 180 亿吨。1962 年，通过复审核实"大跃进"时期探明的储量，实际探明储量只有 110 亿吨左右，基本上与第一个五年计划时期探明储量相当，但投入却超过第一个五年计划时期的 1.7 倍，这是"大跃进"时期盲目打钻，不顾质量带来的后果。

1966—1978 年新发现的重要铁矿有：1966 年 5 月，安徽省地质局三二七地质队验证磁异常，在孔深 484 米发现了罗河铁矿，后经勘探储量为 4.8 亿吨；1966 年 11 月—1969 年 5 月，安徽省地质局三三七地质队验证磁异常，先后发现霍邱铁矿的草楼矿、李老庄矿、周油坊矿、李楼矿、范桥矿，该 5 矿探获储量约 3.8 亿吨；1975—1976 年，山东省地质局第一地质大队三分队在淄博黑旺铁矿以北又发现了文登、店子两个大型铁矿；云南省地质局第十六地质队和第十七地质队分别发现了景洪县大勐龙铁矿和澜沧县惠民铁矿，随后由第十七地质队和第十地质队勘查了惠民铁矿深部。

（三）富铁矿会战（1975—1979）

长期以来，我国铁矿资源贫矿多、富矿少，导致选矿工艺复杂、选矿成本高，影响了我国铁矿生产和钢铁行业的竞争力。为解决这一问题，从 1975 年起，我国启动了一轮自上而下寻找富铁矿的大会战。1975 年 8 月 6 日，国务院主管工业的领导批示，找富铁矿的会战是非打不可的，要把各方面的力量组织起来，共同努力，克服一切困难，把这个会战早日打出成果来。8 月 29 日，国家计划委员会召集国家地质总局、冶金部和中国科学院负责人共同组成富铁矿会战领导小组，并制定了《富铁矿科研和找矿规划》。12 月，国务院钢铁工业领导小组召开会议，要求加强富铁矿地质工作。1976 年 1 月，国家地质总局、冶金部和中国科学院联名向国务院呈送《关于加强找富铁矿工作的报告》。国家地质总局在皖北、西昌、许昌、宁芜、冀西、哈密 6 个重点地区组织会战；冶金部在鞍本、冀东、五台至岚县、海南、鄂东、邯邢 6 个重点地区组织会战；国家地质总局与中国科学院、冶金部共同组成科研协调小组，主攻风化壳型、火山岩型和石碌型富铁矿，在执行中，其他类型的铁矿也在寻找之列。

1976—1978 年开展的全国富铁矿大会战，是这一时期的重大事件。针对中国发展钢铁工业的薄弱环节是富铁矿太少、矿山生产滞后，国务院钢铁领导小组于 1975 年 10 月召开会议，确定由国家地质总局与冶金部各选出 8 个重点地区进行寻找富铁矿会战，要求查明富铁矿资源，并要求将安徽庐江罗河、四川红格、冀东、辽宁鞍山—本溪、山西岚县 5 个地区列为重中之重加速勘探。会战提出的方针是：区域展开，重点突破，集中力量评价一批重点矿区，找到一批新产地。1977 年下半年，地质总局会战地区增加到了 25 个，会战队伍由 3.8 万人增加到 7.5 万人，开动钻机由 410 台增加到 775 台。1978 年 1 月，国家地质总局在上海召开铁矿会议后，参加会战的队伍就达到 8.1 万人，开动钻机 822 台。通过此次会战，基本上查明了中国铁矿的成矿条件、矿床类型和分布规律，证明中国不具备形成大型风化壳型富铁矿的地质背景。会战的结果是，评价了一批小而富和大而贫的铁矿。1978 年，中国铁矿探明储量达到了 431 亿吨。

各参与会战的重点地区在会战阶段所探明的储量大致是：邯邢铁矿 8.8 亿吨，冀东迁安水厂铁矿深部 3.4 亿吨，岚县袁家村铁矿 9 亿吨，东、西鞍山铁矿 29 亿吨，鞍山黑石碴子铁矿 2 亿吨，庐江罗河铁矿 4.8 亿吨，龙岩马坑铁矿 4.6 亿吨，莱芜张家洼铁矿Ⅲ矿体 1.4 亿吨，新平大红山铁矿 4.6 亿吨。

经过本轮富铁矿会战，对我国铁矿床类型和找矿潜力有了全面的认识，后来反思当时的会战方向脱离中国 BIF 型铁矿的成矿条件，不具备形成大型风化壳型富铁矿的地质背景。通过这些反思，使得专业人士和行政领导在如何处理会战和地质科学规律上有了深刻的认识，之后找矿会战这种方式就不再出现了。虽然本轮富铁矿会战未取得预期的富铁矿找矿成果，但在铁矿储量增长方面还是取得了重要进展。

二、锰矿地质勘探

（一）起步阶段（1950—1957）

从 1950 年起，重工业部和地质部的队伍即开始勘查锰矿。除首先勘探已知锰矿外，也发现了若干新的锰矿床。

1）湖南湘潭锰矿

由于氧化锰矿资源濒临采尽，1953 年 11 月，地质部委派中国科学院侯德封、叶连俊赴矿区调查，经对原来的"含锰灰岩"调查采样分析，首次发现了碳酸锰矿。1954 年，重工业部钢铁工业管理局华中地质勘探公司湘潭锰矿勘探队（1956 年改称冶金部湖南地质分局九〇一地质队）开展了区域普查，1955—1957 年选点勘探，探明碳酸锰矿石储量 900 万吨。

2）辽宁朝阳瓦房子锰矿

该矿于 1953—1956 年由地质部东北地质局一〇一地质队勘探，探明锰矿石储量 4000 余万吨。

3）贵州遵义锰矿

原来只认识地表的氧化锰矿，20 世纪 40 年代估算储量为 25 万吨。1952—1954 年，贵州省工业厅地质勘探处和地质部西南地质局三三二地质队与五〇三地质队先后开展普查，何立贤等首先发现了原生碳酸锰矿石。1954 年，遵义锰矿铜锣井矿段转入勘探，探明锰矿储量 3424 万吨，肯定了该矿的工业价值。

4）云南建水白显锰矿

1956 年 9 月，地质部西南地质局五三六地质队对白显平台原已发现的"锰铁帽"进行检查分析，证实为沉积锰矿；同时，地质部三〇一物探队也配合开展了矿区 30 余平方千米 1:1 万锰量测量，从而又发现了芦寨、梅子树等新矿体。1950—1957 年，总计投入锰矿勘查的资金约 1500 万元，钻探工作量 19.6 万米，探明锰矿石储量达 1 亿吨，已经满足了第二、第三个五年计划冶铁的需要。

（二）发展阶段（1958—1978）

1958—1959 年，在大办钢铁、大找铁矿的同时，也发现了若干重要的锰矿。同时对 1958 年以前发现的一些锰矿继续完成勘探工作。

1）广西大新下雷锰矿

1958 年 10 月，大新县地质队将当地群众用以冶铁的黑石头报告给南宁专署地质局，经检查发现是富氧化锰矿石，同时还发现了原生碳酸锰矿。1959 年 2 月—1961 年，广西地质局九〇三地质队对该矿进行普查勘探。1963 年开始，地质局四二四地质队再次勘探矿区南部和西南部，直到 1968 年才结束。该矿探明储量近 7900 万吨，深部尚有地质储量约 4000 万吨，是中国迄今已经查明规模最大的锰矿床。

2）云南砚山斗南锰矿

1958 年，当地村民将一块误认为是煤的标本送省地质局滇东南地质队化验，经杜明达鉴定为锰矿，化验后品位达 38%，从而发现了该矿。该矿是中国已知唯一以褐锰矿为主的原生锰矿。

3）陕西宁强黎家营铁锰矿

1961 年 1 月，陕西省地质局第二综合队发现，1961—1962 年开展普查评价，1963 年 4 月提交普查评价报告，计算锰矿石储量 177 万吨。

4）云南建水白显锰矿

1958 年 1 月，云南省地质局组建白显地质队勘探该矿，同年 8 月即提交储量报告，求获锰矿石储量约 1000 万吨。该矿矿石大部分属于优质放电锰，成为中国生产放电锰原料的主要矿山。

5）湖南花垣民乐锰矿

根据 1965 年年底地质部地矿司宁奇生提供贵州松桃找到震旦系大型锰矿的信息，以及 1966 年春贵州地质局一〇三地质队技术负责人向湖南地质局四〇五地质队介绍松桃锰矿的情况，四〇五地质队于 1966 年 3 月在民乐找到该含锰层位及矿层露头，后即转入普查，于 1966 年 7 月提交了普查评价报告，1967 年 10 月又提交了详查报告及锰矿石储量约 1500 万吨。该矿的发现，是 20 世纪 60 年代锰矿地质勘探最突出的成果。

三、铬矿地质勘探

（一）起步阶段（1950—1957）

中国铬铁矿资源不足。1949 年以前中国已知的铬铁矿产地仅有吉林开山屯及宁夏小松山两处，前者在日军侵华期间已被掠夺殆尽。1950 年，中国科学院西藏工作队李璞等人首次在藏南曲松县罗布莎发现含铬超镁铁质岩及铬铁矿。1951 年由重工业部组队赴开山屯再次开展铬铁矿普查，1952 年地质部成立后又派人赴小松山进行铬铁矿普查，但均收效甚微。

为立足国内，解决中国发展钢铁工业对铬铁矿的急需，地质部于 1953—1963 年再次组成铬铁矿专业普查队，先后在内蒙古、青海、新疆等地区开展铬铁矿普查。与此同时，还派人赴苏联学习找矿方法和经验。根据铬铁矿的成矿专属性——与超镁铁质岩关系密切，而超镁铁质岩又具有很强的磁性，采用航空、地面磁法测量会取得良好效果。为此，地质部又调集了物探队伍从事铬铁矿找矿工作。通过航空、地面磁法测量，发现了一大批航磁异常和超镁铁质岩体，为寻找铬铁矿提供了可靠的依据和找矿线索，新疆托里县萨尔托海地区的铬铁矿便是其中的一个。1955 年，地质部东北地质局一二六地质队普查组冯冶等在内蒙古锡林浩特东北的赫根山发现了铬铁矿点，1956—1963 年正式开展了矿区普查勘探，探明铬铁矿储量 16.7 万吨，尚不能满足工业建设的需要。

（二）发展阶段（1958—1980）

1958 年，第二机械工业部五一九地质队二十一分队在进行放射性测量时发现新疆托里县萨尔托海铬铁矿。同年，新疆地质局塔城地质队检查了该矿。为加速评价萨尔托海铬铁矿，地质部于 1963 年组织了以新疆萨尔托海为中心的东、西准噶尔地区铬铁矿会战，以地质部副部长李轩为指挥长的会战指挥部调集了内蒙古地质局二〇五地质队、新疆地质局第三地质大队、第五地质大队和物探队共 2000 余人参加会战，开动 30 台钻机，会战结束时，萨尔托海探明储量 37 万吨。在发现萨尔托海铬铁矿线索之后，青海、甘肃、内蒙古、陕西、河北、北京、山西、吉林、黑龙江、山东、河南、安徽、浙江、江西、湖北、云南等省（自治区、直辖市）也相继开展了铬铁矿普查。此后均发现有超镁铁质岩体。在此基础上，地质部经过认真分析研究，又加强了内蒙古、新、青、甘、陕、冀、鄂、皖诸省、自治区的铬铁矿普查勘探工作，并于 1961 年在包头召开了第一次全国铬铁矿工作会议，交流了找矿经验，加强了工作指导，审查了内蒙古、青、陕、皖、鄂等省、自治区提交的少量铬铁矿储量。

1965年，铬铁矿会战指挥部根据中国科学院西藏考察组李璞等人在西藏发现罗布莎超镁铁质岩体和铬铁矿露头及刘庭榕在藏北发现的东巧超镁铁质岩体线索，决定抽调新疆地质局第三地质大队、第五地质大队、物探队及已进疆的内蒙古地质局二〇五地质队的部分职工进藏，组成西藏第二地质大队，全面展开对该矿的普查勘探。该矿是迄今中国发现的铬铁矿中规模最大、质量最好的矿床。矿床 Cr_2O_3 含量一般大于45％，并伴生有达到综合利用要求的锇、铱、钌、铑、铂等元素。在勘探罗布莎和东巧铬铁矿床时，又找到了香卡山和依拉山两个铬铁矿床。新疆铬铁矿地质工作，在地质部1965年2月召开的全国第二次铬铁矿工作会议精神指引下，再次得到加强时，认真总结了该区矿体"成带分布、成群出现、成段集中"的赋存规律，做到了正确部署和指导勘探工作，不仅详细评价了萨尔托海铬铁矿，增加了探明储量，还应用重力方法找到了萨尔托海以南隐伏的鲸鱼铬铁矿床并进行了勘探。

1967年下半年，新疆铬铁矿会战由于"文化大革命"被迫停止。6月，甘肃省地质局第二地质队三分队在肃北县大道尔吉超基性岩体中首次发现铬铁矿，即命名为大道尔吉铬铁矿。随后，该矿逐步转入普查和勘探，于1977年提交勘探报告，探明矿石储量156万吨。与此同时，内蒙古锡盟赫格敖拉铬铁矿的评价工作也取得了较大进展。西藏地质局第五地质大队和第二地质大队先后对藏北东巧、依拉山，藏南罗布莎、香卡山铬铁矿全面开展了普查评价工作。到1979年，探明3处大型铬铁矿床，获优质铬铁矿储量400多万吨。1971年，新疆地质局组建第七地质队，再次勘查萨尔托海铬铁矿，在5矿群下面又发现了隐伏矿，命名为22矿群，探获储量43万吨。这一时期，在河北遵化、北京密云等地也探明了贫铬铁矿储量约90万吨。从第三个五年计划开始到第七个五年计划结束，铬铁矿始终作为重点矿种在加强工作。这一时期，政府为寻找铬铁矿共投入钻探工作量206万米，投资1.34亿元，探明储量近1000万吨，基本查明了中国铬铁矿的分布规律，即西部地区成矿条件有利，找矿前景基本清楚，东部地区成矿条件不好，无须投入大量工作。随着改革开放政策的调整，寻找铬铁矿的队伍由1980年的3297人减少到20世纪90年代的300余人，野外普查基本停止。

四、钒钛地质勘探

钛矿包括钒钛磁铁矿中的钛（主要是钛铁矿、钛磁铁矿）、钛铁矿（残坡积矿、砂矿）和金红石（金红石矿物及金红石 TiO_2）。中国的钛资源量居世界之首，分布在四川攀西地区、云南富民、海南东海岸和湖北枣阳、山西代县等地区。钒钛磁铁矿中的钛资源丰富，仅此类型钛矿储量达 5 亿余吨。工业生产所需的钛原料来自钒钛磁铁矿中的钛和砂钛矿。中国的钒矿赋存于四川攀西地区钒钛磁铁矿中和南方寒武系底部的炭硅质页岩或石煤中，已探明 V_2O_5 总量达 2800 余万吨。工业生产所需的钒原料主要依赖综合回收，来自钒钛磁铁矿和含钒磁铁矿。

1957 年 4 月，地质部四一〇地质队根据群众报矿线索，检查发现了海南沙老钛铁砂矿。

1970 年，北京地质学院"五·七"地质队在普查石煤时发现湖北丹江口杨家堡钒矿，后经湖北地质局五队详查评价，获 V_2O_5 储量 85 万吨。1973 年，山西省地质局二一一地质队发现代县碾子沟金红石矿（即钛矿）。

中国的钛矿在 20 世纪 80 年代获得重大发现。其一是 1984 年云南地矿局第一地质大队在富民县大营发现钛铁砂矿，后经钻探证实为一基性岩风化壳型矿床。1985—1988 年由第一地质大队（后改为八一四队三分队）普查和详查，最后提交储量约 250 万吨。随后，第一地质大队、冶金三一二地质队在富民、武定、禄劝一带广泛普查又有了新的发现。到 1989 年，该地区探明钛铁矿储量近 2300 万吨。其二是 1987 年，江苏省地矿局地质研究所通过研究新沂市蒋马榴辉岩体发现了金红石原生矿，1988—1991 年经地质六队在最有远景地段进行普查评价，提交了《东海县毛北—新沂市蒋马金红石普查报告》，证明该矿为一大型原生金红石矿，求获矿石储量约 1.7 亿吨，金红石储量 300 余万吨。中国的钛矿主要产于钒钛磁铁矿中，探明 TiO_2 储量 5.3 亿吨，其中 96% 分布在四川攀枝花地区；钛铁砂矿主要分布在云南和海南岛，以云南为最多；金红石矿以产于湖北枣阳者为中国之最，探明储量 500 余万吨，其次为江苏东海毛北金红石矿。

1949—1993 年，中国的钒矿探明储量 2800 万吨，产地 100 余处，大部分产于钒钛磁铁矿中，其中四川攀枝花地区占总储量的 52%。独立的钒矿以产于寒武系底部石煤中的碳硅质岩型钒矿为主，储量约占总储量的 17%，以湖北丹江口杨家堡钒矿为代表。

1）大庙钒钛磁铁矿

为了合理利用大庙钒钛磁铁矿资源，1952 年，东北有色局地质处对矿区进行了调查，提交了概查报告。1954 年，重工业部沈阳地质勘探公司一一二地质队到矿区进行了地质勘探及矿床开采技术条件的研究。1955 年 4 月提交了《热河省大庙钒钛磁铁矿大庙及黑山区地质勘探总结报告》，经全国矿产储量委员会审查批准铁矿石储量 4300 万吨，含铁 35.86%；TiO_2 416 万吨，品位 7.17%，V_2O_5 15 万吨。

1956 年，冶金部地质局东北分局一〇四地质队在矿区及外围进行了勘探工作，使全区储量增加了 87%，并使部分储量升级；调查了罗锅子沟、马营等地的矿化范围，于 1957 年 2 月提交了《河北省大庙钒钛磁铁矿大庙及黑山区 1956 年年终储量计算说明书》。1958—1959 年 12 月，河北省地质局第四地质大队对岩体北部乌龙素沟钛磁铁矿进行了详查，探明矿石储量 110 万吨。1959—1960 年，华北冶金勘探公司五一三地质队进行了补充勘探，增加储量 80 万吨。与此同时，对外围的头沟、马营、黑山压青地、马圈子沟、罗锅子沟、铁马吐沟等处的钒钛矿、钒钛磁铁磷灰石矿进行了普查评价，认为工业价值有限而停止了工作。

2）攀西钒钛磁铁矿

攀枝花钒钛磁铁是攀西地区钒钛磁铁矿的代表。攀枝花钒钛磁铁矿床为晚期岩浆矿床，矿体赋存于辉长岩体中、下部。辉长岩体呈北东向分布，长 19 千米，宽 2 千米，倾向北西。岩体被断层或金沙江切割，自北东至南西分为朱家包包、兰家火山、尖包包、倒马坎、公山、纳拉箐 6 个矿段。其中朱家包包、兰家火山、尖包包、倒马坎 4 个矿段矿层厚，矿石质量佳，其储量占总储量的 95%，是勘探工作的重点；公山、纳拉箐矿段矿层薄，且紧濒金沙江，只进行过详查工作。攀枝花钒钛磁铁矿探明铁矿石储量 10.8 亿吨，TiO_2 储量 1.26 亿吨，V_2O_5 储量 319.6 万吨。铁矿石金属矿物成分以磁铁矿、钛磁铁矿、钛铁矿为主，其次有磁黄铁矿、黄铜矿、镍黄铁矿等。钒呈固溶状态赋存在钛磁铁矿中。矿石中主要有益组分除铁、钒、钛外，还伴生有少量铜、钴、镍、铬、钪等。铁矿石经选矿试验，入选品位为 30.6%，可获得铁精矿品位 51.96%，回收率 75.42%。铁精矿中含钒 0.55%，回收率 78%。钛赋存于钛磁铁矿和钛铁矿中，磁选后，钛磁铁矿进入钒铁精矿，炼铁后进入炉渣，其量约占钛总量的一半。磁选后尾矿中的钛铁矿是回收利用钛的主要原料。采用重—浮—电联合流程，入选品位 TiO_2 为 13.83%，精矿品位为 46.96%，回收率为 34.66%。该矿铁、钒、钛等均已开发利用。

除攀枝花外，在攀西地区还探明了红格、白马、泰和矿区的储量，均是大型钒钛磁铁矿床。

第四节　有色金属地质勘探成就

中华人民共和国成立伊始，重工业部（后又分设冶金部）和地质部便十分重视寻找和勘查有色金属矿产资源。1957 年以前，重点是围绕已有重点矿山探明储量，扩大寻找新的资源；同时在普查中也发现了一批新的有色金属矿产基地。在第一个五年计划期间（1953—1957），已经探明数量可观的有色金属矿产储量，总计探明铜金属量 630 万吨（地质部 354 万吨，重工业部及冶金部 276 万吨）、铅锌金属量 330 万吨（地质部 178 万吨，重工业部及冶金部 152 万吨）、铝土矿 1 亿吨（地质部 6740 万吨，重工业部及冶金部 3260 万吨）、锡金属量 138 万吨（地质部 88 万吨，重工业部及冶金部 50 万吨）、钨（WO_3）66 万吨（地质部 11 万吨，冶金部 55 万吨）、钼金属量 130 万吨、镍金属量 2 万吨、汞金属量 3 万吨。

1958—1965 年，探明铜金属储量 1582.5 万吨，铅锌金属储量 2684 万吨，铝土矿约 7.5 亿吨，WO_3 储量 130 万吨，锡金属储量 163 万吨，钼金属储量 196 万吨，镍金属储量 233.8 万吨，锑金属储量 130 万吨，汞金属储量 4.2 万吨。

一、铜矿地质勘探

（一）起步阶段（1950—1957）

1953—1957 年，地质部二一四地质队开展山西省中条山铜矿峪铜矿普查和勘探，探获铜金属量 200 余万吨。1951—1954 年，宋叔和率地质部六四一地质队对甘肃白银厂铜矿勘查评价，到 1957 年，已基本探明该矿为一大型海相火山岩型铜、硫矿床。安徽铜陵铜矿，1949 年和 1950 年，张兆瑾、殷维翰先后奉命进行调查；1952—1955 年，郭文魁、郭宗山率地质部三二一地质队勘探铜官山铜矿，证实该矿为一大型铜矿床。江西德兴铜厂铜矿，1956 年由中南地质局四〇二地质队（后改称江西地质局铜厂地质队）开始普查勘探。云南东川—易门铜矿，20 世纪 50 年代初期即由冶金部所属东川地质队进行勘查，经过数年勘查，扩大了东川铜矿范围，在易门地区又找到若干同类型的矿床。湖北大冶铜山口铜矿，1957 年 6 月由湖北地质局大冶地质队发现，11 月即作出具有工业价值的评价。

（二）发展阶段（1958—1978）

1958 年，小兴安岭区测队发现黑龙江多宝山铜矿，江西地质局赣西北地质队发现江西九江城门山铜矿，冶金部地质局华北分局五四二地质队找到了内蒙古狼山地区霍各乞铜多金属矿，湖南湘潭专区综合地质队发现了浏阳七宝山硫铜多金属矿。1959 年，湖北地质局鄂东地质队发现大冶铜绿山深部主矿体，后经勘探，铜金属储量有 50 万吨；广东地质局七〇四地质队发现了阳春石菉次生富集夕卡岩铜矿。同一时期，内蒙古地质局二连地质队三分队还发现了白乃庙铜矿。1960年，江西地质局赣西北地质队又发现江西瑞昌武山铜矿。1961年，赣东北地质队在德兴铜厂外围发现了富家坞、朱砂红大铜矿，在铅山永平和东乡枫林也发现了大、中型铜矿；青海地质局果洛地质队发现了青海德尔尼铜钴矿；江苏地质局发现江宁安基山铜矿。1963—1965年，华东冶金八一二地质队在安徽铜陵铜官山深部及外围相继勘查了老山、宝山、白家山等铜矿；安徽地质局三二一地质队则提交了铜陵铜矿东、西狮子山及药园山矿区的最终勘探报告；云南冶金东川地质队勘探查明了东川铜矿汤丹、落雪、因民、烂泥坪等大、中型矿区；云南地质局区测队发现，并由十八队和物探队评价了中甸雪鸡坪铜矿。1965年，福建地质局305队发现紫金山铜矿，历经勘探，铜资源量已达300万吨。

1966年，西藏地质局第一地质大队何大江、巴桑旺堆根据牧民江参报矿线索首先发现藏东江达玉龙铜矿的转石，后经勘探证实在中国为特大型斑岩铜（钼）矿床，储量约900万吨。后来又在附近相继发现马拉松多、多霞松多、莽总等大中型铜矿，证实该区系一巨大的东西方向长达400千米的斑岩铜矿带。1970年，江西地质局九一二地质队探明了铅山永平的层状大型铜矿。1973年开始，江西地质局集中力量勘探德兴铜矿的铜厂和朱砂红。冶金地质勘探公司则补充勘探德兴富家坞铜矿，从而使德兴铜矿储量扩大到了800万吨，1975—1977年，江西地质局赣西北地质大队还发现了九江城门山深部的斑岩型铜矿，同时冶金勘探公司还在银山铅锌矿深部发现了火山岩型大型细脉浸染型铜金矿。至此，江西探明铜金属储量超过1000万吨。1976—1977年，安徽地质局三二一地质队在铜陵铜矿狮子山矿区北面深部冬瓜山发现了大型隐伏铜矿床，从而使狮子山铜矿区铜金属储量陡增至100万吨。在此之前，该队还发现了狮子山矿区老鸦岭、大团山铜矿，大大扩展了铜陵铜矿的远景。1970—1978年，吉林地质局第五地质队又勘查了突泉县莲花山铜矿30余条矿脉；内蒙古地质局二〇二地质队、二〇五地质队、哲盟地质队，吉林地质局综合队、物探队勘查了科尔沁右翼中旗布敦花铜矿。1966—1978年是云南滇中砂岩铜矿扩大勘探的时期，由冶金地质队伍探明了六苴、凹地苴、郝家河等一批砂岩型铜矿床。

二、铝土矿地质勘探

（一）起步阶段（1950—1957）

1950年，冯景兰、张伯声在河南进行地质调查时发现了巩县（1991年改为巩义市）小关村铝土矿。1954 年，地质部四一七地质队选择巩县铝土矿大小火石岭矿段、竹林沟和茶店矿段进行勘探，先后探获储量 4200 万吨。1952—1953 年，重工业部有色金属工业局组队对山东淄博沣水、湖田两矿区进行勘查，1954 年又由重工业部华北地质勘探公司五〇一地质队进行勘探，同时对淄博盆地开展普查，1956 年又完成新发现的田庄、河东庄矿段勘探，邹家庄初勘，王村评价等总计探明储量约 3800 万吨。1954 年，地质部西南地质局组建五四三地质队勘探贵州修文小山坝铝土矿，同时对外围的其他矿区也进行了普查。

（二）发展阶段（1958—1978）

1958 年 10 月，北京地质勘探学院实习队普查组发现广西平果铝土矿。同年，山西省地质厅吕梁山队、化肥队、中条山队、二一二地质队及北京地质勘探学院实习队、北京矿业学院地质矿产调查队等在找铁矿时首次发现了原平、孝义、阳泉、平陆、沁源等一批大、中型铝土矿。1958—1965 年，贵州地质局完成了修文小山坝、长冲、干坝，清镇林歹、燕垅铝土矿勘探；河南地质局则完成了新安、渑池一带铝土矿的勘探。

三、铅锌矿地质勘探

（一）起步阶段（1950—1957）

1950—1958 年，地质部中南地质局四〇六地质队、冶金部长沙地质勘探公司二一七地质队先后勘探湖南常宁水口山铅锌矿，探明铅锌金属储量 16 万吨。1954—1957 年，地质部中南地质局四〇八地质队对湘南黄沙坪铅锌矿进行勘探，探获铅锌金属储量近百万吨，伴生金 9.1 吨。上述两大矿床勘探结果，保证了水口山冶炼厂和株洲冶炼厂建设之急需。广西融安泗顶厂铅锌矿及石龙铅锌矿，1953 年由中南地质局四〇四地质队、四〇七地质队勘探，探明铅锌金属储量 50 万吨。广东凡口铅锌矿，1956—1957 年首先由化工部三四三地质队在普查黄铁矿的同时对铅锌矿进行了综合查评价，初步肯定为一大型铅锌矿。青海锡铁山铅锌矿，地质部青海锡铁山地质队于1953—1957 年普查勘探，证实为一大型铅锌矿。四川会东大梁子铅锌矿，1955 年由西南地质局五二九地质队调查。辽宁关门山铅锌矿和凤城青城子铅锌矿，在 1956 年前后分别由东北地质局长白队及冶金一〇三地质队、一〇六地质队进行勘查，分别求获铅锌金属储量 44 万吨和 108 万吨，保证了沈阳冶炼厂和葫芦岛锌厂的需求。

（二）发展阶段（1958—1978）

1958 年，江苏省地质局南京地质队对栖霞山铅锌矿开展普查，认为该矿是一个中型多金属矿，值得进一步工作。1960 年，矿山成立了地质队，经综合研究，认为该区锰矿为锰帽，深部为多金属矿，经钻探证实锰帽下有较好的铅锌矿体。1963—1964 年，江苏省冶金八一〇地质队在虎爪山及九乡河畔打到了较好的原生铅锌矿。1959 年，河北省地质局张家口综合地质大队三中队经工作确认了张北蔡家营铅锌矿。此后，浙江地质局又在中生代火山岩中发现了黄岩五部铅锌矿。1960 年，云南省地质局区域地质测量队发现了兰坪金顶铅锌矿。1964 年，冶金勘探公司二队开始进入甘肃西秦岭地区，正式展开西成铅锌矿田的勘查工作。

1970 年，内蒙古群众报矿发现昭乌达盟白音诺铅锌矿，后经地质局第三地质队勘探证实为一大型富铅锌矿床。1973 年，四川地质局第三区测队发现了川西白玉呷村大型银铅锌矿。1976 年，湖南冶金二一七地质队发现常宁康家湾大型含金铅锌矿。1966—1978 年，云南地质局第十一地质队勘探了兰坪金顶特大型铅锌矿。1978 年，江西省地质局九一二地质队在贵溪冷水坑银矿田又发现了特大斑岩型铅锌矿。1970 年，吉林地质局进一步勘查了科尔沁右翼中旗孟恩陶力盖铅锌银矿。

四、镍矿地质勘探

1954 年，西南地质局五〇八地质队与徐克勤率领的南京大学师生共同组成普查队，踏勘检查了四川会理力马河镍矿。1955 年组建五三五地质队，勘查四川会理力马河镍矿，探明镍金属储量 1.47 万吨。

1958 年 6 月，地质部在云南省墨江召开了全国镍矿现场会议，要求在全国加速开展镍矿普查工作。同年 8 月，在甘肃省永昌县自家咀子（后改为金川）经甘肃省地质局祁连山地质队实地踏勘取样分析，肯定了甘肃金川铜镍矿的存在。经过十几年的勘探，全区共提交镍金属储量 547 万吨，铜金属储量 346 万吨，为世界第二大硫化铜镍矿床。1959 年，吉林冶金第七勘探队在吉林磐石县发现了红旗岭大型铜镍矿，经勘探成为中国第二大镍矿基地。1958—1959 年，云南地质局墨江地质队普查评价了金厂大型硅酸镍矿。

1972 年，吉林省地质局通化地质队发现并勘探了通化赤柏松铜镍矿。同年，甘肃省地质局第六地质队勘探金川铜镍矿Ⅳ矿区，1973 年金川铜镍矿的勘探工作全部结束。

1982 年，新疆地质局第四地质队在哈密县发现黄山镍矿。1984 年，新疆地质局第四地质队在富蕴县发现哈拉通克镍矿。金川、黄山与哈拉通克构成我国三大镍矿床。截至 1999 年，全国累计探明镍储量 872.87 万吨，保有储量 764.27 万吨，居世界第八位。镍和精炼镍的产量分列世界第六位和第七位。

五、钨矿地质勘探

1953—1957 年，重工业部二〇一地质队、二〇五地质队，江西地质局赣南地质队、九〇九地质队、九〇八地质队先后在江西大余西华山一带开展钨矿普查勘探，总共探明钨储量 44 万吨，为以后西华山、大吉山、峁美山、盘古山四大钨矿的建设打下了基础，使原本资源濒临枯竭的"钨都"成为中国钨矿主要产地。湖南柿竹园钨矿，于 1957 年由湖南地质局四〇八地质队普查发现。同年，江西省区测队在福建省西北部开展 1∶20 万区测时，通过追索在重砂中发现的黑钨矿，发现了清流行洛坑钨矿。广东连平锯板坑钨矿于 1957 年由广东省区测队根据物化探异常发现。与此同时，广东地质局七二二地质队、七〇三地质队、七〇五地质队，冶金部九三二地质队、九三七地质队、九〇九地质队也在粤北地区普查发现了不少钨矿产地。

1963 年，湖南地质局四〇八地质队发现郴县柿竹园特大型钨、锡、钼、铋共生矿；福建地质局三〇六地质队开始勘探清流行洛坑钨钼矿，该矿经 3 年勘探被证实是中国第二大钨矿。1965 年，广东地质局七〇三地质队发现连平锯板坑特大型钨矿。

1966—1968 年，广东地质局七〇三地质队详查评价了连平县锯板坑钨矿，后经广东冶金地质勘探公司九三二地质队勘探，证实连平县锯板坑钨矿为一特大型钨矿。

六、锡矿地质勘探

从 1950 年开始，云南锡业公司地质队、西南地质局第二地质调查队和地质部西南地质局五〇一地质队先后进行云南个旧锡矿勘查工作，1955 年提交了砂锡矿 72 万吨，使锡矿储量大量增长。1955 年，冶金部二一五地质队进入广西南丹大厂普查锡矿，并首选长坡矿段进行普查评价；冶金二〇四地质队则进入广西富贺钟勘探砂锡矿。1956 年，冶金九三一地质队发现了广东潮州厚婆坳锡铅锌矿。

1960—1961 年，冶金地质二一五地质队在广西南丹大厂发现本区最大的盲矿体，使该矿成为中国又一个特大型锡多金属矿区。该队在 1965 年提交的第一份大厂矿区勘探总结报告中，探明锡、铜、铅、锌、锑等金属储量 320 万吨，其中锡就有 68 万吨。

20 世纪 70 年代初，云南冶金三〇八地质队在云南个旧锡矿深部花岗岩接触带中发现了巨大的锡石硫化物矿体，解决了个旧锡矿的矿山接替问题。

七、钼矿地质勘探

1951—1957 年，冶金部一〇五地质队在辽宁杨家杖子钼矿周围普查，发现了北松树峁、新台门两个钼矿床。1954 年，东北地质局二〇四地质队又在吉林永吉县发现了大黑山（前撮落）大型钼矿。1954—1957 年，二〇四地质队（后改为一一四地质队）勘探了永吉县大黑山钼矿，探明钼金属储量 109 万吨。1955 年 9 月，地质部西北地质局六四七地质队在秦岭东段普查时发现了陕西华县金堆城大型钼矿；1956 年 3 月，陕西地质局组建金堆城地质队勘探该矿，探明钼金属储量近 100 万吨。1956 年，地质部秦岭区域地质测量队张思纯等发现了河南栾川钼矿；1957 年，河南地质局派栾川队盛中烈等对该矿南泥湖和三道庄矿段进行普查评价。1958 年，河南地质局发现栾川上房沟大型钼矿床。

1977—1978 年，辽宁冶金一〇五地质队在辽宁杨家杖子钼矿东北又找到一个兰家沟斑岩型钼矿，解决了杨家杖子矿山接替问题。冶金一〇五地质队及辽宁地质局第三地质大队在锦西钢屯、兰家沟相继勘查了一批钼矿。

八、锑矿地质勘探

中国是锑供应和出口大国，同时也是消费大国，中国锑供需变化直接影响到全球锑市场走势，中国以全球 1/2 的储量承担着全球将近八成的锑供应量。

1956 年，冶金部二三四地质队对湖南新化锡矿山锑矿进行详细普查，发现了上童家院深部 4 个盲矿体。1956 年，西南地质局五二三地质队何发荣、韩仲诚踏勘评价了贵州晴隆锑矿。

1958—1959 年，冶金部二三四地质队继续对湖南新化锡矿山锑矿进行详查。1959 年 4—12 月，贵州工业勘测队对晴隆锑矿进行普查评价；1959 年 9 月—1960 年 12 月，贵州冶金地质二队又对该矿区大厂、西舍、小厂三区进行详查，探明储量 1.31 万吨。1959 年，贵州省地质局区测队对独山县半坡锑矿开展地质测量，提交了《独山县新民半坡锑矿初查报告》，计算锑金属储量 1.8 万吨。1959—1960 年，云南文山州地质队对广南木利锑矿进行了评价。1962—1965 年由西南冶金三一〇队进行正式普查，后来提交的报告中计算锑金属储量 14 万吨，品位 4.26％。1958 年，群众炼铁发现甘肃西和崖湾锑矿，1964—1965 年由西北冶金勘探二队正式开展矿区普查。1958—1964 年，冶金二三七队对沅陵沃西金锑钨矿进行勘探，1965 年提交储量报告，获锑 7.78 万吨，钨 1.23 万吨，金 1.5 吨。1962—1965 年，湖南冶金二三四地质队勘探了湖南新化锡矿山新发现的上童家院深部锑盲矿体，新增锑金属储量 25 万吨。1974 年，甘肃冶金地质二队探明了崖湾大型锑矿，提交锑金属储量 15 万吨。1976 年，陕西地质局地质一队探明了旬阳公馆汞锑矿南矿带。

九、汞矿地质勘探

1954 年，西南地质局五〇五地质队对贵州万山汞矿开展普查评价。1955 年，冶金重庆七一三地质队（后改称贵州冶金一队）进行勘探，发现 10 余处汞矿，探明汞金属储量近 3 万吨。

1958—1965 年，贵州地质局及冶金勘探公司地质队先后完成了铜仁、万山、丹寨—三都、开阳、兴仁、务川各汞矿区的一批大中型矿床的勘探工作，探明了丰富的储量。1958 年，秦岭区测队十分队盛必信、谭孝燮在 1∶20 万地质测量中发现了陕西旬阳公馆汞矿。

1966 年，湖南地质局四〇五地质队发现了凤凰头坡垴汞矿。1977 年，贵州地质局一〇三地质队发现了铜仁乱岩塘大型隐伏汞矿。

第五节　贵金属地质勘探成就

贵金属矿产包括金、银和铂族元素。金是一种同时具备商品属性、货币属性和金融属性的矿产资源。黄金主要用于国家储备和民众消费，我国长期以来是世界黄金第一消费大国。白银是一种应用历史悠久的贵金属，因其导电导热性能、良好的柔韧性、延展性和反射性等，使白银在工业应用和装饰美化生活上的功能不断发挥，主要应用于工业领域以及首饰、银器和铸币印章的制作。随着电子工业、航空工业、电力工业的大发展，白银的工业需求稳步快速增长。铂族金属包括铂、钯、锇、铱、钌、铑六种金属元素。铂族金属在经济和科技方面都具有双重的优越功能。中国铂族金属资源极为匮乏，对外依存度超过 80%。

一、金矿地质勘探

1955 年，国务院要求地质部门加强黄金资源地质勘查工作，中国的金矿地质找矿工作才正式起步。在此之前，金矿地质工作多半是在老矿山附近和已知砂金矿产地开展，银矿主要是在铜矿或铅锌矿中作为伴生矿、共生矿顺便予以查明。1953—1957 年第一个五年计划期间，探明了金储量约 60 吨，探明伴生银储量近 3000 吨。黑龙江省素以产砂金著称，1950—1957 年，地质部门和冶金部门的队伍先后在此开展砂金勘查，探明了储量。1949—1951 年，东北有色金属管理局指派苑久华等到吉林桦甸夹皮沟岩金矿进行地质调查，找到了新的金矿点。1956 年，地质部秦岭区域地质测量队首先在小秦岭发现金重砂异常及含金石英脉。

1975 年 6 月，国家计委地质局召开了黄金地质工作会议，国务院副总理王震在会上强调要提高黄金储备，必须加强黄金地质勘查工作。这是在"文化大革命"期间中央政府第一次提出加强黄金地质工作的号召。纵观这一时期，金矿取得的重大突破有：1966 年，黑龙江冶金地质勘探公司七〇四地质队发现嘉荫县团结沟金矿，后经 10 年勘探，证实是一个易采选的大型斑岩型金矿。同年，山东省地质局八〇七地质队评价了三山岛金矿，并于 1969 年提交了勘探报告。1967 年，山东地质局第六地质队在掖县发现了特大型的蚀变岩型焦家金矿。1974 年，山东地质局第六地质队又发现了同类型的掖县新城特大型金矿，1976 年该队又发现河东金矿。1978 年，河南省地质局地质三队在熊耳山地区圈出金、银、铅、锌化探异常，1982 年该局第一地质调查队检查异常后，在豫西发现洛宁上宫大型构造蚀变岩型金矿。1967 年，河南省地质局区调队根据群众报矿线索发现桐柏破山银矿，后经地质八队、第三地质调查队勘探证实为一含金的大型银矿。

二、铂族金属地质勘探

1971 年，云南省地质局第十一地质队发现了弥渡金宝山大型铂钯矿，后经勘探证实其中伴生有可能综合利用的钯、钌、铑、铱元素。

第六节　稀有、稀土、稀散金属矿产与放射性矿产地质勘探成就

稀有金属矿产包括锂、铍、铌、钽、锆、铪、铷、铯等。稀土金属矿产包括镧系元素、锕系元素等重稀土和轻稀土矿产。稀散金属矿产指锗、镓、铟、铊、铼、镉、钪、硒、碲等矿产。

一、三稀矿产地质勘探

1949—1957 年，中国稀有、稀土金属矿产地质勘查工作是结合铁矿和有色金属矿产勘查工作进行的，分散元素矿产因为大多数伴生于其他主要矿产（如煤矿和有色金属矿产）中，所以只能在勘查主矿时顺便评价。

1953 年，地质部二四一地质队在勘探内蒙古白云鄂博铁矿时发现其中伴生有大量稀土元素。1953 年，地质部阿尔泰区域地质测量队在新疆阿尔泰地区进行 1:20 万区域地质测量时，进一步发现了大量含铍等稀有金属的伟晶岩矿脉；1955 年，冶金部七〇一地质队正式对该区稀有金属矿进行普查勘探，进一步查明可可托海是其中最大的矿床。1959 年，四川省地质局甘孜地质队和丹巴地质队在川西北进行区域地质调查和矿产普查时，还发现了康定甲基卡、金川可尔因等以锂为主的稀有金属矿。

1963 年，国家科学技术委员会在北京召开会议，研究内蒙古白云鄂博稀有、稀土矿合理综合利用问题，要求在四五年内查明矿石中的物质成分及稀有、稀土元素的赋存状态和分布规律以及资源情况。为此，1963 年地质部组建一〇五地质队，开始对铁矿体及钠辉岩中的稀土金属和稀有金属（铌、钽）进行综合评价。1964 年，地质科学院等单位又研究了铁矿围岩——白云岩中的稀土，从而扩大了该矿的储量，后经冶金部门勘探证实该矿为世界罕见的特大型稀有、稀土金属矿床。1964 年，福建省地质局区测队又发现南平西坑富钽稀有金属矿床。1958 年，江苏省地质局还发现了溧水县爱景山锶矿。1957 年，湘赣地质队发现湖南平江县南江桥等地的独居石砂矿。1958—1959 年，对南江桥和马鞍山两段独居石进行勘探，1960 年提交了《平江县南江桥矿

区独居石砂矿地质勘探报告》。1959年，幕阜山地质队（原湘赣队）湘阴分队普查组发现望湘地区独居石砂矿，1962年提交了《长沙县望湘地区独居石砂矿地质勘探总结报告》。

1975年，吉林省地质局区测二分队首先发现了内蒙古扎鲁特旗801稀有、稀土矿，随后经吉林地质局第八地质队勘探证实为一大型富钇稀土矿。1971年，福建省地质局二队三〇六分队对南平西坑铌钽矿进行普查评价，1978年闽北地质队又对该矿进行勘探，最后证实是一个以钽为主的大型稀有金属矿床。1977—1979年，冶金部从内蒙古、华北、陕西等地质勘探公司调集11个地质队到白云鄂博铁矿西矿进行勘探会战，从而证实该矿是一座规模巨大的含稀土铁矿，含70多种元素、114种矿物，其中以铌、钽和稀土储量巨大，是世界上罕见的特大型稀有、稀土金属矿床。1966年，广西冶金地质勘探公司二一七地质队在恭城栗木钨锡矿勘查了中国已知第一个大型钽铌钨锡矿床。1971年，四川地质局二一一地质队根据报矿线索发现了合川干沟锶矿（天青石矿）。

二、放射性矿产地质勘探

1954年4月，地质部普查委员会设立了第二办公室，负责普查勘探铀矿资源，由副部长刘杰直接领导该办公室，并请高之杕担任技术领导工作。高之杕从仅有的几份20世纪40年代的铀矿资料中选定辽宁海城大房身长石矿及广西钟山花山花岗岩体两个矿化异常点进行踏勘检查。同年秋，在花山找到了铀矿化点。同年冬，中央政府决定将地质部普查委员会第二办公室隶属于国务院第三办公室。1955年1月14日，周恩来邀请李四光、钱三强、刘杰等商谈发展中国原子能科学技术的设想，并详细询问了中国铀矿资源状况。1月15日，毛泽东主持中央书记处扩大会议，听取了李四光、刘杰、钱三强的汇报，研究了中国发展原子能事业问题。毛泽东指出"我们国家，现在已经知道有铀矿，进一步勘探，一定会找出更多的铀矿来。"这次会议奠定了中国铀矿地质勘查工作大发展的基础。1955年1月20日，中国和苏联签订了《关于在中华人民共和国进行放射性元素的寻找、鉴定和地质勘探议定书》，规定两国将以合营方式在中国组建特种地质队勘探铀矿，并成立了执行协议的中苏委员会，由双方各派两名代表参加。1955年4月，普查委员会第二办公室改为地质部第三局，仍隶属国务院第三办公室领导，专门管理全国铀矿地质勘查工作。随后，在湖南长沙和新疆乌鲁木齐分别组建了三〇九和五一九两个铀矿地质勘查大队，两队在湘、桂、新三省、区境内各辖 5 个地区分队，承担各地区找矿勘查任务。同年 9 月，又在北京设立第三局直属的二〇九普查检查大队，下辖 13 个小队，在桂、滇、黔、川、新等省、自治区展开了大面积的铀矿普查检查工作。与此同时，地质部还规定从 1955 年起，本系统所有区域地质调查队和普查勘探队都应该进行放射性铀矿顺便检查工作。1955 年年底，铀矿普查取得了显著成效，在新疆、中南和华东等地共发现放射性异常点 200 余处，对其中具有远景的 11 个地点做了初步勘探，为以后探明铀矿工业储量奠定了基础。值得一提的是，五一九地质勘查队一队在新疆伊犁盆地南翼首先发现了侏罗纪煤系大型铀矿，随后，在天山南麓喀什地区又发现一个大型含铀沥青砂岩型矿床。1956 年，第三局又在山西太原组建了一八二铀矿地质勘查队，管理华北和西北地区的铀矿地质工作。同年，还在长沙、乌鲁木齐、山西太谷分别设立 3 所铀矿专业的中等地质学校。到 1956 年年底，全国铀矿地质队伍达到 2.1 万人之多。1956 年 11 月，政府设立第三机械工业部（1958 年 2 月改为第二机械工业部），负责领导和组织发展中国的原子能事业。随后，地质部三局即划归该部管辖。1956 年，勘探工作量得到大幅度增长，同时又发现了一批矿床，并对达拉地、金银寨、大堡、白马硐、蒙其古尔、巴什布拉克等矿床（点）做了重点勘探，计算了一部分工业铀储量。在 1955—1956 年大面积普查的基础上，1957 年实行了"巩固提高，重点勘探，适当扩大普查"的方针。由于加速了勘探，1958 年便向国家提交了第一批工业铀储量。1956 年 11 月，三〇九地质勘查队二队王昌发等在广东贵东花岗岩体接触带发现新桥、下庄铀矿点，1957 年三〇九地质勘查队十一队谢本武、顾鼎山、周四宝等又进一步找到含铀硅化带，经深部揭露，被肯定为大型铀矿，命名为"希望"矿床。1956 年，五一九队二十四队在新疆白杨河找到了晚古生代火山岩型铀矿。1956 年，通过航空放射性测量，在衡阳盆地发现产于白垩—第三系砂岩中的浦魁堂铀矿。1956 年年底，中国与苏联又签订了新的议定书，议定从 1957 年 1 月开始，将原来的中苏合营勘探中国铀矿改为由中国自主经营，苏联只提供技术援助的方式。1957 年 2 月，在长春组建了四〇六铀矿地质勘查队，负责辽东地区铀矿普查和矿山放射性检查。1957 年，通过航空放射性普查发现了江西相山大型火山岩型铀矿。

由于第一个五年计划期间大力开拓铀矿找矿与勘探，特别是 1956 年开始对重点矿区加紧勘探的结果，1958 年，中国开始有了第一批工业铀储量，从而为发展中国核工业提供了原料保证。1964 年 10 月，中国成功爆炸了第一颗原子弹。1958 年，长春四〇六铀矿地质勘查队迁至沈阳，扩建为东北地区铀矿地质工作管理机构。1959 年 1 月，第二机械工业部三局在南昌建立了华东六〇八铀矿地质勘查队，管理华东地区铀矿地质工作。同年 2 月，浙江省地质局第三地质队在第二机械工业部 1958 年所做航空放射性测量基础上发现浙江西部 660 铀矿异常，经初步评价后即移交六〇八铀矿地质勘查队勘探，被证实为大型火山岩型铀矿。1959 年 6 月，三局还在北京建立了铀矿地质研究所。至此，铀矿地质工作的全国布局和管理机构（含研究单位）已臻完善。1960 年 8 月，苏联中断了对中国铀矿地质工作的援助和物资供应。从此，中国的铀矿普查勘探完全走上了自力更生、独立发展的道路。1961 年 6 月，第二机械工业部三局召开铀矿地质工作会议，明确地质工作的新任务是：进一步提高工作质量，千方百计过技术关，加速扩大老矿区，顽强突破新基地，建立巩固的后方。同时还提出了今后一个时期铀矿地质勘查的方针是"既富又近，富近结合，合理布局，及早利用"。同年 9 月，又制定了《关于地质普查勘探工作的质量要求的规定》等 17 个技术规章和规范，对自力更生开展中国的铀矿地质工作起到了重要的指导作用。1962 年，三局又提出今后一个时期铀矿地质工作的重点是大力加强普查，研究成矿规律以指导找矿，努力扩大成果。1963 年 3 月，三局在北京召开第一次铀矿会议，总结交流中国铀矿床的地质特点和分布规律，初步展示出中国铀矿的成矿理论。此后，中国铀矿地质工作者开始自觉地运用地质矿床规律指导找矿，不断扩大找矿效果。1963 年 11 月，三局又在广州召开铀矿地质工作会议，决定在江西诸广山（岩体分布）地区展开铀矿普查勘探会战。会战期间，先后从四川、云南及新疆调集主要地质力量来江西。会战持续 3 年多，取得了重要成果，为该区探明大量的工业铀矿储量打下了基础。截至 1964 年年底，会战规模最大时共有 10 个地质队，约 7600 人投入该区地质勘探工作。

1958—1965 年，地质部组建了铀矿专业队，勘查发现了几个大型铀矿床，并先后开展评价勘探，成果十分显著。主要有地质部广东七〇五地质队覃慕陶等勘探的 211 矿、201 矿，四川地质局四〇五地质队勘查的位于川甘青三省交界处的 501 矿。在此阶段，通过大量的勘查实践，逐步加深了对中国铀矿类型和成矿特征的认识。如对花岗岩型铀矿的认识，主要是通过评价广东"希望"矿床、东坑矿床、澜河矿床、棉花坑矿床，西北的芨岭矿床等逐渐加深认识的。对火山岩型铀矿的认识，则是通过评价新疆白杨河矿床、江西相山矿床等逐步认识的。对砂岩型铀矿，也是通过对新疆达拉地矿床、蒙其库尔铀矿，湖南浦魁堂矿床、汪家冲矿床，辽宁建昌矿床的勘探才掌握了此类铀矿的特点和前景的。对碳硅泥岩型铀矿的认识，主要是通过深入研究广西铲子坪矿床和川甘青 3 省边境 501 矿床才知道此种改造型铀矿往往规模大、品位高，极具工业开发价值。此外，1958 年新疆五一九地质队编制的 1:100 万新疆铀矿成矿规律图，1961 年北京铀矿地质研究所编制的 1∶300 万中国铀矿成矿规律图及说明书等，对于了解中国铀矿化的分布特征和指导找矿都有一定的作用。在铀矿找矿勘探方法上，这个阶段总结出通过系统地质调查研究，配合电法、磁法探测，伽马测量，钻探揭露的综合勘查，是快速寻找评价铀矿的有效方法。

　　20 世纪 60 年代在江西诸广山地区开展的铀矿普查勘探大会战成绩十分显著，到 70 年代便探明了很多工业铀储量，有力支援了核工业建设事业。1966 年 6 月，第二机械工业部与地质部发出《关于协同做好铀矿普查工作的联合通知》，以便在全国投入更多的力量从事铀矿勘查。70 年代，中国的铀矿普查勘探持续发展，并且开始运用地质、物探、水化学探矿综合找矿的方法开展"攻深找盲"。1973 年第二机械工业部三局召开的铀矿普查工作会议着重研究了区调、普查、评价的工作方法，制订了《铀矿普查工作规定》，明确提出要根据实际情况，选用多种方法，大力寻找隐伏矿。这一时期所获成果主要是对火山岩型铀矿床的认识趋于成熟，发现了芙蓉铀矿、湘江铀矿，在滇西临沧等地第三系含铀煤和砂砾岩中也发现了一批铀矿床。特别值得一提的是，1969 年第二机械工业部三局云南九队在临沧邦卖盆地勘探铀矿时发现了超大型的含铀锗矿，后来探明的锗储量居世界领先地位。地质部系统勘查的广东 211 铀矿，1976 年以后，七〇五地质队在花岗岩体深部对 45 条矿化蚀变带做了评价，平均每年向国家提交相当于一个大型铀矿床的储量。四川地质局四〇五地质队则在川北若尔盖矿区又发现了成带出现的异常，评价了 511 矿段、512 矿段远景。在铀矿地质研究方面，70 年代，第二机械工业部三局首先在各大区建立了 6 个地区性研究所，形成了全国的科研网。另外，通过对桃山花岗岩体中铀矿床的深入研究，发现它属于赤铁矿—粘土型铀矿，是一种新的矿化类型。据此，在华南一些含硅化带型岩体中找到了此类型铀矿，扩大了找矿方向。通过对相山铀矿的深入研究，发现该矿区是一个塌陷式火山盆地，总结了该火山岩型铀矿的双混合成矿模式，根据此模式在江西、浙江和其他地区又找到一批火山岩型铀矿。在铀矿地质研究方面，70 年代着重开展了区域成矿规律和成矿预测研究。1970—1971 年编制了湘西震旦系—寒武系 1∶20 万成矿规律和成矿预测图；1974—1976 年编制了 1∶200 万中国中新生代盆地图；各地质大队也相应编制了本区域的成矿规律及预测图。在找矿方法上，主要是研究深部找矿手段，1975 年，第二机械工业部三局北京研究所吴慧山等研究成功径迹蚀刻找矿方法，可探测 200 米以浅的盲矿；1976 年，崔焕敏等研究应用浅层地震法寻找隐伏含矿层和构造，获得良好效果；1978 年，张庆文等研究成功 210 晕圈勘查深部铀矿方法，可探测 300 米以浅的盲矿。

第七节 重要非金属矿产地质勘探成就

一、概况

1949—1957 年，政府确定非金属矿产地质勘查的重点是优先保证钢铁工业和化学工业所需要的原料，兼顾建材工业的需要。同时也要使一批骨干矿山尽快恢复或扩大生产，故应首先围绕重点老矿山开展勘探和找矿。在第一个五年计划期间，列入重点勘查的矿种主要是菱镁矿、萤石、耐火粘土、熔剂灰岩、磷矿、硼矿、石棉、云母、滑石、高岭土、水泥原料矿产、玻璃石英砂岩、压电水晶以及金刚石等。第一个五年计划末期，上述大多数矿种都探获了较多的储量。

1958—1965 年，非金属矿产勘查的重点是发展农业所需的硫、磷、钾资源。因此，对 20 世纪 50 年代发现的矿区（矿床）都加快了勘探步伐。同时又加强了对压电水晶、金刚石、硼矿、冰洲石、蓝石棉、光学萤石等发展尖端工业所需资源的勘查。建材原料方面，则是重点解决矿山扩建急需的资源问题，勘探了水泥、玻璃硅质原料、石墨、石棉、云母、石膏、滑石等约 500 个矿床，为 70 年代我国非金属勘探的新发现奠定了重要基础。

二、主要矿种地质勘探

（一）化工原料矿产地质勘探

1. 磷矿地质勘探

磷矿是生产磷肥的主要原料，磷肥对发展农业、农作物增产至关重要。中国磷矿地质工作开展较早，江苏锦屏磷矿、云南昆阳磷矿、安徽凤台磷矿等在 1949 年以前已作过一些地质调查。其中，王曰伦等发现了昆阳磷矿。中华人民共和国成立后，地质部和化工部都积极开展了磷矿地质工作，取得了许多重要成果。1954—1957 年，地质部西南地质局五〇七地质队及云南省地质局昆阳地质队钱佐国等先后对云南昆阳磷矿进行勘探，证实该矿为大型沉积富磷块岩矿床。1955 年，贵州工业厅地质勘探处派冯济舟前往开阳洋水一带再次踏勘，发现了贵州开阳磷矿，1956 年 10 月，贵州省工业厅地质勘探处第五地质队对该矿做详查勘探。1957 年，化工部矿山局三四二地质队朱长元等发现了湖北襄阳磷矿。同年，省地质局孝感地质队发现了宜昌磷矿。鹤峰地质队还普查确定了鄂西南鹤峰磷矿的远景。湖南石门东山峰磷矿也是这一时期被发现的。1958 年，贵州地质局开阳地质队发现了瓮安白岩磷矿，后经勘探证实系特大型富磷矿床。四川省地质局一〇一地质队发现了绵竹什邡磷矿，后经勘探证实亦系中、高品位的大型磷矿。

1960 年，江苏省地质局第三地质队在锦屏磷矿外围发现了新浦、大浦磷矿，指示海州式磷矿尚有发展前景。安徽省地质局三二四地质队在同一时期则发现了肥东磷矿。1966—1975 年，湖北省地质局地质九队、地质七队陆续开展宜昌磷矿各矿区普查勘探，总计储量达 12 亿吨。1970 年，湖北地质局地质八队张智卿等人在鄂西北发现了保康磷矿，后经勘探证实为品位较高的大型磷矿。1967—1971 年，贵州地质局一一三地质队、一一四地质队、一一七地质队完成了织金新华大型磷矿（稀土矿）的勘探。1973 年，湖北省地质局地质六队发现大悟沉积变质型磷灰石矿，后经勘探于 1976 年提交报告，探明储量约 1 亿吨。1974 年，贵州省地质局一一五地质队发现了质优量大的福泉高坪磷矿。

从 20 世纪 50 年代的"三阳开泰"（指昆阳、开阳、襄阳三大磷矿）到 60 年代的"五阳争艳"（新增浏阳、绵阳两大磷矿），形成了我国磷肥生产的重要基地。除五大著名磷矿外，还勘查证实黔中、鄂西、湘西的震旦系磷矿带和滇中、黔西、川西的寒武系磷矿带都具有良好远景。更重要的是，在广西、河北、山西、内蒙古、江宁、甘肃、江西等缺磷省、自治区，不断发现新的磷矿，探明了一定的储量，磷矿探明资源分布不平衡的状况开始有所改变。截至 1974 年年底，我国磷矿探明储量已由中华人民共和国成立前的三四千万吨猛增到 95 亿吨。广大地质职工在"文化大革命"困境中发愤找矿，新增磷储量将近前 17 年（1949—1966）的两倍，基本上可以满足国磷肥工业发展的需要。

2. 黄铁矿地质勘探

1953—1956 年，地质部六四一队在勘探评价甘肃白银厂铜矿时，同时勘探了伴生的黄铁矿，该矿已成为中国黄铁矿的主要产地之一。1955—1957 年，化工部三四二地质队普查勘探了安徽向山黄铁矿，该矿成为华东地区硫酸工业原料基地。1954 年，重工业部化工局三四三地质队勘探了广东英德硫磺山黄铁矿西矿湖矿段，并于同年发现了樟坑矿段。1959 年，广东新兴县地质队根据群众报矿线索发现云浮大降坪黄铁矿，后经省地质局七二三地质队勘探证实是世界上少有的特大型富黄铁矿。1962 年，安徽省地质局三二七地质队发现庐江何家小岭黄铁矿。20 世纪 70 年代，内蒙古冶金五一一地质队在勘查乌拉特后旗东升庙、杭锦后旗炭窑口两个有色金属矿床时发现和探明了与两矿床共生的两个特大型黄铁矿，从而有可能改变中国华北地区硫矿供应不足的局面。

3. 硼矿地质勘探

西北地质局六三二地质队 1956 年、大柴旦地质队 1957 年进入柴达木盆地调查，不久便发现了大柴旦、小柴旦硼矿，随即开始正规勘查工作。1956 年，西藏地质局八二一地质队范敏中等在踏勘藏北众多盐湖时发现了班戈湖、茶拉卡湖的硼砂。1956—1957 年，地质部东北地质局一一七地质队和沈阳地质局辽吉地质队在勘查辽宁宽甸五道岭硼矿时发现了夹皮沟、砖庙沟、二人沟、泡子沿等硼矿，1957 年 9 月发现了杨木杆子硼矿等，该区硼矿均属沉积变质的硼矿。1958 年，辽宁和吉林两省地质局的硼矿专业地质队先后在辽东和吉林南部发现凤城二台子、宽甸杨木杆子、五道岭、砖庙沟和集安高台沟等大、中型硼矿。1960 年，辽宁省地质局五队又发现营口后仙峪大型硼矿。这一时期，还初步评价了砖庙沟—二人沟、凤城翁泉沟硼矿。

1977 年，辽宁省地质局丹东地质队在凤城翁泉沟探明了大型硼镁铁矿床。

4. 钾盐、碱地质勘探

1955—1957 年，西北地质局六三二地质队、化工部郑绵平、地质部青海办事处大柴旦地质队等在柴达木盆地勘查硼、钾，不久在察尔汗盐湖发现了含钾很高的卤水。1959 年，内蒙古地质局锡林郭勒盟地质队发现了察干里门诺尔天然碱矿。1958 年，湖北地质局云应地质队探明应城盐矿储量 3.24 亿吨。1960 年，云南地质局发现了江城勐野井固体钾盐矿。1961—1965 年，青海省地质局初步探明了察尔汗钾镁盐矿床。

1966 年，贵州地质局一〇五地质队发现并探明了赤水旺隆盐卤矿。1967 年，四川地质局第二普查大队根据石油钻井资料发现了三叠系威西盐矿，后经 9 年时间勘探，探明岩盐储量 174 亿吨，证明为一大型矿床。1970 年 3 月，江西地质局九〇九地质队在会昌县发现周田大型盐矿，结束了江西省无盐矿的历史。1971 年，安徽省三二五地质队发现了定远东兴大型盐矿。1971 年，河南地质局地质十二队发现了桐柏吴城古天然碱矿。

5. 重晶石地质勘探

1971 年，湖南省地质局四〇七地质队在新晃贡溪发现特大型重晶石矿，后经普查评价，探明储量 4.53 亿吨，是中国迄今已知最大的重晶石矿。

6. 砷矿地质勘探

1976 年，湖南地质局四〇三地质队进一步普查了石门优质雄黄矿的范围。

（二）冶金辅助原料矿产地质勘探

1. 熔剂石灰岩地质勘探

1954 年，鞍钢地质公司普查队普查了辽宁大连土城子熔剂石灰岩，同时还在辽东半岛普查发现了几处大、中型矿床。

1964 年，四川冶金六〇一地质队勘探了重庆歌乐山大型优质熔剂石灰岩矿床，探明储量 2.6 亿吨。

1970 年，四川省地质局一〇六地质队勘探渡口市把关河大型熔剂石灰岩，探明储量 1.5 亿吨。1978 年，河北省地质局地质八队补充勘探唐山市后屯大型优质熔剂石灰岩和白云岩，总储量达 3.18 亿吨。

2. 萤石地质勘探

1949—1957 年，主要是勘探与有色金属矿共生的萤石矿，如普查勘探湖南郴县柿竹园钨锡矿、云南个旧锡矿、湖南桃林铅锌矿时，都顺便勘查了与它们共生的大型萤石矿床。1955 年，浙江开始系统普查永康、武义、龙泉一带的萤石矿，其中武义的溪里、皇尖下两矿区经普查证实为大型矿床。1963—1965 年，浙江省地质局又发现几个大型萤石矿床。

3. 菱镁矿地质勘探

1950—1953 年，鞍山钢铁公司地质队和地质部一二三地质队先后在辽东半岛围绕海城—大石桥矿带开展了大规模的菱镁矿勘查，发现和勘查了青山怀、小圣水、杨家甸、金家堡—下房身、铧子峪等一批菱镁矿床。该地区已成为中国最主要的镁矿原料基地。1956 年和 1959 年，地质部山东办事处掖县地质队和山东办事处冶金五队先后普查勘探了掖县粉子山、优游山及外围的菱镁矿。

4. 耐火粘土地质勘探

1954—1955 年，华北冶金地质勘探公司三队及五〇四地质队先后普查勘探了山西太原东山大型软质耐火粘土矿。

5. 蓝晶石类矿产地质勘探

蓝晶石、夕线石和红柱石是制造新型无定型高温膨胀高级耐火材料的原料。地质系统于 1978 年开始普查找矿，当年及次年就发现了若干重要矿床，其中规模大者如黑龙江省地质局第一地质调查所发现的鸡西三道沟夕线石矿，探明储量达 684 万吨。此外，江苏省地质局地质六队在沭阳发现蓝晶石矿。河南省地质局区调队在区域地质调查中在南阳发现蓝晶石矿，在西峡发现红柱石矿，后经地质四队勘查证实。

（三）宝、玉石类矿产地质勘探

1. 金刚石地质勘探

金刚石是国家重要的战略资源，因其超强的硬度不仅普遍应用于传统工业的各个门类，更广泛地应用在现代高新技术领域。即便在人造金刚石迅速崛起的 21 世纪，天然金刚石的地位仍然无法替代。金刚石找矿的难度在诸多的矿种中首屈一指，因此金刚石找矿工作历来具有传奇色彩。从 20 世纪 50 年代，我国开始在湖南、贵州、山东、辽宁等省部署金刚石普查勘探。1953 年，地质部组建金刚石普查队，首先在山东沂沭河流域（已知金刚石出土地区）和胶东地区普查寻找金刚石。1954 年，地质部任命章人骏为队长，组建沅水金刚石地质队（后改名四一三队），到 1954 年探明了 4 个金刚石砂矿。1957 年，地质部又组建沂沭地质队（后改名八〇九队），在山东郯城柳沟水河、临沂城南的银雀山及沂沭河流域普查金刚石，先后探明了于泉、陈家埠等 5 个金刚石砂矿。1958 年，中国科学院地质研究所李璞带领金刚石课题研究组到湖南进行调查研究，他根据金伯利岩产出的构造背景和卫星矿物特征，把黔东、湘西作为寻找金伯利岩的远景地区。1960 年，第一届国际金伯利岩会议在西伯利亚召开，李璞等人出席了会议，并带回了西伯利亚雅库特地区含金刚石金伯利岩岩心和主要指示矿物（含铬镁铝榴石、镁钛铁矿、铬透辉石、镁橄榄石、镁铬尖晶石）样品，使我国地质工作者对金伯利岩和指示矿物第一次有了感性认识。此外，苏联专家也深入找矿一线，提出了许多指导性意见。1960 年，山东地质局八〇九地质队在郯城地区发现具有工业价值的金刚石砂矿。1961 年，北京地质学院组成以池际尚教授为首的一〇六地质队与地质部综合地质大队金刚石专题队，共同配合山东八〇九地质队在山东蒙阴地区普查金刚石，研究暗色岩与金刚石原生矿的关系。我国老一辈地质学家在金刚石研究和指导普查勘探方面发挥了重要作用。地质部地质科学院蒋溶于 1963 年率团考察坦噶尼喀，带回了金伯利岩标本，提交了《坦噶尼喀金刚石考察报告》，撰写了《金刚石卫星矿物研究方法介绍》。1964 年，地质部召开第一次全国金刚石专业地质会议，推广坦桑尼亚利用金刚石伴生矿物含铬镁铝榴石寻找金伯利岩和金刚石原生矿的方法。此后，我国金刚石找矿取得重大突破。

1）湖南

地质部成立以后，较快制定了金刚石找矿战略，湖南四一三地质队一马当先。寻找金刚石的工作首先从沅水主流河谷第四系地质地貌踏勘和群众报矿开始，并确定在丁家港区先行普查找矿。关键时刻，地质部派驻工作组和苏联专家伊斯科夫来队检查指导，并带来了手摇跳汰机和油选设备，举办了砂矿地质和选矿技术培训班，建立了小型选矿厂。最终确立了丁家港矿区为成矿找矿远景区，于 1955 年转入勘探。

2）贵州

由湖南水系溯源而上寻找金刚石原生矿的工作于 1959 年启动，这年地质部决定将湖南四一三地质队三分队划转贵州地质局组建黔东地质队（1961 年更名一〇一地质队）。1964 年年初得到地质矿产部指示："金刚石找矿工作必须砂矿与原生矿并举，以寻找原生矿为主。"1965 年 7 月 1 日，我国第一个金刚石原生岩体在贵州省镇远县马坪发现。此后，为了纪念这一特殊的日子——党的生日，将马坪地区改名为"七一"地区，将我国发现的第一个金刚石岩体定名为"东方 1 号"。1965—1972 年，在马坪地区施工钻探 1.65 万米，共发现岩脉 334 条，其中含金刚石 57 条，8 条岩脉的金刚石达工业标准，使马坪成为小型金刚石产地。1973 年 5 月，提交了《镇远县马坪地区金刚石原生矿详查报告》。

3）山东

1965 年 8 月，以梁有义为首的二〇一小分队在山东蒙阴地区发现了第一个具有工业价值的金刚石矿脉——"红旗 1 号"脉。1966 年 7 月，在山东蒙阴地区发现了常马庄、西峪、坡里 3 个金伯利岩带，50 多个含金刚石的金伯利岩岩体，1972 年提交了原生矿"红旗 1 号""红旗 30 号""胜利 1 号""胜利 2 号"及西峪矿区勘探报告。到 1977 年，探明常马庄、王村、西峪、头村和红喜庄 5 个工业矿床。

4）辽宁

1970 年 6 月，辽宁省地质局区调队在复县发现含金刚石金伯利岩管，1971 年 6 月，辽宁省地质局区域地质调查队白尚金在复县瓦房店检查铅锌矿点时发现了含金刚石的金伯利岩岩体，以后地质六队据此又在辽宁南部系统开展金刚石普查勘探，终于找到一批比山东更好、更多的原生矿和砂矿，并在 1978 年以前完成了 50 号、42 号、30 号等几个较大金伯利岩岩管的勘探工作。

2. 玉石地质勘探

1964—1965 年，地质部要求各省局首先对正在开采的著名玉石产地进行地质调查，其中包括新疆和田白玉、河南南阳独山玉和密县密玉、湖北郧阳与竹山的绿松石、浙江青田石等。同时，辽宁省地质局对辽宁岫岩玉矿进行了普查评价。

（四）建筑材料及其他非金属矿产地质勘探

1. 石棉、蓝石棉地质勘探

1953 年 6 月，西南地质局五四六地质队普查四川石棉县石棉矿。1957 年，四川地质局组建石棉地质队进入石棉县勘探石棉矿，该矿已成为中国重要的石棉生产基地之一。1958 年，青海省地质局海西地质队刘庭榕根据群众报矿线索，在海拔 3000 余米的阿尔金山中段发现了茫崖石棉矿，后经勘探证实是中国最大的石棉矿。四川地质局石棉队则勘探了石棉县的石棉矿。地质部陕西办事处秦八队发现了略阳煎茶岭石棉矿。

蓝石棉是一种具有防范遭受放射性辐射性能的矿物原料。1959 年，地质部开始进行蓝石棉普查，之后，河南、湖北、陕西、云南等省相继发现了较好的蓝石棉矿床，其中以云南姚安高峰寺蓝石棉矿的品位与规模居榜首。

2. 石墨地质勘探

1950—1957 年，华东工业部矿产勘测处及冶金部地质局华北分局五〇一地质队在山东南墅，地质部华北地质局二〇二地质队在内蒙古兴和，地质部湖南办事处在湖南郴州鲁塘等地普查勘探了石墨矿。

3. 石膏地质勘探

1960 年，安徽省地质局石油大队在普查石油钻孔中发现了定远石膏矿。1971 年，广东地质局佛山地质队和建材部中南地质公司四〇二队发现并探明了三水、四会大型石膏矿床。

4. 滑石地质勘探

第一个五年计划期间，地质部和建材部共同协作，在辽、吉、冀、鲁、闽、湘、桂、粤、陕等省、自治区开展滑石资源普查。自 1953 年起，辽宁省工业厅地质队与辽宁地质局海城地质大队先后普查勘探了辽宁海城范家堡子滑石矿。1954 年，山东省工业厅地质队在对掖县滑石矿的普查勘探中找到了富矿体，同时在胶东半岛也开展了滑石矿普查，终于发现了栖霞山李博士夼大型滑石矿。1957 年，广西地质局四三六地质队发现了广西龙胜大型滑石矿。

1965 年，中南建材地质公司四〇三地质队在广西龙胜滑石矿普查时，又相继发现和探明了古坪、鸡爪两个优质大型滑石矿。

5. 白云母地质勘探

1954—1956 年，华北地质局二二五地质队（后为二〇七地质队和土贵乌拉地质队）勘探了内蒙古土贵乌拉白云母矿。1955 年，西南地质局五一八地质队开始普查四川丹巴白云母矿。1956 年，地质部华北地质局二三三地质队对山东诸城云母资源进行调查。

1962 年，新疆地质局第四地质队开始普查阿尔泰白云母矿，后来地质部又从内蒙古等地调集力量充实该队，对该区白云母矿进行勘查会战。后来，该矿带成为中国最大的白云母基地。

6. 水泥灰岩地质勘探

1949 年，全国仅生产水泥 22 万吨，完全不能满足新中国即将开展的大规模经济建设对水泥的需求。水泥是工业建设最重要的大宗矿产品之一，1949 年以前我国没有正规的水泥地质勘探，对水泥原料的数量和技术要求也无法满足。中华人民共和国成立后，国家重视对水泥的地质勘探。1952 年，重工业部基建地质队在内蒙古、云南等地开展石灰岩普查。1953 年，国家组建专业建材队伍，对大同七峰山、贵阳太慈桥、河南新安铁门实施地质勘探，为大同、贵州和洛阳三个水泥厂的建设提供了地质资料。20 世纪 60 年代，对峨眉、湘中、邯郸、大连、本溪开展了广泛的地质勘探。70 年代，为湖南新化、湖北荆门、哈尔滨、北京琉璃河和江西宁国的水泥厂建设开展了石灰岩勘探。八九十年代开展的石灰岩勘探，获得的储量为 100 个大中型和数百个小型水泥厂的建设奠定了丰富的资源基础。

7. 硅质玻璃原料地质勘探

1953—1957 年，建材地质队伍找到和勘查了一批玻璃石英砂岩，保证了洛阳、昆明玻璃厂所需资源。1960 年以后，建材地质队伍相继为沈阳、上海、兰州、杭州等玻璃厂探明了一批资源。

8. 硅藻土地质勘探

1958 年，辽东地质局调查了吉林桦甸地区的硅藻土。1960 年以后，吉林地质局在长白马鞍山、敦化高松树、永吉三官地找到不少硅藻土产地。

9. 珍珠岩地质勘探

我国自 20 世纪 70 年代开始调查和勘查珍珠岩，最先是辽宁省地质部门与建材部门分别普查勘探了建平双庙、彰武苇子沟、法库孤树子等地的珍珠岩。随后，吉林、浙江、山东、河南、山西、内蒙古、黑龙江等省、自治区也陆续找到了一批有经济价值的矿区。

10. 硅灰石地质勘探

硅灰石是重要的陶瓷原料矿产，1975 年，湖北非金属矿地质公司综合队普查评价了大冶小箕铺（又称下马林）的硅灰石矿，探明储量 9.5 万吨，是中国勘查评价硅灰石之首例。1978 年，吉林地质局第一地质大队发现了磐石县长崴子硅灰石矿。

11. 蛭石地质勘探

蛭石，利用其膨胀性可生产保温、隔热材料。1974 年，内蒙古地质局一〇六地质队勘探完成固阳县文圪气大型蛭石矿。1976 年，新疆地质局第三地质大队根据群众报矿发现尉犁县且干布拉克蛭石矿，后经普查勘探，获蛭石矿物储量 1849 万吨。

12. 沸石地质勘探

1972 年，中国科学院地质研究所在浙江缙云火山岩中发现沸石。1976 年年初，浙江省地质局丽水地区地质队在缙云老虎头块段正式开展沸石矿的普查、详查工作。与此同时，浙江省非金属矿地质队在邻近的天井山地区勘探珍珠岩的同时也勘查了沸石矿，提交了可供工业利用的储量。

13. 高岭土地质勘探

1956 年，苏州市阳山勘探队开始勘探苏州阳山高岭土矿。1957 年，建材部地质局株洲大队开始普查湖南衡阳界牌高岭土矿。

1965 年，苏州专区地质队在苏州阳山北区发现了观山大型优质高岭土矿。1966 年，江苏省地质局地质四队在苏州观山发现大型隐伏优质高岭土矿床。这一时期还相继探明了湖南衡阳、醴陵，四川叙永，江西临川、大州、星庐等地的高岭土矿。

14. 粘土地质勘探

1976 年，南京土壤研究所许冀泉、南京大学方邺森为南京化工局鉴定活性白土原料时，首次发现江苏六合小盘山风化白土中产有凹凸棒石。1978 年，江苏地质局地质一队、区调队和安徽地质局三一二地质队进行普查时，分别在江苏六合、盱眙和安徽嘉山、来安、天长发现凹凸棒石粘土矿数十处。

15. 水晶地质勘探

1954—1957 年，地质部分别组建了海南水晶普查队、华北陶林普查队、中南四一八地质队、广西四二一地质队及六五一地质队、广东七一〇地质队、四川水晶队等先后在海南羊角岭，内蒙古察右中旗赛林忽洞 – 查沁、兴和县大小青山，广西田阳新峒、赖贡、百色大楞，海南屯昌泗顶岭、乐东尖峰岭，四川道孚哈若山以及广西、广东全区勘查寻找压电水晶矿。1954 年，地质部光学原料矿物普查队在羊角岭及其外围进行水晶矿踏勘工作。1955 年 9 月，地质部中南地质局组成四一八地质队开展羊角岭水晶矿地质勘探工作，1957 年末提交了地质勘探报告。1955 年，地质部将内蒙古陶林水晶普查队调进广西，勘查田阳新峒、赖贡、百色大楞等地水晶矿。1956 年，西北地质局六八〇队发现了青海省格尔木市吴曼通洞水晶矿。1955—1957 年，中南地质局四一九地质队（1963 年改名为六五一地质队）探明了田阳新峒、德保那甲、百色巴平、隆林德城、凌云下甲等大型优质水晶矿床，使广西水晶探明储量跃居中国各省第一位。

16.冰洲石地质勘探

1974 年，贵州省地质局一一七队发现并评价了望谟麻山冰洲石矿区。

第八节　重大找矿成果

从中华人民共和国成立到改革开放前的 30 余年，中国地质找矿工作取得了一系列重大突破。这种科学实践的成就不仅体现在对共和国矿产资源保障的重大支撑，更重要的是来自科学实践的理论成功对后续的地质找矿工作提供了良好的导向和借鉴。

一、石油勘探

大庆油田的发现，其意义不仅仅是"摘掉了我国的贫油帽子"，更重要的是地质理论的成功在中国石油勘探领域产生了重大连锁效应。

1.战略决策

1955—1957 年地质部广泛开展的石油地质普查取得了丰硕的成果，摸清了进一步找油的方向，为石油地质工作战略东移奠定了基础。1957 年 3 月，在地质部石油专业地质会议上，黄汲清作了《对我国含油气远景分区初步意见》的报告，将华北平原、江苏平原、松辽平原、云梦盆地列为可能含油、经济价值一般可能很大的地区。在此期间，李四光、黄汲清、谢家荣等均提出了石油普查向东部转移的意见。

基于上述已取得的成果和认识，地质部党组于 1957 年秋作出石油勘探战略东移的决定，提出第二个五年计划期间"将大力加强苏北、华北与东北三大平原的工作""务期迅速查明这些地区的含油远景，以改变石油资源不足的现状"。1958 年 2 月 27—28 日，当时主管石油工业的中央领导人邓小平听取了石油工业部的汇报，并指出石油勘探工作应从战略方面考虑问题，选择突击方向是第一个问题，要求重视对松辽、华北、华东等地区的勘探，争取在东北地区找出油来。这表明中央作出了战略东移的决策。在邓小平作出指示后，石油部决定成立东北石油勘探处，开始了由西向东的战略转移。于是，地质部和石油部的队伍云集松辽平原，联合携手普查勘探，终于发现了大庆油田。

正是有了地质部提出、中央决策的油气普查勘探战略东移和老一辈地质学家长期积累形成的陆相生油理论，实现了我国 20 世纪 50 年代末到 80 年代的油气勘查大发展和油田发现大突破。

2. 发现历程

按照石油普查委员会的工作安排，1955 年 8 月下旬至 12 月，地质部东北地质局韩景行等 8 人在松江盆地东部地区进行路线地质踏勘，发现了白垩系生油层系。1956 年，地质部松辽石油普查大队开展了大面积的石油地质普查和重磁力、电法普查。1957 年，完成了 40835 平方千米的松辽盆地及其周围地区的 1 : 100 万航空磁测。1957 年 3 月，石油工业部西安地质调查处 116 队编制了松江平原及周围地区含油远景图。1958 年，地质、石油两部从全国各地调集了各种勘探队伍开展松辽盆地和周边盆地的普查勘探工作。地质部发现了大同镇等 17 个可能储油构造，并在 1958 年 4 月 17 日首次在吉林省前郭旗发现油砂，在杨大城子构造见到了油气显示。石油工业部完成了两口基准井——松基 1 井、松基 2 井。1958 年 9 月 3 日，石油工业部松辽石油勘探局张文昭、杨继良、钟其权与地质部松辽石油普查勘探大队韩景行，物探大队朱大绥共同选址松基 3 井井位。1958 年 11 月 28 日，石油工业部批准松基 3 井井位。1959 年 2 月，地质部召开了地质、石油两部协作会议，批准了两部联合编制的 1959 年松辽盆地勘探总体设计。1959 年 4 月 11 日，松基 3 井由 32118 钻井队开钻，设计井深 3200 米，钻至 1471.76 米时已经多次出现油气显示，但因井斜过大导致钻进困难。经康世恩批准，开始停钻试油。9 月 26 日喷出了工业油流，日产原油 14.9 立方米。9 月 29 日，在松花江南部进行普查勘探的地质部松辽石油普查勘探大队 513 井队在扶余Ⅲ号构造施工的扶 27 井中获日产原油 2.5 立方米。为向国庆十周年献礼，中共黑龙江省委第一书记欧阳钦在视察大同镇时提议将大同镇的名称改为大庆。1959 年下半年，根据地质部东北物探大队提交的 1 : 100 万大同镇附近的地震构造图，松基 3 井所在的高台子构造东南有一个面积达 300 多平方千米的葡萄花构造。石油工业部从四川等地调来了 20 多台钻机在葡萄花以及周边的高台子、太平屯等构造进行钻井。葡萄花构造上的葡 7 井于 1960 年 1 月 5 日试油，自喷日产油 9.2～39.6 吨；此后，葡 20 井、葡 11 井、葡 4 井以及太平屯构造上的太 2 井等也获得工业油流。1959 年 12 月，地质部东北物探大队通过进一步的地震工作，确定了从葡萄花构造向北和向南延伸存在着一个面积达 2000 平方千米的长垣构造带。1960 年第一季度重点组织了对长垣北部 3 个构造高点上的第一口探井的钻探。萨 66 井、杏 66 井、喇 72 井分别于 1960 年 3 月 11 日、4 月 11 日、4 月 26 日喷出工业油流。之后，大庆长垣 7 个构造上均获得了工业油流。按照 1960

年 2 月 20 日中共中央批准的石油工业部党组关于开展松辽盆地石油会战的请示，来自全国各地的石油职工于 4 月 29 日在萨尔图草原上举行了万人誓师大会。6 月 1 日，第一列满载大庆油田原油的火车从萨尔图车站开出。1960 年年底，通过 93 口探井的钻探和试油，圈定了含油面积，概算了地质储量。至此，仅用 1 年零 3 个月的时间就探明了特大型的大庆油田。与此同时，在大庆长垣以外的 10 个构造上部署了深井钻探。其中的龙 1 井、升 1 井、吉 13 孔也于当年获得工业油流。此外，通过地震勘探，到 1960 年年底又发现了 25 个局部构造，累计发现构造 65 个。1961—1963 年，石油工业部和地质部均开展了综合研究工作，并在大庆长垣以外的地区重点开展了 5 个勘探战役。完成了全盆地的连片地震普查，累计发现局部构造 115 个。1959—1964 年，除大庆油田和扶余油田外，在全盆地还累计发现含油气地区 12 个。大庆油田的发现、勘探，是在中国陆相盆地成油理论指导下的一次成功实践。通过这次勘探及会战，中国石油地质理论和勘探技术大幅提升。所取得的理论、经验和方法，以及培养的专业技术人才队伍在日后的实践中产生了巨大的牵动和辐射效应。

1982 年，"大庆油田发现过程中的地球科学工作"荣获国家自然科学奖一等奖，主要完成人员有地质矿产部李四光、黄汲清、谢家荣、韩景行、朱大绶、吕华、王懋基、朱夏、关士聪；石油工业部张文昭、杨继良、钟其权、翁文波、余伯良、邱中健、田在艺、胡朝元、赵声振、李德生；中国科学院张文佑、侯德封、顾功叙、顾知微。1985 年，"大庆油田长期高产稳产的注水开发技术"荣获国家科学技术进步奖特等奖，主要完成人员有李虞庚、闵豫、李德生、王志武、唐曾熊、王德民、童宪章。

1973 年 2 月，石油工业部组织对大庆探区开展二次勘探，重新组建了大庆油田勘探指挥部。1973—1977 年，地震队每年施工测线 1393～3625 千米。每年完钻探井 9～34 口，5 年间共完钻探井 124 口。主要工作及成果是：①在三肇凹陷开展了预探评价工作，明确了三肇地区葡萄花油层是小幅度构造、断块局部富集的复合油藏。②进一步解剖了朝阳沟—长春岭地区，明确了朝阳沟是储量达亿吨的大油田，还发现了长春岭、大榆树、薄荷台等 9 个含油气地区。虽然勘探工作量不大，但油田开发建设仍在推进。1973—1975 年，开发建设了喇嘛甸油田。大庆油田原油产量 1975 年为 4626 万吨，1976 年达 5030 万吨，并进入稳产阶段。

1978—1984 年，勘探工作走出了低谷。地震队由 10 个发展到 20 个，每年完成测线长 2174～6017 千米，7 年合计钻探井 459 口。1985—1990 年，每年 20～21 个数字地震队施工，6 年共钻探井 597 口。取得的主要成果有：①证实了三肇地区扶、杨油层大面积含油。在榆林地区，经过 6 年勘探，到 1990 年年底完成各类探井 100 余口，探明石油储量超过 1 亿吨。②中浅层天然气获得大突破。到 1986 年，发现了汪家屯、羊草和宋站等气田。③深层勘探取得突破。在宋芳屯构造登娄库组发现中等气田。④在盆地西部有新发现。先后有 52 口探井获工业油流。

3. 重要经验

大庆油田的发现是科学决策与理论创新的结果。从 20 世纪 50 年代中期开始，随着沉积盆地钻探工作量的增加，石油调查勘探工作逐步从野外露头区转向盆地覆盖区。但是，盆地覆盖区陆相生油的研究与野外石油地质调查有很大的区别。野外石油地质调查往往是线性调查，即按垂直地层走向沿途观察地层的变化；而在盆地覆盖区则以面积调查为主，主要依靠的是钻井、测井、测试及地震、重磁电等勘探方法提供的资料。

以松辽盆地陆相生油的研究为例，20 世纪 50—60 年代是如何用石油地质方法研究陆相生油问题的。①研究思路。从松辽盆地形成演化过程入手，寻找盆地的长期拗陷区即"深拗陷"。分析拗陷区的沉降中心与沉积中心的一致性以及沉积环境的还原性，研究陆相烃源岩的形成条件和有机物质的堆积、保存及转化的地球化学条件，最终划分出生、储、盖组合以及探讨生油层与油气藏的关系，预测可能的油气勘探目标。②研究内容。主要有：松辽盆地的形成发展及其结构构造，拗陷区的形成发展及沉积特征，拗陷区的沉积环境特征（包括古湖盆的含盐度、酸碱度、还原相与氧化相指标、湖盆古气候及湖盆古水体变化等），烃源岩地质和地球化学特征（包括烃源岩岩性、厚度、有机碳含量及有机质转化的地球化学特征等），烃源岩评价划分标准，烃源岩各组段评价及生油量计算，生、储、盖组合的划分与评价，生油区的发育特点及油气藏分布关系的研究和油气藏预测等。③松辽盆地各组段烃源岩评价及生油量计算。根据烃源岩有机质的丰富程度、沉积环境的还原程度及有机质的转化条件、烃源岩的沉积条件等综合分析，最终确定青山口组一段生油条件最好、生油能力最强，是最主要的生油层；青山口组二、三段及嫩江组一段是重要的生油层；而姚家组二、三段则仅在地层中部具有一定的生油能力，属有利生油层。根据烃源岩中分散沥青物质是有机物质向石油转化的过渡产物，而在沥青物质中又以氯仿沥青"A"中的油质组分与石油更为接近的基本认识，提出了生油量计算公式。

这一研究阶段对陆相生油的基本认识是："在地质历史发展中形成的内陆盆地，在其长期稳定的下陷中堆积有巨厚的陆相地层，具有潮湿或半潮湿气候下的沉积，利于油气生成和油气田的形成。""潮湿气候造成大量有机物的堆积，地壳长期拗陷有利于石油的生成，淡水湖泊还原环境下的沉积是石油生成的源地。"

二、稀土矿勘探

1. 白云鄂博铁—铌—稀土矿床

从成因上看，白云鄂博铁—铌—稀土矿床在世界上独一无二，具有重要的学术研究意义。1927年，丁道衡发现白云鄂博铁矿。1938年，何作霖发表了研究报告《绥远白云鄂博稀土类矿物的初步研究》，揭开了白云鄂博稀土矿床的序幕。1958年，中、苏两国科学院组成白云鄂博地质矿产联合研究队，何作霖任队长，对白云鄂博稀土矿物进行更深入的研究，发现了氟碳铈矿等十多种稀土矿物。何作霖是中国稀土矿物的第一个发现者和稀土研究的开创者，被尊为"中国稀土矿床之父"，并得到国际矿物界的赞许。因此，何作霖的高超矿物学研究对发现、研究和勘查白云鄂博稀土矿床具有决定性的意义。

白云鄂博矿床发现后，产生了一个矿床成因探索的热潮。1959年，李毓英提出了"特种高温热液矿床"的观点。1958—1959年，中国科学院与苏联科学院合作研究队认为与海西期黑云母花岗岩的热液交代中元古白云岩有关，个别中、苏学者持沉积变质观点。1972年，王中刚等提出了"沉积变质热液交代"论点。同年，地质科学院地质矿产所稀有组提出"变碳酸岩型"。1975年，白鸽和袁中信认为是"海相火山沉积稀有金属碳酸岩型"。20世纪80年代初，周振玲等一批研究者认为白云岩是碳酸盐侵入体，这个观点后来得到白云岩碳、氧同位素数据的支持。20世纪80年代晚期到90年代，美国地质调查所赵景德与天津冶金地质调查所任英忧等合作，提出了白云岩为正常泥晶灰岩经白云岩化而成，铁—铌—稀土成矿在加里东期。1989—1991年，地质矿产部天津地质研究所和内蒙古地矿局研究所张鹏远等对白云鄂博地区区域地质构造进行了研究，考虑到白云鄂博裂谷特征，认为白云鄂博矿床属于海相火山沉积碳酸岩型。2008年，毛景文等著文认为白云鄂博属铁氧化物—铜—金（IOCG）矿床。

经过地质工作者半个多世纪的探索，对白云鄂博铁—铌—稀土矿床的成因有6种观点：沉积变质型、海西岩浆热液型、加里东岩浆热液型、碳酸岩型、海相火山沉积碳酸岩型、IOCG型。对一个矿床有这么多观点，几乎包含了所有的金属矿床成因类型，这是矿床学研究史上绝无仅有的。当前，每种观点都有一定依据，但也都有一些难以解释之处。但不论是哪种观点，都应珍惜之。对白云鄂博矿床的成因研究还将继续下去，直到完全揭露这个矿床的面纱为止。

2."七〇一"重稀土矿

"七〇一"重稀土矿位于江西省南部，有公路可达矿区，交通方便。矿体产于燕山晚期花岗岩体中，主要稀土矿物有氟碳钙钇矿、磷钇矿、独居石，以及砷钇矿、氟碳钙铈矿等。矿体均处在当地侵蚀基准面以上，具有优越的露天开采条件。1969年，江西省地质局九〇八地质大队四分队在赣南九连山地区开展1：5万区域普查找矿，在取样化验过程中，发现氧化钇含量较高，便使用少量槽井工程大致圈定了矿化范围，由此发现了七〇一重稀土矿。在通过常规方法研究矿石富集系数的过程中，发现稀土单矿物与化验品位相差甚大，为进一步查明稀土的赋存状态，遂请江西赣州冶金研究所等单位给予支持，共同研究稀土的赋存状态。1971年春，初步肯定了矿床的工业价值。该矿被发现后，列入了1971年度国家重点项目，九〇八地质大队确定以七〇一矿为中心的40平方千米的范围为普查评价对象，并选择其中的3.2平方千米进行勘探。1972年10月到1973年12月结束普查、勘探，于1979年10月提交了《江西省七〇一稀土矿勘探地质报告》，12月，江西省矿产储量委员会对报告做了审查。勘探工作证明，该矿床是一个储量大、易探、易选、世界罕见的、富集重稀土元素淋积型矿床。为了深入研究矿床地质特征及成矿机制，以及进一步扩大找矿前景，地质部1983年将该矿床列为首批典型矿床研究项目，并于1987年6月提交了专题研究报告。该矿床的发现和勘探，揭开了赣南寻找稀土资源的新局面。继该矿之后，又相继勘探了两个大型轻稀土矿床，调研评价了近百个不同规模的矿床和矿点，并启迪了南方各省区稀土资源的普查找矿与开发工作，形成中国南方特有的新的稀土资源基地。该矿具有稀土元素配分齐全、资源丰富、分布广泛、易采、易选、易冶、开发简便、投资少、见效快、效益高等特点。为此，"江西省新类型重稀土矿床发现勘探及成矿理论研究"被授予1988年度国家科学技术进步奖一等奖、地质矿产部地质找矿一等奖和勘查成果三等奖等。该矿早在1971年就由江西共产主义劳动大学分校从事小规模开采，生产出稀土氧化物1355千克，产品含稀土氧化物94%，经济效益可观。进入20世纪80年代，随着改革开放政策的实施，稀土产销量逐年增加，且有出口，县、乡办稀土矿接踵而起，年产稀土氧化物近千吨。到80年代中期，又将混合稀土氧化物进行分离，生产出高纯度的氧化钇产品，经济效益又进一步提高。

三、金属矿勘探

（一）攀枝花钒钛磁铁矿

攀枝花铁矿位于四川省攀枝花市东北 9 千米处，发现于 20 世纪 40 年代初期。矿床为晚期岩浆矿床，岩体被断层或金沙江切割，自北东至南西分为朱家包包、兰家火山、尖包包、倒马坎、公山、纳拉箐等 6 个矿段。1954 年夏，西南地质局组建五〇八地质队，在会理、盐边一带开展铁、铜、镍等矿产普查，估算了 3 个矿区的铁矿石储量达 1 亿吨以上。1955 年 1 月，五〇八地质队二分队承担勘探任务，于 5 月发现了朱家包包、公山、纳拉箐矿段，查明矿体长度在 1000 米以上，平均含铁 34.17%、钛 10.61%、钒 0.3%。地质部工作组及苏联专家扎鲍罗夫斯基到队检查工作，认为攀枝花钒钛磁铁矿是具有工业意义的中型矿床。1955 年年底探获到铁矿储量 1.9 亿吨，其中工业储量 1.2 亿吨。1958 年 8 月，五〇八地质队二分队扩建为西南地质局五三一地质队。1957 年 1 月，西南地质局撤销，成立四川省地质局，五三一地质队改称攀枝花铁矿勘探队。于 1958 年 6 月提交了《攀枝花钒钛磁铁矿储量计算报告书》，认定为一个特大型钒钛磁铁矿床。1964 年 10 月，全国矿产储量委员会批准朱家包包、兰家火山、尖包包 3 个矿段铁、钒储量作为矿山设计依据，批准铁矿石储量 8.5 亿吨，其中工业储量 6 亿吨；V_2O_5 储量 247 万吨，其中工业储量 188 万吨。1964 年 5 月，中共中央工作会议决定建设大三线战略基地，毛泽东及其他领导人对攀枝花建设作出了一系列指示。冶金部集中了全系统炼铁专家和技术骨干，共试验 1000 余次，终于掌握了普通高炉冶炼高钛型钒钛磁铁矿的工艺流程（1979 年获国家创造发明奖一等奖）。按照中央的指示，各路建设大军齐集攀枝花。1970 年"七一"出铁，1971 年出钢，一期工程形成年产 150 万吨钢、160 万 ~170 万吨铁、90 万 ~110 万吨钢材的综合生产能力。1986 年开始的二期工程使铁、钢、钢材的产量比一期工程各增加 100 万吨。1970—1991 年年底，攀枝花冶金矿山公司共开采铁矿石 1.4 亿吨，生产钒铁精矿 6061 万吨。1980—1991 年年底，共生产钛精矿 19 万吨。同期，攀枝花钢铁公司累计生产铁 2901 万吨、钢 2201 万吨、钢材 1201 万吨、钒渣 73.4 万吨。截至 20 世纪 90 年代初期，累计探明铁矿石储量 10.8 亿吨，TiO_2 储量 1.26 亿吨，V_2O_5 储量 319.6 万吨。2005 年，攀枝花轧出了国内第一根时速 350 千米高速铁路用钢轨。为了铭记地质学家常隆庆为攀枝花发展作出的杰出贡献，攀枝花市政府将市区密地大桥北至攀枝花钒钛磁铁矿矿区的一段道路命名为"隆庆路"，攀钢矿业公司前的公园命名为"隆庆公园"。常隆庆教授的塑像也矗立在攀枝花市的金沙江畔和成都理工大学的校园内。

（二）金川铜镍矿

金川铜镍矿位于甘肃省金昌市境内，地处腾格里沙漠的西南缘，河西走廊中部，南距兰新铁路站点 22 千米。矿区为地势平坦的戈壁滩，海拔为 1500～1600 米。矿床所处位置原名为"白家嘴子"，意为不毛之地，后改名为"金川"，寓意铜、镍金属之乡。矿床侵位于前长城系龙首山群白家嘴子组中，断裂构造十分发育。直接围岩为蛇纹石化白云质大理岩、云母石英片岩、黑云母片麻岩、条带均质混合岩、斜长角闪岩等。含矿岩体长 6500 米，宽数十米至 500 余米，面积约 1.34 平方千米。岩体为超镁铁岩复式侵入体，矿床类型属深部熔离—贯入矿床。矿床氧化带发育于 Ⅰ、Ⅲ 两个矿区。截至 1991 年年底，累计探明金属储量：镍 547.89 万吨，平均品位 1.07%；铜 346.5 万吨，平均品位 0.67%，并有大量钴、铂族元素，金、银、碲等有用元素伴生。1958 年 8 月初，甘肃省煤炭工业局一四五队在永昌白家嘴子一带进行放射性测量，路经龙首山时采集到含孔雀石的标本，报送永昌县委。1958 年 10 月，甘肃省地质局祁连山地质队一分队队长汤中立，率普查组察看群众报矿的标本，并赶往标本采集地对矿化露头及围岩进行追索和圈定，勾绘了示意地质草图，观察到矿化露头上的孔雀石、铜蓝、褐铁矿十分发育，初步肯定有铜矿，后向大队技术负责人陈鑫汇报，发现本矿床的关键事实，保留经化验后证明为铜镍矿。随后安排了野外地表揭露，根据见矿情况，推断为大型镍矿床。1959 年 3 月，两个深部施工的钻孔均见到厚层原生矿体。4 月，祁连山地质队组织会战，于 9 月提交了 Ⅰ 矿区中间报告，探明镍金属储量 10 万吨、铜金属储量 5 万吨。1961 年完成了 Ⅰ 矿区最终报告，提交镍金属储量 90 万吨，铜金属储量 50 万吨。1965 年 2 月，开始对 Ⅱ 矿区进行勘探。于 410.71～924.87 米见到富矿体，厚 358.16 米，经进一步勘探，最终矿床规模跃居世界前列。1972 年 10 月，编写了 Ⅱ 矿区最终勘探报告。1959—1964 年，张掖物探队通过磁法物探和土壤化探发现若干处异常，经过钻探验证相继发现了第四系覆盖的 Ⅲ、Ⅳ 矿区。1964—1966 年完成了 Ⅲ 矿区的勘探，1972—1973 年完成了 Ⅳ 矿区的勘探。至此，金川铜镍矿区的勘探工作告一段落。1959 年 6 月，冶金部决定筹建八〇七矿（即龙首矿），1960 年开始采矿，1964 年 9 月生产第一批金属镍。1965 年，一选矿、露天矿相继投产。1966 年，一期万吨规模冶炼厂镍电解车间建成投产。1983 年产镍过万吨，1985 年电解镍产量 2 万吨。1980 年，地质部授予甘肃省地质局第六地质队"地质找矿功勋单位"荣誉称号。1986 年，甘肃省人民政府、地质矿产部在金昌市建立了地质工作纪念碑。

（三）白银厂铜多金属矿

白银厂铜多金属矿田位于甘肃省中部，属白银市管辖，面积为 25 平方千米。到 20 世纪 90 年代，累计探明金属铜 131.39 万吨、铅 40.39 万吨、锌 80.82 万吨、硫 1636 万吨、黄铁矿矿石储量 379.5 万吨、金 33.4 吨、银 1970 吨，成为国内外著名的有色金属矿产地。白银厂是座老矿山，现存文物说明，至少在明洪武初年，当地已有金、银矿开采。1950 年，宋叔和组建六四三地质队（六四一队的前身），于 1951 年 5 月下旬进入荒无人烟的白银厂进行调查工作。首次测制折腰山、火焰山两矿区 1：2000 地形地质草图。在宽 3～5 米，长约 400 米的块状褐铁矿铁帽中见到孔雀石和铜蓝。经调查，确定了铜的次生富集带，并证实了铁帽的下属铜矿床。通过 1952 年的工作，确定了白银厂折腰山、火焰山、铜厂沟 3 个矿区的次生富集带的普遍存在，发现了深部原生带黄铜矿。1954 年年底提交中间储量报告，提交铜储量 68.7 万吨，铜品位为 1.81%。1955—1966 年，主要对折腰山、火焰山边部及深部进行勘探，进一步圈定矿体，扩大储量。到 1956 年年底，白银厂折腰山、火焰山、铜厂沟 3 个矿区结束勘探，提交铜金储量 86.31 万吨。1960 年 10 月，提交了《白银市小铁山多金属矿床最终勘探报告》，提交铜铅锌金属储量 131.87 万吨、硫 348 万吨、金 24.84 吨、银 1188.86 吨。

1954 年 9 月，中国最大的有色金属生产基地之一的白银有色金属工业公司成立，在第一个五年计划中被国家列为 156 个重点建设项目之一，1959 年 10 月建成投产。该公司为铜、铅、锌、铝、硫综合发展的特大型联合企业，包括采、选、冶、有色金属加工及其配套系统。1980 年 4 月 14 日，地质矿产部在全国地质系统评功授奖大会上，授予原六四一地质队"功勋单位"的光荣称号。1984 年 10 月，甘肃省人民政府和地质矿产部在白银市金鱼公园建立了纪念碑。

（四）德兴铜矿

德兴铜矿，又称铜厂铜矿田，地处江西省德兴市东北 19～25 千米处，总面积约 14 平方千米。中华人民共和国成立后，地质部中南地质局四〇九地质队于 1954 年到朱砂红、铜厂、大屋（坞）头、官帽山一带进行踏勘。1955 年，四〇九地质队对铜厂矿区的孔雀山地段进行地表普查，找到了含孔雀石、黄铜矿、黄铁矿的废石堆和含矿的斑岩露头，分析结果表明，部分样品的铜品位达到工业要求。1956 年年初，中南地质局四二〇地质队（后改称江西省地质局铜厂地质队，铜矿普查勘探大队）承担铜厂的普查勘探任务，并于 1956 年 7 月转入勘探。位于矿区中部的第一个钻孔揭示铜矿体垂深达 100 余米。铜矿勘探大队于 1959 年 11 月提交了德兴铜矿区最终储量报告（包括朱砂红铜矿区），共投入机械岩心钻 8 万余米，探明储量金属铜 363 万吨。与此同时，开启了世界斑岩型铜矿研究的先河。1957 年 12 月，江西省地质局铜矿普查勘探大队（原中南地质局四二〇队）在官帽山东侧的山崖与深谷陡坡地带普查时发现了花岗闪长斑岩露头，并在其附近见到了与铜厂类似的热液蚀变和矿化。1958 年春，施工的第一个钻孔揭露到铜矿垂深厚约 400 米，至此，发现了富家坞铜矿区。后期勘探工作由江西省地质局九〇五地质大队接续。1963 年提交了《江西德兴富家坞铜钼矿区地质初勘报告书》，探明储量金属铜工业储量 20.4 万吨，金属钼 11.3 万吨。1957 年 12 月，江西省地质局铜矿普查勘探大队根据水化学异常和斑岩体及蚀变带在地表的分布，在铜厂矿区北西侧相继又发现了朱砂红铜矿床。经 1958 年以钻探为主要手段的普查评价，在 –200 米标高以上提交金属铜储量 24.3 万吨，伴生金属钼 5500 吨。20 世纪 60 年代，德兴铜矿田地质勘探和研究工作中断了 10 余年。自 1973 年开始，江西省地质局赣东北地质大队和江西地质科学研究所认为德兴铜矿有进一步扩大远景的可能。1975 年夏，江西省地质局组织对铜厂、朱砂红两矿区进行地质工作会战，约 1000 余人，开动钻机 11 台。1978 年 5 月提交了《江西省德兴县铜厂矿区铜矿补充勘探地质报告》。补勘增长储量金属铜 196 万吨，对金、银、钼、铼、硫等伴生矿产进行了详细的研究并作出了定量评价。会战之后，江西省地质局赣东北大队一〇一队于 1982 年提交了《江西省德兴县朱砂红矿区铜矿详细普查地质报告》，共探明铜金属储量 184.4 万吨，其中可供利用储量 60.6 万吨，并计算了伴生的金、银、硫和钼等矿种的储量。1975 年，冶金部组织对富家坞铜（钼）矿进行勘探会战，共 13 台钻机，投入钻探工作量 48290 米。1978 年由冶金地质勘探公司四队提交了《富家坞铜（钼）矿地质勘探总结报告》，新增可供利用储量金属铜 115.4 万吨，金属钼 5.48 万吨，对伴生的金、银、钴、铼、硒、碲、硫等元素进行了定量评价。至此，富家坞铜矿累计探明可供利用的储量金属铜 257.3 万吨、钼 16.9 万吨、伴生硫 883.4 万吨，成为铜厂矿田内的又一个特大型斑岩铜钼矿床。德兴铜矿于 1958 年建矿，1965 年投产，到 1995 年，采矿能力达到 9 万吨 / 日，选矿能力达 10 万吨 / 日。

（五）赣南钨矿

钨矿是我国的优势矿种，据统计，全国有 21 个省分布有钨矿，共探明储量 655.65 万吨；而赣南探明储量 142.09 万吨，占 21.7%，其中黑钨矿储量 121.55 万吨，为全国之最。仅赣南钨矿就比国外金属钨储量的总和（82万吨，钟汉等，1987）还要多。因此，作为石英脉型黑钨矿的矿集区，赣南钨矿的成因始终是全球矿床学家的研究热点。

石英脉型钨矿"五层楼"矿化模式作为中国矿床学界和找矿勘查学界早期总结的经验模式得到了广泛运用，并取得了显著的效果。广东有色九三二队等地质队20世纪60年代在石人嶂矿山梅子窝矿区进行系统地质勘查工作，探索出脉钨矿床"五层楼"矿化模式。莫柱荪、徐克勤、谢家荣等以赣南西华山、大吉山、岿美山、盘古山"四大名山"黑钨矿床作为重点对中国钨矿床的成因从不同角度进行了论述，指出垂向上具"五层楼"结构的成矿模式。1966年，以国家科学技术委员会在江西省大余县木梓园召开的钨矿地质现场会为标志，中国地质学家总结形成了脉钨矿床"五层楼"模式，开创了模式找钨的先河，为隐伏矿的寻找提供了理论支持，使赣南钨矿找矿由单一大脉向细脉标志带—细脉带—混合带—大脉带—巨脉带的系列找矿，先后在兴国画眉坳、大余新庵子、石雷等地发现了隐伏的矿体或矿床，并为于都黄沙、崇义茅坪等一批矿床的储量扩大作出了重大贡献。传统的"五层楼"模式均不排斥两个基本点：一是脉状矿体（尤其是石英脉型矿体或称含矿石英脉），二是垂向分带（主要是形态学上的分带）。

脉状钨矿的"五层楼"矿化模式在南岭地区普遍发育，它们发育于花岗岩外接触带；而产在花岗岩内接触带的大脉型钨矿脉则形成上部线脉—细脉带，中部大脉—单脉带，根部无矿尖灭带的"三层楼"模式。许建祥等发现在众多石英脉型钨矿根部还存在云英岩型、蚀变花岗岩型钨锡矿体，提出了"五层楼"的深部还有"地下室"的找矿观点，并建立了"上脉下体"的"五层楼 + 地下室"找矿模式。王登红等认为"五层楼 + 地下室"找矿模型不仅适合赣南—粤北地区，也适用于赣中的徐山矿区，广西大明山地区和云南老君山地区也有适用性；除石英脉钨矿外，"五层楼 + 地下室"模型也适用于钨矿之外的其他矿种，如广西大厂的锡多金属矿区。

（六）柿竹园钨多金属矿

柿竹园钨多金属矿位于湖南省郴州市东南25千米处，面积为2.2平方千米。矿床属产于燕山期千里山花岗岩体与上泥盆统佘田桥组泥质灰岩接触带内外的高温热液多金属矿床。由上而下依次形成多脉状大理岩型锡矿、矽卡岩型钨铋矿、云英岩网脉—矽卡岩型钨钼铋矿、云英岩钨钼铋锡矿，分别简称Ⅰ、Ⅱ、Ⅲ、Ⅳ矿带，即"四层楼"矿带。矿体中钨、钼、铋、萤石规模巨大，世界上少见。同时，矿床中的矿物之多也属罕见，被国外地质矿床学家称为"世界矿物的博物馆"。据《湖南通志》记载，乾隆十一年（1746）即出产锡砂。民国时期对柿竹园边部的黄铁矿进行过开采。1954—1955年，中南地质局四五二地质队、四二五地质队以及三〇九地质队先后进行过地质矿产调查，其中，四五二地质队于1955年6月提交了《湖南省郴县、资兴县矿区普查检查地质报告》。1956年6—8月，冶金部地质局湖南分局二一九地质队进入矿区概查，10月提交了《湖南省郴县东坡铅锌磺钨铁综合矿区地质概查报告》，WO_3远景储量为：野鸡尾区7.95万吨，柿竹园区47.87万吨。1956年秋，地质部湖南办事处黎盛斯等人对东坡一带矽卡岩进行调查，证实有白钨矿存在。四二五地质队将工作重点选在了柿竹园—野鸡尾矿区。到1958年，施工50个钻孔，求得WO_3储量14.7万吨，锡储量16.5万吨。1959年，发现钼矿化在钨锡矿体中分布普遍，估算储量为5821吨，平均品位0.09%。1960年，又圈出铋的独立矿体，但受选矿技术水平限制，一时难以利用。1963年，湖南省地质局四〇八地质队对柿竹园矿区不同类型矿石物质组分进行研究，认为Ⅰ、Ⅱ矿带选矿有希望。1964年起，开始对柿竹园矿区组织大会战，1963—1967年，共投入钻探15480米，坑探3200米，查明并圈定3个矿带的分布。其间，将选矿作为攻关项目。四〇八地质队在各矿带采集试验样送到有关单位进行选矿试验，终得钨、钼、铋3种合格精矿产品，其中，钨的回收率比以往提高20%～80%，并顺便回收了萤石、硫等多种副产品。1967年提交了《湖南省郴县柿竹园钨、锡、钼、铋矿区详细勘探报告》，获批WO_3储量62.49万吨，钼11.2万吨，铋23.2万吨，以及伴生的锡、萤石、铌、钽、铍、硫、铜等储量。1979年上半年，在柿竹园矿490中段、385中段发现钨多金属新矿体。1980—1984年，共投入钻探11452米，在18～22线间圈出规模较大的云英岩型矿体（即Ⅳ矿带），正式建立起"四层楼"的矿床概念，同时新增钨、钼、铋储量12.2万吨，伴生银1936吨，被地质矿产部授予地质找矿二等奖。1985年9月提交了《湖南省郴县柿竹园钨、锡、钼、铋矿最终地质报告》，获批$WO_3$70.5万吨，平均品位0.331%；钼11.8万吨，平均品位0.165%；以及萤石、铍、银、金、铜、硫、铌、钽等伴生矿物的储量，并获批报告作为矿山建设和投资的依据。前后勘探工作直接费用为243.15万元，投入产出比在国内外钨矿床中首屈一指。1981—1983年，四〇八地质队与省局实验室合作开展典型矿床研究，查明矿床的矿物由84种增至143种，其成果获地质矿产部科技成果奖二等奖。冶金部于1977年10月批准建设日采选3000吨规模的矿山。

（七）甲基卡锂矿

甲基卡锂矿位于四川省西部康定、雅江、道孚 3 县交界处。矿区地处青藏高原东南缘，海拔 4300～4500 米，面积约 62 平方千米。距国道川藏公路塔公站 25 千米。矿床地处松潘甘孜地槽褶皱系东缘，石渠雅江地向斜核心部位四级构造单元甲基卡穹隆状短轴背斜中。矿区内出露地层为三叠系西康群砂页岩，经区域变质和接触变质形成黑云母石英片岩、二云母石英片岩和红柱石、十字石石英片岩等中浅变质岩系。印支期含锂二云母花岗岩株沿甲基卡短轴背斜侵入，围绕花岗岩内外接触带派生出一系列花岗伟晶岩脉，其中已发现含矿伟晶岩脉 114 条，探明氧化锂储量较大，使其成为全国氧化锂储量最多的大型花岗伟晶岩型稀有金属矿床。

1959 年 4 月，四川省地质局甘孜地质队根据群众报矿线索，派出普查组开展了以白云母为主的找矿工作，并在乾宁县塔公寺伟晶岩脉中找到了一些绿柱石和白云母。此后，又相继在现在的东矿段及中矿段发现了 134 号、9 号、33 号矿脉。在南矿段，除找到规模大且成群出露的伟晶岩群外，还找到了花岗岩体。采集的矿物标本经鉴定初步定名为锂辉石或锂磷铝石，并立即送地质部进行化学分析，确认为锂辉石，从而在甲基卡找到和肯定了锂辉石矿床。同年 7 月初，丹巴队撤出矿区，普查组奉命开展甲基卡外围稀有矿产普查找矿。矿区普查组扩建为分队，继续进行普查工作。当年矿区共发现伟晶岩脉 39 条，其中，具锂辉石矿化者 19 条，具绿柱石矿化者 20 条，对其中 6 条矿脉计算了 Li_2O 远景储量 0.467 万吨、BeO 0.026 万吨，并编写提交了《甲基卡铍锂矿床 1959 年详查报告》。1960 年，继续对 308 号、134 号、104 号等矿脉进行地表槽探揭露。1961 年编写了《甲基卡花岗伟晶岩型铍锂矿床 1960 年度普查勘探报告》，提交氧化锂和氧化铍远景储量达中型。甲基卡稀有金属矿床的发现，推动了甘孜地区稀有矿产的普查找矿，并相继在甘孜地区找到了容须卡、扎乌龙等中型稀有金属矿床。1962 年，甘孜队和丹巴队合并组建成四〇二地质队，甲基卡矿区即由四〇二地质队继续普查和详查，并提交了《甲基卡花岗伟晶岩型稀有金属矿床 1961—1962 年详细普查报告》和《四川甘孜地区稀有金属矿产普查工作总结报告》。提交了 104 号、33 号、134 号、151 号等 10 条矿脉的 Li_2O 金属储量 43.212 万吨，其中工业储量 2.424 万吨；BeO 2.627 万吨，其中工业储量 0.148 万吨。报告进一步肯定了矿床的工业价值，并对稀有金属矿产的工作方法、成矿规律及找矿方向等进行了初步总结，对进一步开展普查找矿具有一定的指导意义。1963 年，由于国民经济进行调整，甲基卡矿区详查工作暂停。

1965—1972 年，省地质局四〇四地质队重新进入甲基卡矿区，在四〇二地质队工作的基础上继续对矿区进行详查，并对主要矿脉进行初勘。通过详查和初勘，完成矿区及外围 1:5 万地质测量 551 平方千米，1:1 万矿区地质图 62 平方千米，1:2000 脉群地质图 12.25 平方千米，钻探 2.5 万米，坑探 874 米，槽探 5.4 万立方米；采集和测试各类样品近 2 万件。查明矿区共有矿脉 114 条，其中锂矿脉 78 条、铍矿脉 18 条、铌钽矿脉 18 条，并选择其中矿化较好的 134 号、9 号、528 号等 9 条矿脉进行了初勘。矿脉除含锂辉石外，还有绿柱石、铌钽铁矿和锡石等。锂辉石主要赋存在细—中粒石英钠长石锂辉石交代带中。矿石一般较富，且矿化连续均匀，但结晶较细。经四川省地质局中心实验室、冶金部四川有色金属研究院、地质部峨眉矿物原料研究所等单位采用重、磁、浮联合流程进行选矿试验，原矿入选品位氧化锂为 1.32%，获精矿品位 5.07%，回收率 90.39%，证明矿石易选。1974 年编写了《四川省康定县甲基卡稀有金属花岗伟晶岩矿床详细普查报告》。在普详查阶段，省地质局物探大队三一〇队和七〇二队曾在矿区开展 1:5000～1:1 万以电法为主的物化探工作，对寻找盲矿和扩大矿区远景起到了积极作用。在矿床勘查过程中，中国科学院地质研究所、地质部地质科学院等单位先后对矿床成因、物质组分等进行了较深入的研究。20 世纪 80 年代前期，根据部、局的安排，省地质局攀西地质大队对矿床进行了典型矿床研究，1984 年编写提交了《四川省甲基卡锂矿床地质研究报告》。该报告不仅总结了锂矿床的成矿地质条件和矿化富集规律，还通过对已有资料的整理发现了富铯蚀变晕，建立了花岗岩型锂矿—伟晶岩型锂铍铌钽矿床—气成热液型铯矿的成矿系列和成矿模式。

（八）东、西台吉乃尔锂矿

东、西台吉乃尔锂矿位于青海省柴达木盆地中部东、西台吉乃尔盐湖。东、西台吉乃尔湖地处柴达木地块中部、中新生代凹陷带的中西部，两湖之间隔有鸭湖。矿区的东北及西部均为第三纪构造隆起区，东南为湖沼沉积区，两区均位于前者之间的低洼地带中。两矿区的沉积环境、地质条件和矿床形成的主要特点、赋存状态、矿床类型等均近似，都赋存于第四系上更新统上部及全新统的湖泊化学和机械沉积中。锂矿主要赋存于地表卤水和地下晶间与孔隙卤水中，并伴生有极其丰富的硼、钾、镁、钠等有用元素。东、西台吉乃尔锂矿床矿体分液体矿和固体矿两大类，而液体矿又分为地表卤水锂矿和地下卤水锂矿两种。东台吉乃尔锂矿床地表卤水（湖水）锂矿的湖水呈北西西方向分布，洪水季节，湖水面积增大到 173 平方千米，湖水变淡而加深，最深达 1.27 米，含矿品位普遍降低 20% 以上。地下卤水锂矿分两个含水（矿）层。1957

年，地质部青海办事处大柴旦地质队在柴达木盆地开展了以硼为主的普查工作。9月将一批盐湖卤水样送往察汗乌苏化验室，对锂进行了多次定量测定，锂离子含量高达每升几百毫克，于是将水样蒸干再进行光谱分析验证，证明化验结果确实无疑。化验室在向大柴旦地质队提交化验报告时强调该地区有高含量锂盐存在，建议进行普查。1958 年，为了加强东、西台吉乃尔湖锂矿评价工作，六三二地质队四分队在东、西台吉乃尔进行调查。全区估算储量：石盐 5.03 亿吨，KCl 73.06 万吨，B_2O_3 41.53 万吨，LiCl 2.7 万吨。编写了《东台吉乃尔湖盐类矿产草测报告》。西台吉乃尔湖经粗略估算，固体矿光卤石储量 653.31 万吨，石盐 7021.38 万吨；液体矿 KCl 282.59 万吨，$LiCl_3$ 3.7 万吨，B_2O_3 26.66 万吨，编写了《西台吉乃尔盐湖类矿产草测报告》。认为东、西台吉乃尔湖含有丰富的锂、硼、钾等元素，为一大型的锂、硼、钾等矿产基地，建议今后应进一步查清矿区的精确范围，并注意对卤水中溴、碘、铯、铷等元素进行分析。为了加速中国锂矿资源的勘探与开发，1959 年 6 月，全国第一次稀有元素地质专业会议确定："柴达木盆地一里坪及东、西台吉乃尔湖锂矿床列为中国稀有元素重要基地之一"，柴达木地质队在对一里坪、西台吉乃尔湖勘探的同时，对东台吉乃尔湖进行了普查找矿。柴达木地质队于 1959 年年初组成一里坪分队，负责对一里坪，东、西台吉乃尔湖 3 个矿区的普查、勘探工作。西台吉乃尔湖普查从 1959 年 3 月开始，到 1960 年 4 月中断勘探，共投入钻探 6761.18 米。通过工作，查明固体及液体矿产的分布规模、形态、产状、产出特征以及品位在垂向上的变化等，同时探明储量：固体石盐 29.76 亿吨，液体矿 LiCl 267.72 万吨，B_2O_3 112.15 万吨，钾 1005.7 万吨，镁 3280.9 万吨，钠 7812.7 万吨。东、西台吉乃尔湖锂矿区普查、勘探工作延至 1965 年才提交了《柴达木西台吉乃尔湖锂矿区初步勘探报告》《柴达木东台吉乃尔湖锂矿区普查检查报告》，初步阐明了矿区地质构造，沉积特征，矿石质量，矿体形态、产状和规模，并对伴生元素进行了综合评价，为以后的勘探工作提供了重要依据。

（九）焦家金矿

1. 发现历程

焦家金矿位于山东省胶东半岛的莱州市境内。截至 20 世纪 90 年代，在方圆约 60 平方千米范围内发现 10 余个中—特大型金矿床，探明金储量数百吨。其中，以焦家金矿作为典型。胶东地区黄金开采历史悠久，1949 年以前焦家金矿就有民采。1963—1965 年，山东省地质厅八〇七地质队（山东省第六地质队前身）提交了《招远—黄县北部地区 1 : 5 万金矿地质测量》，在焦家北东约 5000 米圈定了区域性黄县弧形大断裂。

1967 年 3 月初，山东省地质厅八〇七地质队在焦家村西北发现轻微蚀变，经地表揭露发现了宽数十米的构造破碎蚀变带，并圈定两个矿体。同年 5 月，作出区域性大断裂内有大矿的预测。经过 3 年普查和详查，1970 年转入勘探，1972 年提交金储量 76.23 吨。焦家金矿于 1980 年建矿投产，到 20 世纪 90 年代形成生产能力为 16.5 万吨 / 年，经济效益十分显著。1980—1985 年，山东省第六地质队对矿床进行补充勘探和深部勘查，获得新增远景储量 4.791 吨。其间，山东省冶金地质勘探公司三队与金矿合作，历时 3 年在圈定的 33 个矿体中对 24 个矿体计算了储量，于 1985 年提交了《山东省掖县焦家金矿床下部矿体群详查评价地质报告》，在 –70 米以下新增远景金储量 2.28 吨。焦家金矿的发现和焦家式（构造蚀变岩型）金矿的确立，为中国金矿床增加了一个新类型。此后，在该地区以及全国其他地区又找到了同类型的中—大型金矿床。1980 年，山东省地质局第六地质队被地质部授予"功勋地质队"称号。1986 年，第六地质队以"焦家式金矿的发现及其突出的找矿效果"获国家科学技术进步奖特等奖。1991 年，被地质矿产部、人事部、国家计划委员会、中华全国总工会授予"全国地质勘查功勋单位"称号。1992 年 6 月受到地质矿产部和山东省政府的联合表彰；同年 12 月，国务院授予山东省地质六队"功勋卓著、无私奉献英雄地质队"称号。

2. 重要经验

焦家式金矿以破碎带蚀变岩型金矿为典型矿床类型，主要分布于三山岛金矿田、焦家金矿田和大尹格庄金矿田，是胶东金矿的主要类型，以焦家金矿床和仓上金矿床为代表。

后人研究认为，可把胶东地区不同类型的金矿床扩展为广义的焦家式金矿。石英脉型金矿曾被称为玲珑式金矿，主要分布于玲珑金矿田、大柳行金矿田和栖霞金矿田，以玲珑金矿床为典型代表。破碎带石英网脉带型金矿是介于破碎带蚀变岩型和石英脉型金矿之间的一种过渡类型金矿床，以焦家金矿田中的招远市河西金矿最为典型。硫化物石英脉型金矿是邓格庄金矿田的主要金矿类型，以乳山市邓格庄金矿为代表，其主要特点是富含黄铁矿。层间滑脱拆离带型金矿受控于前寒武纪地层层间滑脱拆离构造带或韧性剪切带，分布于栖霞金矿田中，以福山杜家崖金矿为代表。蚀变砾岩型金矿受发育于胶莱盆地东北缘断裂上盘的断层、裂隙密集带控制，矿体赋存于白垩纪莱阳群底部灰紫—灰黄色砾岩中，见于蓬家夼金矿田，以乳山市发云夼金矿床为代表。盆缘断裂角砾岩型金矿产于胶莱盆地与变质基底结合部位的盆缘断裂构造带中，见于大庄子金矿田和蓬家夼金矿田中，以乳山市蓬家夼金矿床和平度大庄子金矿床为代表。

早期研究者认为，胶东不同类型金矿是形成于不同地质时代的不同成因类型，即多期成矿论。近年来的研究表明，胶东地区不同类型金矿形成于同一时代、统一的构造背景或属同一构造热液成矿系统。综合分析认为，7 种金矿类型是同一构造背景、同一成因、同一时代形成的产于不同构造部位、不同围岩条件的不同自然类型，是同一成矿作用的产物，应予以统一命名。扩展为多类型焦家式金矿。

上述成矿规律表明，胶东不同金矿类型具有同一成矿物质来源，形成于同一地质时代，但受不同构造类型或同一构造的不同部位控制，赋存于不同的围岩中。蚀变岩型金矿、层间滑脱拆离带型金矿、蚀变砾岩型金矿和盆缘断裂角砾岩型金矿实际上均是成矿流体以渗流方式运移，通过与围岩发生交代作用而成矿的，由于构造型式和围岩特征不同，因此表现为不同的矿床类型。石英脉型金矿和硫化物石英脉型金矿是成矿流体在泵吸作用下通过充填方式形成的矿，二者的差别在于硫化物含量的多寡。破碎带石英网脉带型金矿则是在交代作用和充填作用共同作用下形成的矿。

焦家式金矿"热隆—伸展"成矿理论：金矿成矿时期为早白垩世，成矿物质来源于强烈的壳幔相互作用，常具有绢英岩化、黄铁矿化、硅化、钾化等矿化蚀变，金矿体产出具有尖灭再现、分支复合、侧伏、斜列、叠瓦规律。岩浆热隆、流体活动、伸展拆离是导致胶东大规模金矿形成的三大关键要素；早白垩世壳幔同熔岩浆活动分凝和激活的围岩流体是金矿迁移、富集的载体；岩浆上隆产生的伸展拆离构造为金矿成矿提供了有利空间。据此，提出了焦家式金矿"热隆—伸展"成矿理论。

焦家式金矿阶梯式成矿模式：焦家式金矿形成于早白垩世中国东部岩石圈大规模减薄阶段，受伸展构造系统控制。控矿构造沿倾向往往出现若干个倾角由陡变缓的变化台阶，金矿主要沿台阶的平缓部位和陡、缓转折部位富集，构成阶梯式分布型式，称为焦家式金矿阶梯式成矿模式。

（十）破山银矿

破山银矿位于河南省桐柏县城北 24 千米处，属朱庄乡管辖。1949 年以前，该区仅做过零星地质路线调查。1965—1967 年，河南省地质局区测队在北京地质学院豫南区测队 1∶20 万测量的基础上重做 1∶20 万桐柏幅地质测量。1966 年，发现了桐柏县北部有变质细碧角斑岩，提供了找黄铁矿型铜矿的信息。1967 年 5 月，河南省地质局物探队与区测队进入该区开展工作。1968 年，圈出破山及银洞坡两个铅银异常。1968 年和 1969 年，组成普查组进行矿点检查，圈出破山矿化带长 6500 米，调查老硐 16 个，编写了《桐柏朱庄破山银矿工作简报》。1974 年年初，地质八队进行围山城矿带的矿产普查，经过一年的工作，估算破山矿区银储量达千吨。1979 年 1 月到 1982 年 12 月，应用坑钻结合的施工手段进行勘探，1984 年，第三地质调查队提交了《河南省桐柏县破山银矿区详细勘探地质报告》，探明了一个大型银矿床，还探明了伴生矿产铅、锌、金、镉，其中锌、镉两种伴生矿产达中型规模。1985 年获地质矿产部地质找矿一等奖。由于破山银矿储量大，矿石品位较富，开采条件优越，因此，1985 年中国有色金属工业总公司在桐柏银矿建立了矿山。

四、铀矿勘探

（一）711 铀矿

711 铀矿原名为金银寨铀矿，位于湖南省郴州市境内，距京广铁路许家洞火车站 3000 米，有公路相通。铀矿化为热液型，主要产于孤峰组炭质泥岩层内的硅化带中。赋矿硅化带外观呈黑色。矿体产状陡倾，厚度一般数米，最厚 13.5 米。矿石铀品位 0.08% ~ 0.120%，平均品位 0.109%。矿体埋深 0 ~ 300 米，部分矿体出露地表；矿化总的垂幅达 630 米。

该矿的发现具有偶然性和传奇性。1955 年 9 月的某一天，当勘探队员乘航测飞机返回衡阳基地时，航测飞机方向仪出现故障，在大雾中偏离航行轨迹，进入湖南郴县（现在的苏仙区）上空。此时，飞机上的航空伽马能谱仪突然发出急促的响声。经飞机多次往返测试，航测队员确定，许家洞金银寨区域藏有铀矿石。正是这个偶然的发现，让许家洞金银寨在中国核工业的史册上留下了浓墨重彩的一页。

1956 年 2 月，三〇九队组建 10 分队进驻金银寨，探明铀工业储量。1957 年 10 月，第一份铀工业储量报告送到北京。10 月 30 日，周恩来总理亲自批准 411–1 工程即 411 矿。1958 年 5 月，411 更名为湖南二矿，邓小平亲自批准建设湖南郴县铀矿。1959—1963 年进行详查和勘探，并分别于 1959 年、1961 年和 1964 年按地段提交勘探报告，落实为大型铀矿床。1964 年更名为 711 矿。

1960 年 9 月，为了解铀矿生产上的重大问题，711 矿成立了技术革新领导小组。711 矿的技术攻关引起了第二机械工业部的关注和重视。1961 年 10 月，第二机械工业部副部长、中国原子能研究所所长钱三强和中国科学院副院长吴有训来到 711 矿，进行现场检查和技术指导。两位科学家在 711 矿为全矿技术人员上课，讲授原子能专业知识，让全矿干部职工大受鼓舞。

1960 年 4 月 1 日，711 矿试采出第一批铀矿石。1960 年 9 月 1 日，711 矿开始试生产。

1963 年 4 月 20 日，711 矿建成我国第一座放射性预选厂。1963 年 8 月 1 日，711 矿全面投产，标志着矿山采、出、选、供能力全部形成。从此，大量高品位的铀矿石从这里源源不断地运出，为中国第一颗原子弹的研制提供了稳定的原料。更为重要的是，从充填料开采到采选矿工艺、从采掘机械化到表外矿石堆浸、从污水处理到安全防护等方面一整套系统而先进的铀矿开采技术被中国人掌握。1964 年 1 月 1 日，湖南二矿更名为国营 711 矿。从此，"711" 这个神秘的代号，伴随中国第一座铀矿长达 40 年。1964 年 10 月，采用 711 矿提供的铀，中国第一颗原子弹成功爆炸。

711 矿床的发现具有极其重要意义，是我国最早探明的铀矿床之一，表明我国具有良好的找矿前景，增加了找矿信心。该矿床的找矿经验对在中国南方碳硅泥岩层中找矿起了直接指导作用。该矿床提供的第一批铀储量解决了苏联向我国提供采冶技术的前提条件，保证了矿石水冶工艺的及时引进。后来，该矿床发展成为我国重要的铀生产基地，为早期军工对铀的需求作出了重要贡献。1998 年，711 矿建矿 40 周年，刘杰题词 "中国核工业第一功能铀矿"，1991 年获 "全国地质功勋单位" 称号，1992 年获 "核工业三〇九队找铀功勋地质队" 称号。

（二）相山铀矿

相山铀矿位于江西省乐安、崇仁县交界处。1957 年 8 月，三〇九队第四队在进行航测时，发现了乐安 903 号异常（石马山矿床前身）。经对其评价和全面开展普查，1957 年年底找到横涧、源头、岗上英、石马山、巴泉、红卫、沙洲及其西南部、云际、尧岗、船坑、居隆庵、湖港等矿点，形成了以横涧为中心，东西长达 20 余千米的成矿远景区。但初期的勘查工作进展并不顺利，当时（1958 年）由于对花岗斑岩的产出形态不了解，误将花岗斑岩的舌状体当作主体，将岩体圈成一个向东缓倾的小岩脉，上大下小，矿体也随之向深部变小而尖灭。此时，苏联原子能科学代表团到横涧考察，认为矿区内没有发现大断裂，成矿构造不明显，能否形成大矿值得怀疑，但从地表看还是有价值的，是个规模不大的小矿床。驻队苏联专家认为漏斗状矿体是这个矿床的特点。一时间难以判定。第 17 队的领导和工程技术人员调整布局，大胆实践，终于在深部花岗斑岩主体内及接触带见到好矿。到 1958 年 7 月底，横涧矿区控制工业储量已达到大型矿床的规模。与此同时，岗上英、源头、石马山、沙洲也在深部勘探中，捷报不断传来。9 月，第二机械工业部宋任穷部长到江西乐安石马山 903 矿区检查工作时指出 "这个地区是我部事业的掌上明珠，世界少有，全国第一。"

1963—1967 年，通过不断总结找矿规律和加强了勘探，相继提交了石马山、岗上英、沙洲、如意亭矿床和河元背、云际、邹家山 1 号带、2 号带、3 号带等矿床，初步确定了相山铀矿在中国铀矿地质事业中的重要位置。

为弄清相山火山盆地的形成、发展历史和内部结构构造，1977 年下半年，二六一队引进岩性岩相填图的方法，在相山矿区开展了 1∶1 万的地质测量工作。1978 年，北京第三研究所与二六一队人员组成联合调查组，对相山铀矿及其外围赣杭构造带西南段开展专题研究，确认相山铀矿是一个典型的塌陷式火山盆地，铀矿化受断裂—裂隙构造控制，矿化具"双混合模式"，为矿田扩大指明了新的方向。经过地质队的进一步勘探，老矿床不断扩大，新的矿床接连发现。现在，相山铀矿已发展成数万吨级的超大型火山岩型铀矿田，也是我国最大的热液型铀矿田。

相山铀矿的发现是我国火山岩型铀矿床发展史上的一件重大事件。它不仅是国内最大的火山岩型铀矿田，也是中国最大的铀生产基地，被称为"中国铀都"。它的发现也表明我国中生代火山岩具有巨大的找矿潜力。在该矿田勘查中积累的找矿经验、建立的成矿理论和成矿模式丰富了铀成矿理论，对火山岩型铀矿勘查有重要的指导意义，同时受到国内外铀矿地质界的高度重视，许多外国人士和代表团都前往参观或学习。

五、非金属勘探

（一）昆阳磷矿

云南昆阳磷矿是程裕淇在黄汉秋和王学海的配合下，于 1939 年 1 月首先发现的。1955 年 1 月，西南地质局五〇七队昆阳分队（后改为云南省地质局昆阳地质队，队长高有臣，技术负责人钱佐迢）开始对昆阳磷矿进行勘探，对外围的海口、白塔村、草铺等磷矿也做了普查。昆阳磷矿位于昆明市区西南 72 千米，东距滇池南端 2 千米，为昆阳—草铺磷矿带最南端，属香条冲背斜南翼，为一缓倾斜的单斜构造。磷矿层产于下寒武统中谊村组地层中，分上下两层，其间有 0.5～0.7 米的凝灰质粘土岩。上覆地层为中谊村组上段的含磷白云岩及筇竹寺组砂页岩；下伏地层为渔户村组碳酸盐岩。上矿层平均厚度 6.8 米，P_2O_5 平均含量 25.10%；下矿层平均厚度 3.25 米，P_2O_5 平均含量 28.38%，均远高于全国磷矿石平均 17% 的含量。1956 年提交了《云南昆阳磷矿地质勘探报告》和《云南昆阳磷矿储量计算报告》，探明工业储量 12083 万吨；1957 年又提交了《昆阳磷矿储量补充报告》，累计探明工业储量（矿石）24144 万吨，表外储量 2015 万吨。1965 年建矿后，昆阳磷矿地质队等地质勘探队伍又做了大量矿山（生产）勘探工作，探明的储量精度高，积累了丰富的矿区地质资料。如今，繁荣的矿山已呈现一派城市风貌。以昆阳磷矿为骨干企业，组建成昆阳磷矿矿务局；矿山东侧有昆阳磷肥厂。以磷矿石及磷化工产品为纽带，由数个大、中型磷矿山、磷肥厂组成的云南磷业集团公司成为云南省实力雄厚的经济实体。

（二）开阳磷矿

贵州开阳磷矿是国内外著名的大型富磷矿区之一。1955 年，贵州省工业厅地质勘探处工程师罗绳武在发现遵义磷矿的启示下，根据地层及构造分析，认为开阳地区也应有磷矿产出。为此，于同年 5 月与 11 月，先后派出赵应琪、曹金弟和冯济舟等人，组成踏勘、普查组，通过野外实地找矿勘查，发现了著名的开阳磷矿。开阳磷矿为主要产于晚震旦世陡山沱期的生物化学沉积磷块岩矿床，矿区面积约 90 平方千米。磷矿分布于洋水背斜的两翼，产出稳定，矿层厚度一般为 4~7 米。自发现矿区后，贵州省工业厅地质勘探处第五勘探队、贵州省地质局开阳队等不断进行勘探，累计探明储量 4.23 亿吨，其中 A+B+C 级 2.88 亿吨。开阳磷矿是全国最富的磷矿区，P_2O_5 平均含量 34.2%，富矿占全国保有储量总数的 28% 以上，磷矿石中含有可供综合回收利用的伴生碘。开阳磷矿自发现后即不断进行开采，已建成年设计生产能力 220 万吨的大型矿山，成为贵州已建成的最大磷矿生产地，也是我国最主要的磷矿生产基地之一。

（三）襄阳磷矿

襄阳磷矿位于湖北省钟祥、宜城两县境内，分属荆州、襄樊两地市，故又称荆襄磷矿。湖北省磷矿资源分布广，矿床规模大，矿石质量较好，已探明储量的矿产地 82 处，其中大型 13 处，累计探明储量 34.55 亿吨，居全国各省区市第一位。襄阳磷矿与宜昌、保康和鹤峰三大磷矿共占湖北全省储量的 86.83%，其中襄阳、宜昌两大磷矿已成为我国磷化工业基地。

（四）浏阳磷矿

浏阳磷矿位于湖南省浏阳县东北 37 千米的永和镇。1958 年，湖南省浏阳县永和镇工业中学教师欧石农、邓彬和学生刘良俊在镇南马鞍山上发现一种粉碎后烧之发出荧光的"石头"，并认定可能是含磷所致，便向浏阳县地质队报了矿。1959 年 2 月，浏阳县地质队文武斌、谢万盛、罗介湘根据群众报矿的信息到矿区踏勘检查，进行地表揭露和采样分析，发现部分样品含 P_2O_5 达到了工业要求，证实烧之发荧光的"石头"就是磷矿石，从而发现了永和磷矿床。已探明磷矿石工业加远景储量 1.03 亿吨，矿石品位平均为 22%。此前，永和一带尚属地质工作的空白区，也无任何有关磷矿的记载。欧石农等人的发现和报矿起着首创和先行的作用。

（五）绵阳磷矿

绵阳磷矿位于四川盆地西部的九顶山东麓，主要矿区分布在绵竹、什邡两县境内。经地质勘探和详查，自北向南有绵竹县岳儿崖、王家坪、麦棚子和什邡县马槽滩、岳家山等矿区。探明磷块岩储量 19093 万吨、硫磷铝锶矿储量 6100 万吨；矿石含 P_2O_5 29%～33%，属中、高品位的大型磷矿。

（六）辽东硼矿

中国的硼矿主要产于辽吉地区和青藏高原。矿床类型有 3 种：沉积变质型、盐湖型、矽卡岩型。截至 1994 年年底，中国探明硼储量（氧化硼）5000.3 万吨，产地 59 处，分布于 14 个省区，其中 90% 以上集中在辽宁、吉林、青海、西藏。

1956 年，地质部东北地质局长白队（一一七队）在宽甸县五道岭一带开展铁矿普查工作，发现了硼矿线索。1957 年，沈阳地质局组建了硼矿专业地质队——辽吉地质队，专门从事硼矿普查勘探工作，该队先后在辽宁东部地区发现并勘探了一批硼矿产地。1960 年 7 月，地质部在丹东市召开全国内生硼矿床地质工作经验交流会，会后不久辽宁省地质局营口地质大队在营口县（现大石桥市）后仙峪发现一处大型硼矿。

（1）二台子硼矿。1955 年 10 月，辽宁省工业厅、凤城县工业局组建凤城矿，矿山设计能力年产 10 万吨（实际生产能力 5 万吨）。1956 年 4 月，原冶金部四〇四队在该区开展地质普查，同年 8 月在该区的工作人员转入化工部三四五队，并于 10 月完成《凤城县二台子硼矿找矿与勘探设计书》。1957 年 8 月，三四五队转入辽吉大队的分队，后改为安东专区地质大队六分队，并于 1958 年 3 月完成《凤城县二台子硼矿床最终储量报告》。1961 年，安东专区地质大队（后改为六三一队）凤城分队（后改为一分队）对二台子硼矿进行补充勘探，最终于 1965 年 6 月完成《辽宁省凤城县二台子硼镁石矿床最终勘探报告书》，累计探明 B_2O_3 储量 34 万吨，其中工业储量 27.9 万吨。1956—1965 年，共完成钻探进尺 18085 米。后经开采坑道圈定的矿体为 36.26 万吨，足以证明勘探工作的质量是比较高的。1990 年 11 月，经化工部批准，二台子硼矿闭坑。

（2）后仙峪硼矿。1960 年 9 月，辽宁省地质局营口队通过成矿预测，结合群众报矿，在后仙峪发现了硼矿化点。1961—1966 年，营口地质队（后改为六三二队、第五勘探队）在后仙峪开展普查与勘探工作，于 1966 年 10 月完成《营口县后仙峪硼矿床最终勘探储量报告》，提交储量 69.9 万吨，其中工业储量 48.2 万吨。1961 年，辽宁省化工局在矿区建立营口五〇一硼矿，进行露天开采。1973 年进行开采设计，设计年产矿石 10 万吨。1980 年以后转为深部坑采，实际生产能力 7 万吨。

（3）翁泉沟硼矿。位于凤城市西北直距 30 千米，矿床赋存于早元古界辽河群里尔峪组黑云角闪变粒岩所夹蛇纹岩中，层孔特征明显，成因类型为火山—沉积变质再造矿床，是我国规模最大的硼、铁、铀共生矿床。矿床划分为周家大院、业家沟、翁泉沟、蔡家堡子和东台子 5 个矿段，大小 9 个矿体。规模最大的主矿体储量占全矿床储量的 97%，长 2800 米，平均厚 45 米，平均品位 B_2O_3 7.23%。矿床面积约 5 平方千米。1958 年，安东专区地质大队接到程鹏吉报矿，庄忠彬陪同实地检验，认为矿体矿床规模很大，有进一步工作意义。经进一步核查，大队决定组成一个地质普查分队开展工作。1959 年开始进行详查，完成钻探 14768 米、坑探 104 米，查明了矿体规模，肯定了该矿为大型矿床，最终于 1964 年 1 月完成《辽宁省凤城县翁泉沟硼镁铁矿床初步勘探报告》，探索 B_2O_3 储量 623 万吨，其中工业储量 218 万吨；铁矿石储量 1.0203 亿吨，其中工业储量 3134 万吨。由于当时选冶技术不过关，以致在以后的一段时期不能开发利用。1974 年，应本溪钢铁公司要求，丹东地质大队对矿床进行详勘，完成钻探工作量 59088 米，1976 年年底完成了《辽宁省凤城县翁泉沟铁、硼矿床总结勘探报告》，探索 B_2O_3 储量 2184.9 万吨，其中工业储量 1598.9 万吨；共生铁矿 2.8 亿吨。为了解决工业利用问题，地质矿产部将翁泉沟矿的选矿技术研究列为"七五"期间重点科技攻关项目，郑州矿产综合利用研究所、辽宁省地质实验研究所和广东矿产应用研究所等单位经过 4 年多的试验研究，于 1990 年完成了矿石的选矿试验和半工业试验。其研究成果是：选矿采用粗粒抛尾、阶段磨选流程，获得含铁、硼、铀混合矿精，然后用化工酸法分离铁、硼或用高炉熔炼分离铁、硼、铀，部分镁也得到了回收利用，流程技术可行，经济基本合理。

（七）瓦房店金刚石矿

1. 发现过程

与湖南、山东相比，辽宁大连瓦房店地区的金刚石文化背景几乎是空白，对这一地区金刚石找矿工作的部署完全是基于中国地质学理论及地质部领导的决策部署。瓦房店的金刚石找矿始于 1965 年。辽宁省地质局通过对山东蒙阴地区地质条件研究分析后，认为我国东部金刚石原生矿应属郯庐断裂带控矿，而辽宁半岛属郯庐断裂带的北段，应加强对辽东地区金刚石原生矿的普查找矿工作。为此，在辽东半岛开展了以寻找金刚石原生矿为目标的水系重砂测量工作。1969 年，丹东地质大队在桓仁地区发现三条金伯利岩脉，但不具备工业价值。

1971 年 6 月，辽宁省地质局区调大队在辽南地区开展复州幅 1:20 万地质填图。矿产组在复查区内矿点时，从地质资料中得知石灰窑地区有铅锌矿，于是矿产组组长白尚金等人前去查看。偶然间，白尚金"一屁股"坐在了金伯利岩上。这种偶然其实是必然中的偶然。如果没有系统化的金刚石理念，地质队员完全有可能对这一碰撞熟视无睹。山东、湖南均是从砂矿追索原矿，而辽宁则是从原矿追索砂矿。这要归功于地质学理论的正确导向。从此，辽宁拉开了金刚石找矿的大幕。为此，辽宁省地质局在第六地质大队专门成立了一个普查分队，普查过程大体分为三个阶段：①解剖石灰窑，发现 I 矿带。1971 年发现石灰窑 1、2 号岩管后，1972 年秋天发现 30 号岩管，这是辽宁第一个具有工业价值的岩管。随后发现了 42 号岩管，为当时全国最大的金刚石岩管。面积 41200 平方米。I 矿带长 30 千米，宽 2 千米，矿带连续性好，由 60 多个金伯利岩体组成，其中有 12 个岩管和 50 多条岩脉。②二返岚崮山，发现 II 矿带。1974 年 3 月中旬，地质队员再次进入岚崮山，寻找平行矿带的主要组成部分。采取水系重砂进行追索，最后用磁法发现掩埋 5 米的金伯利岩，取名 50 号金伯利岩管。II 矿带延伸约 15 千米，宽 2 千米，由 5 个岩管和 4 条岩脉组成。③三进老爷庙，发现 III 矿带。1975 年，对节理和矿化继续追索，发现了 III 矿带，找到了三个金伯利岩管和 20 条岩脉。矿带长 20 多千米。但 III 矿带未发现有工业价值的岩体。

到 21 世纪初，在瓦房店地区已找到由北向南的间距约 8 千米的 3 个矿带、24 个岩管和 88 条岩脉，共 112 个岩体组成。累计提交 4 个大型金刚石原生矿床和 3 个近源冲积型砂矿床（辽宁省地质矿产勘查局，2006）。① 30 号金伯利岩管。赋存于晚元古界青白口系南芬组泥灰岩、砂岩中，产状平缓，岩管周围分布数条金伯利岩脉，地表岩管（30-1 号）为椭圆状，面积为 14000 平方米。该岩管南东侧下方、基岩以下 206 米处为隐伏金伯利岩管（30-2 号），其规模和储量约为地表 30-1 号岩管的 2 倍。1981 年 5 月提交储量 278.9 万克拉。② 42 号金伯利岩管。该岩管位于瓦房店金伯利岩田 I 矿带东段，由 42-1 号、42-2 号两个双生管及 42-3 号小岩管组成，出露地层为晚元古界青白口系钓鱼台组石英砂岩、粉砂岩页岩。面积 41200 平方米。1975 年 12 月提交储量 427.2 万克拉。③ 50 号岩管。该岩管呈不规则形，面积为 6377 平方米，垂深 240 米急剧向南东侧伏，向隐伏 50-2 号岩体过渡。1976 年 12 月提交储量 376.9 万克拉。

质地优良，宝石级占 62%，准宝石级占 13%，工业用占 25%。④ 51-68-74 号岩管。该系列岩管位于 50 号岩管北东 600 米处。三个岩管间距 120 米，延深大，产状陡直。1980 年 6 月和 1985 年 12 月，共提交储量 122.2 万克拉。⑤头道沟砂矿。其上源为 50 号和 51 号、68 号、74 号 4 个岩管。1980 年 6 月提交储量 15.1 万克拉。⑥二道沟砂矿。其上源为 42 号岩管。1984 年 3 月提交储量 2.6 万克拉。⑦大四川砂矿。其上源为 30 号岩管。1984 年 3 月提交储量 8.0 万克拉。

2. 重要影响

瓦房店地区金刚石的开发始于 1980 年 8 月。该年，由辽宁省第六地质大队组建大集体性质的大连滨海金刚石公司，对 50 号金伯利岩管进行小规模的试采。1981 年生产金刚石 8773 克拉，1985 年产量达 12240 克拉。1987 年 3 月 3 日，由辽宁省第六地质大队、华铜铜矿、复州湾煤矿、炮台镇政府共同出资，组建了瓦房店金刚石股份有限公司，对 50 号金伯利岩管进行正规露天开采。1990—1996 年开采矿石量每年 50 万吨，年产金刚石 5 万～8 万克拉。50 号岩管露天开采至 2002 年 9 月 17 日结束，历时 23 年，生产金刚石 89 万克拉，84.53% 出口，平均每克拉 102.67 美元。

截至 2014 年，中国已探明的金刚石总储量为 2207.7 万克拉。其中，辽宁省 1219.7 万克拉，占总量的 55.25%；山东省 932 万克拉，占总量的 42.22%；湖南和其他省合计保有 56 万克拉，占总量的 2.53%。辽宁省的金刚石在国际市场上是公认的上乘之品。瓦房店 50 号岩管的金刚石颜色白、晶型好、易加工，是钻石毛坯的首选。该岩管所产的金刚石主要销往美国、比利时和中国香港。与山东金刚石相比，辽宁金刚石的突出特点是宝石率高。辽宁金刚石的宝石率是 60%～70%；山东金刚石的宝石率是 15%～20%，但山东金刚石的颗粒较大，目前国内发现的 6 粒 100 克拉以上的金刚石均产于山东，而辽宁最大的一颗仅为 61.25 克拉。由于辽宁金刚石质量优势突出，因此在市场价格上始终占有优势地位。

（八）山东金刚石矿

山东金刚石找矿的文化背景浓重，早在明清时期民间就有发现金刚石的传闻。据《沂州府志》和《郯城县志》记载：明朝末年，郯城马陵山曾发现金刚石。此后，在清朝道光年间，在郯城北部经常有人捡到金刚石，用于修理瓷器和补锅。1907 年年底，德国人朱德尔在郯城收购金刚石 80 余颗，并在郯城北部的于泉开采达 3 年之久，据说收获不多。1931—1937 年，日本人也曾在此地进行过调查和开采，著名的"金鸡钻石"就是日本人此时盗采的。民国时期，亦有地质学家来此地调查。20 世纪 40 年代前后的数十年间，每年都能发现和采出一二十颗金刚石。

1952 年 7 月，地质部陆续派专家到山东进行金刚石调查。1957 年 3 月，地质部山东办事处成立专门从事金刚石砂矿普查评价的沂沭河地质队（山东八〇九地质队）。不久从湖南沅水队调来刘智武担任技术负责人，率先对郯城李庄地区进行地质探勘。同年 7 月，砂矿选矿实验室投入使用。通过 1957—1958 年概略调查，基本圈定了于泉、陈埠两个远景区，完成了邵家湖、柳沟和小埠岭三个矿区的普查评价。直至 1964年、1965 年，分别完成了陈埠、于泉两个矿区的勘探报告。

1964 年 11 月 10—16 日，"全国第一号金刚石会议"在山东临沂召开，湖南、贵州、广西、湖北、河南、江苏、山东、安徽、江西、山西等省、自治区的金刚石专业队代表参加。这次会议成为金刚石原生矿找矿的动员会和誓师会。1965 年 3 月底，八〇九地质队的三个分队、17 个普查组共计 400 余人在东汶河、祊河、莒南等约 5000平方千米的范围内展开找矿工作。1965 年 8 月 24 日，中国第一个具有工业开采价值的金刚石原生矿问世，其金伯利岩脉被命名为"红旗 1 号"。11 月 1 日，工人王聿进在报矿群众的引导下，从西峪村带回十几块标本，经全组人员鉴定，确认是金伯利岩。两个月后，西峪金伯利岩带被清晰地勾勒出来，在一个长 12 千米、宽 1 千米的地带共找到岩脉、岩管 16 个。1966 年 1 月 9 日，又一个金伯利岩点被找到，4 个月后，在长18 千米、宽 1 千米的地带共发现岩脉 25 条，这条岩带被命名为坡里岩带。

"红旗 1 号"发现后，建材七〇一矿匆忙上马，后经过四年勘探，查明"红旗 1 号"储量仅 13.9 万克拉，资源保障捉襟见肘。1969 年 3 月，对"红旗 1 号"延长方向布置1∶10000 地质填图和重砂测量工作，后实施 1∶2000 磁法测量。9 月，经探槽揭露证明为金伯利岩，进一步追索圈定两个岩管，"胜利 1 号"横空出世，它是我国迄今单体金刚石含量最高、单个岩管金刚石储量最大的矿体。此后，利用 1∶1000 地质填图和探矿工程揭露，又发现了"胜利 2 号""胜利 3 号""胜利 4 号"三条岩脉。"胜利 1 号"于 1980 年正式开采，七〇一矿年产达 10 万克拉，成为我国大型现代化矿山和金刚石贡献率最大的矿山。

自 1957 年在山东郯城首次圈定 5 个金刚石砂矿起，此后相继发现了两个大型矿区和十余个小型矿区，形成了我国第一个金刚石原生矿基地。2005 年，依托矿山遗迹建成了国家矿山公园——山东沂蒙钻石国家矿山公园。

第九章
地质科学支撑的水文地质与工程地质工作成就

水文地质工作包括区域水文地质调查、水资源评价和水资源勘查；工程地质工作包括区域工程地质调查与建设项目工程地质勘查。

第一节 水文地质和工程地质工作概况

1949年，中国只有少数地质人员从事水工环地质工作。1952年地质部成立时，也仅有一个26人的小组，主要是配合水电、铁道、化工等工业部门的工程建设。地质部成立后，采取学校正规学习和短期培训等措施大力加强水工环地质人才的培养。以陈梦熊、王大纯、张宗祜等为代表的我国水文地质工作者领军人物，一边抓时间，一边带徒弟，使一批又一批的青年水文地质工作者快速成长。其间，苏联专家鲁萨诺夫、马舒柯夫、阿加比也夫、克雷洛夫、克里门托夫、萨维里耶夫等先后来华指导工作或担任教学，对推动我国水文地质工程地质事业的发展作出了贡献。

1955年，地质部将工程水文地质处扩建为地质部水文地质工程地质局。在北方部分省（自治区、直辖市），组成了1300余人的水文地质普查队伍。其中，九六一队在陕西关中地区，九六三队在青海柴达木盆地，九六四队在甘肃河西走廊地区，九〇一队在北京地区，九〇二队在山东青岛地区，松辽队在东北松辽平原地区，内蒙古队在内蒙古大青山及河套地区。与此同时，水利、电力、铁道等部门也相继建立了水文地质工程地质队伍。

1955年3月，地质部召开了第一届全国水文地质工程地质会议，部署在全国开展

1：20万～1：50万区域水文地质普查工作。1955—1957年，在华北平原、松嫩平原、山东半岛、关中盆地、柴达木盆地、河西走廊等部分地区共完成26万平方千米面积，并开始编写区域水文地质普查报告。1958年年初，各省（自治区、直辖市）相继建立水文地质工程地质队伍，到当年春已扩建到28个水文地质专业队伍。在此期间，南方成立的水文地质普查队伍也开展了野外工作。1959年5月，地质部召开了第二届水文地质工程地质会议。会上提出要加强干旱地区、半干旱地区的水文地质普查工作。到1959年，全国水文地质工程地质队伍已达11000多人。这一时期，我国的水工环工作紧密结合国家建设需要，全面采用了苏式工作方法，取得的主要成果包括：①参与工业和城市建设项目。在中华人民共和国成立初期和第一个五年计划中完成的主要工作有水利建设中的官厅水库、淮河中上游各水库、新安江水库（现称"千岛湖"）、三峡水利枢纽、丹江口水库等；宝成铁路，武汉长江大桥，北京、包头、西安、石家庄、保定、湛江等城市供水勘探。②开展区域水文地质调查。始于1956年，野外工作均由我国第一代水文地质学家亲自带队完成，如陈梦熊在柴达木盆地、孙鸿冰在河西走廊的工作等都起到了奠基的作用。最早的区域工程地质成果当属为配合长江流域规划而编制的长江流域工程地质分区图。③培养专业技术人才。1952年，北京地质学院、长春地质学院和南京大学地质系开始招收水文地质工程地质专业本科生（4年制）和专科生（2年制），是我国自己培养此专业人才的开始。王大纯、刘国昌、肖丹森作为这项工作的主要负责人有很大的贡献。在此期间，我国聘请多名苏联专家，翻译使用了多种苏联规程规范和大学教材，对学科建设起到了积极的促进作用。④组建专业科研机构。1956年，建立了地质部水文地质工程地质研究所，1958年该所开始承担的"中国干旱区水文地质条件的研究"和"中国黄土工程地质性质的研究"均是中苏122项重点科技合作计划中的项目，属国家级重点科研项目。

到1960年年底，全国共计完成了水文地质普查面积约320万平方千米。但受主客观条件的限制，1958—1960年所完成的1：20万及1：50万水文地质普查任务并未完全达到区域水文地质普查规范的要求。1962—1966年上半年，水文地质普查工作基本走向正轨。这期间，也把为农业服务的农田水文地质工作摆到了首位。1965年4月，在北京召开了第一届全国水文地质工程地质学术会议，总结交流了中华人民共和国成立以来所取得的成果。从1966年夏季到1973年，新疆、内蒙古及东北地区少数单位有所进展。1973年7月，地质部在青岛召开全国水文地质会议，确定组建水文地质普查部队。要求1980年以前，除青藏高原森林覆盖区及高山、沙漠腹地等地区外，在全国要完成350万平方千米的水文地质普查任务。1973年12月下旬，在北京香山召开了全国水文地质普查规划会议，研究了部队的组织编制与水文地质普查任务。1974年，国务院、中央军委批转了《关于组建水文地质普查部队的请示报告》，正式组建了3个师12个团的部队，专门从事区域水文地质普查工作。1974—1977年，地质部门的水文地质工程地质队伍由3万人增加到5万人。水利、电力、铁道、冶金、煤炭、环保等部门水文地质工程地质队伍也有相应的发展。到20世纪70年代末，各省（自治区、直辖市）先后建立了环境水文地质站。

第二节 水文地质工作

一、工作体系建设

从中华人民共和国成立到改革开放初期，我国的水文地质科学经历了从无到有、从小到大、从落后到先进的过程。

1. 发展阶段

陈梦熊把我国水文地质学的发展分为四个阶段：萌芽阶段（20世纪前）；初始阶段（1900—1950），开始应用地质学基本理论研究地下水；奠基阶段（1950—1970），受苏联学术思想影响，奠定了水文地质学的理论基础，是区域水文地质学与农业水文地质学的开创时期；成长时期（1970—2000），是水资源、水文地质学与环境地质学的发展时期，主要受西方科学技术影响，如系统论、系统工程、计算机技术等新理论、新技术的输入，使我国的传统水文地质学发展到一个以研究水资源与环境问题为重点的现代水文地质学。水文地质科学体系的发展直接影响到水文地质工作的同步发展。

2. 发展成就

1）区域水文地质学的发展

20世纪50年代是区域水文地质学的开创时期。1952年地质部成立后，各种水文地质专业队伍、研究机构和地质院校相继成立，为水文地质学的发展创造了必要条件。长春地质学院苏联专家编写了《水文地质学》《水文地质学概论》《普查与勘探水文地质学》《地下水动力学》《矿床水文地质学》等成套教材。苏联关于水文地质的新理论也不断传入中国，对我国水文地质科学的发展产生了深远影响。从50年代中期起，我国有计划地开展水文地质普查，推动了区域水文地质学的发展。1957年出版了《水文地质工程地质期刊》，1958年编制了第一张1∶300万中国水文地质图和第一本专著《中国区域水文地质概论》，1959 年出版了《实用水文地质学》。

20 世纪 60—80 年代，我国小比例尺水文地质编图迅速发展，并创立了一套具有本国特色的水文地质编图方法，按省（市区）编图。1978 年出版的《中华人民共和国水文地质图集》反映了 50 年代以来区域水文地质调查的主要成果。

20 世纪 80 年代以后，开展了大量专题研究，如四川、湖南对红层裂隙水的研究、中国玄武岩裂隙孔洞水的研究、黄土地下水的研究以及北方岩溶水的研究等。在地下水普查中普遍采用了遥感技术，编制出版了《北方遥感水文地质应用文集》《北方典型遥感水文地质图像集》《中国岩溶地区典型遥感水文地质图像集》。

2）农业水文地质学的发展

20 世纪 60 年代，在华北开展了大规模的抗旱打井运动，促使我国农业水文地质学的诞生。针对农田供水和盐土改良两项任务，开展了大量调查研究，为北方地区发展井灌、实行农田水利化作出了重要贡献。70—80 年代，进一步开展了黄淮海平原旱涝盐综合治理研究、河南商丘地区潜水资源与人工调蓄研究、河套平原与银川平原水盐均衡和盐土治理研究以及河西走廊地下水合理开发利用研究等，为农业水文地质的发展奠定了基础。

长期以来，我国对土壤水的研究是一个薄弱环节。20 世纪 70—80 年代，随着许多均衡试验场的建立，以及负压计、中子仪等新的测试技术的引进，促进了包气带土壤水分运移规律的研究。例如河南水文地质总站与有关单位开展的"四水"转化关系机理研究，建立了"四水"均衡模型，证明土壤水起着重要的调蓄作用和相互制约作用。零通量面法是国际上最近发展起来的一种研究土壤水补给、损耗和均衡的田间试验新方法，水文地质工程地质研究所对此开展了研究，出版了专著《零通量面方法应用基础研究》，对发展我国农业水文地质学起到了重要作用。

3）环境水文地质学的开创

20 世纪 70 年代，是环境水文地质学的开创时期。从 70 年代开始，我国大多数大中城市开展了地下水污染情况调查，并进一步开展污染机理研究。研究者普遍采用模拟试验等新方法，如呼和浩特市地下水硝酸盐氮污染机理与防治对策研究，认为硝酸盐氮的污染机理主要受以硝化作用为主的生物化学反映过程。这项成果是对生物化学污染机理研究的突破。此外，上海地下水砷污染研究、北京地下水硬度变化机理研究、济宁水质模拟研究所进行的弥散试验均取得了良好结果。在此期间，水质模型研究取得了很大进展。1984 年完成的《山东济宁地下水水质模拟及其污染趋势预测的试验研究》是我国最早的一项水质模型研究，起到了带头示范作用。之后，石家庄、新乡、平顶山等城市也开展了地下水管理模型研究，在建立水量模型的同时，建立了研究溶质运移的模拟模型。模型研究日渐深入，其中以王秉忱等编著的《地下水污染与地下水水质模拟》、朱学愚编著的《地下水运移模型》、林学钰等编著的《地下水水量模拟及管理程序集》具有代表性。

由于地下水超采引起的一系列环境问题，如水量枯竭、水质恶化、海水入侵、地面沉降、地裂缝、岩溶塌陷以及生态环境恶化，成了环境水文地质的重要内容。在海水入侵方面，山东莱州、龙口地区建立了三维咸淡水界面运移数学模型。上海地面沉降通过长期研究和科学施策，已趋稳定。

在环境水文地球化学研究方面，逐渐转入环境地球化学与人体健康和疾病关系研究。从20世纪60年代开始，对克山病、高氟病等地方病形成机理与防治措施进行了深入研究，并取得了重要进展。近年来又扩大到心血管病、脑血管病和癌症与水文地球化学关系的研究。

4）水资源水文地质学的建立

在水资源研究方面，从20世纪80年代开始，引入地下水系统理论和非稳定理论，数字模拟广泛应用。80年代出版的《中国干旱半干旱地区地下水资源评价》，汇集了70—80年代北方地下水资源评价的结果。例如，商丘在人工调蓄条件下，建立多年均衡法与有限元法结合的数学模型；石羊河流域根据地下水动态演变规律，应用不规格有限差分法建立的数学模型，以及黄土层饱和和非饱和地下水的联合数学模型等。80年代后期，地下水资源研究的一个重要标志是把主要目标转移到管理模型研究，即研究如何合理开发、利用、调控和保护地下水资源。此后许多城市如北京、西安、沈阳、平顶山等都开展了管理模型的研究。1991年，在"唐山平原地下水盆地管理模型研究"中首次采用"两个耦合"，实现了水资源系统与经济系统的有机结合。90年代出版的《地下水管理》（林学钰，廖资生）、《实用地下水管理模型》（杨悦所，林学钰）、《地下水资源管理》（陈爱光，李慈君，曹建锋），都是地下水管理模型研究的重要成果。

二、主要调查工作

1.地下水资源调查

从1956年开始，地质部门有计划地在全国范围内开展了区域水文地质普查工作。此外，地质部陆续开展了北京、西安、包头、湛江、太原、呼和浩特、沈阳、郑州、乌鲁木齐、青岛、济南、成都等城市的供水水文地质工作及部分矿区的水文地质工作。

基本上完成了主要平原地区 1:20 万～1:50 万水文地质普查工作，并编制出版了第一幅 1:300 万《中国水文地质图》及其他各类水文地质、工程地质图件；完成了近 1000 个矿区的水文地质勘查任务。

20 世纪 50 年代中期到 60 年代初，区域水文地质普查工作主要集中在农业比较发达的平原地区，特别是北方干旱半干旱地区，共完成普查面积约 320 万平方千米。60 年代初的"三年困难时期"，新疆、内蒙古等少数地区的区域水文地质普查工作有所进展。1973 年组建了基建工程兵水文地质普查部队，各省地质局水文地质队会同水文地质普查部队开展了大规模的区域水文地质普查工作。1974 年，地质部水文地质工程地质局在新乡召开了区域水文地质普查规范会议，次年正式出版了《区域水文地质普查规范（试行）》。之后又先后出版了平原地区、丘陵地区、滨海地区、岩溶地区、黄土地区、冻土地区等区域水文地普查规程（试行）。1979 年出版了《综合水文地质图编图方法与图例》，对普查工作质量给予了有效的保证。从 1974 年到 1983 年，全国完成普查面积 457 万平方千米，其中水文地质普查部队完成 224 万平方千米。从 1952 年到 1985 年，累计完成 670 万平方千米，正式出版的报告、图件共计 230 份，包括 311 个图幅，约 200 万平方千米。在 1982 年召开的全国地下水资源会议上，初步统计出全国地下水天然资源为每年 8716 万立方米。1984—1995 年，中国水文地质工程地质勘查院所属 904、906、915 等水文地质工程地质大队又在东北、西北及青藏高原等极端困难的边远地区，结合地方队伍，共同完成了全国最后 280 万平方千米的普查任务，实现了国土面积全覆盖。

从中华人民共和国成立到 20 世纪 80 年代初，全国基本完成了陆地区域水文地质普查任务，大部分地区为 1:20 万比例尺，部分地区为 1:50 万或 1:100 万比例尺的水文地质普查；在主要平原区还进行了 1:5 万及 1:10 万供水及农业用水勘查，大致覆盖了陆地面积的 1/8，不同程度地查明了地下水形成、分布规律及主要含水岩的水质和水量。

2. 地下水监测

1954 年冬，北京、西安、包头、石家庄等主要城市先后开始地下水监测工作。到 20 世纪 50 年代末，这些城市已经积累了 5 年以上的监测资料，开始着手编制 5 年监测综合研究报告，对监测资料进行系统分析研究。在此期间，北京进行了地下水水情的预报工作，分别预报枯水期、丰水期地下水位，以书面形式通报市有关领导部门和地下水开发利用单位。60 年代初，上海开始预报市区可开采地下水量、年采灌地下水计划等，为城市供水部门拟订供水方案和控制地面沉降提供了科学依据。"文化大革命"时期，在北京、上海等城市仍有少数基本监测点坚持监测。1973 年 7 月，国家计划委员会地质局在青岛召开全国水文地质工地质会议，有少数省（自治区、直辖市）的地下水监测工作开始恢复。从 1977 年开始，全国地下水监测工作逐步得到恢复。上述工作为 20 世纪 80—90 年代我国地下水监测网络的形成奠定了重要基础。

水利电力部系统从 20 世纪 70 年代开始，结合农灌开展地下水监测工作，主要分布在河南、安徽等北方 17 个省（自治区、直辖市）。80 年代开始对全国饮用地下水源进行监测。到 1990 年年底，拥有浅层地下水监测点 10000 多个，水质监测点 13300 多个。80 年代以来，城乡建设环境保护部对北京、天津、沈阳、西安等城市水资源和水体环境质量进行了一定的监测研究。总之，"七五"期间，我国地下水监测点网络已基本形成。

3. 矿区水文地质调查

从 20 世纪 50 年代末到 60 年代初，地质部门在各省（自治区、直辖市）相继开展区域水文地质调查的同时，也积极开展矿区水文地质工作。中华人民共和国成立初期，矿床水文工作主要是学习苏联的经验和做法。1953 年，地质部聘请苏联鲁萨诺夫、马舒柯夫、阿加皮耶夫、克利门托夫、列别捷夫等，煤炭部聘请克兰尼涅夫、波捏依吉夫、马轻夫等，冶金部聘请马舒洛夫，核工业部聘请水文化学专家阿尔布尔、伊万诺夫、斯哥洛木土莫夫、维里琴柯等水文地质工程地质专家指导矿床的水文工作。1955 年，地质部在新成立的水文地质工程地质局下设置了水文地质处，同时，煤炭、冶金、化工、建材、核工等部门，全国及各省（自治区、直辖市）矿产储量委员会，地质及各工业部门所属地质勘探队，国营大型矿山均先后配备了专职的矿区水文地质技术人员。

1953 年，我国最先开展矿区水文地质勘探工作是在内蒙古白云鄂博铁矿区。在苏联专家鲁萨诺夫的指导下，按照苏联 1951 年颁发的《矿区水文地质研究要求》，系统地进行了矿区水文地质工作。1954 年，苏联专家马舒柯夫指导地质部 429 地质勘探队在湖北黄石大冶铁矿区进行了钻孔抽水试验等矿区水文地质工作。地质、煤炭、冶金、核工业等部门在苏联水文地质专家指导下，在河北庞家堡铁矿、开滦煤矿、峰峰煤矿、四川中梁山煤矿、天府煤矿、南桐煤矿、河南焦作煤矿、内蒙古石拐子煤矿、辽宁抚顺煤矿、阜新煤矿、复州湾粘土矿、江苏贾汪煤矿、广东茂名油页岩矿、黑龙江鹤岗煤矿、509 铀矿床等矿区开展了水文地质及地球化学工作，在生产实践中培养了一大批矿区水文地质专业技术骨干。1954 年 6 月，煤炭部在北京召开首届"全国煤田水文地质会议"，明确提出矿区水文地质工作是煤田普查、勘探阶段不可缺少的重要组成部分。1956 年，地质部水文地质工程地质研究所设立了矿床水文地质研究室，煤炭部煤炭地质勘探研究院设置了煤田水文地质研究室。此后，冶金部也在天津地质研究所设立了矿床水文地质研究室。1958 年 8 月，地质部在北京召开首届"全国矿区水文地质工作经验交流会"。同年，煤炭部也在北京召开了第二届"全国煤田水文地质大会"，并出版了《煤田水文地质工作经验汇篇》。1958 年 6 月，煤炭部在山西太原召开"煤田水文物探会"，推广扩散法、提捞法、注入法等井液电阻率法和充电测井法在矿区水文地质工作中的应用。这一年，出版了辛奎德编著的《矿区水文地质勘探方法》和沈尔炎编著的《煤和油页岩矿区水文地质工作方法》。1959 年。地质部水文地质工程地质局和水文地质工程地质研究所在苏联水文地质专家阿加皮耶夫的指导下，总结了我国矿床水文地质特征，出版了《中国固体矿床水文地质分类》。煤炭部编制出版了《1∶120 万全国煤田水文地质类型图》。

20 世纪 60 年代，我国矿区水文地质工作者对湖北大冶铜绿山铜矿，广东凡口铅锌矿，安徽凹山铁矿、凤凰山铜矿，江西乐华山锰矿、城门山铜矿，河北矿山村铁矿，湖南斗笠山煤矿，河南焦作马村煤矿，山东济宁煤矿等一批水文地质条件复杂的重点矿区和大型岩溶大水矿区进行了专门的水文地质勘探工作。1960 年，地质部在河北宣化举办"全国矿区水文地质技术干部进修班"，出版了《矿坑涌水量预测方法》一书。1962 年 11 月，地质部在广州召开了"全国矿区水文地质工作"会议，明确了矿区水文地质工作的任务和方向。同年，地质部和煤炭部、冶金部联合颁发了矿区水文地质工作规范第一分册《煤及油页岩》，第二分册《金属矿床》作为矿区水文地质勘探工作和审查地质勘探报告矿区水文地质部分的主要依据。

1974 年，国家计划委员会地质局重新编制颁发了《矿区水文地质工作规范（试行）》，出版了《矿区水文地质工作规范（试行）》和《矿区水文地质工程地质选辑》；广东地质局出版了《隐伏岩溶类型矿区水文地质特征及勘探方法》。1975 年 5 月，第二机械工业部在北京召开"铀矿水文地质专业会"，提出了加强放射性铀矿床水文地质工作的措施。1975 年 6 月，第二机械工业部颁发了《铀矿水文地质工作规范》（内部）。1975 年 10 月，国家地质总局在山东烟台召开"全国矿区水文地质经验交流会"，重点交流了复杂的岩溶大水矿床水文地质勘探和大型孔群抽水试验的经验，会后出版了《岩溶类型矿床水文地质选辑》一书。同年，地质部在河北正定水文地质工程地质研究所举办了"全国矿坑涌水量预测方法培训班"。1976 年 12 月，国家地质总局在湖南长沙召开"全国岩溶充水矿床水文地质科研协调会"，"全国岩溶充水矿床水文地质研究"被列入国家重点科学技术研究项目。1977年4月，国家地质总局在安徽蚌埠召开"全国岩溶充水矿床水文地质专题座谈会"，具体落实了开展全国55个重点岩溶充水矿山水文地质回访调查任务。回访调查工作结束后，出版了《中国岩溶充水矿山水文地质回访报告选辑》。1977年12月，煤炭、冶金、石油、化工等部和国家地质总局联合在广东肇庆马鞍煤矿召开"全国综合治理和利用矿床大面积地下水经验交流会"，会后出版了《综合治理和利用矿床大面积地下水》一书。

4. 地热水调查

中华人民共和国成立初期，国内对地热的利用基本局限于温泉洗浴疗养。1956年，地质部和卫生部联合，在全国选择15处典型温泉，开展医疗热矿水的水文地质勘查，其中包括北京小汤山、辽宁汤岗子、南京汤山、广东从化等。以北京小汤山为例，1956—1958年，投入勘探孔26眼，总进尺4281.33米，最深的钻孔534米，在苏联专家的指导下圈定了37℃以上热水分布区0.6千米，评价了可开采热水资源量。与此同时，也开始酝酿主动性的地热资源勘查。例如，在北京市范围内，选取了颐和园—北京大学地区、温泉村—沙河地区、北郊洼里地区等浅层地温偏高地区进行可行性设计，但到1965年尚未得以实施。在此期间，在石油普查勘探中"意外"地钻出地下热水。例如，在华北大平原的石油普查中，在北京市范围的南界凤河营地区的1800余米深度钻出了地下热水。这一时期，地热队伍建设也在推进。1960年1月，地质部地质力学研究所成立了地热组。1964年1月，地质部水文地质工程地质第一大队（北京）成立了热矿水组。1966—1967年，北京市选择浅层地下水温度最高的"热异常区"——洼里地区施工了2眼地热专门勘探孔，钻孔深度分别为500米和657米。1970年，李四光号召全国"把开采热水与采煤、石油放在同等地位"。当时，在地质部门90%以上专业技术人员离岗的形势下，地热组首先恢复了专业技术工作，出现了中国地热工作的第一次热潮。在原无温泉出露的北京城区的千米深度勘探发现了地热资源。1971年，在天坛公园和北京火车站钻成48℃和53℃的地热井。此后的数年内，北京每年投入地热钻探4000余米，北京城区地热田的面积逐渐扩大。天津近郊区的地热会战取得巨大成果，发现了蓟县系等基岩热储，获得超过90℃的地热资源，地下热水资源的综合利用相继展开。这一时期，全国建成中低温地热电站7处：广东省丰顺县邓屋、湖南省宁乡县灰汤、河北省怀来县后郝窑、山东省招远县汤东泉、辽宁省盖县熊岳、广西象州市热水村、江西省宜春县温汤。其中，江西省宜春县温汤利用67℃地热水装机100千瓦发电试验成功，成为世界上最低温度的地热发电；广东省丰顺县邓屋和湖南省宁乡县灰汤电站一直运行到2008年才因设备老化而停机。

三、水文地质图幅图件

20 世纪 50 年代后期，在编制出版了中国第一幅 1∶300 万的全国水文地质图以后，开始在全国范围内按国际图幅开展 1∶20 万的水文地质填图工作。同时，编制出版了中国区域水文地质普查规范，制订了水文地质图编图方法。

20 世纪 60 年代初期，根据农业的需要，编制了大区域的小比例尺图件，如 1∶100 万的松辽平原及黄淮海平原水文地质图，其中包括水文地质图、潜水埋藏深度图、地下水化学图、农田供水水文地质图、第四纪地质图和土壤改良水文地质分区图等。

20 世纪 70 年代，已基本完成区域水文地质调查的大部分省（自治区、直辖市）开始编制小比例尺的全省水文地质挂图和重点地区的区域性图件。例如，河西走廊、准噶尔盆地南侧、关中平原、四川盆地等地区的水文地质图，并附有相应的文字报告。水文地质工程地质研究所组织各省系统整理 30 年来所积累的大量资料，共同编制了《中华人民共和国水文地质图集》。图集内容主要包括全国性图组、地区性图组和分省图组，集实用价值和科研价值于一体。同时，参考联合国教科文组织制定的国际统一图例，编制出版了新的《综合水文地质图编图方法与图例》，更好地反映了地下水的开采条件。

第三节　工程地质工作

一、区域工程地质调查研究

我国的区域工程地质基本上是结合区域水文地质和区域环境地质调查研究综合进行。首张区域工程地质图——《1∶100 万长江流域工程地质分区图》是地质部水文地质工程地质局长江流域规划组谷德振、李勇、李绍武等于 1956 年编制的。该图以大地构造单元为基础，将长江流域划分出 9 个工程地质区，为流域水利水电资源开发规划提供了工程地质依据。1959 年 1 月，地质部水文地质工程地质局召开了水文地质编图会议，同时讨论了区域工程地质编图问题，要求在 1∶20 万水文地质普查中调查工程地质条件，并在普查报告中反映。随后，姜达权、朱平、许贵森等编制出了《1∶400 万中国综合工程地质图》，以大地貌为主，结合岩性、水文地质和物理地质现象等，将全国划分出 17 个工程地质区域。1960 年，地质部水文地质工程地质研究所胡海涛等在北京地质学院和有关单位的协助下，编制出《1∶300万中国工程地质分区图》，该图以大地构造和新构造运动为主，结合地貌和气候因素，作为一级分区的依据，将全国划分出31个工程地质区域，后该图缩小成1∶1000万收编在《中华人民共和国自然地图集》中出版。

二、水利水电工程地质勘查

中华人民共和国成立初期，工程地质勘查的重点是协同水电部门开展重大水电项目的建设。中国地质工作计划指导委员会和地质部围绕国内主要河流组成了工程地质队，对流域规划和水利水电枢纽建设开展了工程地质勘查研究。1954年，组成永定河队，针对官厅水库坝址区震旦系灰岩内的岩溶水文地质条件进行勘查研究，提出防渗措施，确保水库为北京市的防洪、供水及发电的基本功能。在党中央提出"一定要把淮河修好"的指示下，组建淮河队，配合治淮委员会和河南省治淮总指挥部开展了流域规划地质工作和干流及主要支流上的大型水利水电枢纽的地质调查。此外，组建的辽河队承担了辽河流域规划和新立屯水库的工程地质勘查，还对1958年建成的浑河大伙房水库进行了工程地质勘查。

20世纪50年代后期，全国掀起了水利化建设高潮，兴建了数以千计的大、中型水库。这些水库为工农业供水起到了显著作用，但有些工程因未能查清工程地质条件而导致地质灾害发生。自60年代初期开始，地质部有关省（自治区、直辖市）地质局及科研单位配合水利部门开展了为病害水库工程处理的工程地质勘查研究。仅在河北省太行山麓及燕山南麓就有黄壁庄、安格庄、邱庄、海子等大、中型病害水库十余座，通过数年的勘查和工程处理，取得成效显著。与此同时，为引水渠道进行的工程地质勘查相继开展。例如，在离北京90千米的燕山南麓为密云水库修建了白河主坝和潮河主坝。其中，白河坝址勘查由北京地质局水文地质工程地质队负责进行。"六五"计划期间，在天津市引滦指挥部的领导下，天津市地矿局、水电部天津勘测设计院承担了引滦工程的勘查工作。到20世纪末，全国的水利水电工程建设取得重大进展，其中，工程地质工作提供了重要的技术支撑，典型工程体现在黄河、长江两大流域的水利水电工程项目。

1. 三门峡工程选址工程地质勘查

1950年3月26日至6月30日，黄河水利委员会组织勘查队对龙门到孟津间的黄河干流河段进行工程地质踏勘，特聘冯景兰、曹世禄两位地质专家参加。冯景兰在《黄河陕县至孟津间小浪底、八里胡同、三门峡三处坝址查勘初步报告》中指出："就地质情况而言，三门峡最好，次为八里胡同，更次为小浪底。"同年7月，冯景兰随水利部部长傅作义考察了潼关—孟津河段。9月，冯景兰、白家驹等进行了潼（关）孟（津）段工程地质普查，冯景兰编写了《豫西黄河地质勘测报告》。1952年8月，西北大学地质系张尔道等在潼关—八里胡同间进行了1∶1万地质填图，并提交了《潼关—八里胡同间的水库地质调查报告》。1952年春，燃料工业部水电总局局长张铁铮、黄河水利委员会主任王化云陪同两位苏联专家，自潼关到三门峡勘查，认为三门峡建坝条件优越，并指定了第一批钻孔位置。同年，燃料工业部水电总局对三门峡坝址进行了初步地质勘测，完成钻孔13个（计558.38米），提交了《三门峡坝址工程地质勘查报告》。根据国务院的决定，三门峡工程的设计工作由苏联列宁格勒设计分院承担，其所需的地质资料全部由中国提供。为此，由地质部、电力工业部与黄河水利委员会联合组建"黄河三门峡地质勘探总队"。1955年9月，地质总队承担了黄河三门峡工程坝址和水库区的全部地质勘查。4年间，完成岩心钻探15188.66米，于1959年8月完成了技术设计阶段工程地质勘查。在此期间，得到苏联地质专家萨维里耶夫、索柯洛娃、马舒柯夫、茹科夫斯基、巴索娃等及国内地质专家裴文中、张宗祜、李捷、陈梦熊等的指导和帮助。

2. 三峡工程选址工程地质勘查

应我国政府的邀请，1955年苏联派遣专家来中国参加长江流域规划的制定。水利部、电力部（燃料工业部）、交通部、水产部、地质部、中国科学院和有关高等院校等30多个部门和单位相继参加长江流域规划，同时也开始对三峡工程进行系统的勘查、设计和研究。同年，地质部组建长江勘测队配合水利部长江水利委员会参加长江流域规划要点报告的编制，并在南津关与三斗坪两个坝区14个坝段（址）开展大规模的工程地质勘查研究。1955年年底，周恩来总理在听取了方案汇报后，认为三峡工程有"对上可以调蓄，对下可以补偿"的独特作用，初步明确三峡工程是流域规划及治理与开发长江的主体。1956年8月，以侯德封和苏联专家谢苗诺夫为首的13人组成"中苏两国地质专家鉴定委员会"，经过现场查勘，提出了《关于北碚、猫儿峡、三峡水利枢纽工程地质条件一般性的鉴定总结》，认为"它们的地质条件是可以修建大坝的"。1957年1月，地质部三峡队提交了《长江三峡水利枢纽规划要点阶段勘查报告》。1958年1月，毛泽东主席和周恩来总理听取了关于建设三峡工程的汇报，毛主席提出建设三峡工程应采取"积极准备，充分可靠"的方针。1958年2月26日到3月5日，周总理率中央和地方有关领导和中外专家100多人查勘了荆江大堤和三峡，并主持了三峡现场会议。在此期间，周总理先后到地质部三峡队南津关坝段、三斗坪坝段勘查工地视察。1958年3月25日，党中央成都会议通过《关于三峡水利枢纽和长江流域规划的意见》。同年6月，三峡科研会议在武汉召开，共有200多个单位，近万名科技人员参加。在地质方面，会议提出了开展三峡工程区域地壳稳定性与三斗坪坝段破裂构造、结晶岩风化壳和高边坡稳定性工程地质研究等项目。1959 年 4 月，地质部三峡队提交了《长江三峡水利枢纽初步设计要点阶段工程地质勘查报告》，按照水库正常高水位 200 米、混凝土重力坝方案，提出三斗坪（结晶岩）坝区工程地质条件比南津关（石灰岩）坝区优越，并在三斗坪坝段又进行了上、中、下 3 个坝址的工程地质勘查。1959 年下半年，毛泽东主席针对当时形势，又为三峡枢纽工程的建设作出了"有利无弊"的指示。1960 年 1 月，地质部三峡队提交了《长江三峡水利枢纽三斗坪坝段坝线选择工程地质勘查报告》，认为三斗坪坝段下坝址工程地质条件较差，上、中两个坝址工程地质条件较好。1960 年 8 月，周恩来总理指示三峡工程勘查设计要"雄心不变，加强科研，加强人防"。同月，刘少奇主席视察了地质部三峡队三斗坪坝段勘查工地，详细查看了岩心，询问了有关地质情况，鼓励地质工作为三峡建设作出贡献。1965 年 12 月，地质部三峡队提交了《长江三峡水利枢纽初步设计阶段工程地质勘查中间性总结报告》，认为三斗坪坝段的基岩是修建高坝的良好地基。1970 年下半年，地质部三峡队和兄弟单位一起，积极投入葛洲坝枢纽工程的勘查设计大会战。1973 年，地质部三峡队编写了《长江三峡水利枢纽工程地质条件研究》（长江三峡水利枢纽工程地质勘查总结），获 1978 年全国科学大会奖。

三、铁路工程地质勘查

20 世纪 50 年代初期，地质部与铁道部密切配合，共同完成了宝成、天兰、鹰厦、集二等铁路新线的工程地质勘查，逐渐组成和培养了一支专业化的工程地质队伍。其中，宝成线的勘查被誉为培训专业技术人才的摇篮。60 年代，开展了成昆线大会战，同时在西北、西南地区进行了包兰、兰新、兰青、川黔、湘黔等大量的新线勘查和若干旧线的复线勘查。其中，大多数新线位于山岳地带，为复杂山区的新线工程地质勘查积累了丰富经验。70 年代，又开展了西南地区的襄渝线、西北横跨天山的乌鲁木齐—库尔勒线，以及青藏线等新线的勘查。这些新线，不但要翻山越岭，同时不乏崩滑流地质灾害发育区或冰川冻土、沙漠沼泽、岩溶峰丛，或红色丘陵、黄土梁峁。地质条件千变万化，地质问题层出不穷。上述困难的克服，标志着我国铁路工程地质技术发展迈上了新的台阶。

1. 襄渝铁路工程地质勘查

襄渝铁路线全长 916 千米，沿线山顶高程多在 500 ~ 1000 米，河谷切割深度

300~500米，谷坡陡峻，支沟众多，岩性多变，滑坡、错落、崩塌等不良地质现象常见，工程地质条件十分复杂。1967年年初，由地质部与铁道部组队承担襄渝线中段（安康车站至大巴山隧道）的工程地质勘查。同年5月，地质部将北江大队更名为地质部第八水文地质工程地质大队，调往陕西省安康地区，与铁道部第二勘查设计院共同承担襄渝线中段长134千米铁路的工程地质勘查。大队部设在陕西省石泉县古堰。于1969年8月底完成了襄渝线中段的初测工程地质勘查；同年10月，开展了重大复杂工点的定测工程地质勘查。1970年年初，铁道兵部队进入施工现场，陆续对重大工点开始施工。1970年10月，襄渝线中段的定测工作基本结束，全队转入配合铁道兵进行施工工程地质勘查。1971年年底，襄渝铁路大部分工程竣工。

2. 成昆铁路工程地质勘查

1964年8月，党中央作出了加快"三线建设"的战略决策，发出了成昆线要快修的号召。成昆铁路全长1100千米，其中超过700千米盘旋于高山深谷之中，逾500千米处于烈度为Ⅶ–Ⅸ的地震区。地质部积极与铁道部合作，共同承担全线的工程地质勘查任务。同年10月，地质部决定以四川及云南两个水文地质工程地质大队为基础，调集三峡、丹江、广西、贵州、安徽、山东、黑龙江等省队或直属队的人员，配备钻机70余台，组成南江、北江两个大队。1965年春天，地质部与铁道部的工程地质队伍5000多人开动钻机123台参战，完成测绘面积14824平方千米，钻探进尺212710米。通过勘测，查清了沿线复杂的工程地质条件。采取"绕避与整治结合，避重就轻，综合整治"的方式方法，确保了线路的安全。成昆铁路工程地质勘查大会战在我国铁路建设史上留下了辉煌的篇章。

3. 宝成铁路工程地质勘查

宝成铁路北起陕西省宝鸡市，向南穿越秦岭到达天府之国四川省成都市，全长669千米。隧道多是宝成铁路的特点，全线共有隧道304座，总延长84428米，约占线路总长度的1/8。宝成铁路是山区干线铁路，工程艰巨复杂，工程数量巨大，是我国第一个五年计划铁路建设的重点工程，也是新中国第一条工程艰巨的铁路。

秦岭地区构造运动十分活跃，以造山运动为主，地层以太古、远古代花岗岩及片麻岩系为主，常夹云母片岩及角闪片岩，并穿插伟晶岩脉等，岩质坚硬。由于受强烈造山运动的影响，区内断层极为发育，节理裂隙密集、岩石破碎、沟谷深切、冲刷严重、风化剧烈、山坡不稳。

嘉陵江两岸出露地层比较齐全，从白垩纪到寒武纪的地层几乎均有分布，岩性复杂，有石灰岩、砾岩、砂岩、泥岩页岩、片岩、片麻岩、板岩、千枚岩等，地质条件非常复杂，受大巴山、龙门山多期次构造运动的影响，褶皱、断裂纵横交错，节理裂痕发育。水文地质条件复杂，河流沿岸不良地质发育，尤其是滑坡、崩塌、危岩、落石、坍方最为普遍。

在宝成铁路的建设中，工程地质勘查经历了一个从无到有，从小到大，从简单到复杂，不断发展、壮大、完善的过程。在勘查、设计、施工中积累了丰富的资料和经验，为以后西南山区铁路建设工程地质工作奠定了坚实基础，开创了工程地质工作的新局面。

4. 成渝铁路工程地质勘查

成渝铁路线路总长 505 千米，整个工程需完成土石方 4211.3 万立方米，需修筑隧道 43 座，修建大桥 7 座、中桥 77 座、小桥 353 座、涵渠 1195 座，架设电线 7115.71 千米，需修建各类房屋 23 万平方米。

既有成渝铁路线修建于 1950—1952 年，1987 年完成电气化改造，至今已运营 70 多年。线路全长约 504 千米，为连接川西、川东的经济、交通大动脉，该线铁路对沿线生产的发展和经济的繁荣起着重要作用。

既有成渝线为中华人民共和国成立后西南山区修建的第一条铁路，鉴于当时国家的经济和技术实力的影响，铁路路堑边坡率处于 1∶0.3～1∶0.8，且工程防护措施极弱，加之降雨及地下水的长期作用，尤其是近年强降雨及暴雨的影响，铁路沿线地质灾害集中显现。沿线地质灾害主要有三类：一是重力不良地质；二是水毁；三是隧道病害。沿线地质灾害严重危及铁路的运营和安全。

5. 青藏公路工程地质勘查

青藏公路由北向南纵贯青藏高原腹地，在公路沿线 700 多千米范围内广泛分布有全球独一无二的以高海拔、高温为主要特征的多年冻土。高原气候变化无常，一日间可经历四季；公路沿线环境恶劣，年平均气温 –2～6.9℃，空气中含氧量不足海平面的 50%。多年冻土、高寒缺氧、生态脆弱是高原环境的基本特征。随着全球气温上升，高原下伏多年冻土响应进程加快，近 20 年冻土平均升温 0.2～0.3℃，多年冻土加速消失，高温多年冻土加剧退化，低温多年冻土升温明显，并由此导致冻土区公路工程病害不断发生。青藏公路通车 50 多年来，历经数次整治改建，并开展长达 30 多年的连续跟踪观测研究，其作为中国高原冻土区大规模工程建设的开山之作，无疑成为中国冻土工程研究最大的试验工程。

6. 川藏公路工程地质勘查

川藏公路是国道 318 线（上海—拉萨）的西段（成都—拉萨），是中国西南边疆与内地连接的一条"金色纽带"，是沿线各族人民经济文化发展的生命线。川藏公路东段由南北两线构成复线，复线段的东分路口为四川省的东俄洛，西分路口为西藏自治区的邦达。川藏公路总长 3176 千米（包括南北线），要翻越 21 座海拔 4000 米以上的大山，跨过 14 条大江大河，沿线建有大中型桥梁 104 座，涵洞 7667 道，隧洞 3 个，小型桥涵 470 多座。川藏公路北线于 1954 年 12 月正式通车，南线于 1969 年建成通车。

7. 武汉长江大桥工程地质勘查

1959 年建成的武汉长江大桥是我国长江上第一座大型桥梁。1954 年 1 月，初步设计得到批准，并指定地质部根据苏联专家建议进行技术设计阶段的工程地质钻探，主要任务是：①确定工程地区的地层与地质构造；②研究工程区域地貌及水文地质情况；③确定所选桥址线附近的桥基基底受力地带岩石与覆盖层的工程地质性质；④将初步设计阶段中的钻探资料加以补充整理。1954 年 4 月，由地质部、水利部和铁道部组成的武汉长江大桥工程地质勘查队承担两岸引桥及河漕正桥 8 个桥墩的技术设计阶段的工程地质勘查。10 月 18 日，地质部与铁道部联合发出通知，由地质部统一领导开展长江第一桥的工程地质勘查工作。地质部派人现场指挥，钻探队在小船上安装钻机，在长江上打了 11 条钻探剖面，为优选建桥线路提供了科学保障，克服了长江百年一遇特大洪水和 20 年未见严寒形成的大风浪和冰块的威胁。

8. 南京长江大桥工程地质勘查

南京长江大桥是长江上的第二座铁路、公路兼用的大型桥梁，是我国第一个独立勘查、设计、施工的大型桥梁大桥。工程勘查工作由江苏省水文地质工程地质大队于 1958 年完成。经过初勘方案比选，对选定的宝塔桥—临江村桥址 10 个墩台进行详勘。查明桥渡区基岩为白垩系浦口组砂砾岩、砂岩、页岩等，由其组成的北东东向三河村向斜与河床斜交，走向断裂、破碎带发育，上覆第四系下部，为古长江砂砾石沉积，最大厚度 45 米；上部为新近沉积的淤泥质亚粘土、亚砂土与粉砂互层与粉细砂。主要含水层为古长江砂砾石层，水量极丰。大桥北侧 7 号墩台地段砂岩中形成深槽，斜坡与槽底岩石呈 20°～60° 接触。南京长江大桥于 1960 年 1 月 18 日正式动工；1968 年 12 月 29 日全面建成通车。大桥铁路桥全长 6700 多米，公路桥全长 4500 多米。

四、矿区工程地质勘探

1977—1978 年，由地质矿产部水文地质工程地质司组织领导，有 22 个省（自治区、直辖市）地矿局和 65 所高等院校参加，在冶金、煤炭、化工、建材等部门的大力支持和有关矿山的密切协作下，选择全国具有一定代表性的 55 个重点岩溶充水矿山，开展了水文地质工程地质回访调查，为矿床工程地质类型划分、工作方法提供了基础资料，总结出版了《中国固体矿床地质勘探阶段的工程地质工作》一书。1982 年 2 月，国务院颁布了《矿山安全例》和《矿山安全监察条例》，对地质勘探报告书必须为矿山设计提供矿区水文地质工程地质资料提出了具体要求。到 1983 年年底，在全国已探明储量的 137 种矿产的 5750 个勘探矿区中，均相应地进行了不同程度的矿区水文地质工程地质勘探，为全国县以上的 6000 多个已开发利用和正在建设的国有矿山提出了矿区水文地质工程地质资料。

五、工程地质科研项目

这一时期，较有代表性的科研项目有青藏铁路多年冻土区水文地质工程地质条件和供水源的研究。该项目是国家地质总局"五五"期间重点科技项目，地质部门承担的工作是：温泉至那曲铁路设计线段水文地质、工程地质普查（1∶20 万）和相关课题的科学研究，普查工作基本在铁路线段两侧 5 千米范围内进行。主要任务是：①调查多年冻土区水文地质、工程地质条件，研究地下水源基本情况，提出铁路供水水源的意见；②研究多年冻土区地貌、第四纪地质、地质构造、不良物理地质现象以及冻土的物理力学性质，提出铁路沿线工程地质条件的意见。该项目共完成 1∶20 万综合性水文地质工程地质普查面积 6360 平方千米，水文地质钻探 9768 米，抽水试验 920 小时，航空照片解释 640 平方千米，实测剖面 76 千米，采集水土石试验样品 300 余件。1977 年 9 月，项目负责单位和协作单位共同提交了《青藏线（格尔木—安多）水文地质、工程地质调查研究报告》，附 1∶20 万青藏线地质图、地貌图、第四纪地质图、水文地质图、水化学图、工程地质分区图共 6 幅。该项目报告基本反映了高原多年冻土青藏铁路选线地区的水文地质和工程地条件，比较系统地论述和总结了青藏高原的自然地理、地貌、第四纪冰川地质、第四纪冰期和间冰期的划分、地质构造、挽近构造，特别是对冻土的分布规律和特征、冻土层上水及冻土层下水的特点及其水化学变化规律以及与冰冻有关的各种不良物理地质现象等；在高原腹部地带找到了一些小型淡水供水水源，对青藏铁路站场供水提出了富水地段和供水方向；对铁路选线及工程建筑的区域工程地质条件进行了评价，为后来的青藏铁路修建提供了重要的地质勘查资料。

第十章
地质科学理论

中华人民共和国成立后，我国高度重视科学研究工作，为地质科学研究提供了强大的组织人才政策与经费保障。中国的地质科学研究从此进入了一个全新的发展时代。

第一节　古生物学与地层学

一、古生物学

中华人民共和国成立后，我国的古生物学事业得到飞速发展。先后成立了中国科学院南京地质古生物研究所（1951）、中国科学院古脊椎动物与古人类研究所（1953）、中国地质科学院地质研究所（1957）等科研机构；在地质部门和石油、煤炭等工业部门，以及一些地方地质机构陆续建立了专业化的地层古生物研究所（室）。到20世纪60年代，地质部建立了6个地层古生物站，主要从事地层古生物研究和鉴定工作。北京大学、南京大学以及北京、长春、成都等地质学院都设有地层古生物专业（专门化），培养了一大批古生物学专门人才。

1. 古生物学基础研究

20世纪50—70年代是中国古生物学资料快速积累的重要时期。从1953年起，陆续出版了5卷《中国标准化石》。这一时期，研究门类、时代、地层、地域较广泛，在积累大量化石资料的同时，对各断代、各地层和各区域的生物群的基本特征有了一定的了解。60年代初，出版了《中国各门类化石》15种17册，与同时代苏联、美国出版的学术专著在研究深度和广度上都比较接近。70 年代，卢衍豪出版了《西南地区地层古生物手册》。这一时期还对一些边远地区如珠穆朗玛峰、横断山系和秦岭等地进行了综合性的科学考察和地质调查，并出版了相应的古生物学专著。70 年代后半期，中国地质科学院协同全国 33 个地质单位、150 余名地质学家，对全国地层古生物进行了系统的综合研究，编制出版了除台湾、西藏以外的省（自治区、直辖市）地层表，以及各大区或省（区）的古生物化石图册，发现并系统研究整理了 400 多个新属 6000 多个新种，总计 5000 多个图版、约 2000 万字。

（1）微体古生物。中华人民共和国成立后，地质普查勘探在全国展开，作为地层划分和沉积环境分析重要手段之一的微体古生物学研究受到高度重视。尤其是 1958 以后，油气资源勘探的迫切需要刺激了微体古生物学研究的深入。钻探获得的大量地下地层岩心和微体化石为微体古生物的研究积累了丰富的资料。1961 年，微体古生物学作为一门正式课程列入高等学校的教学计划，并开始培养我国首批微体古生物学的硕士研生。1962 年，先后出版了《中国的苔藓虫》（杨敬之、胡兆珣）、《中国的蜓类》（盛金章）和《中国的介形类化石》（侯佑堂、陈德琼）三部综合性专著。1974 年，出版了专著《松辽平原白垩纪—第三纪介形虫化石》（郝诒纯等）。改革开放以后的 20 年间，微体古生物学迅速发展，多学科交叉研究和新技术、新方法的应用，使微体古生物学的研究领域和门类不断扩展，与古地理、古海洋、古气候、古生物地理等学科以及板块运动和绝对地质年代测定等方面相互渗透，填补了我国微体古生物学领域的多项空白。

（2）古植物。中华人民共和国成立伊始，以中央研究院地质研究所、中央地质调查所古生物室、北平分所新生代研究室为基础，组建中国科学院古生物研究所，并在斯行健的领导下，于 1952 年成立了古植物组。1953 年又由徐仁负责增设了孢子花粉实验室。1954 年，孢子花粉实验室迁往北京，暂归地质部领导，并于 1956 年并入新成立的中国地质科学院的古植物（含孢粉）研究室。部分人员后来回到南京古生物所重组了孢粉研究室。1961 年，在中国科学院植物研究所成立了古植物与孢粉研究室。20 世纪 50—80 年代，是中国古植物学快速发展的时期。在此期间，斯行健、李星学汇集、整理、编撰了《中国中生代植物》（1963）、《中国古生代植物》（1974）和《中国新生代植物》（1978）3 部中国植物化石专著，出版了《中国上泥盆纪植物化石》（斯行健，1952）、《陕北中生代延长层植物群》（1956）、《华北月门沟群植物化石》（李星学，1963）、《孢子花粉分析》（宋之琛等，1965）、《中国晚三叠世宝鼎植物群》（徐仁等，1979）、《内蒙古清河及山西河曲晚古生代植物群》（斯行健遗著，1989）等大量专著。

（3）古脊椎动物。中华人民共和国成立的最初十年，共发表中国古脊椎动物研究论文 151 篇（册），这一阶段的成果在《十年来的中国科学：古生物学》一书中有详尽的叙述。其内容和特点是以古脊椎动物及人类学研究为主，主要有泥盆、侏罗、白垩纪的鱼类，湖北、广西、贵州的水生爬行动物，山东、四川的恐龙类，新疆、山西三叠纪的似哺乳爬行动物兽齿类、肯氏兽类等。1957 年，古脊椎动物研究所出版了《古脊椎动物学报》。20 世纪 50—60 年代，杨钟键做了大量爬行动物的研究工作，包括爬行动物的重要门类，特别是侏罗—白垩纪的恐龙类及青岛龙、鹦鹉嘴龙、马门溪龙等。60—70 年代，周明镇对哺乳动物进行了大量研究，特别是广东南雄古新世哺乳动物群的发现具有重要意义。

2. 重要科学发现

中华人民共和国成立后，结合第四纪地质研究，取得了中国古人类发现和研究的丰硕成果。主要发现是在中华人民共和国成立后的前 30 年，其化石发掘成果包括：①丁村人（山西襄汾，1954—1956）；②长阳人（湖北长阳，1956—195）；③马坝人（广东韶关，1958）；④桐梓人（贵州桐梓，1972）；⑤龙骨山人（北京周口店新洞，1973）；⑥许家窑人（山西阳高，1976）；⑦鸽子洞人（内蒙古喀旗，1975）；⑧大荔人（陕西大荔，1978）；⑨巢县银山人（安徽巢县，1984）；⑩金牛山人（辽宁营口，1984）。中国发现的晚期智人包括：①资阳人（四川资阳，1951）；②榆树人（吉林榆树，1951）；③下草湾人（江苏泗洪，1954）；④麒麟山人（广西来宾，1956）；⑤建平人（辽宁建平，1957）；⑥柳江人（广西柳江 1958）；⑦丽江人（云南丽江，1960，1964）；⑧荔浦人（广西荔浦，1961）；⑨峙峪人（山西朔县，1963）；⑩安图人（吉林安图，1963）；⑪ 新泰人（山东新泰，1966）；⑫ 左镇人（台湾台南，1972）；⑬ 长武人（陕西长武，1972）；⑭ 西畴人（云南西畴，1972、1973）；⑮ 猫猫洞人（贵州兴义，1974）；⑯ 建德人（浙江建德，1974）；⑰ 黄龙人（陕西黄龙，1975）；⑱ 泾川人（陕西泾川,1976）；⑲ 龙潭山人（云南呈贡,1977）；⑳ 都安九楞山人（广西都安，1977）；㉑封开人（广东封开，1978）。

二、地层学

中华人民共和国成立后，在区域地质制图和地质普查找矿的实践中，特别是 1∶20 万区域地质调查的全面展开，较大地促进了中国地层学的发展。自 1957 年起，尹赞勋等就积极筹划全国地层会议，并选取地层问题比较集中的地区组织较大规模的现场会议，同时初步制订地层工作规范。尹赞勋主持编制了《中国区域地层表》（1956、1958）和

《中国地层名词汇编》（1959）。1959年，召开了第一次全国地层会议。1962年发布了《地层规范草案及地层规范草案说明书》。同年出版了《全国地层委员会学术报告汇编——总论》及《分卷——断代地层总结》，其学术成就与西方发达国家处在同一水平。此后，尹赞勋试编了《中国地层典——石炭系》（1966）。1973年前后，中国的地层工作逐渐恢复正常。

三、古地理学

中华人民共和国成立后，1∶100万和1∶20万区调工作的开展，以及石油、煤炭、铁、锰、磷、铝土、建材等沉积矿产的大量普查勘探，对古地理学研究提出了新的要求，也提供了大量基础资料。其中，《中国古地理图》（刘鸿允，1955）是本阶段最有代表性的研究成果。该图集包括了自震旦纪至三叠纪按世分幅的20张古地理图，全面反映了20世纪50年代早期中国区域地层、沉积类型、古生物分布、沉积矿产和槽台大地构造的研究成果。1956年，我国学者王鸿祯撰写的第一本高等学校地质类教材《地史学教程》中附有自震旦纪至新生代中国东部地区各纪古地理图。1958年，张文佑领导完成的《中国大地构造纲要》一书中附有地层等厚线和海陆分布范围的古构造图。

四、中国前寒武纪地质研究

1957年，地质部成立了前寒武纪地质及变质岩研究室，其后科研、教学单位也陆续成立了专门的室、组。从1958年起，地质部和中国科学院等引入了同位素测年的方法。1959年，在全国地质编图会上展示了我国第一张前寒武纪地质图。此后至20世纪60年代前期，程裕淇等提出了变质岩分类和命名方案，并出版了《变质岩的一些基本问题和工作方法》；张秋生提出了花岗岩化的概念与实例；马杏垣、董申保分别提出了前寒武纪大地构造特征和变质建造的概念。1962年，程裕淇撰写的《中国的前寒武系》，提出了我国南北地区可分为太古界、元古界、震旦系的方案。1962年，前寒武纪地质研究室扩大改建成华北地质研究所。该所运用多种方法对蓟县"震旦系"（中—新元古界）剖面进行了综合性研究。1963年，《地质丛刊（甲种）》前寒武纪地质专号（1）出版，内容论述了华北及北秦岭前寒武纪地质等问题。70年代，前寒武纪地质研究已由岩性描述和划分阶段过渡到初步采用多种方法进行综合性研究的阶段。1973年，程裕淇等对我国华北和东北的下前寒武系（太古界及古元古界）做了进一步论述与总结，对全国 5 个地区（东北南部，山东地区，内蒙古南部至燕山地区，太行山、五台山、吕梁山地区及秦岭东段）的前震旦纪岩层分别加以论述，并归纳出三套地层系列，时代分别为 2500～2300Ma、2000Ma、1800～1700Ma。

五、中国第四纪地质研究

1954 年，在北京地质学院袁复礼、帕甫林诺夫教授与中国科学院侯德封教授的共同倡议下，组织了以为国家主要工程三门峡水库建设服务为目的的多学科第四纪野外考察与室内研究，其内容包括地质、地层、地貌、新构造、古脊椎动物、孢子花粉等学科的综合研究。同年，中国科学院在地质研究所首先成立了第四纪地质研究室，先后组建了 8 个实验室，进行了中国黄土、红土、泥炭和新构造、地球化学与环境等领域的研究。1959 年，成立了中国第四纪研究委员会。此后相继成立了全新世、第四纪年代学、黄土、地层、海岸线、珊瑚礁、热带亚热带环境、新构造、环境考古、应用第四纪地质及第四纪教学 11 个研究专业委员会。中国是国际上开展第四纪地质工作最广泛和全面的国家之一，树立了第四纪区域地质特色和研究专长的国家之一，最早开展第四纪环境地质研究的国家之一。主要成就包括：

（1）黄土与古气候。在 20 世纪 50—60 年代，完成了《黄河中游黄土》《中国黄土堆积》《黄土物质成分与结构》（刘东生等著）3 本专著。70—80 年代，完成了《黄土与环境》（刘东生等著）专著。在此期间，出版了张宗祜的《黄土与土状岩石》《中国黄土》《中国黄土高原地貌类型（1∶50 万）与说明书》等专著和图件，以及由张宗祜主编的《中国第四纪沉积物分布图》等。此外，还有王永焱的专著《黄土学》。90 年代以来，中国的黄土基础研究开始向古气候与古环境方面侧重，开展了高分辨率的第四纪气候变化研究，使中国黄土与深海沉积和极地冰层一道并称为全球第四纪气候变化研究的三大支柱。在这一历史时期，刘东生为地球环境科学研究作出了突出贡献。他毕生从事地球科学研究，平息了 170 多年来的黄土成因之争，建立了 250 万年来最完整的陆相古气候记录，创立了黄土学，被誉为"黄土之父"。

（2）青藏高原的隆升与全球变化。从 20 世纪六七十年代起，施雅风和刘东生等人对希夏邦马峰（1964）、珠穆朗玛峰（1966—1968）、南迦巴瓦峰（1984—1985）及托木尔峰（1977—1978）进行了多学科综合考察，并对青藏高原隆升问题进行讨论。从 1975 年开始，由孙鸿烈领导的中国登山科学考察队凝聚了大批科学家，坚持在青藏高原海拔 4000 米以上进行工作，其中骨干学者近 50 人，涉及学科达 10 余种，到 20

世纪 90 年代末出版的考察报告有 35 册。

（3）古人类学与环境。中华人民共和国成立初期，中国科学院建立了世界上第一个古脊椎动物与古人类研究所，并对北京周口店北京猿人地点进行恢复发掘。该地点的第四纪地质研究除对其洞穴堆积物进行了与冰期、间冰期和氧同位素地层对比外，还利用裂变径迹测年方法得出其主要层位年代为 50 多万年。此外，在陕西蓝田的黄土层中发现了蓝田人，为此中国第四纪研究委员会召开了第 2 届全国第四纪地质学术大会，并出版了专集。

（4）古海洋学。中华人民共和国成立以后，中国科学院先后成立了海洋研究所（青岛）和南海海洋研究所（广州）。20 世纪 60 年代中期，地质矿产部先后成立了海洋地质局及其下属的第一、第二海洋地质调查大队。1972 年以后，国家海洋局先后成立了第一、第二、第三海洋研究所，对我国海岸线及古海洋学问题进行了综合性调查研究。研究的主要领域包括海岸线变迁、海平面升降变化、海洋微体古生物学与古生态学、晚更新世以来的海进与海退旋回、海底地形与地貌、珊瑚礁与海洋古环境、中国及其邻近海域大陆架的起源和演化等。

第二节　大地构造学

中华人民共和国成立初期，大量苏联专家来华参加地质工作或讲学，我国大地构造深受苏联垂直运动学派影响，以别洛乌索夫、西尼村为代表。从 1956 年开始的全国 1∶20 万区域地质调查把我国各个山系和盆地的基本构造格架展示出来。在此基础上，开展了各省 1∶50 万和全国 1∶400 万地质构造编图。全国大地构造的综合性研究得到了空前发展，我国大地构造学派开始形成，呈现出百家争鸣的繁荣景象。20 世纪 70 年代末，国际上板块构造学说诞生，引发了一场大地构造革命，对我国的大地构造学说产生了冲击。

一、我国大地构造学派

1949 年以后，随着大规模区调及矿产勘查工作的开展，大地构造学得到较快发展，逐步形成了一些具有中国特色的大地构造理论，并为研究成矿规律和进行矿床预测提供了必要的资料和依据。尤其在 20 世纪 50—70 年代，中国的大地构造理论研究呈现出"百花齐放、百家争鸣"的繁荣景象。

（1）李四光的地质力学学说。1962年，李四光系统总结了自己40余年对地质力学理论的研究和实践，出版了《地质力学概论》一书，阐述了有关地质构造的概念、地质力学的方法，把构造体系明确地归结为纬向构造体系、经向构造体系和扭动构造体系三大类型。研究内容包括：①构造体系的深入调查研究；②全球大地构造体系的特点和分布规律；③古生代以来全球大陆运动和海洋运动问题；④地壳运动问题。20世纪六七十年代以后，地质力学的理论和方法在中国地质工作和研究中得到广泛推广。在矿产地质、水文地质、工程地质、地震地质研究方面，特别是对中国石油、煤田和若干金属矿产的预测以及解决重大工程建设和大型矿山开发中遇到的地质问题都起到了重要作用。但在李四光著作中提出的诸如地壳运动规律，地壳岩石圈、水圈、气圈、生物圈在运动中的相互联系，矿产资源时空分布规律等，迄今仍在探索中。

（2）黄汲清的多旋回构造学说。中华人民共和国成立后，黄汲清及其研究团队继续发展和完善他于20世纪40年代创建的多旋回构造学说。以地质历史分析法的原则编制了《中华人民共和国1∶300万大地构造图》和专著《中国大地构造基本特征》（1960年），认为中国大地构造的基本特征是多旋回构造异常明显，初步总结了地槽褶皱带多旋回发展的模式，指出台湾省台中市的造山运动也十分重要，表现为多旋回发展的隆起和坳陷，进而从多旋回构造运动观点探讨地壳发展规律，在国际地质学界产生了较大的影响。

（3）张文佑的断块构造学说。20世纪60—70年代兴起的板块说是大陆漂移说的再度复活，它相当完善地解释了许多新发现的事实，在对大洋构造的分析上升到了前所未有的高度。但是，板块构造说仍存在诸多问题，特别是对大陆构造的认识存在一定的缺陷。对此，张文佑坚持以一分为二的态度对待板块说，吸收其合理的部分，于1974年提出了"断块构造学说"。他的主要创新观点是，提出了断块和断裂体系的概念，认为在地质历史上两种类型的地壳可互相转化并形成过渡型地壳区。运用建造与改造、表层构造与深层构造、大构造与小构造相结合的研究方法，划分出中国不同层次的断裂构造，建立了中国区域断裂体系，进而研究它们之间的相互关系和组合规律。这一创新成果荣获1978年全国科学大会奖。

（4）陈国达的地洼学说。20世纪中期以前，关于地壳演化规律的理论一直以美国、奥地利等国学者提出的"槽台说"为正统。该学说认为：大地构造的发展过程是地槽演变→地台反复。地槽区为活动区，岩浆活动强烈，金属矿床较多；地台区为稳定区，岩浆活动微弱，金属矿床较少。苏联的《怎样找金属矿》中提出"到地台区去找寻金属矿是徒劳无功的"。中国的广大地区属于地台区，而所谓"中国地台"的金属矿床，特别是有色金属矿床十分丰富，这在理论上始终无法解释。1959年，时任中南矿冶学院教授、地质系主任陈国达提出自己的观点，认为地台活化过程实质上是属于稳定区的地台区衰亡向活动区即稳定区的对立面转化的过程，也就是一个新的活动区的诞生过程，是继"地槽区→地台区"之后的第三个大地构造单元。其创新点是，提出并阐明了大陆地壳第三构造单元——活化区，又名地洼区。地壳演化过程是曲折的，活动区与稳定区互相转化、互相更迭，由简单结构到复杂结构、由低级阶段到高级阶段，螺旋式上升前进。这一创新理论实践效果突出，在原以为无矿的地区找到了矿。国际地质科学联合会矿床大地构造委员会于1990年8月成立地洼学组，挂靠在中国科学院长沙大地构造研究所。

（5）张伯声的波浪镶嵌构造学说。张伯声于1962年提出了"镶嵌的地壳"的观点，认为整个地壳是由大大小小不同级别的构造活动带分割而成的大大小小不同级别的地壳块体焊接或镶嵌而成，并称为地壳的镶嵌构造。1964—1965年，张伯声为了解决镶嵌构造的形成机制问题，把地壳镶嵌构造与相邻地块的天平式摆动统一进行考虑，提出了地壳波浪运动的观念，并指出全球地壳存在四大波浪系统，即北冰洋—南极洲波系、太平洋—欧非波系、印度洋—北美波系、南大西洋—西伯利亚波系，被称为"地球四面体理论"。

此外，马杏垣等在大地构造研究中特别注意地壳早期演化特征，追索早期陆核的形成与发展，提出萌地槽、萌地台、雏地台等概念，较好地解释了中朝地台的演化过程。尹赞勋首先将板块构造和洋底扩张学说向中国地球科学工作者作了系统的介绍。李春昱等人应用板块构造观点编制了《1∶800万亚洲大地构造图》。朱夏等应用板块构造理论对含油气盆地的形成与演化规律进行了综合研究。国家地震局地质研究所编制了《1∶800万亚洲地震构造图》。20世纪80年代以来，我国大地构造理论研究开始注重大陆构造与大洋构造的结合、地表构造与深部构造的结合、大地构造与区域构造微构造的结合以及地质构造分析与地球物理资料的结合。对我国大陆架通过物探、钻探等工作，基本查明中国临近海域的地质构造轮廓，并圈定了十多个油气盆地和大量可能储油的构造。

二、引入板块构造学说

20世纪60年代，在魏格纳大陆漂移说的基础上，美国海洋地质学家提出了海底扩张学说。20世纪70年代末，由美国、法国、英国的地质学家共同提出了板块运动学说。引发了20世纪地质学的革命。虽然当时中国仍处于"文化大革命"时期，板块构造学说迅速传播到我国，引起我国大地构造界的极大注意。

1971年，尹赞勋首先对板块学说给予了系统介绍，张之孟积极跟进，李春昱三次论述板块构造，形成了将板块构造理论引进中国的活跃局面。1979年，由美国10位地质学家组成的板块构造代表团访华，并进行了为期1个月的学术交流和野外考察，先后在北京、广州、西藏和云南等地作了有关板块构造的学术报告并进行了座谈，与中国学者共同考察了西藏雅鲁藏布江缝合带和蛇绿岩带、云南哀牢山—藤条河断裂带等，对我国板块构造的研究起到了推动作用。其影响表现在两个方面：一是一批地质学者运用板块构造观点对我国区域构造等问题进行了深入研究。在对青藏高原长期综合性考察的基础上，中国地质科学院和中国科学院于1979年和1980年分别举行了青藏高原科学讨论会。马杏桓（1965、1979）将板块构造的思想引入中国的前寒武纪地质研究中，编制了《中国前寒武纪1∶1400万构造格架图》。李春昱以板块构造观点编制了1∶800万《亚洲大地构造图及说明书》（1982）。二是对我国已有的大地构造学说起到了重要的启发作用。中国地质科学院地质力学研究所在1976年及1978年分别编制出版了《中国主要构造体系（1∶400万中华人民共和国构造体系图书）》。同时编制了"各省（自治区、直辖市）（除西藏、台湾）1∶100万或1∶50万的构造体系图"。国家地震局广州地震大队于1978年编制出版了《1∶400万中国大地构造图》和专著《中国大地构造概要》。中国地质科学院地质研究所于1979年新编了《1∶400万中国大地构造图》，1980年出版了专著《中国大地构造及其演化》。中国科学院地质研究所及南京大学地质系等单位于1981年共同编成《1∶500万中国及邻区海陆大地构造图》。

第三节 矿物学和岩石学

一、矿物学

矿物学是一门古老而又现代的学科，历经19世中期前的肉眼描述阶段，19世纪中期后的偏光显微镜、反光显微镜研究阶段，20世纪初开始的X射线结构分析和矿物成因研究阶段，20世纪30年代的高温高压实验研究阶段，直至20世纪60年代的矿物物理学综合研究阶段。我国在 20 世纪 50 年代中期，中国科学院和地质、冶金、第二机械工业部等部门先后建立了研究矿物的专门科研机构。60 年代后期，开始应用红外光谱、顺磁共振、核磁共振、穆斯堡尔谱以及电子探针、高分辨电镜等新技术对矿物进行微粒和微区分析。在此期间，在对已有矿物进行深入研究的基础上，发现了一批新的矿物。1958 年，黄蕴慧等发现新中国第一种新矿物香花石。此后，于祖相、彭志忠、涂光炽、张培善、曲一华、马喆生等陆续发现了钡铁钛石、包头矿、黄河矿、镁星叶石、锌赤铁矾、锌叶绿矾、水钙榴石、锂铍石、章氏硼镁石、水碳硼石、索伦石等新矿物。到 1996 年年底，我国共发现 93 种新矿物。同时形成了林林总总的分支学科。

1. 矿物学史

中华人民共和国成立后，陆续出版了《古矿录》（章鸿钊，1954）、《本草纲目矿物史料》（王嘉荫，1957）、《山海经矿物史料》（王炳章，1964）、《中国古代矿业发展史》（夏湘蓉、李仲均、王根元，1980）、《中国近现代矿物学史》（崔云昊，1995）、《中国古玉地质考古学研究的新进展》（闻广，1993）、《我国本草学中记载的药用矿物史略》（李仲均，1995）。

2. 矿物晶体化学

1957 年，彭志忠、周公度、唐有祺测定了我国第一个晶体（葡萄石）的结构。此后，郭承基的《稀土矿物晶体化学》（1963）总结了 1960 年以前的 225 种稀土矿物。王文魁等编著的《晶体的测量》（1963）、《矿物晶体体微形貌学概论》（1984）、《晶体测量学简明教程》（1992）。此外，还有何作霖发表的《X 射线岩组学》（1964）。

3. 矿物物理学

20 世纪 70 年代以来，我国在矿物学研究中大量引入近代固体物理和原子物理的理论和技术，研究内容涉及矿物的光学、电学、磁学、声学、热学、力学和放射性、挥发性、吸收性、弹塑性等物理性质，同时开展了基础理论、计算方法和测试手段的探索。何作霖、蒋溶、郭宗山、王德滋、陈正、王曙等出版了一系列偏光和反光光性矿物学教材、专著和鉴定表册，其中，郭宗山的《透明矿物鉴定手册》和陈正的《不透明矿物鉴定手册》堪称经典。

4. 成因矿物学

1960 年，在北京地质学院结晶矿物教研室成立了由陈光远领导的成因矿物研究组。1962 年，陈光远在中国地质学会第 32 届学术年会暨第 3 届全国会员代表大会上做了《从鞍山式铁矿论成因矿物学问题》的报告，标志着首次将成因矿物学引入中国地质界。1963 年，在第一届全国矿物岩石地球化学专业学术会议开幕式上，陈光远首次将成因矿物学新的发展趋势介绍给了中国矿物岩石地球化学界。

二、岩石学研究

1. 岩浆岩

1949—1966 年，是中国岩浆岩岩石学的第一个蓬勃发展时期。伴随全国矿产普查勘探工作和区域地质调查工作的大规模开展，使岩浆岩研究在弄清构造岩浆旋回、岩浆活动与大地构造及矿产的关系方面深化了认识。在此期间，涂光炽、李璞、池际尚等领导的祁连山地质科学考察，弄清了祁连山造山带的"构造—岩浆—成矿"的基本格局，为祁连山金属成矿带的矿产勘查工作奠定了科学基础。与大型矿区和成矿带的矿产勘探工作紧密结合，是这一时期岩浆岩岩石学研究的一个显著特征。王恒升、肖序常和他们领导的中国地质科学院地质研究所研究团队对我国基性岩、超基性岩及有关矿产做了系统的研究，并且提出了在全国有影响的分类命名方案。这一时期的代表性成果还有池际尚（1963）及北京地质学院研究团队对燕山西段南口花岗岩杂岩体的研究，徐克勤（1963）及南京大学研究团队对华南多旋回花岗岩类及其成矿专属性的研究。1965 年，地质部成立了以池际尚为首的科研队，专门研究金伯利岩及其含金刚石性，为我国原生金刚石的找矿勘探工作奠定了科学基础。李璞在这一时期领导建立了中国第一个同位素地质与地球化学实验室。1973 年，尹赞勋发表了《板块构造评述》，给中国的岩浆岩岩石学研究带来了重要影响。此后，我国的岩浆岩岩石学研究开始逐步与国际接轨，经历了从定性描述与推理到定量证明与认识飞跃的过程。其中，将岩石物理化学的理论和方法系统地应用到岩浆岩岩石学中，使我国岩浆岩岩石学的发展有了坚实的理论基础。这一时期，中国地质科学院、南京大学和中国科学院等单位对南岭、西昌—滇中、西藏、秦岭等地区的花岗岩进行了较系统的研究，提出了南岭花岗岩统一成因分类命名方案和南岭地区存在四种成因类型花岗岩。中国地质科学院、中国科学院及地质院校等研究单位对东北、内蒙古、新疆、西藏、祁连山、燕山等地区的基性、超基性岩和山东、辽宁等地的金伯利岩及含矿性进行了研究，编制了《1：400 万中国基性超基性岩分布图》和《中国基性超基性岩成因分布图》，基本掌握了全国约 1 万个基性超基性岩体的分布特征，并对 20 余个重要岩带和岩区的岩性特征、岩体类型以及时空分布规律和成矿专属性进行了研究。与此同时，中国岩石学家在工作中逐渐认识到中国大陆及边缘海域岩浆构造成矿作用的一些规律，发现了许多新现象和事实，提出了自己的理论。例如，发现我国濒太平洋的岩浆作用及相关的成矿作用，与美洲西部濒太平洋相比，既有其共同性，又有许多重大差别，这对全面阐明太平洋板块运动学和动力学具有重要意义。此外，将岩浆岩及其所携带的壳幔岩石包体作为探测地球深部的"探针"，成为研究地球与宇宙奥秘的重要途径。

2. 沉积岩

20 世纪 50 年代，随着石油、天然气、煤、铁、锰、铝、磷等矿产地质勘探事业的迅速发展，有关沉积岩石学的研究也大量展开，许多相关单位建立起了专门的沉积岩实验室，开展了关于沉积岩矿物和结构学的研究。1961 年，由戴东林主编的《沉积岩石学》、刘宝珺主编的《沉积岩研究方法》、吴崇筠主编的《沉积岩石学》出版，结束了由外国学者著作占领我国高校课堂的局面。自 1970 年开始，出于恢复地质勘查的需要，先后在红层及一些碳酸盐岩地区进行沉积学研究，并普遍引用了国内外的新理论和新方法。1978 年，何起祥出版了《沉积岩和沉积矿床》。

3. 变质岩

中华人民共和国成立初期，围绕铁、铜等战略性矿产资源的勘查，变质岩石学的研究取得了初步成果。到 1958 年年底，已有 20 多篇关于变质岩的论文发表。其中，程裕淇（1957）的《中国东北部辽宁山东等省前震旦纪鞍山式条带状铁矿中富矿成因问题》强调了区域变质作用对高品位铁矿的影响，而所伴随的热液富集是第二位的，这一结论对富铁矿的找矿具有指导意义。在这一时期，基于基础地质研究的变质岩课题也取得进展，例如，马杏垣（1957）出版的专著《五台山区区域地质构造基本特征》，运用变质岩石学方法，探索了该区前寒武纪地质构造的发展。在 20 世纪 50 年代，长春地质学院是变质岩研究的中心，苏联学者如别列夫采夫曾在该校讲授变质岩石学。1958 年以后，国家开始全面铺开 1：20 万区域地质调查，不少地质院校、大学地质系与各省（自治区、直辖市）地质队伍积极参与。在池际尚的组织领导下，北京地质学院师生与山东省地矿厅合作，组成山东省第一区域地质测量队，于 1958—1961 年在山东中西部填图，并划定了泰山群变质岩系的构造轮廓。1961 年，程裕淇等发表的《变质岩的一些基本问题和工作方法》成为研究变质岩的主要参考书之一。1964 年，贺同兴、张树业、卢良兆编写的《变质岩石学》，作为高等学校试用教材正式出版。

第四节　矿床学

一、矿床理论

"一五"计划期间，为配合重要矿产地的勘探，谢家荣、程裕淇、孟宪民、冯景兰、侯德封、叶连俊等根据已有的矿山地质资料，初步总结了中国重要矿产的成矿条件和分布情况，提出了找矿方向。例如，程裕淇关于鞍山式铁矿，郭文魁、郭宗山关于铜官山铜矿，宋叔和关于白银厂铜矿，程裕淇、黄懿、裴荣富关于大冶铁矿，徐克勤、苗树屏等关于华南钨矿，王植关于中条山铜矿，均发表了重要著述。中国科学院地质研究所侯德封、叶连俊等探讨了中国锰矿成因类型、成矿时代和找矿方向；李璞等研究了全国超基性岩特征和铬矿勘查问题；涂光炽等对祁连山地质发展史和成矿作用进行了研究；司幼东、郭承基研究了内蒙古地区稀有元素和分散元素成矿特征。在1958年的全国第一次矿床会议上，对中国已知的铁、铜、锰、铅、锌、钨、铀等矿床的类型、成因和分布规律做了较系统的总结。这一时期，矿床学发展的主要特点是以岩浆热液成矿理论为重点，尤其是与中小型侵入体有关的矽卡岩矿床和气成热液矿得到广泛重视。20世纪60年代以后，地质学的发展带动了矿床学基本观念、方法、内容的重要变化。与此同时，勘探和开采的矿床数目日益增多，从而形成或初步形成了一系列的分支学科和学术流派。1993年出版的《中国矿床》（3卷，宋叔和主编）全面总结了90年代以前中国矿床地质研究的主要成果。

层控矿床研究和多成因理论的兴起。20世纪50年代末至60年代初，孟宪民等统计了中国重要矿种的矿床储量，研究了储矿层位和矿体产状，指出层状矿储量占有重要地位，提出了"顺层找矿"的观点。70年代以来，余鸿彰等主持翻译出版了乌尔夫主编的《层控矿床和层状矿床》（8卷）。涂光炽系统论述了层控矿床形成机制和地球化学特征，主编并主要执笔撰写了《中国层控矿床地球化学》专著（1984—1987，3卷）。1974年，涂光炽指出，某些矿床具有"三多"特点，即成矿物质多来源、成矿作用多阶段和多种成矿作用参与（多成因）特征，并提出叠加成矿作用和再造成矿作用的概念。陈国达从地洼成矿说出发，阐述了成矿多阶段性，提出了"多因复成矿床"的概念。层控矿床学说将矿床学的水成—火成、内生—外生、同生—后生的激烈对立和争论在一定程度上统一起来。"六五"期间，中国地质科学院与武汉、成都等地院及广东、广西、江西、福建等省（区）地矿局开展南岭攻关项目研究，提出了层控矿床的分类方案，划分出 3 个成矿区、14 个成矿带；总结了南岭地区钨、锡多金属矿床的控矿构造特征，划出了若干重要成矿远景区，建立了五大成矿系列和重要成矿区的区域成矿模式与典型矿床的成矿模式。

（1）花岗岩类成矿研究的深入。1963 年，徐克勤等发表了《华南多旋回花岗岩类的侵入时代、岩性特征、分布规律及其成矿属性》一文，并提出了各期花岗岩的成矿特点。1963 年，谢家荣、程裕淇等向国内介绍了花岗岩由沉积岩经花岗岩化形成的观点。谢家荣进而将成矿物质来源分为地面来源、地壳表层来源、再熔化硅铝层混合岩浆来源和硅镁层来源。1973 年，涂光炽提出了花岗岩类多因演化观点和"断裂重熔"形成花岗岩质岩浆的学说。1995 年，涂光炽对花岗岩的成矿作用做了新的概括，指出不只限于结晶分异，也包括花岗岩作为物源经过热水淋溶、叠加等步骤成矿和作为热源促使围岩中成矿组分活化富集等多种成矿的可能途径。

（2）矿田构造和成矿预测研究。20 世纪 60 年代，地质矿产人员利用钨矿矿化类型的分带（五层楼）和矿化围绕岩体分布的规律和控矿构造研究，发现了隐伏矿床。总结了个旧锡矿、大厂锅矿、湘西黔东汞矿和冀东变质铁矿的矿区成矿规律，在深部预测中取得很大成效。将地质力学理论与方法应用到赣南钨矿、豫西多金属矿、粤北铀矿等的成矿预测，也收到良好效果。此后，陈国达（1978）著有《成矿构造研究法》；杨开庆（1982）提出"动力成岩成矿"学说；翟裕生（1984）主编了《矿田构造学概论》。到 90 年代，赵鹏大等建立了大比例尺矿床统计预测理论和方法体系，王世称等提出了综合信息成矿预测的观点和方法，对推动我国的成矿预测研究发挥了重要引领作用。

（3）矿床成因和矿床模型研究。20 世纪 50 年代，谢家荣强调了火山作用在某些矿床成矿中的作用。60 年代初，叶连俊等根据对中国铁、锰、铝矿床的成因研究，提出了沉积金属矿床的"陆源汲取成矿说"。70 年代以来，陆相火山岩矿床研究受到重视。由 17 个单位联合组成的长江中下游火山岩区铁矿研究组在对宁芜和庐枞地区陆相火山岩区的铁矿床进行详细研究后，由陈毓川、李文达等总结和提出了"玢岩铁矿"的成矿模式。

（4）矿床成矿系列研究。1963 年，冯景兰以浙东等地作为实例，提出要重视研究矿床类型的共生规律。1975 年，程裕淇等在系统研究铁矿床地质及类型的基础上，提出"铁矿成矿系列"的概念，并概括为 3 大类 19 个矿床成矿系列。

（5）区域成矿规律研究。20 世纪 60 年代初，郭文魁等领导了对"全国区域成矿规律图"的编制，张炳熹等主持并参加了对湘、赣、闽、浙 4 省内生金属成矿规律研究。全国大多数省（自治区、直辖市）地质局和地质科研单位开始编制不同范围、不比例尺的"成矿规律图"（1:100万、1:50万等），用以指导普查找矿工作。

二、主要矿种成矿理论研究

1. 能源矿种

（1）煤。1950年，燃料工业部煤矿管理局下设地质勘探室。1952年，北京地质学院建立了煤田地质勘探专业。次年，北京矿业学院等高校也相继成立了煤田专业或系。苏联多洛辛、格列契什尼科夫于20世纪50年代中期在北京高校讲授煤田地质学和煤岩学，并出版了相应的教材。1959年，为进行全国煤田预测开展了全国范围的煤地质研究，关于山西、陕西、辽宁、黑龙江等省的煤田地质专著也相继问世。1961年，高等院校、生产部门和科研单位合作编写了3册《中国煤田地质学》；1962年，北京地质学院编著了《煤田地质学》。1980年，开展了第二次全国煤田预测。

（2）石油天然气。中华人民共和国成立以后，相继发现了冷湖油田、克拉玛依油田和四川天然气田，对陆相生油理论予以了支持。然而，一些中外学者虽然承认了陆相石油的存在，却还不能肯定大规模有机质的堆积、转化、运移并形成较大型油气田的可能性。1957年，谢家荣指出："大陆沉积中有机物可能主要是由陆生植物分异而来的""陆相地层才是最可能的生油层"。1958年，石油勘探战略东移，找油领域由传统的山前坳陷带转移到东部覆盖沉降区。最终于1959年9月发现了黑龙江大庆油田和吉林扶余油田。大庆油田的原油产自白垩系陆相储层，厚度达1000米以上，面积约1000平方千米，可在数十年间年产量稳定在5000万吨以上，充分证明了陆相可以形成大中型乃至特大型油田的事实，从根本上改变了中国石油工业的布局，同时也无可争辩地说明：非海相沉积物不但能够生油，而且可以形成具有工业价值的油藏。在此期间，陆续生油理论应运而生。石油科学研究院在翁文波院长的主持和推动下，于20世纪60年代初期对我国陆相盆地进行了卓有成效的研究，先后出刊了3集《石油勘探研究报告集》（1960—1964），强调了"深水坳陷"的作用；"长期的深坳陷有利于生油层的形成""盆地深坳陷的特征和分布对油气的分布起着主要的控制作用"等。至此，初步形成了中国陆相生油理论的基本轮廓。60年代以后，渤海湾等多个油气盆地和地区相继被发现，它们都是在陆相含油气盆地中形成的油气藏。陆相石油地质理论在短时期内取得了长足进展，为全世界石油勘探拓展了新的空间。从60年代后期到70年代，世界陆相盆地中又发现了如澳大利亚吉普斯兰盆地和库珀盆地等陆相沉积形成的大中型油气田。70 年代以后，中国先后在江汉盆地、陕甘宁地区发现了一批新的油气田。陆相石油地质理论也跨越了从背斜油田、断块油田到复式油气聚集带等不同的认识和发展阶段。中国的陆相生油理论也最终得到了全世界地质学界的公认。在此期间，地质工作者对陆相生油理论研究不断深化，总结出了一套坳陷盆地砂岩背斜油藏的勘探思路和油气聚集理论，即"源控论"。"大庆油田发现过程中的地球科学工作"成果获得了 1982 年国家自然科学奖一等奖。此外，渤海湾油气区经过了近 20 年的勘探，总结出一套断陷盆地复式油气聚集区带的理论，成为中国石油地质学理论重大建树的重要组成部分，其成果于 1985 年获国家科学进步奖特等奖。

在陆地石油勘探大规模推进的同时，海上石油勘探也开始全面部署。1960 年，地质部开始安排近海油气资源调查工作。针对 300 万平方千米的海域，特别是近海大陆架地区进行了广泛的地球物理研究。采用了回声测深、重力、磁力（航空磁测与海上磁测）、数字反射地震等地球物理勘探方法，并有钻井进尺达 10 万米。先后发现渤海、南黄海、北部湾、珠江口、东海陆架和琼东南 6 大沉积盆地，并在南黄海以外的各个沉积盆地的新生代地层中发现工业油气流。此项工作的总结《中国海地质构造及含油气性研究》于 1982 年获国家自然科学奖二等奖。

在总结新中国石油地质取得辉煌成就的同时，特别值得一提的是地球物理勘探技术的重要支撑。1951 年 3 月，由赵仁寿为队长的我国第一个地震队在上海成立，并迅速开赴陕北进行工作。此后，我国石油地球物理勘探队伍逐步扩大，并在准噶尔、塔里木、吐鲁番、酒泉、柴达木、鄂尔多斯、四川及松辽、华北等盆地以重力、磁力普查为主，利用电测深、大地电流区域测量和少量地震大剖面等了解了所在区域的区域结构、沉积厚度及可能的构造带，为其后选择地震及钻探工作对象提供了依据。20 世纪 50 年代后期，物探工作的中心由西部地区转移到东部地区，地震队伍逐步壮大。其间，地震与重力、磁力、电法等物探手段有机结合，相继发现了克拉玛依、大庆、胜利、大港等油田，同时也开始了华南、西南石灰岩地区及海上地球物理勘探的普查工作。在此期间，最典型的案例是大庆油田的发现，在松基 3 井井位的反复论证中，依据了地震队现场提供的资料，认识到高台子构造是盆地中央隆起带上的一个大幅度的局部圈闭，对松基 3 井井位的拟定起了关键性作用。在此后的三年的大庆勘探会战中，光点记录地震技术发挥了极其关键的作用，有效解决了断层、挠曲、尖灭、超覆、不整合、小幅度构造和基底起伏等复杂问题。60 年代中后期，地震队伍挥师南下渤海湾，光点地震在发现黄骅坳陷大港油田、济阳坳陷的胜利村、坨庄等油田中发挥了重要作用。但同时，光点地震技术也遇到勘探精度远远不能满足油气勘探要求的困难。1965
年，我国完全依靠自己的力量试制成功第一台模拟磁带仪。1972 年，试制出第一台数
字地震仪。1973 年，制造出第一台 100 万次数字电子计算机及地震专用外围设备，并
正式用于处理地震资料。我国第一个古潜山类型高产油气田任丘油田的勘探开发便是
得益于数字处理技术的突破。此后，三维地震成为发现与开采复杂断块油田的关键技
术。胜利永安镇油田生产 10 余年后，产量大幅度下降，采用三维地震后，发现更多的
小断层、断块，经定井位并钻采，证实了技术的准确可靠，使原油生产又恢复并曾超
过历史最高水平。

2. 金属矿种

（1）铁矿。20 世纪 50—70 年代，根据在湖北大冶、山东朱崖、河北邯郸、西昌—
滇中、云南新平、新疆哈密、长江中下游、河南许昌、闽西南、粤北、内蒙古、冀东、
鞍山等几十个地区的铁矿的深入研究，总结出这些地区矽卡岩型、岩浆岩型、火山岩
型、层控型、变质型铁矿的形成条件、分布规律、找矿标志，进行了成矿预测并指出
找矿方向。

（2）铬矿。1957 年以来，中国地质科学院地质所和中国科学院地质所合作，共同
对内蒙古超基性岩带、新疆准噶尔超基性岩带、燕山超基性岩带、祁连山超基性岩带、
西藏东巧和曲松超基性岩带及其与铬铁矿的成矿关系、找矿方向等进行系统的研究，
建立了具体矿床的成因模式，指导了铬铁矿的普查找矿工作。

（3）黄金。中国黄金矿床研究工作始于 20 世纪 50 年代末、60 年代初，这个时期
对金矿矿床进行了初步总结分类。70 年代以来，中国重点加强了金矿地质勘查和科学
研究，发现了众多有价值的新类型金矿（蚀变岩型、微细浸染型、斑岩型、红土风化
型等），同时，有关金矿的学术论著也大量问世。

（4）铜矿。20 世纪 60 年代对"矽卡岩型"铜（铅）矿的成矿规律、成矿条件和
找矿标志的研究，对当时普查勘探富铜起到了重要作用。

（5）稀有金属。中华人民共和国成立以后，地质部门长期保持了一支比较稳定的
稀有、稀土矿床的研究队伍，发现了若干种新的矿床类型和一批新矿物，建立了中国
独特的稀土元素矿床的评价方法。

3. 非金属矿种

与其他矿种相比，我国非金属矿床的研究底子薄弱、起点较低。20 世纪 50 年代
初期，全国从事非金属矿床地质研究的地质工作者不过二三十人，留存的文献资料更
是极其稀少，更没有指导矿山勘探、开采的矿床理论。已有的矿山几乎没有可供开发

的探明储量，仅有 10 余个矿种的老矿山依靠传统的手工挖掘来勉强维持。六七十年代，地矿及各个工业部门的地质队伍逐步扩大，开展了大量非金属矿床野外地质勘查工作。开始有少量总结中国非金属矿床规律的论文和专著发表，但为数仍然稀少。具有代表性的学术观点有关于中国磷块岩的"陆源吸取"成矿理论（叶连俊，1963）。

第五节　海洋地质研究

黄汉强等主编的《新中国海洋地质大事记》一书，把 1949—1999 年我国海洋地质工作分为三个阶段。第一阶段从中华人民共和国成立初期到 1978 年，是海洋地质科技工作者白手起家，从无到有，逐步开辟出一片海洋地质科技新天地的过程。第二阶段从 1978 年到 20 世纪 80 年代末期，在深化改革、扩大开放的背景下，促使海洋地质调查与油气勘探步伐双双加快，东海"平湖 1 井"高产出油，实现了海洋油气勘探的突破。第三阶段从 1989 年到 1999 年，科技兴海、国际合作是这一时期的鲜明特征，区域地质调查与编图、大陆架及邻近海域勘查、大洋多金属结核勘查和极地地质科学考察都取得了新的进展。

1964 年，地质部在南京成立海洋地质科学研究所，开始了海洋地质调查研究。历经演变，形成了地质部青岛地质研究所和广州海洋局构成的海洋研究机构格局。地质矿产部门海洋地质工作队伍主要在我国近海海域开展以油气为主的综合地质地球物理调查和油气普查勘探工作，发现了一批大型中新生代沉积盆地，主要有渤海、南黄海、东海陆架、冲绳海槽、台西南、珠江口、琼东南、莺歌海、北部湾等盆地，初步查明了各海区的区域地质构造轮廓和特征，评价了各沉积盆地的含油气远景。开展了东海油气调查，"平湖 1 井"成功出油。开展了东海大陆架调查，科学论证了我国大陆架延伸边界。开展了国际海底多金属结核调查，使中国得以成为国际海底矿产资源勘查的先驱投资者；开展海洋工程地质和灾害地质调查，取得了良好的社会和经济效益。

国家海洋局第一海洋研究所成立于 1958 年，第二海洋研究所成立于 1966 年，均是我国重要的海洋地质研究机构，广泛开展了海洋地质构造、地形地貌、沉积学、第四纪、地球物理、极地地质研究。与地质部门海洋地质机构共同开展了多金属结核调查，使中国得以成为国际海底矿产资源勘查的先驱投资者。

自 20 世纪 60 年代初，在渤海发现第一口油井以来，我国进行了全国海岸带、滩涂、海岛资源的全面普查工作，完成相当比例尺 1∶50 万～1∶100 万、1∶200 万和 1∶350 万，以及局部海区少量的 1：10 万和 1：20 万约 150 多万平方千米的海域调查。此后，陆续查明我国四大海域的地质构造格局、地层层序和矿产资源的分布。发现渤海、南黄海、东海大陆架等 7 个大型沉积盆地，在海上已圈出各类局部构造近千个，发现和正式含油气构造 97 个，评价证实油气田 44 个，共获石油地质储量 16.6 亿吨、天然气地质储量 3510 亿立方米。同时开展以滨海砂矿为主的固体矿产调查和评价工作。

第六节　地震地质学研究

一、地震地质研究进展

从中华人民共和国成立到 1966 年邢台地震的发生，是我国地震地质学的初创时期。其背景是第一个五年计划大规模经济建设的开展，提出了中国地震区域划分的研究课题。1956 年年初，中国科学院生物地学部召开了第一次新构造运动座谈会。这一阶段的主要成果反映在，1956 年由地质学家和历史学家合作编写出版的《中国地震资料年表》；1957 年发表的《中国地震区域划分图及其说明》（《地球物理学报》6 卷 2 期）。1958 年以后，中国科学院地球物理研究所、地质研究所及水利电力部等一些勘测设计单位对三峡、丹江口，酒泉钢铁公司所在的河西走廊，南水北调涉及的川西地区等进行了比以往深一步的地震地质研究。广东新丰江水库蓄水后，库区及其附近地震活动逐渐增强，在周恩来总理的亲自关怀下，在那里开展了地震、地震地质、地球物理、大地测量等多学科综合研究，并及时对大坝做了加固，成功抵御了 1962 年 3 月 19 日库区发生的 6.1 级水库诱发地震的侵袭。在李四光的倡议下，地质部于 1965 年正式建立地震地质大队，开始运用地质力学方法和构造体系观点对地震活动与地质构造关系进行研究。1966 年邢台地震以后，我国进入地震活动的频发期，尤其在华北人口稠密区接连发生强震。1969 年 7 月 18 日，渤海发生 7.4 级地震后，地质科学工作者作出下次地震可能沿郯城庐江深断裂北迁的推想，因此把辽东南部列为重点监视区，为 1975 年 2 月 4 日的海城地震成功预报打下了基础。1970 年，国家地震局建立。中国科学院、地质部、石油部、国家测绘总局等单位专业人员会聚，开展了空前广泛的研究。其中对包括邢台、海城、唐山等在内的东部几个大地震带进行了地壳运动机制的研究。中国地质科学院地质力学研究所建立了比较系统的地应力测量理论，并用实验的方法进行了验证。1978年，召开了全国地震地质科学讨论会，明确了地震地质研究"由老到新、由静到动、由浅入深、由定性到定量"的工作方向。该阶段的代表性成果有1975年出版的《中国地震地质概论》和1977—1979年出版的《中国地震烈度区划图（1∶300万）》和《中国地震构造图（1∶450万）》。

二、地震预报工作

1966年邢台地震发生后，国家科学技术委员会在国务院总理周恩来的主持下，组织中国科学院、国家测绘总局、地质部、石油部等单位和部分科研机构、高等学校进行地震预测相关研究，展开现场观测。1967年3月河北河间发生6.3级地震，1969年7月又发生了渤海7.4级地震。在邢台地震及以后三年多时间里，华北北部连续发生了3次大于6级的地震，其发生地点似乎逐步向东北方向"迁移"。这些事件引起的警觉在一定程度上促进了辽宁省地震工作的起步。

地震地质研究表明，鸭绿江、金州、庄河等辽南地区均发生了活动断裂，以金州的断裂活动最为显著。1974年，辽宁地区的地震活动增强显著，位于金州断裂南段的金县台水准观测出现"异常"，在大连的地磁测量也表明地磁场强度出现"异常"情况。海洋部门报告了渤海海域"气象异常"以及海平面"罕见的"上升等情况。这样，1974年6月华北及渤海地区地震趋势会商会上提出了针对渤海北部等地区的中期预报意见。6月29日，国务院批转了《关于华北及渤海地区地震形势的报告》。

1974年11月中旬之后，从岫岩、丹东一带开始，继而在整个辽南地区出现了多种"宏观异常"（包括"动物异常"），到12月中旬更加突出。12月22日，辽阳蒉窝水库发生百余次小震，其特点和一般的水库地震有很大差别。这两件事情引发了相关机构和民众的高度警惕，意识到辽南地区可能即将发生强烈地震。但是在1975年1月初召开的全国地震趋势会商会上尚不能明确发生地震的具体位置，仅提出辽宁南部的较大范围包括丹东、营口、金县等地存在地震危险性，对这些地区地震的震级估计在6级左右。

1975年1月底到2月初，持续性的"宏观异常"集中出在海城、营口地区。仅2月1日至4日三天时间，海城地区就出现超过500次小震。面对这些突发情况，辽宁省政府（时称"省革命委员会"）公开发布了对辽南地区营口、鞍山、金县等地的临震警报；而在此之前，已经在相关地区由不同的渠道发布过若干次地震警报（或虚报）。2月4日晚，海城、营口发生7.3级地震，尽管室外气温已经滴水成冰，在政府的号召下当地居民提前从房屋内撤离。

第七节　矿产综合利用技术

中国矿床类型繁多，黑色、有色与稀有金属等矿物常常共生。为此，地质、冶金、化工、建材、核工业、煤炭、石油等部门都建立了矿产综合利用研究机构和队伍。20 世纪 70 年代以来，开展了钒钛磁铁矿、高磷低铁贫锰矿、硫磷铝锶矿、锰方硼石、鲕状赤铁矿、油田水、铀铁矿等一批意义重大的难选冶、低品位、新类型矿产的综合利用试验研究。1978 年，在全国科学大会上，四川攀枝花钒钛磁铁矿、白云鄂博铁、铌、稀土矿和金川铜镍矿三大共生矿被列为我国矿产资源综合利用的试验基地，进行科技攻关。

1. 攀枝花钒钛磁铁矿

攀枝花钒钛磁铁矿为多金属共生矿，矿石中含有铁、钒、钛、钴、镍、铜、铬、铂族、钪等有益组分，其中铁、钒、钛是该矿最主要的金属元素，钛约 17.3 亿吨，居世界第一位；钒约 4000 万吨，世界排名第三；铁的储量居全国第二位。解决有益组分综合利用问题，是大规模开发利用攀枝花钒钛磁铁矿的一道难题。国家将其列为三大矿产综合利用攻关基地之一，正当其时。时任副总理方毅多次到攀枝花指导工作，指出："开发攀枝花钒钛磁铁矿既要拿铁，也要综合利用好钛、钒以及钴、镍、铬、铂族元素等，要千方百计搞好资源综合利用，不搞综合利用，必然造成资源浪费。要把各方面的力量调动起来，集中力量攻关，狠抓攀枝花钒钛磁铁矿资源综合利用。工作中有什么困难及时提出来。"地质部综合利用研究所是主要的攻关单位，1970—1985 年先后研究并提交了《攀西钒钛磁铁矿四大矿区矿石物质成分与选矿工艺关系的研究》《攀西钒钛磁铁矿选铁工艺流程试验研究及其技术经济评价报告》《攀西钒钛磁铁矿强磁—浮选钛铁矿试验研究》《红格铁精矿综合回收铁钒铬试验研究——回转窑予还原—电炉炼铁—后提钒铬流程试验总结》等 73 份科研成果报告，总报告《攀西钒钛磁铁矿综合利用研究》得到国家科学技术委员会和地质部组织的鉴定。主要攻关单位地质部综合利用研究所被授予功勋研究所。此后，该所于 1984 年成功建立了以粗抛特点的选铁工艺流程，可使表外矿和表内矿得以综合开发利用；还研究和建立了强磁粗选—浮选精矿为特点的选钛工艺流程，具有处理量大、流程稳定、便于控制的特点，为攀枝花矿区建立大型选钛厂提供了技术支持。在攀枝花红格矿区首次打通了回收铁、钒、铬的全工艺流程，实现了在利用铁、钒的同时，合理地回收了铬产品，避免了铬在钢铁生产过程中的干扰和污染，相当于为国家增加十几个大型钛铬矿床。

2. 白云鄂博铁、铌、稀土矿

按当时的统计数据，包头的白云鄂博矿山蕴藏着占世界已探明总储量41%的稀土矿物及铁、铌、锰等175种矿产资源，但选矿和冶炼难度大，开始生产的稀土精矿中稀土含量只有20%~30%。1978年，7月28日至8月3日，由国家科学技术委员会、国家计划委员会和冶金部共同组织召开包头白云鄂博共生矿综合利用第一次会议，确定了包头矿综合利用的基本方针：主要加速开发含铁多含稀土少的白云鄂博西矿，保证包钢钢铁生产的需要，同时根据国内需要和出口可能，有计划地开采主矿；对主矿实行以提取稀土、铌为主，兼对铁、锰、磷进行综合利用，改变了过去以铁为主的方针。会议确定了50个科研项目，并决定恢复全国稀土推广应用领导小组，由袁宝华任组长，周传典任副组长，办公室设在冶金部。把稀土搞上去，关键在人才。七八年间，一大批专家、学者、教授一同前往包头，共商稀土矿的综合利用。他们之中有李薰、邹元爔、徐光宪、郭慕孙、萧祖炽、袁承业、周传典等著名科学家。1980年，北京有色金属研究总院研究成功硫酸强化焙烧—萃取法生产氯化稀土的新技术，1982年投入生产，氯化稀土回收率达85%以上。1985年，北京有色金属研究总院研究成功处理包头稀土精矿第三代酸法工艺，即硫酸焙烧–P204从硫酸体系中萃取分离稀土元素新工艺，包头90%以上的稀土矿采用此公益处理。通过综合利用攻关，稀土回收率大幅度提高。1980年白云鄂博稀土氧化物产量不足20吨，目前生产能力已达到10万吨以上，成为世界上最大的稀土生产国。在攻关期间，方毅副总理七次到白云鄂博矿山，与专家共同研究，冶金部、中国科学院、地质部各路人马汇集，为攻关成功提供了领导保障。

3. 金川铜镍矿

金川铜镍矿是全球第三大硫化铜镍矿床，是一个含有几十种元素，近90种矿物的大型矿床，1967年建成投产。初期仅回收镍、铜及少量钴。经过开展综合利用研究，不仅从该共生矿中综合回收了镍、铜、钴、铂、钯、金、银和硫等12种产品，铂、铱、锇、钌、铑的回收率也大幅度提升。该矿床不仅镍、铜、钴储量巨大，还伴生铂、钯、锇等近20种有价元素，矿床之大、矿体之集中、可供利用金属之多，世界罕见，但综合利用这些宝贵的元素却成了一道难题。攻关项目下达后，群策群力，1979年，"从二次铜镍合金（磨浮合金）中提取贵金属新工艺"的试验在金川取得成功，并建成了贵金属车间，使铂、钯、金的回收率提高了1/3，锇、铱、钌、铑的回收率提高了十多倍。研究成果于1985年获国家科学技术进步奖一等奖。同时，金川公司的贵金属提取工艺达到国际先进水平。

第十一章
勘探技术方法

第一节　地球物理勘探

一、发展过程

中国的地球物理勘查开始于20世纪30年代。1949年以前，工作规模很小，方法简单、仪器单一，主要是试验性质的。中华人民共和国成立后，国家开始培养地球物理勘查人员。1950年年初，刚建校的南京地质探矿专修学校招收的100多名学生中有近1/3的学生学习地球物理勘查。同年，燃料工业部主办的物理探矿培训班、中国科学院与中央重工业部合办的物理探矿训练班，分别由地球物理学家翁文波、顾功叙主持。1951年成立的长春地质专科学校设有物探专业。1952年在北京和长春成立的地质学院中均设有地球物理勘探系。1952年，国家分配80名大学物理系毕业生从事物探工作，并由地质部和燃料工业部石油管理总局联合为这些物理系毕业的大学生举办物探专业学习培训。1952年年底，又招收了200名高中和初中青年，经过短期培训于次年年初组成12个队分赴重点勘探矿区工作。

地质部成立后，在地质矿产司下设物理探矿室管理物探工作。1954年冬改为部直属物探管理处。1955年扩建为地球物理探矿局。按大区陆续组建了北方、西方、西南、南方等专业物探大队。1957年，成立了地球物理探矿研究所及仪器修造所。1958年以后，仪器修造所扩建成北京地质仪器厂。在此期间，各省（自治区、直辖市）地质局也相继建立专业物探大队。1958年下半年，物探局所属大区专业物探大队全部下放到省（自治区、直辖市）地质局领导。

二、物探仪器

地球物理勘查工作主要是基于精密的仪器装备。20世纪50年代初期，中国主要依靠引进苏联的仪器装备。60年代以后，在仿制进口磁法、电法、重力等仪器的同时，开始自行设计与制造。六七十年代，国产物探仪器在品种和数量上基本满足了物探工作的需要。以北京地质仪器厂为例，到1985年，累计生产各种型号的磁力仪11645台、重力仪525台。各种仪器不断推出新的型号，并向数字化、系列化方向发展。

（1）磁法勘探仪器。20世纪50年代后期开始仿制大悬丝磁力仪。六七十年代，先后研制了多种机械磁力仪、质子能力仪、磁通门磁力仪和光泵磁力仪。

（2）电法勘探仪器。20世纪50年代中期开始仿制电位差计、大地电流仪及电测站示波仪等。60年代初期，开始生产电子自动补偿仪、电磁波探矿仪。60年代中期，试制并生产了电子式轻便激发电位仪及坑道无线电波透视仪。70年代初期，地质部物探研究所自行设计了短导线激电仪，并迅速在全国得到推广。此后，补偿式航电仪、脉冲式航电仪、变频激发电位仪、无参考导线虚实分量仪、电偶源与磁偶源的电磁频率测深仪等也相继研制成功。

（3）重力仪。20世纪50年代中期开始仿制石英丝重力仪与金属丝重力仪，60年代初期生产了石英弹簧重力仪，70年代中期又试制成功高精度石英弹簧重力仪与海洋重力仪。

（4）地震勘探仪器。20世纪50年代中期开始仿制光点式地震仪。60年代中期以后，石油、地质、煤炭等部门分别批量生产了模拟磁带地震仪。70年代中期，开始生产数字磁带地震仪，包括24道至120道的多种型号的常规地震仪及若干信号增强型浅层地震仪。

（5）地温法仪器。到20世纪80年代，中国已生产了多种数字化、微机化的地温仪及岩石热导率仪。

（6）放射性勘探仪器。20世纪50年代，中国仅能生产几种采用盖革计数管的辐射仪及个别采用闪烁晶体的辐射仪。60年代试制成功航空四道能谱仪。70年代开始生产多种型号的地面伽马能谱仪、闪烁射气仪及硅半导体α辐射仪。此外，X荧光分析仪也试制成功，并生产了轻便荧光分析仪。进入80年代，多种数字闪烁辐射仪、α辐射仪、自动能谱仪投入生产，其中有些已采用微机控制和处理，实现了含量或浓度直读。

（7）井中物探仪器。20世纪50年代初期，开始仿制半自动井下电测仪及井径、井温、井斜等测井仪。1958 年开始设计制造多线自动电测仪、闪烁放射性测井仪、轻便电测仪等井中物探仪器，并开始生产轻便自动测井仪、电子自动测井仪及微电极系测井仪。1962 年以后，又陆续研制成功声波测井仪、感应法测井仪、中子寿命测井仪、侧向与微侧向测井仪、双道放射性测井仪、组合测井仪和井中三分量磁力仪等。从 70年代到 80 年代，声速、感应等测井仪，多功能的超声成像测井仪，以及井中中子发生器也相继生产。80 年代以来，又生产出了适用于小口径钻孔的井中三分量磁力仪、井中无线电波透视仪、高精度井温仪与井温梯度仪，以及 X 射线荧光测井仪等数字化或微机化井中物探仪器和微机控制的综合数字测井站。

三、物探仪器的应用

（一）在区域地球物理调查中的应用

1. 航空物探

1953 年，中国开始了航空磁测工作。当时使用苏联的半自动仪器，主要找寻强磁性铁矿及超基性岩体。1956 年，采用另两种苏联较高精度的航空磁力仪，并组成了两个中苏技术合作队，分别从事金属矿和区域构造的航空物探工作。到 1985 年年底，除台湾省及其周围岛屿、南海南部、西藏西部外，全国已基本上为不同比例尺（1∶5 万 ~1∶100 万）的航空磁测所覆盖，纯覆盖面积达 996 万平方千米，其中海域 120 万平方千米。在一些主要成矿远景区还进行了 1∶5 万航空电磁测量及放射性能谱测量，面积约 25 万平方千米。编制了东北、泛华北及华南地区第一代 1∶100 万航空磁力图。

2. 区域重力测量

在为矿产普查所作的 1∶10 万 ~1∶100 万重力测量工作基础上，1978 年开始在全国各省（自治区、直辖市）系统开展区域重力测量。到 1985 年年底，全国 1∶10 万 ~1∶100 万重力调查的纯覆盖面积达 598 万平方千米，编制完成了中国第一代 1∶400 万和 1∶100 万重力图。

3. 深部地球物理调查

从 1949 年开始，到 1985 年，由国家地震局、中国科学院及地质矿产部等部门完成大陆人工地震测深剖面调查 3 万多千米，其中地质矿产部完成 4330 千米。包括1980—1982 年中法合作进行的西藏地区以及其后在攀西、下扬子等地区的工作。除人工地震外，还采用了天然地震、大地电磁测深、地磁差分、地热流、重力、区域物性研究（含古地磁）等方法。

通过上述工作，对中国范围内的地壳结构和构造，尤其是重要断裂带获取了大量翔实的资料。例如，1957 年，地质部航空物探大队在华北地区发现了著名的郯城—庐江深大断裂带，是基于断裂带两侧磁性不同而发现的，进一步工作表明，这一深大断裂还穿越渤海直达辽宁南部，全长达 1200 千米。上述调查成果对地质找矿和地震预报发挥了重要的技术支撑。

（二）在矿产勘查中的应用

1. 石油与天然气

从中华人民共和国成立到 20 世纪 80 年代中期，地质部地球物理探矿局直属的物探大队在松辽、华北、鄂尔多斯、四川、苏北等沉积盆地进行 1：100 万航磁、重力、地面磁测及电法测量，以及纵贯盆热的地震区域剖面，从而迅速确定了这些沉积盆地的边界、断裂、沉积厚度、基底性质等情况，为进一步圈定盆地内含油气最有希望地区提供了依据。典型成果为东北石油物探大队组织开展的物探工作，在松辽盆地发现了大同长垣构造带（即大庆油田一带），选定松基 3 井井位，打出了东北平原第一口喷油井，大庆油田由此发现。

2. 煤

中国的煤田物探工作始于 1954 年。地质部物探管理处在河南许昌平顶山组建了中国第一个煤田测井队，当年就通过测井，使所测钻孔见煤总厚度增加了 16%。"一五"期间，测井队开展的煤田测井工作，在判定煤层、确定其深度和厚度、测量钻孔的倾斜和方位等方面发挥了重要作用。在开始煤田测井工作的同时，地质部也组建了地面煤田物探队伍，主要是进行中、短距离的电测深工作，目的是查明煤系地层的起伏和构造情况。20 世纪 80 年代以后，地质部又与煤炭部门共同承担煤田地质勘查任务。在调查深部隐伏煤田工作中，地震方法有了更多的应用。在煤田测井中开始采用数字技术，同时引入声波测井、地层倾角测定等新的技术，开启了煤质、煤层顶底板的机械强度和钻孔间煤层的产状和构造等研究。此外，利用频率测深地面物探方法在玄武岩覆盖下寻找煤系地层也取得了一定成效。

3. 金属与非金属矿产

物探方法在寻找铁、铬、镍、铜、铅、锌、金、银、钼、锡、石膏、石墨、疏铁矿、金刚石、盐类矿等几十种矿产上发挥着不同的直接或间接作用，其中以磁法找各种成因类型磁铁矿床的效果最显著。

中国大多数磁铁矿床是根据磁法资料发现或扩大的。"一五"计划初期，物探工作主要围绕着几个已知大型钢铁基地展开。1953 年，地质部四二九地质队物探队在大冶根据磁法资料找到了尖林山铁矿，并发现了程潮盲矿体。接着，地质部二四一队物探队用磁法找铁矿在白云鄂博取得成功。1955 年，地质部物探局西南大队在攀枝花地区开展大面积物探工作，发现了铁矿体多处。20 世纪 50 年代后期，冶金部地质局华东分局八〇七地质队以物探手段，在离江苏南京不远的梅山发现了一个隐伏的大铁矿，开创了在火山岩区找铁矿的新局面。中国铁矿物探工作的初期主要是找寻强而规则的磁异常，60 年代中期，开始研究"低缓异常"和"剩余异常"，在山东莱芜铁矿、福建马坑铁矿等矿区又找到了多处深部矿体。

铜矿是中国金属矿物探工作的主要对象之一。在 20 世纪 50 年代初期，率先在安徽铜陵铜官山进行较大规模的物探工作，此后在其他地区物探找矿的效果也比较明显。铬、镍、钴、铂等矿产都产出在基性和超基性岩内。用物探先行的方法寻找基性和超基性岩体，其找矿较好。1959 年，在金川镍矿区应用磁法等物探方法，发现和圈定了隐伏的镍矿体。1959 年，在云南弥渡金宝山铂、钯矿区进行航空磁测时测出磁异常。10 年后，云南三队对此异常进行地面检查时发现了超基性岩露头，经取样分析发现富含铂、钯，经详勘，证实是一个大型铂、钯矿床。

在非金属矿方面，因地制宜合理地选用物探方法，在许多地区也取得良好的效果。例如，根据重力资料，在滇中红层分布区找到了大型盐矿和钙芒硝矿。在安徽，利用在石油普查中获得的重力测量资料，圈出了可能埋藏有岩盐的凹陷，结果发现了大型盐矿。使用地磁方法找寻金伯利岩，在辽东半岛和山东半岛均取得成效。

据地质部航空物探大队 1953—1985 年的统计，通过查证航磁异常发现或扩大的矿床、矿产地达 452 处，其中大型矿床 41 处、中型矿床 91 处。以铁矿为主，也发现了 10 余种与磁性矿物伴生的其他金属、非金属矿。

（三）在水文地质调查中的应用

1950 年，物探工作者首先在北京西郊石景山用电阻率法进行基岩地区找水工作。1954 以后，水文物探工作在徐州、石家庄、昆明等地的城市供水，以及内蒙古、山西等省（自治区、直辖市）的农牧业用水中发挥了作用。20 世纪 60 年代，地质部、水电部及其他工业部门相继建立了水文物探专业队伍。70 年代初，国务院号召开展华北和西北地区的打井抗旱，各省（自治区、直辖市）所属的地、县、乡纷纷建立打井队伍，但最初的成井率并不高。采用电测方法找出古河道和淡水沙体后，成井率从 50%

提高到95%。此后，地质部和水电部合作，为地、县两级水利部门培训电测技术骨干。高峰时期，仅京、津、晋、冀、鲁、豫四省二市的电测小组就超过1000个。70年代初，陕西地质局物探队在西北黄土地区采用时间域激发极化法找水获得成功。后来在山西、陕西、河南、甘肃和内蒙古进行推广。70年代后期，开始在岩溶水井中推广使用井下超声成像技术，做到了清晰绘制钻孔中灰岩溶蚀现象，从而准确确定井下裂隙和溶洞位置。

从20世纪70年代初，地热物探工作开始推广。在三种类型的地热田勘查中取得了成效。①滇藏新构造活动区高温地热田。西藏地质局物探队在羊八井地区进行电测深面积测量，勾画出地热田边界。云南地矿局地热地质队在云南腾冲一些近代火山口附近进行电测深面积测量，指出了南北向断裂，从而指导了勘探钻孔的布置。②中生代花岗岩中温地热田。全国2600余处温泉，近一半与燕山晚期花岗岩深裂隙循环热水有关。70年代，在福建、广东、江西、辽宁等省的燕山期花岗岩地区用地面电法和地面磁法做了探测；80年代初，在黄山地区浅层地温测量中发现了地热异常，经打井发现了隐伏地热。③京津古潜山型低温地热田。京津地区处于古生代灰岩隆起区，深部热水可沿灰岩断裂溶洞向上循环。天津地质局物探队用重力测量圈出地热田远景区，以重力异常推算灰岩埋深，指导打热水井的效果良好。

（四）在工程地质调查中的应用

我国工程物探开始于1950年北京官厅水库坝址勘查。到20世纪80年代中期，在地质、水电、铁道、建筑等部门建立起了具有一定规模的专业队伍，在近40个城市进行了1：5万的区域航磁以及地面重力和电测深面积测量。为广东大亚湾、浙江秦山等8个核电站的选址区域构造评价做了航磁、重力、电法及地震勘探等工作。铁路的大型桥梁、隧道，水电站及水库坝址，大型钢铁、化工、纺织和科学设施场的地基勘查，城市高层建筑及特高型电视发射塔地基勘查等也广泛运用了工程物探方法。海上钻井平台选址和场地基础勘查，过江隧道、输气管道地基勘查等水域工程物探也取得了较好的效果。在地质灾害领域，例如对山东泰安岩溶塌陷、四川川江鸡扒子滑坡、河北峰峰煤矿矿山涌水、西安地区地裂缝和边坡失稳等勘查过程中，采用的电法、高精度重力法、高分辨率地震法、高精度井温及井中电磁波透视等手段均发挥了较好技术优势。此外，在文物考古中，工程物探方法也取得了意想不到的收获。

第二节　地球化学勘探

一、化探技术发展过程

中华人民共和国成立初期，我国没有从事地球化学勘查的专业人员，没有国产分析仪器，甚至连一般的化学试剂和玻璃器皿也要依赖进口。1950年，东北地质调查所根据周树强的建议，进行化探方法和技术的学习与训练。1952年，中央人民政府地质部成立不到3个月，宋应副部长就建议在部地矿司内成立地球化学探矿室，沈时全被任命为该室主任。地质部拨款10万元，从各地抽调了23名技术骨干，开始了创业历程。起初，只能从为数不多且不甚可靠的外国文献中去寻找方法。当时来华的苏联专家对地球化学探矿法也存在赞成与怀疑两种观点。持赞同观点的苏联专家照搬哈萨克斯坦干旱区金属量测量的经验，结果在我国复杂多变的地质条件下也遭到了失败。1952年年初，东北人民政府东北地质调查所组建了中国地质部门的第一个地球化学勘查队。当年，该队在长春净月潭进行了约4平方千米的地球化学探矿（简称化探）试验工作，采用比色分析法分析了残积坡积土壤中的铜元素。同年12月，地质部以东北地质调查所化探队为基础，在地矿司下设化探筹备组。化探筹备组成立后，建立分析实验室，培训野外工作人员，并于1953年5月在陕西安康牛山进行了4平方千米、比例尺为1∶5000的"铜量测量"工作。1954年6月，分别组成四个队到甘肃白银厂铜矿、山西中条山铜矿、四川会理铜镍矿、吉林大黑山钼（铬）矿等重点找矿地区开展试验工作。1954年冬，化探筹备组划归物探局领导。筹备组所属化探人员分别调往物探局所属的西南、北方、西方3个综合物探大队。1955年，地质部门建立了甘肃老君庙、青海柴达木和新疆克拉玛依3个石油化探实验队。1956年，地质部南岭、秦岭和大兴安岭3个中苏合作的区调大队，按国际分幅开展了区域化探工作。1957年9月，物探局在建立物探研究所时，设置了化探研究室，谢学锦为技术负责人。1957年冬，在地质部的化探人员中开展了一次中国化探向何处去的大讨论。通过讨论，明确了不能照搬国外的规范，要根据我国的自然景观条件开展试验，克服"化而不探"的倾向，到地质找矿的第一线去经受检验。重点应放在当时急需的金属矿床化探方面而不是当时尚未成熟的石油化探方面。从1958开始，在金属矿区开展了水系沉积物方法和水化学方法试验，取得了很好的效果。其中，岩石地球化学方法在辽宁青城子铅锌矿床和广东大宝山多属矿床取得了成功。此时，冶金部（包括有色金属）系统和铀矿普查系统建立了化探队伍。同时，在分析方法改进和国产仪器研制上也取得了重大进展，多种元素的比色分析法和水平电极光谱法得到推广。1959 年末，北京地质学院在曹添教授带领下在矿产系成立了地球化学与地球化学探矿专业，开始有计划地培养勘查地球化学人才。但在此后的 20 世纪 60 年代后期和 70 年代前期的 10 年间，勘查地球化学的研究项目基本中断，全国的勘查地球化学工作也处于无序状态。各省的化探工作仍按苏联规范中的有关路线金属量测量的规定大面积地施工，样品采用半定量光谱分析，名义上测定 20～30 种元素，实际上只有铜、锰、铅等几个元素勉强可以成图。尽管在这 10 年中将我国大陆上的山区基本扫过一遍，但积累的数以百万计的分析数据的质量和效果却不甚理想。

1958—1965 年，地质部物探研究所化探研究室的化探研究工作一直是面向野外勘查，同时及时反映和介绍国外化探工作新的趋势，加强新的化探方法研究并及时向各勘查队推广。1966 年，全国已有 25 个地质及物探大队建有化探实验室。

1978 年 1 月，在上海召开的全国地质局长会议上，谢学锦等提出在全国范围内开展第二代 1∶20 万区域化探扫面的建议。1981 年 5 月，地质部颁发了《地质部区域化探全国扫面规划》。在此期间，研制了中国各种景观地区的野外采样工作方法，研制了 39 种元素分析系统和分析方法，制备了监控实验室分析质量的水系沉积物、土壤及岩石系列地球化学标准样，并制订了严格的分析质量监控方案。从此，开始了大规模的地质化学探矿，其科学依据、技术水平和质量保证是世界一流，得到国际化探界的一致赞许。根据 29 个省（自治区、直辖市）地矿局的统计，1981—1985 年，主要基于化探资料，新发现矿产地 238 处，其中已构成工业矿床的有 99 处，包括大型 14 处、中型 41 处、小型 44 处。

二、地球化学的方法和仪器

我国的化探工作者最早意识到，必须创新具有中国特色的物探方法体系。早在 1954—1957 年，他们便开始认识到，不能照搬苏联规范进行工作，必须充分考虑中国的地质地理条件。例如，在中国的南方，由于气候潮湿、淋滤作用强，如按苏联"金属量测量"规范 10～20 厘米深度取样，并不能获得清晰的异常，同时也考虑到不同取样方法的经济性和有效性。1960 年，出版了《分散流与水化学找矿法工作纲要》一书，这是中国化探工作者根据自己的研究成果和工作经验编写的化探工作指南。

（一）地球化学勘查方法

1.水系沉积物测量

从 1958 年开始，在湖南、广东北部等 5 个地区进行了水系沉积物测量的试验与研究。1960—1962 年，先后在河北燕山地区（面积约 3 万平方千米）和四川米易地区（面积为 7320 平方千米）开展了 1∶20 万水系沉积物测量。1978 年，国家地质总局颁发了《区域化探内地及沿海重新扫面方法暂行规定》。

2.岩石测量（原生晕找矿）方法

1958 年，地质部物探所化探室在甘肃白银厂小铁山地区率先应用岩石测量方法；1959 年，在辽宁青城子、关门山等铅锌矿区进行工作；1960 年，谢学锦等在广东大宝山多金属矿区以及这些矿区的外围进行研究；这些都取得了较好的效果。例如，在辽宁青城子根据已知矿床原生晕研究确定的铅异常、砷异常和铜、铅含量比值等几项异常评价布钻，打到了新的铅锌盲矿体。

3.汞蒸气测量方法

1958 年，物探所在贵州东部万山等几个汞矿区进行了汞蒸气测量。1974 年，进行了大气汞污染测试。此后，又进行了包括航空测量在内的矿区上空大气汞量测量试验。1975 年，四川地质局四〇五队和第二机械工业部北京三所在四川某铀矿区开展土壤中汞气测量，根据汞气异常找到了新的矿体。在此期间，国内的地质勘探利用土壤中汞气测量法也找到了菱铁矿、铜、铅锌等矿产的深部盲矿体。从 1978 年开始，在国内十余处矿区进行了厚层覆盖特别是外来覆盖物条件下的壤中汞气测量试验，证明其测量方法的有效性，例如，物探研究所在甘肃白银厂小铁山多金属矿区的埋深达 200 米矿体上方的黄土中测得了清晰的壤中汞气异常。在上海张墊地区上覆盖的第四系冲积物厚达 140～180 米、地形平坦、地下水位很高处进行壤中汞气测量，找到了埋深达 200 米的矽卡岩型铜矿。

4.金矿化探方法

1964 年，物探所化探室在河北金厂峪已知的金矿床上进行以痕量金为指示元素的找金矿的有效性研究。尽管当时金元素的检出下限仅 10×10^{-6}，但结果认为以金为指示元素比其他伴生元素的效果更好。1980 年，河南省地质局实验室采用活性炭预富集的方法，研制成功检出限在 $(0.5 \sim 1) \times 10^{-9}$ 金的化学—光谱分析方法。根据地质矿产部门的统计，"六五"期间，此种化探分析方法找到了 50～60 处金矿产地。

（二）化探样品的分析

20世纪50年代，主要是引进和应用苏联中型石英棱镜光谱半定量分析法。此法只能发现含量较高的异常，容易遗漏和损失重要的找矿信息。60年代，地质部物探研究所化探室努力改进和提高半定量光谱分析的灵敏度和精密度，研制了一系列专门的快速方法。其中为满足现场分析的需要，研制了一套比色分析和冷提取分析方法。

（三）化探仪器设备

地质部物探所化探室于1960年成功研制了水平电极撒样法光谱分析半自动化摄谱装置，可以使银、锌、钼、钨、钴、砷等元素半定量光谱分析的精密度、灵敏度得到较大提高。这种装置曾在地质部、冶金部、核工业部各化探实验室被广泛使用。地质部物探所、北京地质仪器厂等单位于1971年开始研制原子吸收分光光度计，1973年开始批量生产。80年代以后，北京地质仪器厂等单位生产的原子吸收分光光度计在各部门地质队实验室中广泛应用。

1965年，地质部物探研究所研制的汞蒸气探测装置，实验中的绝对检出限达1.0纳克汞。1973年研制的CG-I型汞仪，绝对检出限达0.01纳克汞。1976年，物探研究所与北京地质仪器厂合作，研制了一种专为壤中汞气测量用的仪器，其检出限优于0.01纳克，并批量生产。同年，国家海洋局第三海洋研究所研制成功了金膜电阻型测汞仪器，重量2.8千克，汞的绝对检出限为0.001纳克汞。

（四）化探成果

1966—1985年，主要依据化探工作，在全国发现矿产地325处，其中已查明为工业矿床的有158处，包括大型矿床35处、中型矿床68处、小型矿床55处。其中，发现贵金属占同期发现总数的36%，发现有色金属占同期发现总数的57%。此外，在区域地质调查中得到较好的应用，在矿产普查、详查、勘探中的应用效果也十分显著。

第三节　探矿工程

一、发展历程

20世纪初，中国的现代钻探工作开始起步。中华人民共和国成立前，中国进行过钻探施工的地区有河南、陕西、山东、广东、安徽、辽宁、台湾等10多个省，矿种包括煤、石油、铁、铜、磷等10多个矿种，全国钻探总工作量累计约17万米。国民党政府资源委员会矿产测勘处时期使用动力机械岩心钻探只有3年多的历史，主要在长江中下游和江淮地区钻探煤、铁、磷等矿种。最深孔369米（淮南）。1948年，最高开动钻机16台。1949年以前，国民党政府只留下14台从美国、日本进口的旧钻机，加上全国各矿山、各部门的各种型号的钻机，共有100多台。1949年6月，按照华北人民政府企业部的指示，北平地质调查所派刘广志负责筹建钻探队，前后两次招收了七八十名中学生学习钻探，并调入钻机，检修设备。同年9月，在北京门头沟耿王坟煤矿工地开钻。1950年2月，在南京创立地质探矿专科学校，设有地质探矿科。到1952年，北京地质调查所与重工业部有色金属管理局举办了多期训练班，采用讲课和机台师傅带徒弟的方法，培训了4300多名钻探工人。1952年，地质部首次从苏联进口了手把式钻机及有关设备，组建、扩建了白云鄂博、铜官山、大冶、庞家堡、白银厂、渭北6个综合勘探队，到年底共开动54台钻机。在此期间，煤炭、冶金、水电、铁道等行业管理部门所属的队伍也陆续开始钻探工作。1954年，北京地质学院组建探矿工程系，开始招收本科大学生。在此期间，其他大中专学校也陆续设置了探矿工程专业。1956年3月，地质部中南地质局四〇四队在广西泗顶厂铅锌矿首次创造月进尺超过千米的新纪录。1957年，地质部建立了勘探技术研究所，并在周口店筹设试验站。1957年，在"全国十年科学规划"中，探矿工程学科正式列入十二年远景规划。"一五"时期，使用钻探勘探的矿种已接近60种，钻探技术在武汉长江大桥、三门峡水电、长江三峡水利枢纽工程等大型项目的地质钻探中发挥了应有的作用。

20世纪60年代初，苏联中止供应中国钻探设备及器材。中国探矿领域的技术研发和探矿生产职工"独立自主，自力更生"，努力完善钻进工艺和提高机械化探矿水平。70年代后期，金刚石钻探与硬质合金、钢粒钻进的成本大体相当，为80年代中国探矿技术的大发展奠定了基础。

二、关键技术

1.金刚石钻探

"一五"计划末期，钻探工程工作量猛增，但钻探工程效率低、质量差的问题日益突出。当时主要使用的是各种不同镶嵌形式的硬质合金钻头，钻进硬岩层主要使用铁砂，后改用钢丝切制的钢粒，不但钻速低，而且耗材惊人。这一时期钻探的对象主要是固体矿产，面临的主要困扰是：所遇硬至坚硬岩矿层钻进速度低；矿层矿化越好、蚀变程度越高的构成，"硬、脆、碎"特性就越明显，取心十分困难。这些引起了地质勘探行业各级领导部门的充分重视。而此时，工业发达国家已普遍采用金刚石钻进技术，并淘汰了钢粒钻探方法。1957年，地质部建立了勘探技术研究所，所内设立了金刚石钻头等研究室。1958年，以任子翔为团长的考察团赴苏联学习考察了金刚石钻头制造工艺。

1960年，地质部颁布了《关于推广小口径金刚石钻探方法的几项规定（草案）》。1960—1963年，勘探技术研究所与冶金部601厂合作研究钻头制造工艺。1963年，我国成功制造出第一颗人造金刚石。同年，宣告第一批金刚石钻头诞生。1964年，地质部已能小批量生产人造孕镶金刚石钻头。1965年，第一批冷压浸渍法制造的表镶金刚石钻头制造成功。1966年，河南九队应用全套国产设备和工具开动了第一台金刚石钻机。经与日本钻头进行对比，表明我国金刚石钻头的设计、加工达到了一定的水平。1969年9月，在冶金部地质局杨春发工程师指导下，由北京地质研究所提出，首钢地质勘探队、北京粉末冶金研究所、东华门人造金刚石厂等单位共同协作，研制成功我国第一个人造金刚石钻头。

1970年，地质部在郑州探矿机械厂筹建金刚石钻头制造车间，并于1971年建成投产。与此同时，地质部勘探技术研究所、冶金部地质研究所和中国科学院物理所等单位开始研究人造金刚石钻头，1974年研制成功并批量生产。20世纪70年代中期，除冷压浸渍法外，又陆续试验成功了热压法、无压浸渍法、低温电镀法。1975年，国家地质总局成立了小口径钻探领导小组。1976年，勘探技术研究所设计的高速金刚石千米钻机通过鉴定，这是我国自行设计的第一台金刚石钻机。1978年，金刚石地质岩心钻探配套技术项目中有7项获科学大会奖。

金刚石钻探技术的配套工具和材料也在积极研发。1972年，勘探技术研究所开始设计直径 56 毫米的绳索取心钻具。1975 年，经河南九队在北京一〇一队进行配套试验，取得成功。此时，勘探技术研究所研制的新型含锰、钼、钒、钛、硼系列的低合金高强度钢钻探管材也在全国推广，并实现了标准化；各科研院所、生产企业、地质勘探单位创造的适用高速钻进的提引工具、拧卸工具和打捞工具也在研发与应用。从 20 世纪 70 年代中期开始，绳索取心技术开始试验、推广，到 80 年代中期已在地质部门广泛采用。

2. 冲击回转钻探

我国对冲击回转钻探技术的研究始于 1958 年。到 1965 年，地质矿产部勘探技术研究先后研制了 7 种不同结构形式的液动冲击器。经室内性能对比试验，优选出了 YZ-2 型阀式正作用液动冲击器，并在湖南地矿局的金属矿区进行了首次生产性试验，最大试验孔深 430 米，取得了初步成功。1963 年，编辑了《冲击回转钻探专辑》，广泛介绍了国内外文献资料。1975 年，长春地质学院与辽宁第九地质队协作率先开展了对射流式液动冲击器的研制。到 1984 年年底，长春地质学院研制的 SC 型射流式、地质矿产部勘探技术研究所研制的 YZ-54-Ⅱ、冶金探矿技术研究所研制的 TK 型、河北地矿局综合研究队研制的 ZF-56 型阀式正作用液动冲击器，以及核工业华东地质勘探局研制的 YE-54 型和辽宁第九地质大队研制的 SH-54 阀式双作用液动冲击器，先后通过各部的部级技术鉴定，并迅速在生产中推广应用。

3. 钻井液技术

20 世纪 50 年代，中国采用的是苏联的钻井液技术，规定了泥浆的技术要求，只采用了少量泥浆处理剂（如煤碱剂等）在现场配制。地质部门从 70 年代中期以后，加强了对钻井液技术的管理，重点推广聚丙烯酰胺低固相泥浆。1985 年，地质矿产部与石油工业部"低固相及丙烯酸盐类聚合物泥浆的研究和推广"获得国家科学技术进步奖二等奖。

三、探矿装备

中华人民共和国成立前，中国没有自己的探矿工程机械装备制造。地质部成立后，国内陆续建成了一批生产钻探、坑探等探矿工程设备的工厂以及设计室、研究所。自 20 世纪 50 年代起，开始引进、仿制。60 年代，开始自行设计制造液压钻机。70 年代，进入以研制高速金刚石钻机为主的新时期。到 80 年代初，已形成岩心钻、水文水井钻、工程地质钻、砂矿钻、海洋钻探装备、大口径施工钻六大系列的产品。设计和生产了适合地质探矿工作特点的体积小、重量轻、搬迁方便的多种型号设备，其中部分设备和工具的产品质量已达到国际先进水平。到1985年年底，仅地质部门的专业生产厂家累计生产100～1500米固体矿产岩心钻机和300～500米的水文水井钻机3.1万台；100米以下的各种浅孔钻机9355台；各类型号的泥浆泵3.4万台；各种钻塔13432座。

1. 岩心钻探设备

1952年，中国购置了一批苏联产的KAM-500米型、KAM-300米型和瑞典产的XH-60型岩心钻机。1953年，鸡西、太原、抚顺和吉林机械厂曾对上述钻机进行小批量仿制。同年，地质部开始建立张家口探矿机械厂。1956年起，张家口探矿机械厂开始仿制苏联KAM-500米型和KAM-300米型岩心钻机。1958年，地质部探矿司设计室设计了跃进-600型液压钻机。1965年定型为XU-600型，到20世纪80年代初期，共制造了4500台，在全国范围内广泛应用。1964年，由地质部勘探技术研究设计院设计，北京探矿机械厂生产了XJ-100-1型浅孔岩心钻机，获国家科学技术委员会一等奖。1965年，地质部勘探技术研究院与上海探矿机械厂协作研制了XU-300-1型钻机，其具有体积小、重量轻、搬迁方便等特点，在铁道、水电、交通、冶金和地质等部门大批使用，尤其在中国西南几条铁路和大型水电站坝址勘探中发挥了重要作用。1970年以后，中国岩心钻探设备开始研发高速金刚石钻进设备。1975年，勘探技术研究所与无锡探矿机械厂合作研制了XY-4型钻机；1978年，勘探技术研究所又与张家口探矿机械厂合作研制了XY-5型岩心钻机。随后，生产了系列化的从100米到1500米的XY型金刚石岩心钻机。1982年，地质矿产部确定XY系列钻机更新取代XU等老型钻机。此外，钻机的配套装备也在不断完善。1974年以后，为配合金刚石钻进工艺，地质、煤炭、冶金各部门陆续研制成功了带有变速箱可变量的三缸活塞泵。自1979年开始，灵敏、耐用的钻压表、泵压表等机械式和电子式钻进参数仪表先后投产。钻塔也从50年代初的角钢结构，到60年代的钢管结构，钻塔的重量、承载、空间等指标也不断趋向于科学、合理。

2. 坑探设备

1950—1985年，地质部门共完成掘进坑道369万米，浅井644万米，槽探1.24亿立方米。从20世纪60年代起，地质部门在坑探工程方面，坚持动力的风、电、内燃并举，设备以小型轻便为主。冶金部门率先研制成功摆锤式电动凿岩机。地质部门研制成功离心锤式电动凿岩机、内燃凿岩机，生产了机械传动的KD-100型坑道钻机。煤炭系统研制出TXU-75型坑道钻机。1973年以后，由于金刚石钻探的逐渐推广，地矿系统又先后研制出DK-75型、DK-150型、DK-300型坑道钻机。70年代后期，浅井、坑道施工初步实现了综合机械化作业，"坑钻结合"的方针和规划得到了较好的落实。

3. 水文地质和水井钻探设备

20世纪后半叶，中国的水井钻探设备以上海探矿机械厂和张家口探矿机械厂的产品为主导型号。①"上探"牌系列水井钻机系列。1960年，地质部勘探技术研究所与上海探矿机械厂合作，开始生产散装300米转盘式水井钻机。1968年研制成功了SPJ-300型转盘式探采结合的散装水文水井钻机，并被广泛推广。1974年，上海探矿机械厂成功研制了钻深600米的车装SDY-600全液压水文水井钻机，它可以进行冲击回转钻进，操作集中，机动性强，钻进能力较大。②"张探"牌水井钻机系列。该厂生产的水井与地热钻机系列共有6个型号：SPS-400、SPS-600、SPS-2000D、RPS-1500、RPS-2500和RPS-3000，钻进深度400～3000米。

4. 工程地质钻探装备

中国的工程地质钻探装备长期使用岩心钻机代替。1966年，勘探技术研究所和无锡探矿机械厂研制了钻深30米的SH-30型工程地质钻机，能进行冲击回转复合钻进，搬迁使用方便。20世纪70年代后期，地质部勘探技术研究所与无锡、北京探矿机械厂合作，先后设计研制多种具有多功能的工程地质钻机。

5. 石油钻探装备

石油探采技术一体化的特征较为突出。中华人民共和国成立以后，石油勘探技术的研发以石油工业部为主，地质部也在其发展过程中担当了重要角色。20世纪50年代，地质部在东北、华北、西北、华东、中南的各个盆地钻探了很多300～500米的浅井及少量800～1000米的中深井，初期的钻井深度浅，主要任务是取得岩心。1959年年底，分别从苏联、瑞典进口了一批可钻深3000～5000米的钻机，先后在松辽、华北、苏北、陕西、四川、江汉开钻，钻成2000～3000米的井多口，找到或验证了一批储油构造。1963年年底，首先在河北黄骅羊三木构造（现大港油田所在地）的3000米处钻得具有工业价值的油气流。1965年，地质部将在东北、华北的深井钻机陆续调往四川，用3200米的钻机于1969年在四川中坝构造钻达3500米的深度，创造了同类钻机的钻井深度的纪录。70年代，先后从罗马尼亚进口了一批可钻深度4000米、5000米、6000米等不同类型的钻机。1975年年初，3DH-250钻机首先在陕西户县的渭深10井钻成一口5200米深井，创造了当时地质部门井眼最深、裸眼最长、测井最深、取心最深等几项纪录。70年代后期，引进了美国的钻井技术，由于及时对新技术消化、吸收、试验、应用，地质矿产部门的石油钻探水平有了进一步提高。

6.海上石油钻探装备

（1）石油部门。我国的海上石油钻探始于20世纪60年代中期。1964年和1965年，茂名石油公司以"浮筒平台"装载钻机，在海南岛莺歌海村水道口尝试打井。最初几年用简易固定式平台在浅水钻井，1973年开始，使用自升式平台，包括大连船厂建造的"渤海一号"和从日本进口的"渤海二号"后又建造和进口多条。1975年5月，在湛江成立了南海石油勘探指挥部。1976年年底从新加坡进口自升式平台"南海一号"。以后又从国外购进了半潜式平台和自升式平台。这样就形成南北两只实力雄厚的海上钻井队伍。

（2）地质矿产部门。1966年8月，在天津塘沽成立了海洋石油勘探指挥部（渤海石油公司前身）。1970年年初，地质部在上海成立"六二七工程筹备组"（1973年扩充为海洋地质调查局），负责筹备和实施海上浮船钻井。四年后建成了我国第一条钻井船"勘探一号"。1974年6月，"勘探一号"在南黄海试钻一次成功，先后打石油普查井10口。1977年4月，海洋地质调查局从新加坡进口了一条自升式钻井平台——"勘探二号"，钻深可达6000米，工作水深90米，其先后在南海、东海和渤海钻井，并首次在南海和东海钻获工业油气流。1984年6月，由地质矿产部海洋地质调查局装备设计室与上海船厂、六机部七〇八所配合协作，自行设计，建成半潜式平台"勘探三号"，最大钻深6000米，工作水深200米。1974—1995年，"勘探一号""勘探二号"和"勘探三号"三条钻井装置共钻井57口，总进尺184000余米，最大井深5001米，最大水深110米。钻探工区遍及黄海、南海、东海和渤海。其中以东海为主，发现了一批油气田。

第四节　地质实验测试

中华人民共和国成立前，中国的地质实验测试工作较为落后。全国仅在南京、北平、兰州等地质调查机构内设有实验室，总计不到10个，每个实验室只有2~3人。1949年以后，随着国家对地质工作的加强和重视，地质实验测试工作得到发展。1952年8月地质部成立时，在北京、南京、沈阳等地质调查机构的实验室已配置数十名技术人员。1952年10月，国家从全国各大学化学系和其他专业毕业生中分配一部分给地质部。地质部相继在北京、张家口、武汉、兰州、南京、重庆、沈阳等地加强或新建了实验室。1953年全年完成8万多件样品的测试，到1957年已达90万件，1965年接近 200 万件，1981 年增至 300 万件，1985 年超过 600 万件。1985 年，全国地质部门各地质单位的实验工作人员有 2 万多人，各类实验室有 500 多个。

一、地质实验测试技术

1. 化学分析

20 世纪 50 年代初期，地质样品的分析测定主要采用重量法和容量法，少数采用目视比色法。从 50 年代中期起，开展了络合滴定法和光度分析法的推广和研究。络合滴定法开始用于钙、镁的测定，以取代重量法。最初需分离各种干扰元素，不久采用掩蔽剂来直接测定，后来发展成为最重要的常规容量分析方法，可用于测定钙、镁、铁、铝、铅、锌等 20 多种元素。光度分析法是为了测定稀有、分散元素及其他一些低含量组分而发展起来的，此后目视比色法过渡到光电比色计，又过渡到分光光度法。可以测定的元素由痕量逐渐扩及主要组分元素，以取代相当一部分的重量法和容量法，尤其在单矿物分析中，已成为许多分析流程的主要测定手段。在痕量分析方面，很多元素的测定下限达到微克 / 克级。进入 80 年代，地质部门仪器分析技术有很大发展，化学分析工作量逐渐下降，但是许多仪器分析测定技术仍需进行化学分析前处理。

2. 仪器分析

中华人民共和国成立后，中国岩矿分析领域中的仪器分析从无到有、从简单到复杂。到 20 世纪 80 年代前期，极谱仪、火焰光度计、摄谱仪、原子吸收分光光度计已经普及。石墨炉原子吸收、X 光荧光光谱仪、等离子直读光谱仪等大型仪器在地质部门各中心实验室也基本配齐。

（1）电化学分析。1952 年，地质部北京实验室开始学习极谱分析的基本技术，并首先应用于矿石中的铜、铅、锌、镉等元素的分析。1953 年，通过举办学习班向中南、西北、华北等大区地质实验室推广。20 世纪 60 年代后，极谱催化波的研究和应用取得显著进展，可用于测定铂族铂、铑两个元素及纳克含量的铜、铅、锌、镉、钴、镍、砷、锑、铋、钨、钼、硒、碲、硼、钪、铀、钍、锆以及若干事先经分离出的稀土元素，成为具有特色的痕量测定的手段。

（2）光谱分析。1953 年，地质部北京实验室派专业人员到中国科学院物理所学习发射光谱技术。1955 年组织学习班推广。由于发射光谱分析一次可以同时给出多元素信息，因此很快成为区域地质调查和地球化学勘查多元素定性和半定量分析的有力手段。20 世纪 70 年代初期，引进了光电直读光谱仪，用于硅酸盐岩石中挥发成分以外的主、次成分一般要求的岩石全分析。80年代初期，发射光谱法可以分析水系沉积物中铍、硼、钡、钴、铬等25个元素。

（3）火焰光度法和火焰分光光度法。20世纪50年代中期，地质部兰州中心实验室、北京实验室先后开展了火焰光度法测定钾、钠的应用研究。随后，又相继建立了锂、钙、锶、钡等的方法。60年代初期，开展了火焰分光光度法研究，成为后来一个时期测定碱金属和稀碱土金属元素的有效方法。

（4）原子吸收分光光度分析。1969年，山东省地质局实验室首先组装原子吸收分光光度计。1973年，国家计划委员会地质局在济南召开原子吸收光谱分析经验交流会并组织研制仪器，很快推广普及到野外队实验室。1975年，北京地质仪器厂和地质科学院矿床所八室协作，均研制成功原子吸收分光光度计。

（5）X光荧光光谱分析。1959年，地质部北京实验室开始筹建地质部门第一个X光荧光实验室。1960年开展工作并进行推广。进入20世纪80年代，此法已可测定40余种高、中、低含量的元素。地质部门各大型实验室的硅酸盐岩石分析主要采用此方法，同时也广泛用于化探测定水系沉积物中的主元素和微量元素。

（6）等离子体直读光谱。地质部门在20世纪80年代初期引进此种技术，并在部分实验室中配备装备。电感耦合等离子体直读光谱可获得重现性良好的数据，可一次同时测定多达40种元素，并可根据要求同时给出痕量元素的测定结果。除例行分析外，能较成功地应用于以铅、锌、铁、铜为基体的硫化矿物分析测定。在分离富集稀土元素总量后，还可进行稀土元素的分量的测定。

3. 岩矿分析标准样品

地质部门实验室从20世纪50年代末开始研究建立如铁矿、锰矿、铜矿、铅锌矿、磷矿、铝土矿等管理样品。1965年，地质部实验工作会议提出要组织力量制备铜矿、铁矿、金矿、汞矿、钨矿、铌钽矿、铬铁矿、磷矿、灰岩、超基性岩、花岗岩等22个供地质部门内使用的管理样品。直至1979年，上述工作通过地质部部级评审鉴定。此后，对超基性岩中的46种痕量元素进一步分析定值，并于1984年通过部级评审鉴定。

全国1:20万区域化探扫面工作展开后，谢学锦于1979年提出研制地球化学勘查系列标准样品的建议，由地质部物探研究所和岩矿测试研究所牵头，组织41个实验室共同协作，研制了第一批水系沉积物8个标准样品，于1983汇总了68个元素和成分的原始数据。1983年，通过地质部评审鉴定，确定了44个元素的推荐值。1984年，继续研制4个水系沉积物、8个土壤、6个岩石标准样品，使化探数据形成了标准系列。上述经地质部鉴定的标准样品，均已被中国国家计量局批准为国家级计量物质。此外，

1981年地质部矿床所研究了天然矿物电子探针的标准样品；地质科学院测试中心组织地质部门配备有电子探针的单位共同协作研究，于1984年提出了56个电子探针标样，得到国内外有关部门的认可和重视。

4. 岩矿鉴定方法

20世纪50年代初期，岩矿光学鉴定方法得到迅速普及，主要有显微镜法、费氏旋转台法、油浸法、矿物分选的重液分离、磁性分离法。此后又建立和发展了X光衍射粉末法、差热分析法和透射电子显微镜等实验室。50年代中期以来，技术队伍不断发展，仪器设备逐步更新，已成为矿物学研究中不可缺少的基本手段。

20世纪70年代以来，先后引进了电子探针、扫描电镜、红外吸收光谱仪、穆斯堡尔谱仪、顺磁共振谱仪、四圆单晶X光衍射仪等现代测试技术和设备。中国地质科学院矿床所、中国地质科学院和中国科学院地球化学所等利用电子探针发现了几十种铂族新矿物和一些其他新矿物。利用透射电镜研究矿物，应用X光荧光光谱、原子吸收光谱、等离子体直读光谱研究区域地球化学、有机地球化学和痕量元素地球化学，取得了重要成果。红外吸收光谱较多地应用于定性分析，包括物质鉴定及结构分析。穆斯堡尔谱成为研究固态物质的一种手段。

在矿物分选技术方面，除引进了磁流体分离、静电分离、介电分离技术外，中国地质科学院还对高频、中频介电分离技术进行了专门研究，研制成功了高频和中频介电分离仪，能分离磁性、电磁性、比重等性质相近的细小单矿物和粉末工业介质材料。20世纪80年代以来，又成功地解决了沉积岩中某些微体古生物如介形虫、轮藻、有孔虫等化石的分离问题。

二、主要成就

自中华人民共和国成立到20世纪末，中国已经形成了一支设备较先进、系统较配套的地质岩矿测试分析实验室及专业技术队伍，为基础地质、矿产地质、环境地质工作提供了重要的技术支撑和保障。到20世纪80年代中期，地质部门的实验室已有能力为地质调查和地质科研提供70多种天然元素的化学分析。

1. 服务地质科研

20世纪60年代初，地质部地质科学研究院及部分省地质局中心实验室、冶金部北京地质研究所、有色金属研究院、中国科学院地质研究所等单位开展了岩石矿物中铌、钽、硒、碲、镓、铟、铍、镉、钯、镧、铈、镨、钕、钐、钇等稀有元素分析方法的研究，使中国地学领域的稀有元素分析水平有了很大提高。

20世纪60年代初，开始了铂族元素的化学分析，发展了多种分析测定方法。到1974年，地质部峨眉矿产综合利用研究所试验成功了"硫锑试金法"，把铂属6种元素富集于毫克量级的金属珠中进行光谱测定，流程较短、灵敏度高、分析快速，在全国得到推广使用。

从20世纪60年代起，开展了单矿物主成分和痕量元素分析方法的试验和研究，建立了百余种稀有元素矿物、金属及非金属矿物、硅酸盐矿物的微量和半微量化学分析方法，还进行了光度法、原子吸收法、溶剂萃取、离子交换、纸上层析等针对具体矿物对象的分析研究工作，主成分分析研究中的取样量最低达到1毫克以下。

20世纪60年代中期，为深入研究重要地质现象和成矿规律，以及为加强矿产综合评价与综合利用，我国开始注意发展新的矿物物理测试技术。70年代，在非金属矿物性和工艺性能研究方面，对蓝石棉进行了物理性能和化学性质的试验研究。基于对粘土矿物进行的研究，对评价凹凸棒石、海泡石、膨润土、沸石、高岭土起到了重要作用。与此同时，地质部门与有关厂矿合作开展扩大性试验，大大推动了非金属矿产的开发。

从20世纪70年代末起，痕量元素分析得到迅速发展。不同原理的分析方法，如光度法、电化学法、光谱、火焰光度、原子吸收、X光荧光、等离子体直读光谱，以及原子荧光、质谱、中子活化等技术得到了广泛研究。各种元素基本都有两种以上的可靠分析方法，许多痕量元素可测定到纳克/克级。痕量稀土元素、痕量非金属元素分析均取得了很大进展。

2. 服务地质找矿

不少矿床因情况特殊或因有用组分颗粒过细或含量甚微，难以用常规手段直接观察发现。实验人员注意到实验研究中出现的一些异常现象，提供了许多有找矿意义的信息。例如，青海地质局实验室在分析盐湖卤水样时，发现有的卤水火焰出现樱红色，分析后证明含锂，从而发现了青海的大型盐湖锂矿床含几百万吨氯化锂。贵州省地质局实验室对磷块岩进行光谱分析时，证明其中含有稀土元素，最后导致贵州大型新类型稀土矿床的发现。四川、青海、江西等省地质局实验室对磷矿和卤水进行分析，发现了碘的存在，使中国碘资源储量得到扩大。

20世纪70年代开始，不少地质实验室积极开展了重要非金属矿的实验研究，为圈定矿体、计算储量、评价质量和开发应用做了大量工作。浙江省地矿局测试中心促进了对浙江大型天然沸石矿的发现和开发；江苏省地矿局中心实验室促进了江苏凹凸棒石的评价和开发；其他许多非金属矿产，如蓝晶石、珍珠岩、膨润土、高岭土、海泡石、滑石等都是在各实验室进行大量的实验研究之后，才为发现这些矿产资源提供了技术支持。

进入 20 世纪 80 年代，由于形成了 X 射线光谱法和等离子光量计法为主体的区域化探样品分析方法，为开展全国区域化探扫面工作提供了保障。由于痕量和超痕量金测定技术的突破，使中国化探找金的工作有了很大发展。

3. 推动矿产资源综合利用

黑龙江地质局实验室对鹤岗市东风山铁矿进行实验研究时，发现铁精矿品位低，回收率也很低，无开采价值。但通过物质组分研究，发现其中含金品位较高，使该铁矿成为一个可用的中型铁金矿床。江苏地质局实验室在一个小型赤铁矿中发现品位较高锗，使其成为一个储量可观的锗矿区。

内蒙古白云鄂博稀有稀土铁矿床在新中国建立初期由于物质组成赋存状态未能查清，严重制约了开发利用。1964 年，国家科学技术委员会地矿组组织地质部、冶金部、中国科学院等单位分工协作进行综合研究，基本查明该矿物质组成及赋存状态，尤其是搞清了矿石中有用元素赋存状态、矿石结构构造和几十种矿物的嵌布特征，为矿石的综合利用奠定了良好基础。

地质部和有色金属工业总公司的有关实验室对白银厂和金川等有色多金属矿区物质组成进行了深入细致的工作，查明其中铜、镍、钴、金、银及铂族元素等赋存状态；金川砷铂矿的研究，解决了对该区铂族元素主要赋存状态的认识，为使这些具有极大经济价值矿区得到充分利用创造了条件。

地质矿产部矿产综合利用研究所、矿床地质研究所及四川有关地质队深入研究了攀枝花钒钛磁铁矿中铁、钛、钒、铬、铜、钴、镍、钪等有益元素在原矿中和工艺生产过程中的分布和赋存状态，不仅对矿石评价提供了依据，还在高炉渣、钒渣、钢渣中发现了五种工艺新矿物，指导了工艺流程的制订和改革。

第五节　遥感地质

20 世纪 20 年代，苏联、美国开始应用航空遥感调查森林、土壤、矿产，规划国土资源。1957 年 10 月，苏联成功发射世界第一颗人造地球卫星后，开始进入航天遥感时代。中国遥感地质工作起步于 20 世纪 50 年代中期的航空摄影工作。最初用于森林清查、水利调查、地形测绘、铁路选线、农业规划和矿产勘查。50 年代末，北京地质学院建立了摄影测量实验室。1964 年，中国科学院地理研究所建立了航空相片综合利用实验室。到 60 年代中期，中国科学院相关研究所和地质部水文地质技术方法研究队、航空物探大队分别研制了多波段摄影机和航空红外扫描仪等。1972 年，地质部航空物探大队和地质部水文地质技术方法研究队合作，在广东省丰顺地热区进行了昼夜飞行的航空红外遥感方法试验。1973 年，在从美国引进了第一颗陆地卫星多光谱仪拷贝底片资料的前后，中国开始研制遥感仪器设备并引进航空遥感仪器，当年地质部门即应用高精度多功能航空摄影机在新疆、甘肃、广西等地进行了彩色和黑白红外摄影试验。

第六节　地质测绘

1949 年以前，中国的地质测绘工作十分落后，所提供的地形图数量有限、质量较差，地质人员在野外进行地质调查时时常自己兼作草测图。1949 年以后，地质部门重视测绘技术的发展。1950—1951 年，在东北进行地质矿产调查时，由北京、南京等地抽调测量人员参加地质测绘。1951 年在长春建立地质专科学校设测绘科，一年毕业，以应急需。1952 年，地质部成立，并在地矿司内设立测绘室。1954 年，地质部成立测绘局，直属大地测量队，同时各大区地质局也都建立了专业测绘队伍。在此期间，冶金、煤炭、石油、建材、核工、铁道等部门的地质测绘工作也得到加强。"一五"期间，地质部测绘局在我的西部、北部等地区开展了大规模的测绘工作。1958 年，地质部测绘局撤销，并入国家测绘总局。随即，国务院决定将国家测绘总局交由地质部代管。同年，大区地质局撤销，相继成立的省（自治区、直辖市）地质局成立专业测绘队。"文化大革命"期间，国家测绘总局曾被撤销。1975 年，地质部在河北廊坊召开了全国地质测绘工作会议。1979 年，地质部成立区域地质调查测绘局，下设测绘处，负责各省（自治区、直辖市）地质局的测绘技术管理工作。1982 年，地质矿产部成立，区调测绘局撤销，测绘处划归地质矿产司。1985 年年底，各省（自治区、直辖市）地质局建立专业测绘队 25 个，测绘人员达到 2.2 万多人，先后引进了 1.5 万余台（件）技术装备，形成了从航空摄影测量到制图、印刷、出版的完整生产体系。为 6000 多个矿区进行了大地地形测量和勘探工程测量，为上万个地质报告提供了图件。地质测绘主要工作成果包括以下几个方面：

（1）大地测量。大地测量包括平面控制测量和高程控制测量两个部分。1954年，地质部大地测量队在西部、北部地区进行了一、二等三角锁（网）测量和二等补充网的测量工作，还为普查勘探矿区进行了大面积控制测量工作。20世纪70年代后，地质测绘队普遍采用了光电测距。到1985年年底，累计完成一等水准测量1.4万千米，二等水准测量1179千米，三、四等水准测量20.3万千米。

（2）平板仪地形测量。1953年以前，主要采用小平板配合经纬仪施测地形图。1954年以后，主要采用大平板仪测量。

（3）航空摄影测量。航空摄影测量机构于1955年开始筹建，并在南京、西安、重庆等地质学校开办了航空摄影测量专业。1956年以后，曾在我国西部、北部地区采用航空摄影测量方法测制大面积的1∶5万和1∶10万地形图。1972年起，各省（自治区、直辖市）地质局陆续建立摄影测量队，先后引进了德意志民主共和国和瑞士的立体测图仪。1980年，地质部在湖北、福建、陕西、四川、湖南、黑龙江等地质局的测绘队开始利用小比例尺航摄资料测制大比例尺地形图。

（4）地质勘探工程测绘。到1985年，地质勘探工程测绘为30余万个钻孔做了定位测量，完成了200余万千米的地质剖面测量、300余万千米的物探网测量和重力勘查测量。

（5）制图与印刷。到20世纪80年代中期，地质人员和测绘人员密切配合，为1∶20万区域地质调查和水文普查提供了地形底图以及1∶5万区域地质调查所需的地形底图。1984年7月，地质矿产部在青岛召开测绘工作会议，会上提出：地质测绘工作积极推广新技术新方法，研究地形图的新品种，进一步缩短成图周期，提高社会经济效益。

第十二章
对外交流合作

　　中国地质科技的发展，一直与世界地质科学的发展有着深度的交流与合作。其主要形式包括国际援助、科技合作、商业投资、学术交流等。计划经济时期的对外交流合作，不但较大地促进了我国地质科学的发展，而且为市场经济初期的全面开放奠定了良好基础。1949—1999 年，我国与世界上 124 个国家和地区在地质工作方面建立了交往关系。与 40 个国家签订了 50 多个双边合作协议，加入了 28 个国际学术组织，与 13 个联合国下属机构保持经常性联系。

第一节　国际援助

　　1949—1960 年，对外交往主要限于与苏联和东欧等社会主义国家。1960—1979 年，对外合作活动主要面向第三世界。1979 年以后，主要是接受联合国等国际组织的援助。

一、接受苏联及东欧社会主义国家的外援

　　"一五"计划前后，中国聘请了一批苏联以及匈牙利、波兰等东欧国家的地质专家来国内帮助开展地质工作。

　　（1）苏联援助。1952—1960 年，开展了以下几方面的工作：①聘请专家指导工作。先后聘请了以克罗特基、库索奇金、戈别尔柯为首的一批苏联专家担任顾问，帮助建立地质部门的组织机构，编制地质工作规划，部署全国地质工作，制定技术和生产管

理方面的制度与规范，创建实验室，指导教学工作。②合作实施地质调查项目。根据双方签订的合同，由苏联派遣技术援助专家来中国合作进行区域地质调查、矿产资源普查等项目。中苏合作队在南岭、秦岭、大兴安岭和新疆阿勒泰地区开展了1∶20万区域地质调查工作；在云南、四川等10多个省（自治区、直辖市）开展了有色金属、非金属矿产普查工作，在西北、华北等平原地区开展了石油普查以及地球物理勘查、大地测量和航空测量等工作。③合作开展科研工作。基于1959年1月18日中苏两国签订的《中苏合作进行和苏联帮助中国进行重大科学技术研究议定书》，在地质领域开展的项目有：中苏境内太平洋金属矿带的研究；中国非金属矿床（云母、石棉、磷等）地质的研究；中国黄土的工程地质性质的研究；中国干旱地区水文地质条件的研究；华北前寒武纪变质岩系及有关矿产的研究；矿物和矿石的物质成分、结构、性质的研究；欧亚地质图及欧亚大地构造图的编制；建立和发展中国地球物理地球化学勘查及其他地质普查勘探方法的研究基础；中国基性岩超基性岩有关矿产（铬、镍、钴、铂、金刚石）的研究等。④合作进行科学交流。自1953年起，中国地质出版界翻译出版了苏联各种地质矿产类图书500余种。1953年3月，中国国际贸易促进委员会参加苏联国民经济展览会，展出了中国地形模型、矿产分布图、地质图、构造图和各种矿物、化石、原始人石器，以及苏联专家在中国的工作照片等。

（2）匈牙利援助。1956—1960年，匈牙利派遣专家携带技术装备来华和中国石油物探人员共同组成"中匈技术合作队"，在鄂尔多斯、松辽平原地区进行物探工作。在了解基岩特点及埋藏深度、确定凹陷边沿位置、圈定含油远景地区、发现有意义的局部构造等方面取得了诸多成果。

（3）波兰援助。1956年，波兰派遣包括水文、物探、钻探、机械专家的7人专家小组来华，分别在河北、山东、北京等地区对河北平原地下水分区进行了综合分析，编制了平面的和垂直的水文地质分带图，指导了水文观测站的合理布置、地下水的合理利用，以及城市供水勘查等工作。

苏联、匈牙利、波兰专家在中国期间，大都具有良好的职业道德和敬业精神，给中国第一代地质工作者留下了积极的影响，获得良好的口碑。东北地质局（后改称沈阳地质局、辽宁省地质局）1956—1960年共聘三期苏联地质专家，每期1名，分别是卡扎良、瓦库连科和阿布耶夫。5年中，3位专家提出了87份建议报告。其主要贡献是：①在普查找矿和地质勘探方面提出了明确的工作方向和技术措施，促进了辽宁省国民经济恢复时期地质工作的顺利开展。②对当时的36个矿区逐个进行实地调查，并提出了相应的勘探方法，不但加快了评价速度，而且扩大了远景。③对某些重要矿种进行了较系统的科学研究，并及时将科研成果转化为某些矿种的普查勘探指南。④通过传帮带，提高了地质技术人员的技术水平。⑤工作作风深入，指导工作针对性强。

二、向第三世界国家提供援助

20世纪60年代以来，地质部门根据国家的统一安排，先后向亚洲、非洲、拉丁美洲、欧洲的多个国家派出了经援项目组或援外专家组。主要援助项目包括找矿、找水及工程建设。接受派驻的国家37个、施工队（组）128个。相关项目165项，其中考察项目77个（矿产考察项目36个，水文地质及其他考察项目41个）、施工项目88个（矿产普查勘探施工项目37个，打井及其他施工项目51个），共成井738眼。总投资金额约1亿元人民币。在中国派出援外的过程中，认真执行中国的对外方针、政策，在取得较好地质工作成果的同时，注意培养当地的技术队伍，把自己的知识、技能毫无保留地传授给当地的技术人员和工人。得到所在国政府和人民的高度认可和赞扬，成为那个时期中国同第三世界国家建立友好关系的先行者。

（一）矿产地质勘探

地质系统被派往找矿的国家有越南、朝鲜、阿尔巴尼亚、柬埔寨、苏丹、坦桑尼亚、卢旺达。

（1）援助阿尔巴尼亚评价菱镁矿资源。1962年8月至1963年2月，根据中国和阿尔巴尼亚科学技术协定，以地质部地矿司司长燕登甲为组长、湖南局总工程师朱衡鑫为总技术负责的援助阿尔巴尼亚地质专家组约20人（动态人数）一行，对阿尔巴尼亚评价菱镁矿资源进行了援助。用4个月时间编写了《杜斯地区菱镁矿远景评价报告》，提出了普查、勘探该地区菱镁矿的建议。

（2）援助阿尔及利亚勘探陶瓷原料产地。1965年8月至1968年8月，根据中国和阿尔及利亚经济技术援助协定，由我国在阿尔及利亚援建一座日用陶瓷厂。地质部决定，由辽宁省地质局组成援阿陶瓷原料地质勘探队，任务是为该陶瓷厂寻找和勘探陶瓷原料产地。1966年完成了盖尔马矿区的勘探任务。与此同时，阿尔及利亚又提出了勘探配套资源（石英、长石）的要求。1967年年初开始进行米力亚矿区的勘探工作，经过一年多的努力，完成了第二期勘探任务。历经三年多的时间，为阿尔及利亚提供了可供开采20～50年的高岭土矿产地和石英、长石等配套矿产地，完全满足阿尔及利亚建陶瓷厂资源的要求，同时为阿尔及利亚培养了一批技术骨干。

（3）援助苏丹勘探铬矿。1974 年，我国援助苏丹对英格萨纳山进行铬铁矿地质普查勘探。裴荣富出任此次地质部援助苏丹铬矿勘查地质队总工程师。从预查、普查、详查到勘探，最后探明了矿床的储量。为苏丹找到了储量百万吨的铬铁矿，调查并登记了铬铁矿点 147 个（其中新发现了 96 个），计算了初期勘探的铬铁矿石储量 695138 吨，提供了苏丹东部超基性岩浆带和英格萨纳山铬铁矿地质特征的报告。

（4）援助南也门调查金、铜等矿产资源。1970 年 1 月 1 日至 8 月 20 日，应南也门政府的请求，国家计划委员会地质局决定，组成以甘肃地质局欧士宿为专家组长、辽宁省地质局高文焕为技术组长的中国金属矿产考察组，帮助南也门进行以金、铜矿为主的矿产资源踏勘调查，累计行程约 5000 千米，步行地质路线 900 千米，共检查和发现了铜、铁、盐岩、石膏、水晶、热水泉、油气（显示）等矿点 19 处，向该国提交了考察报告。

（5）援助锡兰（今斯里兰卡）进行矿产资源综合调查。1971 年 3 月 5 日至 1972 年 2 月 5 日，我国政府应锡兰政府的要求，由对外经济联络部和国家计划委员会地质局决定，以辽宁省地质局为主，组成了以姜元长为团长、孙树义为技术负责人的锡兰地质考察团，帮助该国进行矿产资源综合考察。经过 11 个月踏勘调查，共找到有进一步工作价值的玻璃用石英砂矿、磷灰石矿、金红石砂矿、石墨矿、铁矿、钛铁矿产地 10 多处，按时完成任务并向该国政府提交了考察报告。

（6）援助埃塞俄比亚勘查高岭土矿。1973 年 12 月至 1974 年 7 月，由吉林省地质局、辽宁省地质局等单位组成的中国赴埃塞俄比亚铁镍金陶瓷原料考察组，为该国找到 2 处可制中、高档日用细瓷器的高岭土矿，以及长石、石英砂岩等配套矿产，为中国拟援建的日用陶瓷厂找到了比较集中的原料产地。

（7）援助越南勘查煤、铁等矿产。1959 年，中国政府分 4 批共派驻 100 多人到越南工作，探明了数以亿吨计的煤、铁工业储量，黄铁矿近千万吨。还为越南北部最大的铜镍矿基地探明了资源。

此外，这一时期还在朝鲜圈定了含油构造，发现了 20 余米厚的油砂；在阿尔巴尼亚找到了一个远景较大的铜矿，并评价了多金属、黄金、铝土矿、石棉等矿点 20 多处，还帮助发展了一支专业齐全的地质队伍。

（二）水工环地质工作

20 世纪 60 年代至 70 年代，地质部派水文地质专家及水井施工队伍到北也门、索马里、毛里塔尼亚、南也门、阿尔及利亚、埃塞俄比亚、赞比亚、塞内加尔、尼日利亚、莫桑比克上沃尔特等 30 多个亚非国家帮助找水、打井。为阿尔及利亚、索马里、毛里塔尼亚、尼日利亚等长期缺水的国家找到了丰富的水源，其中为毛里塔尼亚探明了一个昼夜出水量 2 万多吨的水源地；在尼日利亚，用一台钻机在两年时间打成了深 300 ~ 550 米的水井 41 口。

1. 越南

在越南重工业部担任过水文地质专家的有贾福海、孙鸿冰、朱寄安等。贾福海于 1960—1961 年在越南重工业部担任水文地质工程地质顾问专家时，因工作成绩显著，被授予胡志明奖章和越南国务院奖状。农开清等于 1964—1967 年承担了越南公路桥梁的工程地质勘探工作，在工作条件十分不安全的情况下很好地完成了任务。

2. 也门

1961—1962 年，中国专家组在北也门实施了萨那纺织厂勘探和供水打井项目。1970—1975 年，中国专家组在南也门实施了两期打井工程，主要解决了 3 个省的乡村供水和公路沿线站点的供水问题。在此期间还应邀对北也门萨那纺织厂做了补充工作，以满足需水量增加的需求。

3. 阿尔巴尼亚

1961 年冬，地质部派由周刚和贾福海率领的工作组访问阿尔巴尼亚，并进行水文地质勘探的前期工作。1962 年 8 月至 1963 年 7 月，农开清和赵运昌对阿尔巴尼亚卡瓦依城市供水和科尔察盆地的农田供水等项目进行技术指导。1973 年，中国水电部邀请胡海涛和卢耀如赴阿尔巴尼亚帮助解决费尔泽坝区和库区边坡稳定性和"毛泽东"水电站的岩溶渗漏问题，得到了阿尔巴尼亚建设单位的肯定和应用。

4. 埃塞俄比亚

1974—1979 年，地质部派出两个水文地质队伍到埃塞俄比亚，实施了两期打井供水工程。在该国 9 个省打了 45 眼机井，解决了一批村镇的居民用水问题。1985—1988 年，四川省地矿南江大队圆满完成了援助埃塞俄比亚的第三期打井供水工程。

5. 索马里

我国地质工作者曾在索马里实施过多个经援项目。1967—1971 年，在索马里哈格萨市等 5 个城市实施了打井和供水工程系统建设；1972—1974 年，在索马里希雷州和其他两个地区开展了水文地质调查；1974—1975 年，在索马里贝布高速公路沿线实施了打井供水工程。1981—1986 年，河北省地矿局帮助索马里实施了北方 6 州打井供水工程项目，共打井 30 眼，另有勘探孔 13 个。总进尺 7740 米，总出水量 12480 立方米/天。

6. 坦桑尼亚

1971—1973 年，地质部派有岛屿供水经验的福建水文地质队的技术人员和施工队伍在坦桑尼亚桑给巴尔圆满完成了找水和打井供水任务。1974—1975 年，在坦桑尼亚多多玛地区完成了打井供水任务。1976—1977 年，又为坦桑尼亚一水泥厂找到了水源。

7. 毛里塔尼亚

1971—1972 年，山东地质局承担了毛里塔尼亚首都努瓦克肖特的供水项目。该国沙漠面积很大，努瓦克肖特又地处大西洋海滨，水文地质条件十分复杂。为解决努瓦克肖特供水问题，山东地质局进行了许多勘探、试验和研究工作，如水化学研究和计算机模拟计算等。

8. 塞内加尔

1976—1979 年，山东地质局承担了塞内加尔的乡村供水经援项目，在不同时代和岩性的地层中施工机井 20 眼、浅井 30 眼和对井 10 眼。其中的"对井"由相距数米的一眼机井和一眼大口井在地下 6 米处相连，由大口井内抽水，"对井"的总出水量较大，可满足用水量较大的村镇需求。

9. 尼日利亚

1978—1980 年，广东地质局派水文地质和钻探工程师为尼日利亚东北部博尔努州的打井供水项目提供技术服务，很好地解决了当地生产中的难题。其后，河南地质局派 2 名水文地质工程师到尼日利亚鲍奇州提供了水文地质技术服务。

10. 赞比亚

1975—1976 年，地质部派陕西水文地质队承担了赞比亚军队营地和居民点供水项目。

第二节　双边合作

中国地质界对外交流于 20 世纪 70 年代前期开始恢复，70 年代后期得到加快。改革开放以前的主要合作项目如下：

（1）联邦德国。1973 年，联邦德国地质调查局成立一百周年，许杰率领代表团前往参加庆祝活动。1978 年 5 月，以孙大光为团长的地质代表团应邀去联邦德国访问。

（2）法国。1973 年，我国派出了一个由牟建华、孙鸿冰等带队的赴法国水文地质考察组，开始了解西方国家水文地质工作的理论与方法。1978 年 6 月，孙大光部长率团访问法国。

（3）澳大利亚。1974 年，澳大利亚在中国举办工业展览会，其间两国地质工作者进行了深入交流。1976年，在悉尼召开第二十五届国际地质大会时，中国代表团结识了更多的澳大利亚业界同仁。

（4）美国。1978年7月，美国总统科学顾问普雷斯率代表团访华，中美双方就地学领域内的合作交换了意见。

第三节　学术交流

首届国际地质大会于1878年在巴黎举办。这个被称为地质界的奥林匹克大会每四年召开一次，会议覆盖地质学科的各个领域，主要内容包括报告会、讨论会、展览会、地质电影、地质旅游等。1976年8月19日，国际地质科学联合会第五届理事会第一次会议通过了恢复我国地质学会为该组织的正式成员的决议。中国地质学会代理事长许杰率中国地质代表团一行6人于当年8月22日抵达澳大利亚悉尼市，参加了地质科学联合理事会第二次会议和第25届国际地质大会。这是中华人民共和国成立以来，我国第一次参加国际地质大会。此后，1976—2000年，我国组织参加了7次国际地质大会。

第四篇
现代化建设初期

　　1978 年 12 月，中国共产党十一届三中全会召开，中国进入改革开放的新时期。由计划经济向市场经济转轨的历程异常艰辛，一向具有拓荒精神的地质人再次扮演了开路先锋的历史角色。在国家地勘事业经费严重短缺的 20 世纪末期，国有地勘队伍坚持"一业为主、多种经营"，较好地协调了"主业与辅业""生存与发展"的辩证关系。与此同时，地质科学与技术也取得了长足发展，为中国的现代化建设作出了不可或缺的重要贡献。

第十三章
地质工作管理机构与地质队伍

1978 年 12 月，党的十一届三中全会以后，我国的地质工作开启了改革开放的新征程。随着社会主义市场经济体制的萌芽，传统的地质工作在思想观念、体制机制方面均发生了全新的变化。一方面继续为国民经济和社会发展提供坚实的矿产资源和地质环境保障，另一方面致力于体制和机制创新，为地质工作向社会主义市场经济的转变创造条件。在这个转变过程中，地质工作和矿产资源的社会管理由国土资源部承担，各工业部门的地质勘探队伍分别融入集团公司或属地化。

第一节　地质工作管理机构

一、地质工作管理机构

（一）地质部门管理机构

1979 年 9 月 13 日，第五届全国人民代表大会常务委员会第十一次会议决定设立中华人民共和国地质部，任命孙大光为地质部部长。1982 年 5 月 4 日，第五届全国人民代表大会常务委员会第二十三次会议通过决议："将地质部改名为地质矿产部"，孙大光担任地质矿产部部长。1985 年 9 月 6 日，第六届全国人民代表大会常务委员会第十二次会议决定，任命朱训为地质矿产部部长。1994 年 5 月 12 日，第八届全国人民代表大会常务委员会第七次会议决定任命宋瑞祥为地质矿产部部长。

1998 年 3 月 19 日，第九届全国人民代表大会第一次全体会议通过《国务院机构改革方案》。根据国务院关于机构设置的通知，由地质矿产部、国家土地管理局、国家海洋局和国家测绘局共同组建国土资源部。

从中华人民共和国成立时的地质工作计划指导委员会起，到国土资源部成立之前，国家地质部门一直对省地质局（地矿局）以政府行政方式实行地质工作业务管理。1998 年，地质勘探队伍属地化，新成立的国土资源部不再有对省地质局行使业务管理的职能。公益性地质工作的职能转移到中国地质调查局，国土资源部行使地质工作的社会管理。原省地质局的地质找矿队伍转化为地质矿产局，由省行使属地化管理。

改革开放以后，全国矿产储量委员会和全国地质资料局延续计划经济时代的体制，对矿产储量与地质资料实行全行业管理。

1987 年，国务院批准以全国矿产储量委员会办公室为主体，成立国家储量管理局；1994 年，国家储量管理局撤销，其职能并入地质矿产部，全国矿产储量委员会职能由国土资源部储量司承接；1996 年，国务院决定将全国矿产储量委员会更名为矿产资源委员会；1998 年，国土资源部成立，其职能纳入国土资源部储量司"三定"方案。

1988 年，地质资料行政管理纳入地质矿产部资源司职能范围，资料接收、保管和服务纳入全国地质资料馆职能范围。1998 年国土资源部成立后，维持部行使行政管理，馆行使接收、保管、服务的分工不变。

全国矿产储量委员会和全国地质资料局在行业和省均设置有分支机构。

（二）工业部门地质工作管理机构

1. 石油部门地质工作管理机构

1982 年 2 月，中国海洋石油集团有限公司（简称中海油）成立，隶属石油部。1988 年 6 月，国务院机构改革，撤销石油部，组建能源部。在上述机构变化过程中，石油地质勘探工作由部的相关司局行使管理职责。1988 年 9 月，经国务院批准，将能源部中的原石油部部分改组为中国石油天然气总公司（简称中石油）。1998 年 7 月，中国石油化工集团有限公司（简称中石化）成立。至此，中石油、中海油、中石化三足鼎立的局面基本形成。2000 年 2 月，由原地质矿产部石油队伍组建的新星石油有公司并入中石化，使得中石化有了一支地质勘查队伍。中石油、中海油、中石化各自的总部石油地质勘探机构（局或公司）对所属油田或省的局或公司勘探工作行使内部管理，国务院地质矿产主管部门依法实行地质勘探工作面向社会的行政管理。

2. 煤炭部门地质工作管理机构

1980 年 8 月，国务院批准将辽宁省等 13 个省（自治区、直辖市）的煤田地质勘探公司重新划归煤炭部。这些勘探公司实际上是原省煤田地质局的改名。经落实，除江苏、湖南、甘肃三个省外，其余各省（自治区、直辖市）的煤田地质勘探公司都正式划归煤炭部地质局直接领导。1988年4月，第七届全国人民代表大会第一次会议决定设立能源部，撤销煤炭部，成立中国统配煤矿总公司，煤炭部地质局更名为中国煤田地质局。1991年，经中国统配煤矿总公司批准，中国煤田地质局更名为中国煤田地质总局，各省煤田地质勘探公司均更名为省煤田地质局。此后，煤田地质队伍部分实行属地化管理，部分由中国煤田地质总局实行统一管理，国务院地质矿产主管部门依法实行地质工作面向社会的行政管理。

3. 冶金部门地质工作管理机构

1988年，冶金部地质司改为冶金部地质勘查总局。1998年，第九届全国人民代表大会通过国务院机构改革方案，撤销冶金部，成立国家冶金局。2001年年初，国务院发文，冶金地质队伍部分实行属地化管理，大多数单位交由中央管理。同年4月，经中央机构编制委员会办公室同意，将原冶金部地质勘查总局更名为中国冶金地质勘查总局。2003年3月，第十届全国人民代表大会通过撤销国家冶金局，中国冶金地质勘查总局隶属国务院和国有资产监督委员会。此后，冶金地质队伍部分实行属地化管理，部分由中国冶金地质勘查总局实行统一管理，国务院地质矿产主管部门依法实行地质工作面向社会的行政管理。

4. 有色金属地质工作管理机构

1983年以前，有色金属工业行政管理属于冶金工业行政管理的一部分，冶金地质工作管理覆盖有色金属范围。1983年4月，国务院决定成立中国有色金属总公司，下设地质勘查总局，对下属的19个省有色地质勘查局实行业务管理。由于公司成立时已是企业，因此其业务管理属企业管理性质而非政府管理性质。2000年，省有色地质勘查局全部实行属地化管理，由省政府承担管理职能。此后，由省政府相关部门实行管理，由国务院地质矿产主管部门依法实行地质工作面向社会的行政管理。

5. 化学矿产地质工作管理机构

1998年国务院机构改革，中化地质矿山总局与中石油、中石化承担的政府职能合并，组建国家石油和化学工业局。2001年2月，石油和化学工业局撤销，成立中国石油和化学工业协会，2009年更名为中国石油和化学工业联合会。此后，中化地质矿山总局实行企业化，更名为中化明达控股集团，隶属国务院国有资产监督委员会。此后，由中化明达控股集团对省地质勘查队伍实行统一管理，由国务院地质矿产主管部门依法实行地质工作面向社会的行政管理。

6.核工业矿产地质工作管理机构

1982年5月4日，第二机械工业部第三局更名为核工业部地质局，1988年9月16日更名为中国核工业总公司地质局，1994年1月26日更名为中国核工业总公司地质总局，2000年1月1日更名为中国核工业地质局。此后，核工业地质队伍部分实行属地化管理，部分由中国核工业总公司地质总局实行统一管理，由国务院地质矿产主管部门依法实行地质工作面向社会的行政管理。

7.武警黄金地质工作管理机构

改革开放之初，国家急需增加黄金储备。邓小平同志决定增加黄金的产量，并把这项任务交给了时任国务院副总理王震。1979年1月，经王震副总理、谷牧副总理同意，冶金部上报《关于整编基建工程兵地质支队的报告》，要求军委尽快组建一支军事化的专业找金队伍。3月7日，国务院和中央军委联合给国家建设委员会、冶金部、基建工程兵下达批示，同意成立中国人民解放军基本建设工程兵黄金指挥部，扩编基本建设工程兵第51支队，整编建立第52、第53支队。同年11月，决定从冶金地质队伍中划出10个地质队9000余人，参与组建黄金指挥部。从1985年1月1日起，基建工程兵黄金指挥部转入武警部队序列，全称"中国人民武装警察部队黄金指挥部"，受冶金部和公安部双重领导，以冶金部为主。指挥部机关组建不久，冶金部与基建工程兵党委共同决定，对基建工程兵黄金指挥部、冶金部黄金管理局、中国黄金总公司实行统一领导、三位一体的管理体制。

武警黄金指挥部是我国一支专业的黄金找矿勘查队伍，对3个黄金支队15个大队行使地质工作业务管理职能。2019年2月，国务院下发《武警黄金部队转制改革实施方案》，武警黄金指挥部脱离武警编制，并入中国地质调查局，承担公益性自然资源调查工作。

8.建材非金属地质工作管理机构

1983年，建材部改为国家建材局，建材地质队伍更名为国家建材局地质公司。1989年，建材部地质总公司更名为中国建筑材料工业地质勘查中心。1997年，地质勘探中心与中国非金属矿工业总公司合并，地质勘探中心成为中国非金属矿工业总公司管理的二级单位。驻省建材地质勘查机构未参与属地化。此后，由中国建筑材料工业地质勘查中心对省的勘查机构实行统一管理，由国务院地质矿产主管部门依法实行地质工作面向社会的行政管理。

9.轻工业地质工作管理机构

轻工业部盐业管理总局设有地测处，对盐业地质勘探工作实行业务管理，由国务院地质矿产主管部门依法实行地质工作面向社会的行政管理。

（三）公益性地质工作管理部门

1994 年 9 月，朱镕基副总理在地质矿产部部长宋瑞祥关于地质勘探队伍改革的签报上批示："地质队伍要逐步划分为野战军和地方部队，野战军吃中央财政，精兵加现代化设备，承担国家战略任务；地方部队要搞多种经营，分流人员，逐步走向企业化，银行可以给予一定转产资金贷款，像对煤炭部一样。"1999 年，根据中央机构编制委员会办公室《关于中国地质调查局职责任务、内设机构和人员编制的批复》，国土资源部制定了《关于地质调查与科技管理体制改革的意见》，组建了中国地质调查局，并于当年 7 月 16 日正式挂牌，作为国土资源部直属的组织，是实施国家基础性、公益性地质调查和战略性矿产勘查的事业单位。

从此，中国地质调查局对所有公益性地质工作任务进行管理，任务的实施由局属机构与来自局外部的项目机构承担。中国地质调查局的公益性地质工作的项目管理职责包括预算、规划、计划、立项、设计、进度、质量、评审验收、成果推广和资料信息服务等。

二、地质工作的社会管理

1980 年 2 月，国务院批准将"地质工作的管理体制改为以地质部为主的双重领导"。1982 年 5 月 4 日，第五届全国人民代表大会常务委员会第二十三次会议通过决议，将地质部改名为地质矿产部，增加了对矿产资源开发利用与保护的监督管理职能。从此，地质矿产部开始有了社会管理职能，对矿产勘查开发实施社会管理。但法律尚未完善。在此期间，新设立了矿产开发管理局，郭振西任局长。1986 年 3 月 19 日，《中华人民共和国矿产资源法》颁布，地质矿产部可以依法全面开展矿产资源的社会管理，开始履行对全国的矿产资源勘查、开采的监督管理工作。1988 年 12 月 20 日，国家机构编制委员会批准了《地质矿产部"三定"方案》，明确地质矿产部的基本职能是：对地质、矿产资源进行综合管理；对地质勘查工作进行行业管理；对地质矿产资源的合理开发利用和保护进行监督管理；对地质环境进行监测、评价和监督管理。

1993 年 3 月，第八届全国人民代表大会第一次会议批准国务院机构改革方案，保留地质矿产部。同年 10 月 16 日，中央机构编制委员会办公室、地质矿产部颁发《地方地质矿产主管部门机构改革方案》。同年，地质矿产部成立了中国地质矿产勘查开发总公司筹备组，并开展了相应的工作。但其改革方案基本上未实行，只有少数省实行了政事、政企分开，多数省仍然是"厅、局合一""政事、政企不分"的管理体制。已经"厅、局分设"的吉林和福建也在地质矿产部的要求下回到了"一套人马两块牌子"的体制，只有辽宁维持住了"厅、局"分家的格局。

1998年3月，根据第九届全国人民代表大会第一次会议批准的国务院机构改革方案和《国务院关于机构设置的通知》精神，组建了国土资源部，履行对土地资源、矿产资源、海洋资源等自然资源的规划、管理、保护与合理利用的职能。原地质矿产部、原全国矿产资源委员会及其办事机构的行政管理职能，原冶金工部、煤炭部、化工部、中国核工业总公司、中国有色金属工业总公司等部门和单位行使的矿产资源行政管理职能均划入国土资源部。地下水资源行政管理职能交给水利部。

1998年国土资源部成立后，原地质部（地质矿产部）对地质工作以行政手段进行业务管理的职能被完全剥离，余下的是对地质勘查和矿产开发的社会管理职能，管理者在政府之内，被管理者在政府之外。

1999年4月30日，国务院办公厅印发了《地质勘查队伍管理体制改革方案》。文件明确把原由国务院有关部门直接管理的各省（自治区、直辖市）地质勘探队伍改为由省（自治区、直辖市）人民政府管理。根据国务院的统一部署，国土资源部与各省（自治区、直辖市）人民政府于1999年6月底基本完成了属地化交接工作。1999年12月3日，财政部印发了《关于原地质矿产部地质队伍所属单位财务关系划归地方管理的通知》，将原地质矿产部所属地质勘查队伍的财务关系从2000年1月1日起划归地方管理。与此同时，相应地制定了一系列的保障和扶持政策，主要包括养老保险统筹、地质勘探单位企业化的资本金、下岗职工安置、财政贴息和税收等方面的问题。

1998年国土资源部组建以后，首先明确了国土资源部对省人民政府国土资源主管部门实行业务领导，省人民政府国土资源主管部门主要领导干部的任免，须征得国土资源部同意。国土资源部在内设机构中设立执法监察局。2000年1月10日，中共中央组织部向全国各省（自治区、直辖市）党委组织部和国土资源部党组印发了《关于调整地方国土资源主管部门干部管理体制有关问题的通知》，明确"地方各级国土资源主管部门领导干部实行双重管理体制，以地方党委为主，上一级国土资源主管部门党组（党委）协助管理。地方党委任免国土资源主管部门党组（党委）书记、行政正职时，要事先征得上一级国土资源主管部门党组（党委）同意；任免国土资源主管部门党组（党委）副书记、行政副职时，要事先征求上一级国土资源主管部门党组（党委）的意见。"截至2000年10月，各省（自治区、直辖市）国土资源管理体制改革顺利完成。除海南省设国土海洋环境资源厅，北京、重庆设国土资源和房屋管理局，上海设房屋土地资源局，天津设规划和国土资源局外，其余省（自治区、直辖市）人民政府机构中均设立国土资源厅。

第二节　地质工作队伍

一、地质勘探队伍

（一）地质勘探队伍建设沿革

1. 地质系统

1998 年，地质部所属地队伍全部实行属地化改革下放到各省。全国各省、市均设有地质矿产局，并依旧延续地矿局、大队的管理体系。

2. 工业部门

1）石油系统

20 世纪 80 年代后期，省石油勘探局改名为石油勘探局有限公司。

2）冶金系统

1983 年，冶金地质黑色与有色分家，留冶金部管理的队伍共计 46000 多人。有色和黑色分家后，原来下放给山东、山西、福建、鞍山、四川、安徽等地质勘探公司，先后上收中央，并由原来的县团级单位升至正（副）厅局级单位，由冶金部直接管理。至此，从事黑色金属和辅助原料矿产的地质勘探队伍中，设有 10 个勘探公司、1 个地质研究院、10 个公司地质研究所、9 个公司机修厂、1 所职工大学、2 所职工中专和 2 所技工学校。

1990 年，隶属冶金地质总局管辖的省和专业地质勘探公司共 10 个，统一更名为局，即：中国冶金地质总局一局（河北三河）、中国冶金地质总局二局（福建福州）、中国冶金地质总局三局（山西太原）、中国冶金地质总局山东局（山东济南）、中国冶金地质总局中南局（湖北武汉）、中国冶金地质总局西北局（陕西西安）、中国冶金地质总局矿产资源研究院（北京）、中国冶金地质总局地球物理勘查院（河北保定）、中国冶金地质总局昆明地质勘查院（云南昆明）、中国冶金地质总局矿产资源信息中心（北京）。此外，还有正元国际矿业等 6 个控股公司。职工总数 3 万余人。

1999 年，地勘单位改革。驻省冶勘地质队伍部分属地化，部分仍留在中国冶勘地质总局。中国冶勘地质总局二局、中国冶勘地质总局三局、山东冶金地质勘查局、中南冶金地质勘查局、西北冶金地质勘查局、地球物理勘查院、遥感技术应用中心、昆明地质调查院、广州地质调查所等留在中国冶勘总局，实行全国统一管理。四川冶金地质勘查局、辽宁冶金地质勘查局、华东冶金地质勘查局实行属地化管理。

3）有色系统

1983 年 11 月，中国有色金属总公司从冶金部分出，下设成立地质局。从冶金地质队伍中划出 60% 的地质队伍、17 个省局共 74000 人转入有色系统，形成有色地质勘查的基本力量。1999 年，驻省有色地质勘探局全部实行属地化管理。

4）煤炭系统

1993 年，中国煤田地质总局恢复对全国煤田地质队伍的统一管理。到 1998 年年底，职工总数 118243 人，省局和大区局 24 个，专业局 3 个，地质队 123 个，研究所和中心实验室 24 个。

1999 年，地勘单位改革。驻省煤田地质队伍部分属地化，部分仍留在中国煤田地质总局。江苏、浙江、广东、广西、湖北、青海等省（区）煤田地质局，第一勘探局、第二勘探局、水文地质局、地球物理勘探研究院、航测遥感局等留在煤田地质总局，实行全国统一管理。河北、山西、内蒙古、吉林、黑龙江、安徽、福建、江西、山东、河南、湖南、四川、贵州、云南、陕西、甘肃、宁夏、新疆煤田地质局实行属地化管理。

5）化工系统

化工部地质矿山局 1993 年变更为中国明达化工矿业总公司。从 1953 年开始，在化工部地质矿山局存续期间，在全国陆续组建了省的化工部地质勘探公司，下设勘探大队。此后，这些公司归属中国明达化工矿业总公司管理，改称省地质勘查院，主要有河北地质勘查院、内蒙古地质勘查院、吉林地质勘查院、黑龙江地质勘查院、江苏地质勘查院、浙江地质勘查院、福建地质勘查院、山东地质勘查院、河南地质勘查院、湖北地质勘查院、湖南地质勘查院、广西地质勘查院、贵州地质勘查院、云南地质勘查院、陕西地质勘查院、新疆地质勘查院。期间职工总数 10000 余人。

6）核工业系统

1999 年，地勘单位改革。驻省核工业地质队伍部分属地化，部分仍留在中国核工业地质局。核工业北京地质研究院、核工业航测遥感中心、核工业 208 大队、核工业 216 大队、核工业 243 大队、核工业 203 研究所、核工业 230 研究所、核工业 240 研究所、核工业 270 研究所、核工业 280 研究所、核工业 290 研究所留在中国核工业地质局，实行全国统一管理。原辽宁、江西、湖南、广东、四川、陕西 6 个地质局，属地化后新组建的河南、贵州、甘肃、青海地质局，以及其他省的核工业地质大队，纳入属地化管理。

7）建材非金属系统

1979 年，建材部将地质局改为地质公司，将各省的建材地质队伍统一命名为建材部地质公司某省地质勘探大队。1989 年，地质公司更名为中国建筑材料工业地质勘查中心，将全国各地质勘探探大队统一更名为中国建筑材料工业地质勘查中心某省总队。总队属于一个队级单位。此后，我国大陆除西藏和各直辖市外，在各省和自治区均设有总队。到 21 世纪初，全国 26 个建材地质队由中国建材地质勘探中心管理。

（二）地质勘探队伍优良传统的继承与发展

1983 年 3 月，在全国地质系统基层模范政治工作者表彰大会上，地质部党组正式提出了"在全国地质系统深入持久开展以共产主义思想为核心，以献身地质事业为荣、以艰苦奋斗为荣、以找矿立功为荣的'三光荣'精神教育"。

1985 年，第二次全国地矿系统评功授奖大会召开，会上颁发了找矿特等奖 9 项、一等奖 45 项，科技成果奖 15 项、二等奖 145 项，同时表彰了 175 名劳动模范。同年 8 月，地质矿产部和甘肃省人民政府决定，为表彰白银厂铜矿、镜铁山铁矿、金川镍矿普查勘探的地质工作者，在白银市、嘉峪关市、金昌市三地分别建立一座纪念碑。

（三）地质勘探队伍的改革进程

1. 以地质找矿为中心与专业化改组

1978 年 12 月 22 日，党的十一届三中全会闭幕，会议决定把全党工作重点转移到社会主义现代化建设上来。1979 年 1 月 5 日，在全国地质局长会上确立了"以找矿为中心"的地质工作方针，扭转了计划经济时期执行的"以钻探为纲"的地质工作路线。会议提出以专业化分工原则改组地质勘探队伍。

所谓专业化改组，就是以大队为单位按专业化分工重组，主要是实行地质与工程分开，分别建立地质调查所和探矿公司，打破了地质勘查队伍与探矿工程队伍捆绑的体制。试点工作在吉林、河南、广西、福建、云南等省、自治区展开。

然而，计划经济体制与专业化分工是不相容的，因为队伍虽然划开了，但没有一个市场来配置各种专业资源，从而使计划机构和工作机构都不知所从。由于改革方案超前，与当时的经济体制不匹配，专业化改组以夭折而告终。

2. 地质勘探单位运行机制改革

1）引入市场机制，实行地质项目管理

1984年，地质矿产部把打破"大锅饭"的投资体制作为一项重要任务提到日程上，开始酝酿地质项目管理。1985年，地质矿产部明确提出尽快改变地质勘探费与地质成果、经济效益不挂钩的状况。当年，地质矿产部对两个秦巴地质项目进行了全国性招标承包试点，43个单位参加了投标。1986年，全国29个省（自治区、直辖市）地矿局中的24个开始了内部招投标试点。1987年4月3日，《地质矿产部关于试行地质项目管理的若干规定》颁发。

2）实施经营机制改革

1979年，一些省地质局开始探索以任务费用包干、节约分成为主要内容的经济管理改革试点，并建立了生产发展基金、职工福利基金和职工奖励基金。1980年，已有19个省地质局进行试点。1983年4月12日，地质矿产部印发了《关于当前经济责任制试点工作中几个问题的通知》。1984年2月21日，提出了《关于进一步完善设计预算包干、节约分成的经济责任制的若干意见》。

1984年6月11日，地质矿产部印发了《关于扩大地质队自主权和改革经济管理的暂行规定》，确定辽宁省地矿局、湖南省地矿局和西南石油地质局为试点单位。1985年3月2日，地质矿产部印发了《关于简政放权、搞活地质队的暂行规定》。

1988年9月14日，地质矿产部印发了《地质勘查单位承包经营责任制暂行办法》。到1988年年底，有492个地质勘探单位实行了队长负责制，并改革了人事干部制度，采取上级主管部门聘任任命和公开招标、择优选聘相结合选任经营者的方式。1991年10月9日，地质矿产部印发了《关于进一步增强地质勘探单位活力的通知》。

1992年12月29日，地质矿产部印发了《关于贯彻〈全民所有制工业企业转换经营机制条例〉的实施意见》，提出"凡是从事生产经营活动的地质勘探单位，都应当逐步进入市场，并适应市场要求，逐步企业化，最终成为依法自主经营、自负盈亏、自我发展、自我约束的商品生产和经营单位，成为独立享有民事权利和承担民事义务的企业法人。"

3. 地质勘探单位产业结构调整

20世纪70年代末，国拨地勘费用不足与地质勘查队伍生产能力过剩的矛盾日渐突出，已影响到地质工作的开展和地质队伍的稳定。为此，部分省地质局自发地开展了广开门路、扩大服务领域的工作，1979年，对外服务收入达到2200多万元。1980年年初，在全国地质局长会议上提出："在确保完成国家规定的地质任务的前提下，利用多余的人力和设备，开展各种对外服务工作，以增加经济收入，弥补资金不足。同时，积极帮助待业青年广开就业门路，组织集体生产或服务事业。"

1985年3月2日，地质矿产部在《关于简政权、搞活地质队的暂行规定》中首次提出了地质矿产部门的经营方向是"一业为主，多种经营"。这一时期的多种经营主要是为了解决富余人员、随队家属和待业子女的就业安置问题。这轮改革有效地释放了地质勘探单位的潜力，之后的几年全国各省地矿局，特别是东部地区的地矿局向适应市场的发展方向迈出了一大步。1985年9月，中国地质技术暨管理现代化研究会西安学术年会提出："把开辟地质市场作为地质工作改革突破口"，得到了地质矿产部党组的肯定，写进了当时正在起草的地质矿产部《地质工作体制改革总体构想纲要》中。1985年实现创收2.28亿元，占当年地质勘探工作总费用的11%。1988年，收入6.16亿元，占地质勘探工作总费用的25.80%。1989年，地质矿产部与国家计划委员会、财政部、建设银行联名下发了《调整地质工作队伍结构，发展多种经营的通知》，对地质勘探单位发展多种经营在政策上给予了支持。1992年，地质矿产部把调整产业结构作为重要战略任务，初步形成了地质勘查、地质市场、多种经营"三大块"并存的发展格局，当年对外创收收入21.33亿元，占地质勘探工作总费用的50.03%。到1998年，实现收入223.85亿元。

4. 地质勘探单位企业化

虽然从20世纪80年代初就形成了地质勘探单位企业化的思路，但在之后的20年中，除开拓"一业为主，多种经营"的地质勘探单位市场发展方向外，在体制上并没有向企业化转变的重大突破，基本处于"代事业帽子，走企业路子"的若即若离状态。直到2010年以后，在国家事业单位体制改革和属地政府的推进下，部分属于适合市场机制的地质勘探单位才明确地转为企业类型。在这一时期，中央工业部门的地质勘探队伍转企也取得了一定的进展。

5. 地质勘探单位属地化

1999年4月9日，国务院办公厅印发《地质勘查队伍管理体制改革方案》文件，标志着地质勘探单位属地化管理改革正式拉开序幕。《地质勘查队伍管理体制改革方案》中着重明确了推进地质勘查队伍体制改革的政策措施。

全国第一家实施属地化管理的地质勘探队伍是辽宁省地质矿产勘查局。1999年5月12日，国土资源部党组成员杨朝仕和辽宁省常务副省长郭廷标在沈阳友谊宾馆进行辽宁地质勘探队伍属地化交接仪式，并分别代表国土资源部和辽宁省政府在交接协议书上签字。

此后，国家各部门管理的地质勘探队伍全部或部分移交地方，实行属地化管理、企业化经营。1998—2005 年，地质、有色、地质勘探队伍全部属地化。煤田、冶金、核工业地质勘探队伍部分属地化、部分仍留在地质总局实行统一管理。

1999 年 5 月 7 日，国土资源部印发《关于中国地质勘查技术院和中国水文地质工程地质勘查院所属地质勘探队伍属地化问题的通知》，将中国地质勘查技术院所属的地质矿产部第一综合物探大队、地质矿产部第二综合物探大队，中国水文地质工程地质勘查院所属的地质矿产部九〇四水文地质工程地质大队、地质矿产部九〇六水文地质工程地质大队、地质矿产部九〇八水文地质工程地质大队、地质矿产部九〇九水文地质工程地质大队、地质矿产部九一五水文地质工程地质大队、地质矿产部呼和浩特水文地质工程地质中心、地质矿产部兰州水文地质工程地质中心、地质矿产部成都水文地质工程地质中心列入属地化管理改革的范围。

二、社团组织

1. 中国地质矿产经济学会

成立于 1981 年，首任理事长张同钰，陆续设有 5 个分支机构。主办刊物《中国国土资源经济》。

2. 中国矿业联合会

原名中国矿业协会，是 1990 年经国务院批准成立的覆盖矿业全行业的社团组织。2000 年，中国矿业联合会有会员单位 1000 个；有理事单位 427 个，其中常务理事单位 146 个。办有《中国矿业报》《中国矿业》杂志和《中国矿业信息》等出版物。

3. 中国宝玉石协会

中国宝玉石协会于 1991 年经国家民政部批准成立，隶属国土资源部。到 2000 年，拥有 600 多个单位会员，3000 多个个人会员。全国有 30 个省（自治区、直辖市）先后成立了省宝玉石协会，10 余个省还成立了省级观赏石协会，部分市、县也成立了相应组织机构。2000 年 10 月，中国观赏石协会并入中国宝玉石协会。

三、新闻媒体

1.《中国地质矿产报》

《中国地质矿产报》是地质部的机关报,于 1977 年 3 月 4 日正式创刊。其前身是《地质战线》《地质报》和《中国地质报》,1999 年 1 月 1 日,《中国地质矿产报》与《中国土地报》合并为《中国国土资源报》,2018 年并入《自然资源报》。

2.《中国矿业报》

《中国矿业报》的前身是 1985 年在西安出版的《矿产开发报》。1993 年,经国家新闻出版署批准更名为《中国矿业报》,并迁至北京出版。1994 年 1 月 2 日正式创刊,由江泽民总书记题写报名,是面向矿业行业,为 2100 万矿业职工服务的综合经济类报纸。到 20 世纪末,先后由地质矿产部、中国矿业协会、国土资源部主办并主管。

此外,8 个工业部门还办有《中国石油报》《中国煤炭报》《中国冶金报》《中国有色金属报》《中国化工报》《中国核工业报》《中国黄金报》《中国建材报》。有关工业部门地质工作的消息和报道主要在这些报纸上刊载。

四、直属企业

20 世纪 80 年代中期以来,在地质部门"一业为主、多种经营"发展方针的指导下,创办了一系列产业的非地质勘探企业。1991 年,地质矿产部系统建立的公司达到 501 个。其中,在 1982—1990 年陆续创建了 6 个部直属公司:① 1982 年成立了中国地质勘探和打井工程公司,1985 年更名中国地质工程公司;② 1985 年成立了中国地质技术开发进出口公司;③ 1986 年成立了中国华地实业公司,后与中国地质矿业开发公司合并为中国地质矿业总公司;④ 1986 年成立了中国地质宝石矿物公司;⑤ 1987 年成立了中国地质机械仪器工业总公司,后更名为中国地质装备总公司;⑥ 1990 年成立了中国山水旅行社。1991 年,地质矿产部 6 大直属公司共有职工 13462 人,实现总收入 27952 万元,净收入 1900.9 万元,上缴税金 1880.8 万元。

根据 1998 年 11 月 8 日下发的《中共中央办公厅、国务院办公厅关于中央党政机关与所办经济实体和管理的直属企业脱钩有关问题的通知》(中办发〔1998〕27 号)要求,于 1999 年 3 月完成了中国地质装备总公司、中国地质工程公司、中国地质矿业总公司、中国地质物资供应总公司和中国地质矿产宝石总公司的脱钩工作。中国地质装备总公司并入中国机械装备（集团）公司，其余的 4 个公司组建成中国地质工程集团交由国家国资委纳入央企管理序列。根据中办发〔1999〕1 号文件的要求，中国地质技术开发进出口公司于 2000 年 7 月 10 日核准注销；中国山水旅行社于 2000 年年底由北京山水宾馆有偿并购。原地质矿产部持有部分股权的中联煤层气有限公司于 1999 年前完成股权调整，中煤建设集团公司和中国石油天然气集团各持 50%。截至 2000 年年底，国土资源部对原地质矿产部直属企业的脱钩改制工作全部完成。这一时期的骨干企业有以下几个。

（一）地质机械仪器企业

1981 年，勘探技术研究所和物探研究所在河北廊坊新建了科研基地。1982 年，部装备工业局与部探矿工程司合并为地质部探矿工程装备工业公司，实现了科研、设计、试验、生产、使用"一条龙"。地质专用产品品种达千余种，其中钻机 254 种，坑探设备 22 种，泥浆泵 61 种，钻塔 19 种，辅助及其他设备 148 种，地质仪器仪表及其他仪器 270 种，实验室制样设备及中小型矿选矿设备 551 种等。1987 年，经国家经济委员会批准成立了中国地质机械仪器公司；1988 年，中国地质机械仪器公司改为中国地质机械仪器工业总公司，并明确将部直属大中型机械仪器骨干企业并为总公司分支机构进行登记注册。1991 年，明确部属 8 个直属工业企业为总公司分支机构，并受托对下放厂、省局厂和归日厂的产供销活动和其他管理业务进行计划指导和协调服务等。1997 年，将中国地质机械仪器工业总公司更名为中国地质装备总公司。1998 年年底，中国地质装备总公司与地质矿产部脱钩，划归中国机械装备（集团）公司。

到 20 世纪末，全国地质系统共有地质机械仪器制造厂和修配厂 50 家，包括探矿和修配厂 31 个，地质仪器厂 4 个，钻探工具厂 4 个，实验室选矿设备厂 8 个，印刷厂 3 个。其中，地质矿产部直属企业 12 个。代表性企业有以下两个。

（1）张家口探矿机械厂。该厂原为铁路机器修理厂。1953 年 4 月 12 日经中央财经委员会批准，由铁道部移交地质部后，改名为地质部探矿机械厂，成为我国钻探机械制造的摇篮，被列为国家"一五"期间 156 项重点项目。张家口探矿机械厂诞生了我国第一批立轴式系列岩芯钻机、水井钻机、车载式水井钻机、第一台高速金刚石钻机等产品，支撑了我国地质找矿事业的发展，成就了我国第一套地质专业院校的钻探工程教材，培养了我国第一批钻探工程专业技术人员，先后为各省级钻探装备维修、生产厂支援各类技术人才 2538 名，在国内孵化出一个又一个装备生产厂，满足了中华人民共和国成立后二三十年地质工作大发展期对装备的巨大需求。

（2）北京地质仪器厂。北京地质仪器厂始建于 1959 年，是一个专业技术全面，具有电子、机械加工、有色金属铸造等各类专业的高技术综合性企业。积累了多年研制生产地球物理勘探仪器、地球化学分析仪器的丰富经验，累计为地质找矿、国民经济建设和国防建设研制开发各类仪器产品 100 余项，近 200 种型号。主要产品有质子磁力仪系列、磁通门磁力仪系列和磁梯度仪系列、重力仪系列、激电仪系列、高密度层析成像仪系列及军事地球物理仪器系列等。

（二）地质工程企业

代表性企业为中国地质工程集团有限公司，其前身为中国地质勘探和打井工程公司，于 1982 年 11 月成立，1985 年 9 月更名为中国地质工程公司，作为地质矿产部系统对外经贸合作窗口企业。1997 年经国家经济贸易委员会批准，中国地质工程公司发起并作为核心企业、集近 20 家地矿勘查建设单位组建中地工程集团（非紧密型）。该公司成立以来，凭借丰富施工管理经验和先进施工技术，在国际国内承揽并实施了各类大、中型项目数千项，其领域涉及给水排水、道路桥梁、水利水电、环境工程、房屋建筑、地基和基础工程、地质灾害治理以及地质和矿产勘查与评价、矿产资源开发等，这些项目均以"守约、优质、高效"而深受有关国际金融机构、业主、所在国政府和当地人民的高度赞誉。中国地质工程集团有限公司连续多年入选全球最大 250 家国际承包商。

第三节　地质教育

一、地质人才的培养

1984 年，在原北京钢铁学院和东北工学院两院采矿系地质教研室的基础上，分别建立了两个地质矿产勘查专业，以后又设立了地质矿业、石油学科博士点一个，矿产普查勘探硕士点两个，矿物学硕士点一个；将原长春冶金地质学校升级为长春高等地质专科学校，培养专科生。

截至 1985 年，全国承办地质相关专业的高等院校、中等学校达 100 余所，在校大、中专学生 4 万人。1978—1985 年，地质矿产部共培养各类地质专门人才有：研究生 1450 人，本科生 40396 人，大专生 11446 人，中专生 62539 人，函授大学生 43820

人。此外，各类短训班培训两万多人次。加上其他部委所培养的地质大、中专毕业生，总数近 20 万人。

1986 年 4 月 18 日，地质矿产部印发了《关于贯彻〈中共中央关于教育体制改革的决定〉的若干意见》，开始下放部属院校的办学自主权。主要内容包括：有权跨地区联合办学；接受委托培养和自费生；调整专业服务方向；自行制订教学计划、选择教材、安排教育环节；自主分配一定比例的毕业生；自主对外开展国际协作和交流；接受留学生；接受委托和合作进行科技开发；开办校办工厂、企业等。截至 1991 年年底，地质矿产部系统院校计有专任教师 5631 人，博士学位授予专业点 45 个，硕士学位授予专业点 85 个。"七五"期间，累计有 27 万人接受了普训和轮训。

1987 年，秦皇岛冶金干部进修学院并入东北工学院，成立秦皇岛分院。同年 11 月，地质矿产部将武汉地质学院及其在北京的研究生院、中国地质科学院研究生部、地质矿产部北京地质管理干部学院、武汉地质科技管理干部学院联合组成中国地质大学，北京和武汉同时挂上了"中国地质大学"的校匾，京汉两地相对独立办学。

1989 年，全国发展至 8 所高等地质院校，59 所高等院校设有地质系或地质专业；12 所中等专业地质学校，61 所中等学校设有地质类专业。全国在校大、中专学生 5.1 万人。

截至 1992 年，设地质学科的高等院校达 55 所。到 1997 年年底，全国设有地质类及相关专业的高等院校及办学实体共 77 个。有全国地质硕士学科专业点 237 个，其中高等院校 174 个；博士学科专业点 122 个，其中高等院校 84 个；全国地学博士后流动站建站单位 24 个，其中高等院校 15 个。共招收各层次学生 3.8 万人，毕业 3.4 万人。形成了中央与地方分级管理、普通高等教育、高等职业技术教育、民办高等教育并立，学士、硕士、博士（含博士后）学术梯队结构完整的教育制度。

20 世纪 90 年代，根据"共建、调整、合作、合并"的八字方针，除保留中国地质大学（含北京、武汉两个办学实体）名称不变外，其余普通高等院校都更改了名称。其中，成都地质学院于 1993 年 5 月 16 日改为成都理工学院；河北地质学院于 1996 年 4 月 18 日改为石家庄经济学院；长春地质学院和西安地质学院于 1997 年 1 月 14 日分别改名为长春科技大学、西安工程学院。中等地质专业学校中除保留南京地质学校名称外，长春地质学校、郑州地质学校、赣州地质学校、昆明地质学校分别改名为长春工程学校、郑州工业贸易学校、南方工业学校和昆明旅游学校。

至 20 世纪末，新中国培养了 28 万名各种不同层次的地质人才，其中大专以上各类人才近 20 万人。

二、含地质类专业高等院校的设置与分布

截至 1993 年年底，我国含地质类专业的高等院校共 55 所，分类隶属于 15 个部委（总公司）和 6 个省（自治区、直辖市）。

隶属国家教委的有北京大学、南京大学、同济大学（上海）、浙江大学（杭州）、中山大学（广州）、兰州大学、青岛海洋大学、华东师范大学（上海）。

隶属地质矿产部的有中国地质大学（武汉、北京）、长春地质学院、成都理工学院、西安地质学院、河北地质学院（石家庄）。

隶属煤炭部的有中国矿业大学（徐州、北京）、阜新矿业学院、西安矿业学院、山东矿业学院（泰安）、山西矿业学院（太原）、焦作矿业学院、淮南矿业学院、湘潭矿业学院、黑龙江矿业学院（鸡西）、河北煤炭建筑工程学院（邯郸）。

隶属冶金部的有北京科技大学、东北大学（沈阳）、沈阳黄金学院、长春工业高等专科学校。

隶属水利部的有河海大学（南京）和华北水利电力学院（郑州）。

隶属机械电子工业部的是合肥工业大学。

隶属化工部的有武汉化工学院和连云港化工高等专科学校。

隶属建设部的有重庆建筑大学和南京建筑工程学院。

隶属电力部的是武汉水利电力大学。

隶属铁道部的是西南交通大学（成都）。

隶属国家建材总局的有西南工学院（绵阳）和山东建筑材料工业学院（济南）。

隶属中国科学院的是中国科学技术大学（合肥、北京）。

隶属中国石油天然气总公司的有石油大学（北京、东营）、大庆石油学院（安达）、西南石油学院（南充）、江汉石油学院（沙市）、新疆石油学院（乌鲁木齐）。

隶属中国有色金属工业总公司的有中南工业大学（长沙）、昆明工学院、桂林工学院、长沙工业高等专科学校。

隶属中国核工业总公司的是华东地质学院（抚州）。

隶属省（自治区、直辖市）的有西北大学（西安）、福州大学、贵州工学院、太原工业大学、新疆工学院（乌鲁木齐）、黑龙江水利专科学校（哈尔滨）。

三、地质教学实习基地

截至 20 世纪末，我国拥有相对规范的主要地质教学实习基地有以下几个。

1. 周口店实习基地

位于北京市房山区，建立于 1954 年，被誉为"地质工作者的摇篮"。因自然与人文条件得天独厚，地质地理环境特殊，被誉为"天然的地质百科全书"。三大岩以及地质构造的典型现象、基本类型都可以在这里看到。周口店又是"北京猿人"的发祥地。连同北京西山，是我国地质调查的发源地与我国第一个地质训练班的诞生地。

2. 北戴河实习基地

位于河北省秦皇岛市，地处北戴河海滨区和秦皇岛海港区之间，距山东堡海滩约300 米。早在 1953 年，原北京地质学院就在秦皇岛地区开展野外教学活动。1984 年，中国地质大学开始在山东堡村建立相对稳定的实习站，1994—1995 年开始投资修建综合教学楼、学生宿舍及其他辅助设施，每年暑期接待中国地质大学北京、武汉两地上千名学生的实习任务。

3. 三峡秭归产学研基地

中国地质大学（武汉）三峡秭归产学研基地坐落于秭归县城西北，距三峡大坝约2 千米。秭归实习基地所在的长江三峡黄陵穹窿地区是我国区域地质调查研究较早和研究程度较高的地区之一。从占地面积、建设规模，以及教学与科研仪器与设备方面，均列我国高等院校野外实践教学基地之前茅。

4. 峨眉山实习基地

峨眉山地质野外实习基地地处青藏高原东侧，四川盆地西南隅，距成都市 160 千米，为"世界文化与自然遗产"景区之一。实习区具有丰富、典型而独特的地质现象。其中包括峨眉地幔柱构造产物—"二叠纪峨眉山玄武岩"，是研究大陆动力学的理想场所；新元古代"峨眉山花岗岩"从震旦纪到新生代较完整的沉积地层均有出露。

5. 马角坝实习基地

自 1957 年开始，马角坝实习基地作为成都地质学院的实习基地。其地处著名的扬子板块西北侧龙门山推覆构造带内，次级构造为前陆推覆带的天井山冲断带。区内构造复杂，褶皱、断裂发育，地质现象丰富，露头良好，气候适宜、民风朴实、社会环境较好，是地学填图实习与科研的良好场所。

6. 巢湖地质实习基地

巢湖地质实习基地位于安徽东部，实习区内最高山峰（麒麟山）海拔 320 米，山势平缓，排列紧凑。实习区约 30 平方千米的范围内出露了自震旦纪晚期到第三纪各纪几乎全部地层，是下扬子地区地层序列的典型代表；地质构造上呈现"两向加一背"的宏观构造格局。地层厚度不大、齐全、连续，易观察，很适宜教学与学习。

7. 蓟县地质实习基地

位于天津市蓟县（2016 年改设为蓟州区）境内。1984 年经国务院批准建立，作为中国级地质剖面自然保护区。以岩层齐全、出露连续、保存完好、质地清楚、构造简单、变质极浅和古生物化石丰富闻名于世，并被确定为中国中上元古界的标准剖面。剖面地层总厚度达 9197 米，记载着距今 18.5 亿年到 8 亿年的地质演化史。

8. 秦皇岛柳江地质实习基地

秦皇岛柳江地质实习基地位于秦皇岛市北 28 千米。该盆地中各个地层保存完好，包含了对追溯地质历史具有重大科学研究价值的典型层型剖面、生物化石组合带地层剖面、岩性岩相建造剖面及典型地质构造剖面和构造形迹，被公认为"天然地质博物馆"。

9. 桂林灌阳实习基地

位于广西灌阳县城郊，始建于 1986 年。该地的岩石、地层、构造等地质现象典型、丰富，是地质填图实习的理想场所，可使学生掌握地层剖面的测量、地层划分、岩石的野外观察、分析研究各种地质构造、填制地质图和编写地质报告等基本工作方法，进而提高综合分析能力。

10. 松滋刘家场地质实习基地

刘家场实习基地位于湖北省松滋刘家场镇，江汉平原西南的低山丘陵区，为鄂西武陵山脉余脉。主要由元古界、古生界和新生界地层构成，露头丰富，发育有刘家场背斜和许多断裂，该实习基地地质地貌现象丰富，可供地质学相关专业开展野外地质、地理实习。

11. 嵩山地质实习基地

嵩山位于秦岭造山带东段，华北地台南侧；地层出露齐全，太古代、元古代、古生代、中生代、新生代五个时代的地层在嵩山地区都能见到，故被誉为"五世同堂"。众多地质学家在这里进行过科学研究，嵩阳运动、中岳运动、少林运动等均在此发现和命名，是天然地质博物馆。

12. 湖山—汤山实习基地

汤山地处南京城东约 28 千米，位于宁镇褶皱束的南带，地形上有三列山组成，之间是两个纵向谷地。地层自震旦系至第四系均有出露，发育良好，研究程度高。古生代和部分中、新生代地层有达 60 年之久的研究历史，建有许多标本剖面，为广大地质工作者划分和对比地层提供了重要依据，被众多高校定为重要的实习地点。

13. 江山实习基地

江山地处浙闽赣三省交界，是浙江省西南门户和钱江源头之一。该地区地质现象丰富、露头清晰。1965 年，抚州地质专科学校（东华理工大学前身）在此建立区域地质调查教学实践基地。1988—1990 年，东华理工大学对江山实习区的地层、沉积岩及沉积相、构造、变质岩及岩浆岩等基础地质问题进行了两年野外和室内研究。

第四节　重要人物

改革开放以后，地质科学领域涌现了一大批领军人才，其中有代表性的是自 1980 年起陆续增补的中国科学院和中国工程院院士（学部委员）。

1980 年，中国科学院新增补学部委员，其中地学部有丁国瑜、马杏恒、王仁、王之卓、王曰伦、王恒升、王钰、王鸿祯、方俊、毛汉礼、业治铮、卢衍豪、叶连俊、叶笃正、孙殿卿、任美锷、刘东生、刘光鼎、关士聪、池际尚（女）、李春昱、李星学、朱夏、杨遵仪、吴汝康、谷德振、宋叔和、张伯声、张宗祜、张炳熹、陈永龄、陈述彭、陈国达、岳希新、周立三、周廷儒、周明镇、赵金科、郝诒纯（女）、侯仁之、施雅风、郭文魁、郭承基、涂光炽、陶诗言、秦馨菱、袁见齐、贾兰坡、贾福海、顾知微、徐仁、徐克勤、翁文波、高由禧、高振西、谢学锦、谢义炳、黄绍显、程纯枢、曾庆存、曾融生、董申保、谭其骧、穆恩之。

1991 年，中国科学院增选学部委员，其中地学部有马在田、马宗晋、叶大年、孙大中、孙枢、孙鸿烈、李吉均、李均、李德仁、李德生、刘宝珺、安芷生、许厚泽、朱显谟、杨起、肖序常、吴传钧、汪品先、沈其韩、张弥曼（女）、陈庆宣、陈运泰、陈俊勇、陈梦熊、苏纪兰、欧阳自远、周秀骥、赵其国、赵柏林、袁道先、徐冠华、黄荣辉、盛金章、常印佛、傅家谟。

1993 年，中国科学院增选学部委员，其中地学部有王水、文圣常、丑纪范、李廷栋、陈颙、赵鹏大、殷鸿福、郭令智、章申、程国栋。

1994 年，中国科学院学部委员改称中国科学院院士。同年，中国工程院成立，地质学及相关专业院士有张宗祜、何继善、常印佛、李德仁、胡海涛。

1995 年，中国科学院增选院士，其中地学部有刘昌明、刘振兴、许志琴（女）、汪集旸、周志炎、于崇文、席承藩、秦蕴珊、巢纪平、戴金星；中国工程院增选院士，其中地质学及相关专业有王思敬、刘广志、汤中立、李庆忠、郑绵平、韩德馨、翟光明。

1997 年，中国科学院增选院士，其中地学部有马瑾（女）、王德滋、田在艺、冯士笮、仁纪舜、戎嘉余、吴国雄、张彭熹、林学钰（女）、童庆禧；中国工程院增选院士，其中地质学及相关专业有陈毓川、金庆焕、胡见义、卢耀如、金翔龙。

1999 年，中国科学院增选院士，其中地学部有伍荣生、吴新智、张本仁、张国伟、郑度、姚振兴、高俊、腾吉文、翟裕生、薛禹群；中国工程院增选院士，其中地质学及相关专业有刘广润、邱中建、裴荣富、李坪。

第十四章
政策和法规

20世纪最后20年，地矿行业的市场经济体系逐步形成。在政策和法规方面，开始突破计划经济时期的部门界限，呈现出市场经济体制下的行业管理特征。

第一节　政策

一、地质勘探管理政策

（一）对地质工作进行调整、改革、整顿、提高

1979年6月，在第五届全国人民代表大会第二次会议上通过了对国民经济实行"调整、改革、整顿、提高"的八字方针。同年8月，国家地质总局制订了《地质工作三年调整纲要》，指出："地质工作还是国民经济中的一个薄弱环节。"决定从九个方面对地质工作进行调整："调整地质任务和工作部署；加强基础地质、科学研究工作，扩大对外科技交流；调整、提高地质队伍；调整地质装备工业和基本建设；改革地质工作的管理体制和管理方法；搞好整顿，加强管理；把地质工作的调整同开展增产节约运动结合起来；积极解决野外职工生活中的实际问题；加强思想政治工作。"通过本轮调整，地质勘探队伍发生了明显变化。

1. 班子和队伍结构得到优化

到1981年年底，对一半以上的领导班子进行了初步调整。已经调整的37个局级

领导班子中，技术干部比例由 17.8% 上升到 40.2%；高中以上文化程度的由 38.4% 上升到 56.7%；局级班子平均年龄下降到 49 岁，队级班子下降到 44 岁。地质部门职工人数稳定在 40 万人左右；技术人员比例由 16.8% 提高到 18.2%；地质人员与钻探工人之比由 1 : 2.3 调整到 1 : 1.6；山地工人增加了 15%；约 20% 的职工接受了不同程度的培训；近 2 万富余人员广开门路，两年增收 7700 万元。

2. 野外队基地进城成效显著

20 世纪 70 年代以后，随着地质队伍规模的不断扩大，随队家属越来越多，子女上学就业问题越来越突出。为此，孙大光在 1979 年 1 月召开的全国地质局长会议报告中指出："建设稳定的后方基地。充分利用现有基础，结合管理体制的改革，合理布设科研、生产、生活三位一体的基地。"从当年开始，每年以全部基建投资的 30% ~ 40% 用于基地建设。1979—1983 年，在基地建设方面的投资达 37600 万元，新建基地面积 350 万平方米，但部分基地的布局选点不够合理。截至 1982 年年底，在部系统 493 个地质队中，建在省辖市以上城市的有 138 个，占 28.0%；建在县、镇的有 117 个队，占 23.7%；建在城镇附近（离城 10 千米以内）的有 174 个队，占 35.3%；基地远离城镇，但交通尚方便的有 52 个队，占 10.5%；远离城镇，交通不方便，职工生活困难较大的有十几个队。1983 年 11 月底到 12 月初，地质部在郑州召开了地质队基地建设会议。会议确定："力争'七五'末期，把绝大多数地质队的基地建成有利于按成矿区带部署工作，交通方便，地点适中，依托城镇的工作、学习、生活三结合的基地。"会议强调："基地生活要依附于社会公用事业，不能再出现新的地质队自办社会的现象。"1987 年，地质矿产部开始进行以职工集资建房为主要内容的住房改革试点。1990 年，明确了按 6 : 2 : 2 的比例，由国家、集体、个人分别负担的"三拼盘"集资办法，明显加快了职工住宅建设的进程。

（二）地质工作体制改革

1983 年 7 月，地质矿产部地质技术经济研究中心和中国地质技术经济及管理现代化研究会在昆明联合召开了地质经济责任制理论政策研讨会，对当时地质部门经济责任制，特别是承包经济责任制试点中存在的若干问题和进一步完善的措施进行了理论、方法和政策上的探讨。地质矿产部顾问张同钰在会上作了题为《关于地质部门承包试点几个原则问题的探讨》的报告。1985 年 1 月 28 日，中央书记处第 183 次会议听取了地质矿产部党组的工作汇报，会议明确指出："地质工作成果由无偿占用逐步改为部分有偿占用。"1985 年 4 月，国务院第 69 次常务会议研究了黄金、白银的勘探和生产问题，会议指出："要打破部门分割，实行地质队伍社会化，地质资料商品化。"1986年3月，在北戴河召开的地质矿产部门体制改革理论讨论会上，地质矿产部副部长张文驹在题为《做好地质工作体制改革的理论准备》的讲话中指出："全面系统地改革需要加强理论工作，地质矿产部门理论薄弱的状况应当努力加以改变。"此后，中国地质经济学会（原中国地质技术经济管理及现代化研究会）每年一度的学术年会成为地质工作体制改革理论研究的重要论坛。

1985年，地质矿产部党组根据《中共中央关于经济体制改革的决定》精神，开始组织起草《地质矿产部地质工作体制改革总体构想纲要》（以下简称《纲要》）。1986年4月25日，万里副总理在全国地矿局长会议上的讲话中指出："改革的基本方向是，能够向商品化发展的一部分地质工作，主要是开发性地质工作，其成果要从无偿使用改为有偿使用，使地质勘探单位逐步走向企业化、社会化。"同时将《纲要》讨论稿提交全国地矿局长会议讨论。1987年3月19日，地质矿产部正式印发《纲要》。《纲要》提出的地质工作体制改革的目标是："建立具有中国特色、充满生机活力、适应有计划商品经济发展的地质工作体制，逐步实现部分地质工作成果商品化、地质勘查单位企业化或经营管理企业化、部分地质队伍的社会化，为提高地质工作的经济、社会效益提供体制上的保证。"《纲要》提出了改革的总体设计："按地质工作成果是否适于有偿转让使用，把地质工作分为两类：基础性、公益性地质成果，应属于无偿提供使用的范围；开发性地质工作成果，属于有偿转让使用的范围。"《纲要》提出近期地质勘查体制改革的主要内容是："开拓和发展地质市场，推行项目管理，发展多种经营。"

（三）地质勘查行业管理

1984年，国家技术监督局等部门批准颁布《国民经济行业分类和代码》，地质普查和勘探业属第Ⅲ大门类，代码为67。1988年，地质矿产部组建地质勘查行业管理司，同时明确各省（自治区、直辖市）地质矿产主管局（厅）也要有相应的管理机构。1989年，地质矿产部与国家统计局联合颁布了《地质勘查统计报表制度》，编制了《全国矿产地质勘查主要成果通报》（1986—1991年）。1990年，修订出版了《地质勘查主要指标解释》。同年9月，成立了地质矿产部海洋地质办公室。在此期间，配合国家海洋局筹建了中国大洋矿产资源研究开发协会，参与制订、组织实施了中国大洋矿产资源勘查第一期（1991—2005年）发展规划。1991年2月19日，地质矿产部颁布了《地质勘查市场管理办法》。1991年9月3日，地质矿产部颁布了《地质勘查单位资格管理办法》。1994年12月28日，地质矿产部颁布了《矿产资源勘查成果登记管理办法》。

（四）地质勘查投资机制改革

鼓励多投资主体广开资金渠道。从 1988 年起，地质矿产部开始起草有关矿产资源补偿费征收管理的法规。多个省局采取"拼盘"的方法，争取地方财政和资源使用、受益单位对地质勘探工作的投入。1989 年，地质矿产部、国家计划委员会、财政部联名发出了《关于请地方财政合理分担部分地质勘探费的函》。1990 年，国家计划委员会又下发了《关于编制地方地质勘探工作计划的通知》。多渠道地质勘探工作投入的格局逐步形成。

从 20 世纪 80 年代后期开始，地质矿产部着力推进单项矿种地质勘查基金的建立工作。到 1990 年年底，分别建立了黄金、白银、煤、油气等单项矿种的勘查基金，进一步推进了地质勘探成果商品化的进程。

（五）商业性地质勘查与公益性地质勘查分开

1998 年，撤销地质矿产部，组建国土资源部后，国务院办公厅发布了《地质勘查队伍管理体制改革方案》，推动公益性和商业性地质勘探队伍分开建设。公益性地质工作由国家地质调查机构承担，商业性地质工作由市场企业承担。国家财政不再拨付用于开展商业性地质工作的经费，对企业化的地质勘探单位，国家不再下达工作任务。

二、矿业管理政策

1. 构建地矿行政管理体系

1982 年，国务院机构改革以后，29 个省（自治区、直辖市）人民政府授权本省（自治区、直辖市）地质矿产主管局（厅）履行政府的社会管理职能，率先在矿业活动较多的市（地）、县建立起了矿产资源管理机构。到 1991 年年底，建立市（地）级矿管机构 321 个，其中 96 个列入政府序列，163 个设在同级政府的计划委员会和经济委员会中；县（市、旗）级矿管机构 2131 个，其中 655 个列入政府序列，1159 个设在同级政府的计划委员会、经济委员会或相关机构中。一些矿业活动较多的地方将矿管机构延伸到乡镇一级。至此，全国的矿管机构网络已初步建立并不断健全。1992 年 3 月 12 日，地质矿产部颁布《行政复议与应诉规定》，矿政管理工作进一步走向程序化、科学化、规范化的轨道。

2. 开展全国矿山调查

20世纪80—90年代，地质矿产部对全国矿山企业矿产开发利用情况进行了4轮调查。第一轮（1983—1984年）调查结果显示：截至1982年年底，全国县以上国营矿山企业5200多个，乡镇集体和个体办矿28000个以上；全国矿石采掘量由1949年的4000多万吨增至12亿吨。中共十一届三中全会以来，新发现矿产地629处，提交可供矿山建设设计的矿床勘探报告370份，使用率达53%。第二轮（1985—1986年）调查涵盖煤炭、石油、铁、铜、铅、锌、锰、铝等60个主要矿种、3200个企业、4072个生产矿山，指标包括1985年年底占有的累计探明储量、累计开采储量、矿山生产能力以及1985年矿石产量、采矿回收率、矿山服务年限等，按矿种、地区、矿山规模、资源保证程度和开发利用情况进行计算机处理，出版了专辑。第三轮（1989—1991年）对铜、铅、锌、铝、钨、锡、钼、锑、镍9个矿种的125个矿区（山），18个省（自治区、直辖市）36个主要矿区的264个各种经济类型的大、中、小型煤矿，26个省（自治区、直辖市）的102个国营矿区（山）及其范围内的乡镇集体、个体矿山的矿产资源开发利用情况进行了抽样调查。此外，还对化工矿产、建材矿产的重点矿区进行了调查。第四轮（1995—1997年）分别对煤炭、黑色金属、9种有色金属、黄金和化工矿山企业进行抽样调查。结果显示，6年来矿山企业的回采率、综合回收率有所提高。

3. 加强对乡镇矿业的管理

1987年9月17—21日，由地质矿产部、农牧渔业部、国家经济委员会、国家计划委员会、国务院农村发展研究中心联合在北京召开了全国乡镇矿业开发管理会议。国务院、省（自治区、直辖市）有关部门及乡镇矿集中的市（地）县代表共230人出席会议。这次会议表明，乡镇矿业已经成为矿业和农村经济发展的生力军。1986年，生产矿石5.5亿吨，占全国矿石总产量的1/3，为农村500万人提供了就业机会，尤其成为"老少边穷"地区脱贫致富的途径之一。这次会议是矿业发展历史上的一次重要会议，所确定的基本原则和政策措施对当时和今后一个时期乡镇矿业的发展有重要的指导意义。会议后，全国1425个县清理关闭了一批不具备条件或非法开采的乡镇矿，同时注意保护和发展已经形成的矿业生产力，维护采矿权人的合法权益，基本保持了政策的连续性和矿区社会秩序的稳定。1994年，全国乡镇矿山总数达到27.4万个，其中集体矿山15.4万个，个体采矿12万个，当年乡镇矿业的矿石产量占全国总产量的70%，产值占40%；从业人员886万人，占全国矿业职工总数56.4%。同时，也带来了严重和深远的负面影响。经过持续整治，到1998年年底，乡镇矿业总数降到

22.8 万个，其中集体矿山 14.1 万个，个体采矿 8.7 万个。

4. 依法征收矿产资源补偿费

1994 年 2 月 27 日，国务院发布《矿产资源补偿费征收管理规定》，自 1994 年 4 月 1 日起施行。1994 年 3 月 27 日，地质矿产部与财政部联合在京召开全国矿产资源补偿费征收管理工作会议。两部联合颁布了《矿产资源补偿费征收管理核算规定》；财政部发布了《企业交纳矿产资源补偿费会计处理规定》。截至 1997 年年底，累计入库的矿产资源补偿费 32.08 亿元。

第二节 法律法规

一、矿产资源管理、法律规定与标准

1981 年 2 月 12 日，国家建设委员会、国家计划委员会、国家经济委员会、地质部联名向国务院提交了《关于重建全国矿产储量委员会的请示报告》。1983 年 10 月 21 日，国务院下发《关于恢复全国矿产储量委员会的通知》，由国家计划委员会、国家经济委员会、地质矿产部、冶金部、煤炭部、化工部、石油部、核工业部、轻工业部、水电部、城乡建设环境保护部、国家建材局等有关部门派负责同志参加组成委员会，由地质矿产部部长孙大光任委员会主任，办事机构设在地质矿产部，事业编制定为 30 人。1984 年 1 月，全国矿产储量委员会成立。1985 年 9 月，朱训部长任全国矿产储量委员会主任。1988 年 5 月 3 日，成立国家矿产储量管理局。1993 年 3 月，国家矿产储量管理局并入地质矿产部。1993 年 10 月 8 日，全国矿产储量委员会举办了成立 40 周年纪念活动，成果总结显示，40 年间全国矿产储量委员会和省级矿产储量委员会共审批矿产和地下水储量报告 7132 份，制修订矿产地规范和矿产储量管理法规性文件 51 种。1996 年 1 月 23 日，国务院第九十七次总理办公会议定，原则同意"全国矿产储量委员会"更名为"全国矿产资源委员会"，作为国务院的议事机构，由国务院副总理邹家华兼任主任，地质矿产部部长宋瑞祥兼任副主任。

二、《矿产资源法》与配套法规

1982 年地质矿产部成立后，矿产勘查开发开始脱离计划经济时期的政府内部行政管理模式，进入政府面向社会依法行政阶段。这时管理者是政府，被管理者是社会上的企业，管理的依据是《矿产资源法》。

1.《矿产资源法》

1978年7月31日，国家地质总局局长孙大光在国务院汇报会上建议国家颁布《矿产资源法》，并设置统管全国矿产资源的专门机构。1979年9月，地质部部长孙大光向国家经济委员会副主任袁宝华建议制定一部矿产资源法。在国家经济委员会领导下，由地质部牵头，冶金、煤炭、石油、化工、建材和核工业等部门共同组成《矿产资源法》起草办公室。到1981年年初，完成第5稿，开始广泛征求意见。同年9月28日，由国家经济委员会主持，各部门领导人参加，共同对《矿产资源法（草案）》进行讨论，并决定将第6稿上报国务院。1984年10月30日，万里副总理主持召开国务院常务会议，审议通过《矿产资源法（草案）》第13稿，并决定将修改后的第14稿提请全国人民代表大会常务委员会审议。

从1985年2月起，全国人民代表大会财经委员会、法律委员会和全国人民代表大会常务委员会法制工作委员会对《矿产资源法（草案）》进行了审议，并深入矿山企业进行调研。在第六届人大常务委员会第十一、第十二次会议上对草案进行了认真审议，争议的焦点是如何处理好放开搞活与管好用好的关系。会后，国务院又组织有关部门对草案再次进行了全面研究，其中对乡镇集体矿山企业和个体采矿部分进行了较大修改。

1986年3月11日，地质矿产部部长朱训受国务院委托向第六届全国人民代表大会常务委员会第十五次会议就提请审议通过的《中华人民共和国矿产资源法（草案）》作了说明。3月19日，第六全国人民代表大会常务委员会第十五次会议通过《中华人民共和国矿产资源法》，自1986年10月1日起施行。

2.《矿产资源法》配套法规

1987年4月29日，国务院发布了《矿产资源勘查登记管理暂行办法》《全民所有制矿山企业采矿登记管理暂行办法》和《矿产资源监督管理暂行办法》。1987年12月24日，经国务院批准，石油部发布了《石油及天然气勘查、开采登记管理暂行办法》。1988年10月30日，国务院发出《关于对黄金矿产实行保护性开采的通知》。1990年11月22日，国务院发布了《国务院关于修改〈全民所有制矿山企业采矿登记管理暂行办法〉的决定》。1991年1月15日，国务院发出《关于将钨、锡、锑、离子型稀土矿产列为国家实行保护性开采的特定矿种的通知》。1993年10月7日，国务院发布了《中华人民共和国对外合作开采陆上石油资源条例》。1994年2月27日，国务院发布了《矿产资源补偿费征收管理规定》。1994年3月26日，国务院发布了《中华人民共和国矿产资源法实施细则》。1994 年 3 月，国务院发布《矿产资源法实施细则》。1998 年 2 月 12 日，国务院发布《矿产资源勘查区块登记管理办法》《矿产资源开采登记管理办法》《探矿权采矿权转让管理办法》，自发布之日起施行。

3.《矿产资源法》的修订

1996 年 8 月 29 日，第八届全国人民代表大会常务委员会第二十一次会议审议通过了《全国人民代表大会常务委员会关于修改〈中华人民共和国矿产资源法〉的决定》（以下简称《决定》），自 1997 年 1 月 1 日起施行。《决定》修改了原法的 15 个条款，新增了 3 条款，共 18 个条款有重要增改。其要旨是，明确了代表国家行使矿产资源国家所有权的主体；完善了探矿权、采矿权管理的基本制度；强化了地矿行政管理职能；完善了法律责任制度；特别是把 1986 年《矿产资源法》规定的矿业权不允许转让改变为允许转让，适应了市场经济的需要，大大激发了社会各种所有制企业勘查开发矿产的积极性。

4.《矿产资源法》及配套法规实施后的矿产资源勘查开发登记工作

截至 1991 年，国有矿山企业有 7974 个，统计率为 95.8%；列入统计年报的集体、个体矿 241590 个，统计率为 95%。《矿产资源法》公布前后，全国矿产资源开采秩序一度混乱，存在着不同程度的采矿权属纠纷。经过几年的协调、裁定，采矿补登记工作基本完成。截至 1991 年年底，全国已办理采矿许可证的全民所有制矿山企业 8586 个，占应登记矿山总数的 97%；集体所有制矿山已发证 10 万余个，个体采矿已发证 9.5 万多个，发证率达到 82.4%；先后调处了采矿权属纠纷 4780 起。截至 1997 年年底，全国已取得采矿许可证的国有矿山 10797 个，持证率达 99.72%。除石油、天然气勘查项目外，地质矿产主管部门共受理勘查申请 45624 项，颁发各类勘查许可证 41356 个，妥善解决勘查争议 2389 项，基本解决了同水平重复交叉工作的老大难问题，为国家避免地质勘探费重复投入 4.97 亿元。

修改后的《矿产资源法》实施以后，全国需要换证的项目 7884 项，其中固体矿产项目 7316 项，油气勘查项目 568 项。截至 1999 年年底，固体矿产项目实际换证 3760 项，注销 3195 项，换领地质调查证 239 项，换证率达 98%。

5. 石油对外合作条例的修改

1998 年 2 月，国务院发布《探矿权采矿权转让管理办法》后，出于矿业权转让市场需要，国土资源部颁布了《探矿权采矿权评估管理暂行办法》《探矿权采矿权评估资格管理暂行办法》。至 1998 年年底，经国土资源部审查认定的矿业权评估中介机构有 14 家，从业人员 158 人，兼职评估人员 96 人。

1998 年，国务院机构改革后，原全国矿产资源委员会及其办事机构的行政职能划入国土资源部，由地质勘查管理司对特定矿种的探矿权、采矿权承担受理、审查、发证职能。截至 1998 年年底，全国共有石油天然气勘查、开采许可证 856 个，其中地质调查 195 个、探矿权 287 个、采矿权 329 个、对外合作项目 45 个。全国油气勘查、开采区块面积 400 万平方千米。

1999 年 3 月 29 日，国土资源部和人事部联合发布了《矿产储量评估师执业资格制度暂行规定》。首批获得批准评估师执业资格的专家 566 名。

2000 年 9 月 28 日，国务院办公厅转发国土资源部等六部门颁布《关于进一步鼓励外商投资勘查开采非油气矿产资源的若干意见》，进一步开放非油气矿产资源探矿权、采矿权市场，加大对外商投资开采非油气矿产资源的支持力度。

2000 年，为适应中国加入世界贸易组织（WTO）的需要，国土资源部配合国务院法制办修改了《中华人民共和国对外合作开采海洋石油资源条例》和《中华人民共和国对外合作开采陆上石油资源条例》。国务院以第 317 号令和第 318 号令发布了两个条例。

三、部门和地方有关规章的制定

1987 年 3 月 31 日，全国矿产储量委员会、国家计划委员会、国家经济委员颁发了《矿产勘查工作阶段划分的暂行规定》和《矿产勘查各阶段选冶试验程度的暂行规定》。1987 年 3 月 28 日，地质矿产部、国家经济委员会印发《关于将"开采回采率""采矿贫化率"和"选矿回收率"列为考核国营矿山企业指标的通知》。1987 年 6 月 6 日，全国矿产储量委员会、国家计划委员会、国家经济委员会颁发了《矿产和地下水勘探报告审批办法（试行）》。1989 年 6 月 26 日，地质矿产部发布《全国地质资料汇交管理办法实施细则》。1989 年 12 月 2 日，地质矿产部发布《矿产督察员工作暂行办法》。1991 年 1 月 21 日，地质矿产部发布《关于贯彻〈国务院修改"全民所有制矿山企业采矿登记管理暂行办法"的决定〉的实施意见》。1991 年 11 月 26 日，地质矿产部、物资部、中国有色金属工业总公司、国家工商行政管理局发布《关于钨、锡、锑矿产品、炼产品收购和销售的规定》。1993 年 7 月 19 日，地质矿产部颁布《违反矿产资源法规行政处罚办法》。1994 年 4 月 23 日，财政部、地质矿产部颁发《矿产资源补偿费征收管理核算规定》。1994 年 9 月 30 日，冶金部、地质矿产部、国家工商行政管理局颁发《关于开办黄金矿山企业申报和审批程序的规定》。1994 年 12 月 28 日，地质矿产部颁发《矿产资源勘查成果登记管理办法》。1995 年 1 月 3 日，地质矿产部颁发《矿产储量登记统计管理暂行办法》。1995 年 5 月 4 日，地质矿产部颁发《地质遗迹保护管理规定》等。这一时期，国家能源和建材等工业管理部门，各省、自治区、直辖市也围绕贯彻实施《矿产资源法》制定和颁发了相应的行政规章或规范性文件。

1995 年 1 月 3 日，地质矿产部颁布《矿产储量登记统计管理暂行办法》。同年，国务院指示国家计划委员会批准发布了《矿产储量填报规定》，建立了储量登记制度，对矿产储量进行动态管理。《矿产资源法》第十二条将这一制度上升为法律制度。1996 年，根据全国资源委员会第一次会议精神，组建了矿产储量审查专家系统，579 位资深专家经考核获得第一批资质认证。

《全国地质资料汇交管理办法》于 1988 年 5 月 20 日由国务院批准，7 月 1 日以地质矿产部第 1 号令发布施行。1989 年 6 月 26 日，地质矿产部发布《全国地质资料汇交管理办法实施细则》。1979—1991 年，全国地行业共向国家汇交地质资料 34000 多种。"七五"期间，全国地质资料馆接待借阅者 25210 人次，提供借阅各类地质资料 69792 份次。各省（自治区、直辖市）地质资料馆接待借阅者 30 万人次，提供借阅地质资料 67 万多份次。截至 1997 年年底，全国地矿系统地质资料档案馆（室）总面积 95954 平方米，排架总长度 141766 米，共拥有原本地档案 163167 档。1997 年度，全国地矿系统档案资料馆（室）接待利用地质档案资料共 204945 人次。

1988—2000 年，全国矿产储量委员会组织制定了煤、石油、天然气、金属、非金属及水气类等 83 个矿种的 42 个勘查规范。发布了与国际接轨、适应市场经济需求的新的《固体矿产资源 / 储量分类》。

第三节　规划

一、发展规划

从 1978—2000 年我国地质工作管理机构组织编制了 2 次地质科技规划。①《1978—1985 年地质科技发展规划》。1978 年全国科学大会召开后，国家科学技术委员会组织编制了《1978—1985 年全国科学技术发展规划纲要（草案）》，其中地质科学技术的许多重要内容和项目，被纳入全国科技规划之中。②《1986—2000 年地质科技发展规划》。1983 年，根据国家计划委员会、国家科学技术委员会、国家经济委员会关于编制地质行业十五年科技规划的要求，完成了《1986—2000 年地质行业科学技术发展和技术改造规划纲要（初稿）》。

二、重要经验

中华人民共和国成立的最初数十年间，地质工作坚持以找矿为主要任务，矿产资源勘查取得了举世瞩目的丰硕成果。不但从根本上扭转了中国矿产资源供需严峻的形势，而且有力支撑了中国的工业化、现代化建设。前50年的历史大致可分为两个阶段，第一阶段（1949—1979）为计划经济时期，第二个阶段（1979—1999）为体制转轨时期。在地质勘查领域，计划和市场是特定历史时期的产物，不能脱离历史背景而简单地评述其好坏和优劣。例如，"大会战"这种方式，虽然后来认识到违背了地质工作规律，但却在特定的历史条件下对实现地质找矿的重大突破起到了一定的推动作用。例如，中国的石油和铁矿勘查中，"大会战"这种资源配置方式起到了不可替代的特殊功效。"群众报矿"在地质找矿程度相对较低的地区，一定程度地替代了专业找矿，经济效益和社会效益更是不可低估。

回顾中华人民共和国成立初期的计划经济时期的地质工作发展史，有以下若干方面的经验弥足珍贵：①坚持党的领导；②坚持科技创新；③坚持高度计划；④坚持依靠群众；⑤坚持队伍建设。

第十五章
地质科学支撑的地质勘探成就

20 世纪 80 年代以来，我国区域地质调查矿产地质勘探取得的重大成果融入了大量地质科学的贡献。在区域地质调查方面，完成了全国 1∶20 万地质填图，全面展开 1∶5 万地质填图对许多重要基础地质问题取得了新的认识。在矿产勘查方面，到 20 世纪末，累计发现矿产 171 种，探明储量的矿产有 60 多种，发现矿产地 20 多万处。截至 2000 年，能源矿产中，煤矿资源累计探明 1 万多亿吨，保有资源储量 4100 亿吨；石油储量累计探明 214.14 亿吨，可采储量 61.40 亿吨；天然气储量累计探明 2 万亿立方米，剩余可采储量 1.5 亿立方米；探明了上百个铀矿床，提交了数量可观的工业储量和远景储量。金属矿产中，我国累计探明铁矿 1844 处，储量 505.72 亿吨；探明铝土矿矿产地 316 处，储量 23.48 亿吨，产量位列世界第五；钨矿产地有 257 处，储量 604.79 万吨，产量居世界首位；钼矿已探明矿产地 221 处，储量 884.5 万吨，产量累计世界第二；金矿累计探明储量 6089.85 吨，储量居世界第七；锑矿探明储量 234.28 万吨，产量居世界榜首；镍矿累计探明矿产地 84 处，储量 873.14 万吨，产量居世界第七。区域地质资料的完备、基础地质问题的解决、成矿理论的发展、成矿带研究的深入、找矿思路的创新、勘查技术的进步，是实现找矿突破、促进储量增产的科学基础。

第一节　基础地质工作成就

一、总体进展

1981—1998 年，以 1∶5 万区调为重点，并继续进行边远高寒地区的 1∶20 万区调。部分省、区开始编写《区域地质志》和《区域矿产总结》，试行按地质构造单元编写地质志。到 1998 年，1∶100 万区域地质调查工作实现了全部国土面积的全覆盖；1∶20 区域地质调查完成 875.6 万平方千米，占国土面积的 91%。1∶5 万区域地质调查完成 165.2 万平方千米，占国土面积的 17%。

还陆续出版了东北地质图（1∶100 万，1978 年）、青藏地质图（1∶150 万，1980 年）、西藏地质图（1∶300 万，1980 年）、青藏高原及邻区地质图（1∶50 万，1988 年）等。20 世纪 70 年代，地质部组建了海洋地质局，拉开了中国海洋地质调查的序幕，并在 1980 年出版了南海北部地质图（1∶100 万）、中国海区及其邻域地质图（1988 年）等。同时，对于中国西部地质空白地区进行了小比例尺（1∶100 万）地质填图，西藏地质局完成拉萨幅（1∶100 万，1979 年）、改则幅（1∶100 万，1985 年）等。此外，1981 年前后全国各省（自治区、直辖市）先后开始了"区调总结"，到 1989 年 9 月全国有 31 个省（自治区、直辖市）完成了《地质志》及陆续完成《矿产志》。在区调成果的基础上，出版了《中国区域地质概论》（1991 年）、中国地质图（1∶500 万，1991 年）。如前言所述，这个阶段是在新中国地质矿产部领导下，对中国疆域按国际分幅进行了广泛的 1∶20 万（主）和 1∶100 万（主要在西部）区调填图（有称为系图），采用了实地调查、航卫片解译、地球物理探矿、化探编填结合的多种填图方法，概知了全国地质矿产的区域地质概貌，为国家经济建设提供了宝贵的区域地质资料。90 年代以来，全国 1∶20 万区调大部分完成、1∶100 万区调已基本完成的基础上，1983 年地质矿产部提出到 20 世纪末完成 1∶5 万区调 200 万平方千米的战略任务，步入到以 1∶5 万为中心的全国性填图高潮。随着中国改革开放，区调工作改变了只采用苏联填图方法，开始吸收全世界先进地质理论和新技术、新方法，并结合中国实际先进行试验研究，首先总结出版了《火山岩区区域地质调查方法指南》，推广火山岩区双重填图法。1986 年，地质矿产部设立了"1∶5 万区调中地质填图方法研究"的"七五"重点科技攻关项目，开展中国花岗岩、变质岩、沉积岩发育区的 1∶5 万区调填图方法研究，并于 1991 年出版了《花岗岩类区 1:5 万区域地质填图方法指南》《变质岩区 1:5 万区域地质填图方法指南》《沉积岩区 1:5 万区域地质填图方法指南》。因此，在全国范围内调动区调队、教学和科研单位人员，以构造、成矿单元划分片区；视不同地区，地质调查填图（组图）和矿产调查分别立项进行地质调查研究；不同岩类区采用不同的地质调查方法，且要求区调成果服务面更广泛。并以此新一轮地质图赶上或超过世界先进水平，从而提高中国区域地质调查研究程度和水平。

在此期间，地质工作最高管理部门主持召开了多次重要的专业工作会议。1978 年，国家计划委员会地质局在上海召开区调普查工作会议，提出了 1:5 万区调必须部署在成矿远景带，实行"区域展开，重点突破""区调队与综合地质队两条腿走路"的工作方针。

1980 年 11 月，地质部在北京召开第一次全国区域地质调查工作会议，对 1:20 万区调工作提出了四点要求：①应以提交区域地质调查成果为主，所提交的区域地质调查图件是国家的基本图件，供各有关部门使用；②主要在西部和北部地区开展区调，应根据当地的自然地理和经济条件适当调整和安排区调工作；③已完成 1:20 万区调任务的省（自治区、直辖市），应随即开展区调成果资料的总结工作；④开始对超过 10 年的 1:20 万地质老图件的修测再版工作。此次会议之后，各省（自治区、直辖市）启动了地质志编制工作，推动了区域地质工作的综合研究。1983 年 11 月，地质矿产部召开了全国 1:5 万区域地质调查工作会议，这次会议使 1:5 万区调工作进入了全面发展的新时期。会议重申了 1:5 万区调工作的阶段性目标：到 20 世纪末，完成 1:5 万区调 200 万平方千米，并制定了《1:5 万区域地质调查工作要求（试行）》。明确提出"将 1:5 万区调工作主要部署在成矿远景区带、国家重点项目、重要经济建设区和中心城市及其周围地区"。并对 1:5 万区调工作中的地质调查、矿产调查、水文地质和工程地质调查、地球化学和地球物理调查也提出了明确的要求。

1985 年，《中国地质》发表了《开展新一轮固体矿产普查工作》一文，标志着全国范围内开始有计划、有步骤地开展新一轮的固体矿产普查工作。水工环地质工作紧密适应国民经济和社会发展的需要，在工作布局上，开始把工作重点转移到国家重点建设地区、沿海开放城市和经济特区。

1991 年 8 月，由地质矿产部和中国科学院联合主持的"全国第二次区调会议"在兰州召开，会议指出未来十年，区调工作的主要特点是新的地质理论、基础地质研究成果层出不穷，新的地质填图方法及综合方法取得重大进展。提出的未来区调工作的十年规划和"八五"计划，并对区调工作做了重大调整：一是区调图幅首先选择在重要的矿产远景区和重点片区上，适当兼顾重要经济区、城市区和构造岩浆带、构造变质带、大地构造带单元的结合带；二是依靠科技进步，加快区调步伐，提高图幅质量，把区调工作划给中国地质科学院管理，使区调工作与地质科学研究工作更好地结合；三是实行1∶5万地质填图与1∶5万矿产调查分项进行。

1996年，地质矿产部地质调查局根据国际上分幅标准和《国家基本比例尺地形图分幅和编号》（GB/T 13989—92）规定，终止了我国第一轮中比例尺1∶20万区域地质调查工作。"九五"开始，中比例尺区域地质调查由1∶20万改为1∶25万。同年，地质矿产部地质调查局实施了"第二轮填图"计划，其宗旨是：加强地质矿产部制定的25个重点片区的区调工作；开拓新的服务领域，如农业地质、灾害地质、生态地质、环境地质等专题地质填图及研究；完善和发展区调技术方法，包括地质填图方法，地理信息系统、全球定位系统、遥感系统（即GIS、GPS、RS）等高新技术应用；建立全国区域地质调查数据库及不同比例尺数字地质图图库等。之后，逐步迎来了我国区域地质调查工作的新阶段。

二、区域地质调查

1. 1∶100万区调

截至1995年年底，除台湾省和一些边界地区外，累计完成1∶100万区调（编图）942.75万平方千米，占国土面积的98.2%。

2. 1∶25（20）万区调

自1980年工作移到1∶5万区调工作后，1∶20万区调工作仍继续进行。1981年8月，地质部决定在总结1∶20万区调工作的基础上，以省（区）为单位编写《中国区域地质志》，并向国内外公开发行，到1984年，江苏、上海、江西、广西、福建、安徽、贵州、湖南、广东、吉林等省（自治区、直辖市）地质矿产局先后完成该项工作。截至1998年年底，1∶20万区调累计完成691万平方千米，占国土面积的71.9%。同时完成30万平方千米的1∶20万区调修测任务。

3. 1∶5万区调

早在1974年，国家计划委员会地质局在湖南省湘潭召开1∶5万区调工作座谈会。会议认为：当前1∶5万区调应安排在成矿条件有利、战略位置重要、交通方便或重点工矿区周围。会后，广东、广西、湖南、湖北、江西、福建、安徽、江苏、河南、河北、辽宁、吉林、内蒙古、新疆、甘肃等15个省（区）建立了1∶5万区调分队。

1984—1985 年，地质工作者在 30 多个中心城市开展了 1∶5 万区调工作。例如，辽宁省地矿局开展大连地区开展了 1∶5 万区调，半年时间编制了地质图、构造地质图、矿产地质图、水文工程地质图、物探化探异常图、灾害地质图、旅游地质图等 13 种图件，及时满足了大连地区的城市规划和建设的急需。截至 1998 年年底全国已累计完成 1∶5 万区调 168 万平方千米，占陆地面积的 17.5%。其中，新疆完成面积超过 5 万平方千米，超过 3 万平方千米的有四川、湖南、江苏、湖北、广东、江西、辽宁和河北等省（区）。

随着城市经济体制改革的逐步深入，地质工作为城市建设服务自然被提到日程上来。1983 年，朱训部长提出在中心城市和重要经济区部署 1∶5 万区调的战略决策后，城市区调异军突起。截至 1990 年年底，累计完成 124 个城市的 1∶5 万区调工作，总面积为 16.9 万平方千米，大中城市占 52.4%。

4. 区域地质工作总结

为及时总结已经完成的 1∶20 万和 1∶100 万的区调成果，我国开展了按各省（自治区、直辖市）编著区域地质志的庞大工作。1981 年 3 月，地质矿产部地区〔1981〕46 号文《关于公开出版区域地质志及地质图件的通知》下达。自 1981—1989 年，在地质矿产部的统一部署下，已先后完成 30 个省（自治区、直辖市）区域地质志和 23 个省（自治区、直辖市）区域矿产总结编制任务，30 部地质志总计 3000 万字，1∶150 万~1∶50 万地质图、岩浆岩图、构造图、变质岩地质图和火山地质构造图等约 100 份，到 1995 年全部完成各省区地质志的出版发行。《中国区域地质概论》于 1994 年 9 月由地质出版社出版。

三、区域地球物理化学调查

随着区域地球物理、地球化学、遥感地质技术的发展，区域物探、化探、遥感地质调查被统一纳入区域地质调查工作范畴。

1. 区域地球物理调查

自 1978 年起，在全国开展了区域重力调查。截至 1998 年，完成了大部分重力调查空白区的 1∶100 万区域重力调查，覆盖面积达 750 万平方千米；并在一些重要成矿远景区进行了 1∶20 万区域重力调查，覆盖面积近 400 万平方千米。到 1999 年年底，各种比例尺航空磁测的覆盖面积累计已达 1150 万平方千米，其中陆地 920 万平方千米，海域 230 万平方千米。除台湾、南海南部、西藏西部外，航磁工作已基本实现了国土的全覆盖。编制出版了全国 1 : 500 万陆地和毗邻海域航磁图。各省、区编制了 1 : 50 万 ~ 1 : 100 万航磁图。跨省区成矿带编制了航空放射性（伽马）测量成果图。在准噶尔盆地、塔里木盆地北缘、华北南部、松江盆地、广西桂中、开鲁盆地几个油气区，开展了较高精度的航磁工作。区域性的航磁工作发现或印证了郯庐、龙门山、北秦岭、雅鲁藏布等深大断裂或深断裂带。

2. 深部地球物理调查

从 20 世纪 80 年代开始，中国岩石圈会开始实施国际岩石圈委员会确定的全球地学大断面计划，到 1999 年，已完成了 12 条地学大断面。

（1）青藏高原南段：亚东—格尔木（中国地质科学院岩石圈研究中心、地质研究所）。

（2）青藏高原北段：格尔木—额济纳旗（中国地质科学院岩石圈研究中心、地质研究所）。

（3）内蒙古喀喇沁旗—湖北随州（国家地震局地球物理大队）。

（4）广州—巴拉望（地质矿产部广州海崖关地质局）。

（5）内蒙古满洲里—黑龙江绥芬河（长春地质学院）。

（6）内蒙古东乌珠穆沁旗—辽宁东沟（国家地震局辽宁省地震局）。

（7）江苏响水—内蒙古满都拉（国家地震局地质研究所）。

（8）上海奉贤—内蒙古阿拉善左旗（国家地震局地球物理勘探大队）。

（9）青海门源—福建宁德（国家地震局地球物理研究所）。

（10）安徽灵璧—上海奉贤（地质矿产部华东石油地质局）。

（11）北冰洋—欧亚大陆—太平洋（中国大陆部分：黑水—泉州）（地质矿产部物化探局、俄罗斯全俄地质研究所、澳大利亚麦奎尔大学）。

（12）云南遮放—宾川—江川—马龙（国家地震局云南地震局）。

3. 区域地球化学调查

1978 年下半年，国家地质总局颁发了《区域化探内地及沿海重新扫面工作方法暂行规定》，并开展了大规模的试验研究工作。1981 年，地质部颁发了《地质部区域化探全国扫面规划》，新一轮区域化探扫面工作正式开始。1985 年，地质矿产部颁发了《地矿部区域化探全国扫面工作方法若干规定》。到 1998 年，全国共完成 1 : 20 万区域化探 472 万平方千米，1 : 50 万区域化探 120 万平方千米，东、中部已全部完成测量并成图。尚未完成的部分主要为青藏高原及东北森林沼泽区。"区域化探全国扫面计划"使中国的地球化学填图水平走到了世界前列。1981—2000 年的 20 年间，根据"区域化探全国扫面计划"成果在全国共圈定异常 47506 处，发现矿床 2906 处，其中金矿占 70% 以上。

4. 遥感地质调查

自 20 世纪 70 年代起，地质矿产部门先后从国外引进了航空遥感专用飞机、航空数字多光谱扫描仪、航空定量双道红外扫描仪及配套处理系统。1979 年，地质部在原航空物探大队的基础上组建了地质部地质遥感中心，在全国各省地质矿产局建立了地质遥感站，在有关院校及科研单位建立了遥感应用研究室。20 世纪 80 年代初，引进陆地卫星资料，编制了《1∶400 万中国陆地卫星相片线性构造解译略图》，将中国陆域划分为 14 个巨型、89 个大型线性构造带，圈出 59 个大型和许多中小型环形构造。编制了《1∶800 万中国陆地卫星相片构造解译略图》，概略地表示出中国地质构造展布的基本特征。截至 1998 年，航空遥感累计完成覆盖面积约 300 万平方千米，在区域地质调查、矿产资源调查、水工环调查、国土及灾害调查等方面得到了广泛的应用。

四、地质编图

到 1989 年年底，全国 1∶100 万区域地质调查已全面完成，东部地区各省（自治区、直辖市）的 1∶20 万区域地质调查也已全部完成。全国各省（自治区、直辖市）地质矿产局从 1981 年开始全面系统地总结本省（自治区、直辖市）的地质矿产资料，综合研究本省（自治区、直辖市）地质矿产特征，编著分省（自治区、直辖市）的区域地质志和相应的地质图件。在此基础上各学科编制出版了一大批专业性图件，按比例尺（由大到小）划分，主要有 1∶100 万南岭地区地质图、三江（怒江、澜沧江、金沙江）地区地质图、华北地区前新生代地质图、黄淮海平原第四纪地质图，1∶150 万青藏高原地质图、西藏板块构造建造图，1∶200 万黄河流域地质图、长江流域地质图、黄淮海平原岩相古地理图，1∶250 万中国构造体系图、中国第四纪地质图等。

20 世纪 90 年代以来，为了迎接第 30 届国际地质大会，中国地质科学院编制了 1∶500 万系列中国及邻区大地构造图、中国火成岩地质图、中国新构造图、中国区域地壳稳定性图、中国岩溶环境地质图和中国矿床成矿系列图，1∶500 万亚欧地质图和 1∶800 万亚洲水文地质图。与此同时，原地质矿产部系统还编制出版了 1∶250 万中国煤田地质图及煤田预测图，1∶400 万中国岩溶水文地质图和中国可溶岩类型图，1∶500 万南极洲地质图、中国矿产资源图（3 种）、中国航磁图、中国重力图和中国地球化学图，1∶600 万中国环境地质图系（11 种）。除地质矿产部门外，其他有关部门编制出版的一些重要图件有中国煤田地质总局编制了1：200万中国煤炭资源分布图和中国煤层瓦斯地质图；核工业部编制了1：200万中国铀矿分布图；武警黄金指挥部编制了1：400万中国岩金成矿规律图和中国砂金成矿规律图；中国有色金属工业总公司编制了1：400万中国成矿大地构造图；中国建材地质中心编制了1：500万中国非金属成矿地质图；水利部编制了1：250万中国地表水资源分布图和1：800万中国水土流失与治理图；中国科学院系统编制了1：400万中国大陆地区大地热流平均值分布图和1：800万亚洲陆海壳大地构造图；北京市环境保护科学研究院编制了1：400万中国自然保护区分布图和中国荒漠化现状分布图。这些重要图件和许多省（自治区、直辖市）的各种图件都参加了第三十届国际地质大会展览。自1980年冬耿树方、范本贤等与联邦德国合作编制了我国首张"机助"地质图（1：200万中国阴山—燕山地质图）后，我国计算机辅助制图的研究开发工作迅速发展。特别是20世纪80年代中期由中国地质大学（武汉）吴信才研制开发的"MAPCAD"制图软件系统，到20世纪90年代中期已日趋成熟，可以应用在地质、测绘、遥感、国土、农林等各类专业的计算机辅助制图技术中。

截至2000年，全国除青藏高原大部分及大兴安岭部分地区外，各省（自治区、直辖市）均完成了1：20万区调填图，共完成陆地面积691万平方千米。完成1：5万区域地质填图面积175.9万平方千米。航空物探已完成陆地面积调查930万平方千米，海域面积调查210万平方千米。

"九五"期间，特别是国土资源大调查实施以来，区域地质调查工作取得了积极进展，1999年以来安排1：25万区域地质调查图88幅。

五、理论方法的创新

1991年，先后出版了《沉积岩区1：5万区域地质填图方法指南》《变质岩区1：5万区域地质填图方法指南》《花岗岩类区1：5万区域地质填图方法指南》，改革了传统的区调填图方法，把当代地质科学领域中的新理论、新观点、新技术和新方法运用到了区调工作中。

1996—1999年，地质矿产部安排了1：25万区域地质调查方法研究，开展了9幅1：25万填图试点和造山带非史密斯地层区、浅覆盖区、城市区、陆相火山岩及陆相沉积盆地区1：25万区域地项填图方法研究，为以后大规模开展1：25万区调工作奠定了基础。

20世纪90年代，伴随"3S"——地理信息系统（CIS）、卫星全球定位系统（GPS）、遥感系统（RS）等高新技术的推广和普及，1992年，地质图数字化开始起步；1993—1995年，1:5万地质图开始实施数字化；1997年，开始进行分省1:50万地质图数字化工作；1999年，建立了全国1:50万数字地质图空间数据库。

第二节　能源矿产地质勘探成就

一、煤田地质勘探

（一）概况

煤矿是工业化时期的传统能源矿产，中华人民共和国成立前来自各方面的地质工作者已经对煤炭资源进行过系统的勘探，并初步估算出煤炭储量2600多亿吨。到1999年，中国煤炭累计探明储量1.04万亿吨，年产量达10.44亿吨，位居世界第一位。预测储量（包括已发现）5.57万亿吨。从成煤时代上看，侏罗纪煤为最多；其次是石炭—二叠纪煤、南方晚二叠世煤、北方白垩纪煤，最少为第三纪、晚三叠世的煤。主要属于地台上的海陆交互相型、大型内陆湖盆型、断（坳）陷盆地型。已发现的煤炭资源中，低变质烟煤占42.4%，炼焦用煤占27.6%，贫煤占5.5%，褐煤占12.7%，无烟煤占11.8%。总体上看，煤炭资源分布极不均衡。呈现西富、东贫、中居中、东部长江以南最贫缺的格局。至20世纪末，超10000亿吨的有新疆、内蒙古2个自治区；1000亿~10000亿吨的有山西、陕西、贵州、宁夏、甘肃、河南6个省（自治区）；100亿~1000亿吨的有安徽、河北、云南、山东、四川、青海、黑龙江、辽宁、北京9个省（直辖市）；其余省（自治区、直辖市）小于100亿吨。以至于长期以来，中国呈现北煤南运、西煤东调的物流格局。至20世纪90年代中期，中国原煤产量达到1000万吨的矿务局有16个，分别是：开滦矿务局、峰峰矿务局、大同矿务局、平朔煤炭工业公司、阳泉矿务局、西山矿务局、晋城矿务局、阜新矿务局、铁法矿务局、鸡西矿务局、鹤岗矿务局、徐州矿务局、淮南矿务局、淮北矿务局、兖州矿务局、平顶山矿务局。

1979年，煤炭部提出"把整个煤田地质工作的重点转移到以经济技术合理的勘探方法，按时提交符合质量标准的地质报告，为煤矿建设提供足够的煤炭资源上来"的工作方针，同时调整了勘探部署，从湘、粤、鄂、陕、苏等省调集 10 余支队伍 8000 余人参加两淮、兖州、开滦、山西、豫西等重点矿区勘探。仅 1979 年，煤炭部就探获储量 230 亿吨，其中普查储量占 130 亿吨，提前一年完成了第五个五年计划的任务指标。

1980 年，煤炭部再次从江南和东北、河北、甘肃调集队伍参加山西、豫西和黑龙江东荣等地的煤田勘探会战，同时还在第二次全国煤田预测基础上，开展了大面积普查找煤；采取物探、遥感卫星相片解译和钻探验证相结合的方法，发现了内蒙古东部乌尼特、陈巴尔虎旗和云南昭通等一批隐伏煤田。

自 20 世纪 80 年代以来，煤炭部门的勘探队还发现和勘探了陕西彬县、神木，河南登封，内蒙古东胜，黑龙江绥滨等一批重要的煤田。其中陕北榆林、神木—内蒙古东胜大煤田，总面积近 1.3 万平方千米，煤质优良，可以作为优质动力和化工用煤；且构造简单，易于露采，地下 1000 米以内埋藏量有 2300 亿吨，现已探明储量达 1000 亿吨。这个特大型煤田将成为中国在 21 世纪最重要的煤炭基地。

1980 年，煤炭部在系统分析研究以往地质资料和煤田沉积古地理环境的基础上，完成了第二次全国煤田预测，提交了预测报告和 1∶200 万中国煤田地质图和中国煤田预测图，指出了今后的找煤方向，预测中国煤炭资源总量达 44927 亿吨。1979—1980 年，韩德馨、杨起再次合编的《中国煤田地质学》上、下册问世，反映了 20 世纪 70 年代煤田地质学水平。

1982 年，地质矿产部召开了煤田地质工作会议，提出地质部门今后煤田地质工作的方针任务是：兼顾煤炭工业当前需要和长远发展，开展全国范围的煤炭资源远景调查，加强煤炭地质科研工作；以东部地区为重点，积极开展具有一定成煤远景、经济效益和社会效益兼具的地区的煤炭普查；有计划有重点地进行被列入国家开发建设规划地区的勘探工作。自此，地质矿产部的煤田地质工作又在全国范围展开。

1982—1987 年，地质矿产部组织力量分省开展了大面积的煤炭资源远景调查，并对煤炭部 1980 年的全国煤田预测成果进行重点验证。通过调查，发现和探明了新疆准噶尔盆地南缘和东部煤田、吐鲁番—哈密盆地部分煤田，内蒙古达茂旗白彦花、西乌旗吉林郭勒、东乌旗东乌尼特、呼伦贝尔盟西胡里吐、呼山、呼和诺尔、红花尔吉，陕西府谷、榆林—横山及山西河东等一批大型煤田或煤盆地，勘探提交了河南永城与云南富源老厂两个优质大型无烟煤矿。同时在中国东部缺煤地区也发现和探明了吉林九台羊草沟、黑龙江黑宝山—木耳气、河北沽源榆树沟等一批经济效益好的小煤田。最后汇编了分省的煤炭资源远景调查报告。

1988—1992 年，在上述远景调查的基础上，地质矿产部又汇总研究了全国煤炭资源情况，编写了中国煤炭资源丛书共 7 册，其中包括资料截至 1992 年的第三次全国煤田预测成果及 1∶250 万中国煤田地质图、中国煤田预测图各一张。截至 1993 年，中国大陆共探明煤炭储量 10229 亿吨，其中煤炭部探明 7861 亿吨，地质矿产部探明 2368 亿吨。

（二）煤炭资源布局

这一时期，煤炭资源的勘探围绕全国煤炭资源的配置布局展开。

1. 西煤东运布局

西煤东运布局发挥了重要导向功能。中国西部地区煤炭向东部沿海地区运送。山西、陕西、内蒙古西部是著名的"三西"煤炭生产基地，产量大，外运量多，2000 年经铁路和公路向东部地区运输约 2.5 亿多吨，占全国产量的 1/4 以上。东部地区是中国的工业基地、经济中心、人口中心，西煤东运为中国的经济发展和工业化进程奠定了基础。"三西"煤炭东运主要由铁路运输，并且集中在北、中、南三大运输通道上。

（1）北通道有大秦、丰沙大、京原三条铁路，约承担西煤东运总运量的 55%，除供应京、津、冀地区外，大部分在秦皇岛港运海运，并有一定数量运往东北地区。新建的神木—黄骅铁路也是西煤东运的主要线路，煤炭在黄骅港转海运。

（2）中通道有石太铁路，约承担西煤东运总运量的 25%，大部分经石德铁路转青岛港海运。

（3）南通道有太焦、邯长、侯月和南同蒲铁路，约承担西煤东运总运量的 20%，经新菏兖日铁路从日照港转海运。

2. 西电东送布局

我国煤炭资源主要分布在西部和北部地区，水能资源主要集中在西南地区，东部地区的一次能源资源匮乏、用电负荷相对集中。能源资源与电力负荷分布的不均衡性决定了西电东送的必要性。"西电东送"把煤炭、水能资源丰富的西部省区的能源转化成电力资源，输送到电力紧缺的东部沿海地区。根据相关规划，"西电东送"包括三大通道。

（1）将贵州乌江、云南澜沧江和桂、滇、黔三省区交界处的南盘江、北盘江、红水河的水电资源以及黔、滇两省坑口火电厂的电能开发出来送往广东，形成"西电东送"南部通道。

（2）将三峡和金沙江干支流水电送往华东地区，形成中部"西电东送"通道。

（3）将黄河上游水电和山西、内蒙古坑口火电送往京津唐地区，形成北部"西电东送"通道。

二、油气地质勘探

（一）油气资源布局

1. 油气产地格局

至 20 世纪末，中国石油天然气资源分为五个大区。

（1）东部地区。东部地区共有 56 个含油气盆地和含油气地区。其中重要的有松辽盆地、渤海湾盆地、二连盆地、江汉盆地、苏北盆地等。东部地区预测石油资源量占全国资源量的 38.8%。截至 1994 年，探明储量占全国探明储量的 80.2%。原有产量 1.23 亿吨，占陆上原油产量的 88.7%；占全国原油总产量的 88.7%。

（2）西部地区。共有 27 个含油气盆地和含油气地区，占全国陆地总资源量的 28.3%。盆地天然气资源量为 10.74 万亿立方米，占全国总资源量的 24.8%。主要盆地有塔里木盆地、准噶尔盆地、吐哈盆地、柴达木盆地、酒泉盆地。其中新疆的三大盆地总面积 74 万平方千米，约占全国沉积盆地的 1/6，占陆上石油总资源量的 25%；天然气资源量占全国总资源量的 30%。

（3）中部地区。包括四川盆地和陕甘宁盆地，总面积 50 多万平方千米，产气地域大、层位多，天然气资源总量占全国天然气资源总量的 1/3。

（4）南方油气区。处于江南隆起区，有大面积分布的古生代沉积岩，有小型新生代沉积盆地和大中型中生代沉积盆地。但勘探程度较低，为我国石油天然气的远景资源区。

（5）海洋石油勘探开发区。中国有 300 多万平方千米的海域，油气资源丰富，但勘探程度很低，具有良好的发展前景。

20 世纪 80—90 年代，中国石油和天然气的探测储量大幅增加。截至 1995 年年底，全国累计探明油田 452 个。截至 1996 年年底，全国石油剩余可采储量 22.41×10^8 吨，比 1980 年增加 58%；天然气剩余可采储量达 7060×10^8 立方米，是 1980 年的 3.8 倍。历史数据显示，1949 年，全国原油产量只有 12 万吨，主要产自甘肃玉门和新疆独山子等几个油田。1978 年，原油产量突破 1 亿吨大关。至 20 世纪 90 年代中期，已形成 24 个油气生产基地，其中陆上 21 个，海上 3 个。开发油田 308 个。1995 年原油产量 1.50 亿吨，其中陆上原油产量为 1.41 亿吨，海上原油产量 841 万吨。历年累计采出原油 28.5 亿吨。原油产量前五名的大型油田是大庆（5600.7 万吨）、胜利（3000.2 万吨）、辽河（1552.3 万吨）、新疆（790.3 万吨）、南海东部公司（582.7 万吨）。

中国含石油天然气地层分布广泛，以中生代和新生代地层储量最多。陆上油气田大部分是河流—湖泊相的沉积。储集层以陆相砂岩为主。1995 年，天然气产量名列前五名的是四川（71.75 亿立方米）、大庆（22.90 亿立方米）、辽河（17.51 亿立方米）、胜利（12.85 亿立方米）、中原（11.02 亿立方米），这五个产地的产量接近全国总产量的 80%。

2. 西气东输规划

自 20 世纪 90 年代开始，石油勘探工作者在塔里木盆地西部的新月形天然气聚集带上，相继探明了克拉 2、和田河、牙哈、羊塔克、英买 7、玉东 2、吉拉克、吐孜洛克、雅克拉、塔中 6、柯克亚等 21 个大中小气田，发现依南 2、大北 1、迪那 1 等含油气构造，截至 2005 年年底，天然气地质储量 680 立方千米，可采储量 473 立方千米。长庆气区是西气东输气源接替区，天然气资源量超过 1 万亿立方米。中国中西部地区有六大含油气盆地，包括塔里木、准噶尔、吐哈、柴达木、鄂尔多斯和四川盆地。根据天然气的资源状况和勘探形势，国家决定启动西气东输工程，加快建设天然气管道。

西气东输气田勘探开发投资的全部、管道投资的 67% 都在中西部地区，工程的实施将有力地促进新疆等西部地区的经济发展，也有利于促进沿线 10 个省（自治区、直辖市）的产业结构、能源结构调整和经济效益提高。西气东输能够拉动机械、电力、化工、冶金、建材等相关行业的发展，对于扩大内需、增加就业具有积极的现实意义。

西气东输工程从 1998 年开始酝酿。2000 年 2 月 14 日，朱镕基同志亲自主持召开总理办公会，听取国家发展计划委员会和中国石油天然气股份有限公司关于西气东输工程资源、市场及技术、经济可行性等论证汇报。2000 年 8 月 23 日，国务院召开第 76 次总理办公会，批准西气东输工程项目立项。西气东输工程成为拉开西部大开发的标志性项目。

（二）勘探工作部署

1. 地质矿产部门

1982 年，地质矿产部研究和部署了第二轮石油普查工作，以"新地区、新领域、新类型、新深度"为重点，确立了"东部挖潜、发展西部、开拓海域、油气并举"的指导原则。1983 年，地质矿产部将五个石油勘探指挥部改为华东石油地质局、中南石油地质局、西北石油地质局、华北石油地质局和西南石油地质局；同时加强了海洋地质调查局的建设。直至 1997 年，经国务院批准，成立了中国新星石油有限责任公司。

早在 1979 年，地质部队伍重新进入松辽盆地不久，通过地震普查圈出含油构造 25 个，并在晚中生代断陷含煤盆地——梨树凹陷小五家子构造松南 13 井首次钻遇工业气流，打开了松辽盆地勘查气藏新领域。1981 年又在德惠凹陷万金塔构造万 5 井钻遇二氧化碳工业气流夹凝析油。1983 年，则在江苏泰兴黄桥地区通过苏 174 井发现了迄今中国最大的高产二氧化碳气田。1986—1987 年，围绕苏北黄桥和苏南句容两个重点地区，发现了一批圈闭构造。1976 年，在鄂尔多斯盆地北部乌兰格尔地区伊深 1 井和伊 1 井试获天然气流。1984 年 9 月，地质矿产部西北石油地质局 6008 井队在塔里木盆地东北沙雅隆起雅克拉构造沙参 2 井 5300 米井段的奥陶系白云岩中喷出高压高产油气流，这是塔里木盆地油气藏发现的又一次重大突破。20 世纪 80 年代以来，地质矿产部还在川东北、川西北发现了新的气田。地质部在海域的油气勘查也在这一时期有所突破。首次是 1979 年 8 月南海第四海洋地质调查大队在珠江口盆地珠 5 井打出了高产工业油流，为南海油气开发揭开了序幕。接着是 1981 年 3 月，勘探二号平台在东海龙井构造的龙 1 井发现高压气层及含油砂岩。1982 年 7 月，在同一构造的龙 2 井试获天然气流。1983 年，在平湖构造平湖 1 井试获工业油气流。1981 年 7～10 月，第二海洋地质大队"海洋二号"考察船调查台湾海峡，发现韩江凹陷、九龙江凹陷、晋江凹陷，预测了台湾浅滩南盆地的找油远景。1985 年，勘探三号平台在温州以东海域发现了第三系油层。

1986—1993 年，地质矿产部发现了平湖油气田、宝云亭油气田、塔里木盆地（雅克拉、阿克库勒、达里亚）及轮台等油气田。其中，1986 年 4 月在平湖构造平湖 2 井试获日产原油 303 立方米、天然气 64 立方米，1987 年 5 月在平湖构造平湖 3 井试获日产原油 239 立方米，天然气 51 立方米，1989 年 8 月在宝云亭构造宝云亭 1 井试获日产油 266 立方米，天然气 46 万立方米。90 年代在东海武北 1 井试获日产原油 588 立方米，天然气 26 万立方米，在断桥 1 井／黄岩 14-1 试获日产油 210 立方米，西湖凹陷孔雀亭 1 井试获日产油 283 立方米，天然气 36 万立方米。在平湖 5 井获日产轻质油 473 立方米，凝析油 103 立方米，天然气 68.6 万立方米。在新疆塔中麦盖提构造麦 4 井获日产油 107 立方米，日产气 1.8 万立方米。

20 世纪 80 年代至 90 年代初，地质部门重点加强了古生代海相成油区域的勘查。自 1970 年起，地质部门已组织力量对塔里木盆地开展了油气普查。在此工作基础上，1983 年 8 月 12 日，地质矿产部第一普查勘探大队正式在"沙参 2 井"井位开钻。1984 年 9 月，"沙参 2 井"发生强烈井喷，获高产油气流，日产油 1000 立方米、天然气 200 万立方米。1985 年年初，地质矿产部调集 6 个地区局（西北局、华北局、华东局、中南局、西南局、广州局）约 6000 人，在塔北开展了空前的找油大会战。陆续探明了雅克拉、达里亚、轮南、塔中 4、塔中 10、塔中 16 等系列油田，累计探明石油地质储量 3.78×10^8 吨，天然气地质储量 1372×10^8 立方米。1990 年 10 月，地质矿产部塔北油气勘查联合指挥部在艾协克构造部署了"沙参 3 井"，在古生界海相石炭系打出高产油气流，标志着塔河油田的发现。此外，在准噶尔盆地发现了乌尔禾等油田，并在盆地东部和腹部也相继有所发现，累计探明石油地质储量 14.2×10^8 吨、天然气 542×10^8 立方米。在鄂尔多斯盆地（陕甘宁盆地）陆续探明了油房庄、马坊、龙城等 19 个油田，累计探明石油地质储量 3.09×10^8 吨。陕甘宁中部探明天然气资源储量达 2300×10^8 立方米的气田。

与此同时，加速了海洋油气的勘查工作。20 世纪 70 年代末至 80 年代初，地矿系统的海洋地质调查局完成了《东海海区综合海洋地质初查报告》和东海海域 1∶300 万综合地球物理调查，认识到东海盆地的油气远景甚好。1982 年 3 月，"龙井二号"钻获日产天然气 14009.6 立方米，在东海大陆架首次取得重要发现。此后平湖油气田、春晓油气田的发现实现了东海油气勘查的重大突破。1983 年 4 月，"平湖 1 井"试获日产原油 174.34 立方米、天然气 40.84×10^4 立方米；1988 年 4 月，"平湖 4 井"试获日产轻质原油 1392.5 立方米、天然气 126.99×10^4 立方米；1992 年 9 月，"平湖 5 井"试获日产轻质原油 473 立方米、凝析油 103 立方米、天然气 68.6×10^4 立方米。1995 年 7 月，"春晓 1 井"钻获日产原油 196.4 立方米、天然气 161.6×10^4 立方米；1995 年 12 月，"春晓 2 井"试获日产原油 180.3 立方米、天然气 15×10^4 立方米。东海盆地油气田的发现不仅有巨大的经济意义，而且更好地维护了我国在东海的海洋权益。其间，南海油气勘查亦取得重要突破。在 1979 年 8 月南海珠江口盆地"珠 5 井"首次出油后，到 1993 年发现储油气构造 90 多个，探获石油地质储量 12.5×10^8 吨、天然气 2350×10^8 立方米。

2. 石油部门

1981—1985 年，石油工业部门在掌握东部地区复式油气藏分布规律和勘探方法基础上，进一步发现了胜利、辽河、大港、华北、中原等五个油区中 15 个复式油气聚集带或油田，规模均较大，新增探明储量较前一个五年计划时期增加了 8 倍。其中，胜利油田开发区通过复查处理老的地震、测井和油井资料，发现了数十个新的含油气区块，同时，还开拓出义和庄、桩西—五号桩等 6 片新的找油气地区。在辽河盘锦地区则探明了大量石油、天然气储量，使之成为中国第三位的油气田。这一时期，石油工业部门在找油找气方面的重大发现还有：在辽河油田新第三系中发现一批新的含油气区块和层系，在古生界中发现 35 个古潜山油藏；中原油田运用地震地层学、数字地震、油藏工程学技术勘探，发现黄河以南大面积的深层天然气，发现黄河以北约 400 平方千米不同时期的含油层系互相叠加连成一片，发现东濮凹陷胡状集油气富集区；在河南油田泌阳凹陷井楼地区，发现并探明了大面积浅层稠油气藏；在准噶尔盆地，证实了盆地西北缘克拉玛依—乌尔禾断裂带是一个大型的逆掩断裂复式油气聚集带，面积达 5000 余平方千米，已圈出四个找油领域，五套含油层系和多种油藏类型。同时在准噶尔盆地的东部火烧山、北三台地区也发现了五个含油构造；在柴达木盆地，继发现尕斯库勒油田后，又打出了老第三系高产裂缝型油气藏；在内蒙古二连盆地，1979—1981 年开展了石油会战，1981 年 9 月在盆地东部马尼特坳陷阿 2 号下白垩统安山岩中首获日产 27.1 吨的工业油流。1982 年 3 月在同一坳陷哈 1 号又获日产 76 吨自喷高产油流。1983—1984 年又连续在马尼特坳陷、额仁淖尔凹陷钻获工业油流。至此，在二连盆地发现了三个新的含油气带，在 16 个构造上获得工业油流，其中阿尔善地区已探明和控制了一批储量，至 1987 年，二连盆地探明储量达到了 8500 万吨；在四川川东和川中—川南过渡区发现了大面积的高产孔隙性含气储层；在辽东湾海域中央隆起带三个构造带发现高产油气藏，同时打开了渤海湾盆地 5000 米以下深层油气藏勘探领域。这一时期中国海洋石油总公司，在与美、法、英、日、德、意、澳等国合作勘查的基础上，在珠江口盆地发现了 11 个大、中型油气田，在北部湾盆地发现 8 个中小型油气田，探明储量达数亿吨。其中，1983 年 8 月在莺歌海盆地崖 B1–1–1 井获日产 120 万立方米高产气流。1984 年 9 月在南黄海南部坳陷常州 16–1–1 井获日产原油 2 吨。1985 年，在珠江口盆地西江 24–3–2 井试获日产原油 2000 吨，1983 年，在莺歌海崖 13–1–1 井获日产天然气 120 万立方米的重大突破，从而肯定了莺歌海大气田的价值，后经勘探证实天然气储量达到 1680 亿立方米。1987 年 1 月，在珠江口流花 11–1–1A 号试获日产油 356 立方米，控制面积 317 平方千米，控制地质储量 2.4 亿吨。2 月，又在珠江口陆丰 13–1–1 号试获日产油 1065 立方米。1988 年 3 月，在珠江口惠州 26–1–1 号试获日产油 4226 立方米，在文昌 9–2–1 号试获日产天然气 71 万立方米，凝析油 344 立方米。1989 年，在北部湾涠 10–34e–1 号试获日产油 824 立方米，天然气 2.2 万立方米。此外，1981 年 5 月，在渤海与日本合作的渤中 28–1–1 号发现了古生界潜山油藏，试获日产油 137 吨，产气 32 万立方米。1983 年 2—5 月，又在渤中 34–2–1 井第三系中试获日产原油 1366 吨，天然气 13 万立方米。1986 年 6 月，在辽东湾绥中 36–1–1 井老第三系试获日产天然气 31.7 万立方米，古生界灰岩古潜山风化壳试获日产原油 173 立方米，发现了一个地质储量超亿吨的海上油田。

进入 20 世纪 90 年代，中国石油天然气总公司所属队伍又在新疆库尔勒塔中 4 号油田钻获 2 口高产油气井，单井日产油 196～285 立方米，日产气 2.2 万～5.3 万立方米；在塔中 10 号构造石炭系东河砂岩获日产原油 210 立方米；在准噶尔古尔班通古特沙漠石西 1 号获日产原油 66.8 立方米；在四川达县南门场门 3 号石炭系获日产 118 万立方米高产气流；在四川七里镇五灵山构造石炭系获日产 116 万立方米高产气流；在陕甘宁盆地中部陕 150 号、155 号分别获得日产气 100 万立方米和 74 万立方米，陕 93 号获日产气 56 万立方米。在辽河油田葵花岛构造辽海 18-1-1 号获日产油 384 吨，天然气 39590 立方米，成为辽东湾浅海域第一口高产井。海洋石油总公司则在南海莺歌海盆地乐东 15-1 构造新第三系获日产气 73 万立方米。

（三）生油理论研究

在石油地质研究方面，这个时期主要以有机地球化学为中心，对生油岩地球化学指标、生油母质类型鉴别、成熟度及热演化阶段划分、油源对比诸方面做了大量研究，从而将中国陆相生油研究推进到一个新阶段。值得提出的重要成果有：1981 年中国科学院兰州地质研究所编著的《中国陆相油气的形成演化和运移》，1982 年黄第藩等编著的《中国陆相油气生成》和韩景行等撰写的《中国石油地质工作六十年的回顾和展望》。这些著作中均对陆相生油研究有比较全面系统的概括。在沉积相和沉积模式研究方面，20 世纪 70 年代后期由于石油勘探积累了大量资料，加之广泛引进和使用现代试验分析技术，使研究湖盆沉积环境有了可靠的科学基础。80 年代以后，应用测井、钻井、微相分析与地震地层学方法相结合，建立了中国湖盆沉积相模式，从而对今后预测生油、储油相带，寻找岩性圈闭油藏具有重要指导作用。这一时期，煤成气理论的研究也获得重大进展，从中国实际出发，论证了含煤地层也是油气源岩。新的时期，由于计算机技术、盆地模拟技术的广泛应用，使石油地质研究日益走向定量化。1981—1985 年，石油工业部预测全国石油远景资源量为 787 亿吨，天然气远景资源量为 33 万亿立方米。

第三节　黑色金属矿产地质勘探成就

一、铁矿地质勘探

我国铁矿资源经过 20 世纪 70 年代后期开展的全国富铁矿大会战，可以认为资源情况已基本查清。因此，80 年代除满足地方需要而开展的勘查外，国家重点铁矿勘查工作已经大幅度减少。从事铁矿普查勘探的员工已由 1978 年的 15% 下降到 1.9%。到 1984 年，更下降到 0.94%。铁矿科研工作基本停顿。这一时期发现的品位较富的大型铁矿是安徽庐江龙桥铁矿，它是 1985 年年初，安徽省地质局三二七地质队在用钻探验证 M4 化探异常时发现的含铜磁铁矿。后经 1985—1990 年普查勘探，探获铁矿石储量 1 亿吨，伴生铜金属储量 9 万吨，伴生黄铁矿 800 万吨，矿石含铁平均 44%。这一发现，可谓 80 年代在铁矿上的一个重大突破。除此以外，云南新平大红山铁铜矿也是在 70 年代末至 80 年代继续勘探的一个大型铁矿。该矿于 1979 年年末由云南地质局九队完成勘探工作提交了报告，但 1980—1981 年又补充了钻探及野外工作，1982 年编写正式报告，1987 年提交复审，1988 年被全国储量委员会批准探明铁矿石储量 4.6 亿吨，铜金属储量 135 万吨，另有伴生金 12 吨，银 84 吨。该矿区今后将成为中国重要的铜业基地之一。总计，中国铁矿已探明储量约 500 亿吨，产地 1800 余处。储量最多的是鞍山式的沉积变质铁矿，其次是岩浆岩型的钒钛磁铁矿。由此决定了中国铁矿资源的总体格局是贫铁矿多，富铁矿少，成分复杂难选冶铁矿多，易选冶铁矿少。

二、锰矿地质勘探

锰矿是一种重要的战略性矿产资源。锰主要用于钢铁工业、是炼钢过程中用量第二大的元素，对提升合金的性能发挥着至关重要的作用。中国是锰矿消费大国，但国内锰资源较少，且品质较差，其中一半以上来自进口。

20 世纪 80 年代，地质和冶金两部门加强了锰矿地质勘查工作，尤其是注意寻找富锰矿的工作。这一时期，较重要的成果有：1988 年，福建省地矿局闽西地质队发现了清流仁场富锰矿。总计，中国已探明锰矿储量约 6 亿吨，产地 200 余处，分布于 21 个省份，但总体来看贫碳酸锰矿多，富锰矿少。富矿占总储量约 7%，远不能满足建设需要。

三、铬矿地质勘探

随着改革开放政策的调整，寻找铬铁矿的队伍由 1980 年的 3297 人，减少到 20 世纪 90 年代的 300 余人，野外普查基本停顿。

中国的铬铁矿集中分布在新疆与西藏。新疆萨尔托海铬铁矿在 20 世纪 70 年代末及 80 年代又在火山岩盖之下的岩体中找到了 22 矿群及 24 矿群，探明储量 33 万吨，在地表无矿化显示的远景区找到 25 矿群及 26 矿群，探明储量 110 万吨。至此，该区总储量达到了 230 万吨。西藏罗布莎铬铁矿可分成东、中、西三段。西段罗布莎，1985 年已勘探提交储量约 400 万吨；中段香卡山，1989 年普查完毕，计算储量 60 万吨；东段康金拉，至今尚未正式评价。就全国情况来看，探明储量 1000 多万吨，产地 56 处，富矿约占总量的 50%。

四、钒钛矿地质勘探

中国的钛矿在 20 世纪 80 年代获得重大发现。其一是 1984 年云南地矿局第一地质大队在富民县大营发现钛铁砂矿，后经钻探证实为一基性岩风化壳型矿床。1985—1988 年由第一地质大队（后改为八一四队三分队）普查和详查，最后提交储量约 250 万吨。随后，第一地质大队、冶金三一二地质队在富民、武定、禄劝一带广泛普查又有了新的发现。至 1989 年，该地区探明钛铁矿储量近 2300 万吨。其二是 1987 年，江苏省地矿局地质研究所，通过研究新沂市蒋马榴辉岩体发现了金红石原生矿，后经地质六队 1988—1991 年在最有远景地段进行普查评价，提交了《东海县毛北—新沂市蒋马金红石普查报告》，证明该矿为一大型原生金红石矿，求获矿石储量约 1.7 亿吨，金红石储量 300 余万吨。中国的钛矿主要产于钒钛磁铁矿中，探明 TiO_2 储量 5.3 亿吨，其中 96% 分布在四川攀枝花地区；钛铁砂矿主要分布在云南和海南岛，以云南为最多；金红石矿以产于湖北枣阳者为中国之最，探明储量为 500 余万吨，其次即为江苏东海毛北金红石矿。

中国的钒矿，从 1949—1993 年，探明储量 2800 万吨，产地 100 余处，大部产于钒钛磁铁矿中，其中四川攀枝花地区占有总储量的 52%。独立的钒矿以产于寒武系底部石煤中的碳硅质岩型钒矿为主，储量约占总储量的 17%，以湖北丹江口杨家堡钒矿为代表。

第四节　有色金属矿产地质勘探成就

改革开放以后，在继续坚持以地质找矿为中心的同时，强调提高找矿效果和经济效益，因此有色金属矿产和贵金属矿产的找矿勘查都得以加强，找到了一批远景好、有效益的大、中型矿床。

一、铜矿资源勘探

黑龙江多宝山铜矿在 20 世纪 70 年代被认为是大型斑岩铜矿后，1979 年由黑龙江地质局第四地质队勘查到 1983 年完成详查及初勘，证实该矿确系大型斑岩铜矿。进入 20 世纪 80 年代，地质矿产部、有色金属工业总公司和中国科学院有关研究所和地质勘探单位进一步加强铜矿床研究，深入总结成矿理论和找矿模式，因而陆续找到了一批大、中型铜矿床。其中通过普查发现的较重要矿床有：1978 年，黑龙江冶金七〇六地质队发现的内蒙古呼伦贝尔盟乌奴格吐山大型斑岩铜钼矿；1982 年 3 月，湖北省地质局鄂东南地质队发现的湖北大冶鸡冠咀大型铜金（硫）矿Ⅲ号隐伏矿体；80 年代中期新疆地矿局第四地质队发现的哈巴河县阿舍勒块状硫化物大型铜矿；1978 年新疆地质局第四地质队发现并于 1978—1987 年勘探完毕的富蕴喀拉通克大型铜镍矿；1977 年航测发现，1982—1985 年经新疆地矿局第六地质队普查的哈密黄山中型铜镍矿；1984 年新疆地矿局第二区调队发现的富蕴县索尔库都克中型铜钼矿；1981—1982年，福建省地质局闽西地质队首先在福建上杭紫金山地区寻找金矿时发现了铜矿，直到 1987 年在深部钻孔中发现大量铜矿后，才确认了上杭紫金山大型铜金矿。80 年代中后期至 90 年代，有色金属工业总公司西南地质勘探局勘探队发现和勘查了云南河口至金平的龙脖河铜矿，初步控制矿化带长达 50 千米，预计铜金属量远景可达 50 万吨；80 年代西南有色地质勘探局三〇四地质队发现了云南兰坪金满富铜矿床；80 年代中期，广东省地矿局七二三地质队发现了广东梅县玉水中型富铜多金属矿。此外，通过在老区扩大找矿勘探发现的重要矿床有：1969 年，安徽省地质局三二一地质队在铜陵矿区发现了大团山铜矿；1979—1993 年，江西有色地质勘探局一队在江西德兴银山地区不断勘查验证，扩大了德兴银山铜矿的规模，证实了银山为一大型隐伏铜铅锌银金矿，其中仅 1990—1992 年即在该区探获铜金属储量 60 万吨；1981 年，中南冶金勘探公司六〇四地质队在湖北阳新鸡笼山南缘发现了隐伏金铜矿；1988—1990 年，西南有色地质勘探局三一四地质队在云南东川稀矿山通过深钻揭露和扩大了该铜矿，使之上升为中型铜矿；90 年代，西南有色地质勘探局三一四地质队等在云南东川铜矿新探明铜金属储量 80 万吨，加上该区以往探明的 340 万吨储量，使东川铜矿资源总量已近500 万吨；自 1988 年起，青海省地矿局第七地质队与有色地质勘探局第八地质队分别对果洛德尔尼铜钴矿扩大勘查，从而证实该矿为一大型铜钴矿床；1990—1993 年，青海地矿局第三地质队对兴海赛什塘铜矿深部及周边进行普查，证实该矿为一中－大型铜多金属矿；90 年代初，甘肃冶金五队对肃南桦树沟铁铜矿扩大勘查，控制了铜金属储量 20 万吨，估算该矿远景可达 50 万吨。

二、铝土矿资源勘探

1979 年以后，是中国铝土矿地质勘查工作新的发展时期，1979—1990 年，从事铝土矿地质工作的队伍从 4000 人增至 9000 人，1979—1993 年，完成钻探工作量约 75 万米，新探获铝土矿储量约 10.6 亿吨，从而使中国铝土矿累计探明储量在 1993 年达到了 22 亿吨。这个时期，山西省地矿局和山西冶金勘探队伍首次在晋西北保德、兴县和晋西柳林、中阳发现 10 处大中型铝土矿，其中富矿储量占 60%。就全国而言，这一时期发现和探明的大型、特大型铝土矿床产地主要有山西孝义西河底、孝义克俄，山西交口，贵州清镇猫场，贵州遵义后槽、仙人岩，贵州务川地区，广西平果那豆，广西靖西大邦—龙和。其他规模较小的铝土矿产地尚有贵州道真、正安地区，四川南川地区等。

三、铅锌矿资源勘探

20 世纪 80 年代，由于国际市场上对含铅汽油的限用，锌的价格已超过铅的价格，而中国的铅锌矿又大多以锌为主，加之世界白银市场看好，银又多与铅锌共生，因此在 80—90 年代，中国又相继找到或探明了不少大型铅锌银矿床。其中重要的有地质矿产部门探明的云南兰坪铅锌矿、云南鲁甸乐马厂银矿、云南蒙自白牛厂银铅锌矿、四川白玉呷村银铅锌矿、四川巴塘夏塞银铅矿、内蒙古固阳甲生盘铅锌硫矿、内蒙古白音诺铅锌矿、内蒙古额仁陶勒盖银矿、河北张北蔡家营铅锌矿、吉林四平山门银矿、广东高明富湾银矿、广东廉江庞西垌银矿、山西灵丘太白维山银锰矿、辽宁建昌八家子吴家屯铅锌银矿、江西贵溪冷水坑银铅锌矿、陕西旬阳四人沟—南沙沟铅锌矿；有色金属工业总公司地质勘探部门探明的甘肃西成地区特大型铅锌矿、福建尤溪梅仙铅锌银矿、内蒙古呼盟地区甲乌拉—查干布拉根银铅锌矿、辽宁凤县高家堡子银多金属矿、河北丰宁牛圈银（金）矿等。

四、钨矿资源勘探

中国钨矿探明储量 637.51 万吨，其探明储量中白钨矿约占 2/3、黑钨矿占 1/3，总量为全球其他各国钨矿总储量的 3 倍多。产地 251 处，分布于 22 个省份，但其中 55% 的储量集中在湖南、江西两省。80 年代发现和评价的大型钨矿产地主要是江西修水香炉山、湖南汝城砖头坳。1994 年，中国钨精矿产量 5.24 万吨，湖南、江西两省占 77%，其中一半用于出口。至 1999 年，全国发现钨产地 259 处，累计探明储量 648.5 万吨，保有储量 528.19 万吨。

五、锡矿资源勘探

1979 年，广东省地质局七〇四地质队发现信宜银岩斑岩锡矿，经五年勘探证实为一大型斑岩型锡矿。1982 年，华北有色地质勘探局综合普查大队发现了内蒙古林西县大井锡银矿。20 世纪 80—90 年代，广西有色地质勘探局二一五地质队在广西大厂锡矿又探明了一处特大型富锡矿（105 号矿体）。70 年代后期至 80 年代中期，云南省地质局第四、第五地质队及西南冶金地质勘探局三一〇地质队在滇西腾冲—梁河地区找到和探明了一批中型锡矿床，矿点分布范围较广，从而证实滇西锡矿带是东南亚锡矿带的北延部分。与此同时，西藏地矿局第一地质大队也在该带北延部分藏东昌都类乌齐找到了锡矿；江西地矿局物化探大队在会昌岩背找到并勘查了一个大型锡矿。

六、钼矿资源勘探

我国已发现的钼矿床有四种类型：①斑岩型。储量占全国总储量的 56%。代表性矿床有陕西金堆城单钼矿床。②矽卡岩型。储量占全国总储量的 39%。③脉型。代表性矿床有浙江石坪川单钼矿。④沉积型。包括砂岩型钼矿和黑色页岩型钼矿。代表矿床有贵州兴义大际山钼矿和湖南大庸天门山钼矿。截至 1994 年，中国已探明钼矿储量 860 万吨，占世界总储量的一半以上。产地 230 处，遍及全国各省区，其中近 60% 集中在河南、陕西、吉林 3 省。已开发矿区 103 处，年产钼精矿 4.75 万吨，其中 75% 集中在辽宁杨家杖子、陕西金堆城、河南栾川，每年产量的一半用于出口。

七、锑矿资源勘探

20 世纪 80 年代，有色地质勘探部门发现和勘探了贵州独山半坡及广西榕江八蒙等大、中型锑矿。90 年代，湖南地矿局四一八地质队发现和勘查了湘中白茅溪、梓木冲大型富锑矿。

八、钴矿资源勘探

钴矿通常是以伴生成分产于铜矿、镍矿和铁矿中。中国钴矿床类型可分成四大类九亚类：①岩浆型，又分为硫化铜镍型和钒钛磁铁矿型。前者如甘肃金川铜镍矿，伴生钴14万吨，品位为0.034%；后者如四川攀枝花钒钛磁铁矿。②热液型，又分为夕卡岩铁铜钴矿，储量占中国钴矿总量的29%，如河北邯邢、湖北大冶、安徽铜陵等矿床；脉状多金属钴矿，主要为铜、锌矿石中的伴生钴，矿床多与钙碱性、中酸性小侵入体有关。③沉积型，又分为火山、火山碎屑沉积（变质）铁铜钴矿，储量占中国钴矿总量的14.6%，如山西中条山篦子沟、青海玛沁德尔尼、海南石碌、四川会理拉拉厂等矿床；沉积变质砂页岩铜钴矿，储量占2.1%，矿床多形成于前寒武纪，多为小矿床。④风化型，包括红土镍钴矿和钴土矿两个亚类，前者如云南元江—墨江镍钴矿，后者如川、黔、滇地区峨眉山玄武岩风化壳钴土矿。中国钴矿资源总量在100万吨以上。至1994年年底，探明储量约53万吨，产地161处，分布于24个省份，其中甘、新、青、晋、川、琼6省份储量约占全国的1/2以上。

九、汞矿资源勘探

1980年，陕西省地质局第一地质队发现了旬阳青硐沟大型汞矿，同时探明了旬阳公馆汞矿之北矿带，从而使旬阳地区汞矿储量仅次于贵州跃居全国第二位。1984年，青海地矿局化探队发现了玛多苦海地区大型汞矿床。

第五节 贵金属地质勘探成就

一、金矿资源勘探

1979年以后，由于政府十分重视金矿地质工作，使中国金矿地质勘查进入了一个新的发展时期。特别是1985年国务院设立了黄金领导小组，国家黄金局开始建立金矿地质勘查基金，实行金矿储量承包以后，金矿的地质勘查更有了巨大的发展，嗣后即发现和探明了一大批新的金矿产地。其中，仅 1986—1990 年就发现金矿产地 400 余处，全国除津、沪地区外，各省、区均有了金矿产地。截至 1993 年，中国探明金矿储量已突破 5000 吨，其中，后 15 年（1979—1993）探明的储量为前 30 年探明储量的 2.6 倍。1979—1993 年，各部门发现和勘查的重要大型岩金矿产地有山东大尹格庄、仓上、平邑归来庄，河南洛宁上宫，河北崇礼东坪，陕西太白双王、凤县八卦庙、潼关鸡架山，甘肃玛曲大水，新疆伊宁阿希，四川松潘东北寨，云南镇沅老王寨，贵州贞丰烂泥沟、兴仁紫木凼、安龙戈塘，广东高要河台、高要长坑，海南东方二甲、抱板，江西德兴金山，辽宁阜新排山楼，吉林柳河香炉碗子，内蒙古敖汉旗金厂沟梁、包头哈达门沟。重要大型砂金矿产地有西藏申扎县崩纳藏布，黑龙江漠河兴隆沟、古莲河、呼玛吉龙沟，四川广元嘉陵江，陕西汉中，青海称多扎朵。除上述外，许多老矿区的金矿勘查也取得了新进展：山东焦家金矿通过深部扩大勘查，矿区储量已超过 100 吨；豫西地区金矿通过进一步勘查，发现了第二个金矿带；吉林桦甸夹皮沟金矿，也在深部扩大了矿床规模。

二、银矿资源勘探

我国银资源以铅锌铜等矿床的伴生元素为主，只有少量的独立银矿床。典型的有额仁陶勒盖银矿、山门银矿、冷水坑银铅锌矿。

1982 年，地质矿产部在广西博白召开了第一次全国银矿地质工作会议，使银矿地质勘查得以加强。80 年代中期中国有色金属工业总公司又建立了白银地质勘查基金，进一步推动了银矿的勘查和地质科研工作。云南蒙自白牛厂、鲁甸乐马厂，广东高明富湾，湖北竹山银洞沟，江西贵溪冷水坑，吉林四平山门，内蒙古新巴尔虎旗额仁陶勒盖，山西灵丘支家地，河北丰宁牛圈等一大批大型银矿或富银矿床，就是在这一时期勘查发现，或是在原有基础上得以扩大的。

截至 1991 年年底，白羊、穿心洞和对门山 3 个矿段已控制银矿储量近 5000 吨，铅锌 200 万吨，锡和铜分别在 10 吨以上。

第六节　稀有、稀土、稀散金属矿产与放射性矿产地质勘探成就

一、三稀矿种勘探

20世纪80—90年代初，地质矿产部门的主要勘查成果是发现和勘查了南岭地区一批中国特有的淋积型重稀土矿床，其中较重要的产地有：广东五经富—五房、优胜、寨背顶、佐坑，江西七〇一，湖南姑婆山、益将等。其次是进一步勘查评价了内蒙古扎鲁特旗801稀有、稀土矿床；普查评价了藏北扎布耶茶卡盐湖锂矿，与德意志联邦共和国合作勘了湖南长沙县望湘地区的铌钽矿床，广东广宁横山钽矿。80年代中期，由地质矿产部青岛海洋地质研究所为主调查完成的《中国滨海砂矿研究报告》，于1987年3月通过了评审验收，报告系统论述了中国滨海砂矿的分布规律，成矿条件及开发战略。

1991年，四川石棉县大水沟群众采黄铁矿时发现一未知矿物，经峨眉矿产综合利用研究所鉴定为富含碲的辉碲铋矿，在投资者四川有色稀贵金属公司杨百川的推动下，经四川省地质矿产勘查开发局科研所及攀西地质大队、成都理工学院、中国地质科学院矿床地质研究所等几年的勘查和研究，证实该矿为当今世界上罕见的独立富碲（铋、金）矿床。

20世纪80年代，四川省地质矿产勘查开发局二〇五地质队发现了铜梁玉峡、大足兴隆两个大型天青石（锶矿）矿床。

青海省地质矿产勘查开发局第五地质队则在柴达木盆地西部发现和探明了大风山、尖顶山两个特大型天青石矿床，储量近2000万吨。

总之，1949—1993年，中国已探获储量的稀有金属矿产资源有铌、钽、铍、锂、锆、铪、铷、铯、锶等九种，产地近500处，它们是电子工业、国防尖端工业及航空航天工业不可缺少的原料，但其中除锂外，均为多组分共生、伴生，矿物颗粒细，单元素含量较低，选冶难度大。中国已探获稀土金属储量居世界第一，矿区约80处，其中轻稀土集中于内蒙古白云鄂博矿及扎鲁特旗八〇一矿；重稀土和中稀土则集中于南岭地区。它们均系中国所特有的稀土矿床。中国已探获储量的分散元素有锗、镓、铟、

铊、铼、镉、钪、硒、碲等，除碲为独立矿床外，其他多分别赋存于铝土矿、煤矿、铅锌矿、多金属矿、稀土矿及钒钛磁铁矿中。

二、放射性矿种地质勘探

中国开发铀矿，提取铀燃料始于 1957 年。1964 年和 1967 年分别试爆第一颗原子弹和第一颗氢弹，并在赣、湘、粤、桂建成铀矿资源基地。1983 年动工兴建第一座核电站——浙江秦山核电站，于 1991 年建成并网发电。1993—1994 年，广东大亚湾 2 个 90 万千瓦发电机组也竣工投产；截至 1994 年年底，全国核电装机 210 万千瓦，发电量 140 亿千瓦时，占全国发电总量的 1.5%。

1979 年以后，中国的铀矿地质勘查工作加强了对区域地质和成矿远景区带的研究、评价和总量预测工作。把探索新的铀矿类型，开辟新的成矿远景区，积极寻找大矿富矿，同时也要注意扩大老矿区的远景，作为新时期找矿的基本任务。1980 年 5 月，第二机械工业部三局在长沙召开地质工作会议，要求加强区调、普查、揭露评价和科学研究。同年，即调集 14 个地质大队、3 个研究所，共 3500 人，采取区调、普查、水化学、地质揭露、科研几个方面相结合的方法，对华北地台 170 余万平方千米开展大规模的区域地质调查，终于很快探明了品位较富的辽宁连山关铀矿床，开辟了河北张北沽源铀矿成矿远景区。与此同时，也加强了赣杭构造成矿带、雪峰 – 九岭成矿带等全国其他主要铀矿成矿远景区带的区调和普查工作，取得了系统丰富的资料，为选择有利的普查区提供了依据。1984 年以后，铀矿地质部门的管理机构改称核工业部地质局，1988 年以后又改为中国核工业总公司地质局。20 世纪 80 年代，铀矿地质部门勘查的主要成果是查明了华北地台铀矿形成的区域地质背景，发现了一批有前景的矿带和矿点。地质矿产部的主要成果是查明了川西北 – 甘肃南部碳硅泥岩型铀矿床。在地质研究方面，胡绍康等就华北地台太古宙基底演化特征和古元古代含铀建造分布特点与世界同类著名产铀区进行对比研究，获得了较好的效果。同时，华东 270 所对赣杭构造带，西北 203 所对龙首山成矿带，中南 230 所对雪峰 – 九岭成矿带，东北 240 所对青龙成矿区，也开展了多学科的综合研究与成矿预测，取得了较好的成果。在找矿方法上，80 年代兴起了伽马能谱测量，采用第二机械工业部研制的野外四道能谱仪，解决了在野外定量测量铀、钍、钾的含量问题，提高了找矿效果。在利用氡法找矿中，研究推广了 α 卡法、活性炭法、氡管法及相应的野外测量仪器。此外，还研制成功不用液氮的氦质谱仪及野外使用的离子泵轻便测氦仪，提供了深部找矿的手段。截至

1993 年，在中国各省（自治区、直辖市）都开展了程度不同的铀矿普查，共完成普查面积 300 多万平方千米，航空放射性测量 180 万平方千米，发现了数千个铀矿化点，探明了约 205 个铀矿床，中国大陆已有 22 个省（自治区、直辖市）探明有铀矿储量，江西、广东、湖南、广西、河北、辽宁等省（自治区）是主要的铀矿资源基地。

第七节　重要非金属矿产地质勘探成就

一、勘探历程

20 世纪 70 年代后期，中国市场对非金属矿的需求日益增长。为了推动非金属矿产资源找矿勘查工作，1980 年 10 月，地质部在天津召开了第一次全国非金属矿产地质工作会议，对随后的非金属矿产找矿勘探工作做了全面部署，并且大力加强了非金属矿的测试技术和应用研究，重视物探化探方法在非金属矿找矿中的应用，导致在各省（自治区、直辖市）迅速发现了一大批有工业价值的矿产地。诸如钠基膨润土、凹凸棒石粘土、海泡石粘土、伊利石粘土、累托石粘土、地开石矿、涂布级高岭土矿、沸石、珍珠岩、硅灰石、蓝晶石类矿床（包括蓝晶石矿、夕线石矿、红柱石矿等）、硅藻土、蓝宝石等，大都是在此之后发现的。同时重视和开展了用电法寻找黄铁矿，用重力法找盐矿、石膏矿，用能谱测井确定井中的岩盐和钾盐层位，用测井方法测定磷矿、萤石矿的位置和厚度，用电测深方法圈定膨润土矿赋存盆地的边界及矿藏深度，用化探方法圈定硼矿和重晶石矿的异常等。1988 年 5 月，地质矿产部又在北戴河召开了第二次全国非金属矿产地质工作会议，重点是部署短缺矿种的找矿工作和加强非金属矿应用基础和应用技术研究。从此加快了中国非金属矿开发的步伐，加快了非金属矿由资源优势转化为经济优势的进程。

截至 1993 年，中国已探获储量的工业矿物岩石（即非金属矿产）约有 90 种，占世界已知工业矿物岩石 200 余种的 40%，矿产地有 4000 多处，是世界少数非金属矿产资源丰富的国家之一。其中，菱镁矿、萤石、石墨、滑石、重晶石、石膏、膨润土、硅藻土的储量居世界前列，磷矿、黄铁矿、岩盐、芒硝、石棉、耐火粘土、沸石、珍珠岩、石灰岩、建筑石材的储量也在世界上占有重要地位。

二、勘探进展

这一时期，非金属矿地质勘查工作中的重大发现和重要进展如下。

（一）化工原料矿产地质勘探

1. 磷矿地质勘探

20 世纪 80 年代，云南省地质局第一地质大队与四川省地质局二〇七地质队对滇中、滇东北、川西南的寒武纪沉积磷矿开展了系统的资源远景调查，查明了澄江、晋宁、安宁、德泽、雷波、马边、甘洛、汉源一带的磷矿分布、富磷矿地段和成矿条件，证实该区为东亚最大的成磷带，预测该区资源远景可达 250 亿吨。与此同时，还勘探了云南安宁草铺、海口桃树箐，四川马边老河坝、汉源、富泉、市荣、椅子山等一批磷矿床。

2. 黄铁矿地质勘探

1979 年至 20 世纪 80 年代初期，安徽地质局三二七地质队在庐江地区普查铁矿时，发现并评价了与庐江大鲍庄铁矿共生的大型中、高品位黄铁矿床。

3. 硼矿地质勘探

这一时期，我国已在辽吉地区和青藏高原发现硼矿。矿床类型有三种：①沉积变质型。产于辽吉地区的新太古界大理岩中，矿石品位（B_2O_3）7% ~ 14%。②盐湖型。多分布于青藏高原半干 – 干盐湖中，矿石以硼砂为主。③矽卡岩型。分布于江苏、浙江、湖南、广西、云南诸省（自治区），矿床虽规模小，矿石品位低，但有一定工业价值。截至 1994 年年底，中国探明硼储量（B_2O_3）5000.3 万吨，产地 59 处，分布于 14 个省（自治区、直辖市），其中 90% 以上集中在辽宁、吉林、青海、西藏。到 20 世纪 90 年代中期，中国硼矿仍不能满足本国的需要，年进口硼制品 1 万余吨。

辽宁省东部地区的硼矿资源丰富，是我国的重要硼矿开发基地，到 20 世纪 90 年代，已发现大小硼矿（点）近百处。截至 1990 年年底，探明矿产地 15 处，累计探明 B_2O_3 2666 万吨，其中工业储量占全国总储量的 58%。硼矿产于早元古界辽河群里尔峪组下部的变质岩系中，其中的大型矿床有翁泉沟、二人沟、栾家沟、五道岭、后仙峪五处。

4. 盐类矿产地质勘探

20 世纪 80 年代，地质矿产部门对四川盆地、山东大汶口盆地、江西清江盆地、安徽定远盆地、洪泽盆地、苏北淮安盆地、陕北盆地、新疆库车盆地、云南安宁盆地、河南桐柏盆地、广东龙归等新生代成盐盆地开展了新一轮以找钾为目标的资源远景调查，同时辅以必要的钻探验证和能谱测井。调查发现，除在洪泽盆地探钾的钻孔中发现厚约 1 米的天然碱外，其他地区在 1500 米以浅均不具备形成钾盐矿床的条件。地质矿产部门还组织青海省地质矿产勘查开发局一队对柴达木盆地察尔汗盐湖的含钾卤水和晶间卤水重新开展了系统的勘探评价和卤水抽排试验，证实该区氯化钾工业储量 2 亿吨，远景储量 3 亿吨（折合 K_2O 共约 3.1 亿吨），据此成果，已建成年产 20 万吨规模的钾肥厂。1982 年，四川建材地质队在渠县农乐首次发现浅层杂卤石（硫酸钾）矿，经勘探证实为一小型杂卤石矿床。

1996—2000 年，由中国地质科学院矿床地质研究所与中国地质大学（北京）、新疆地质矿产局第三地质大队，中国地质科学院水文地质工程地质研究所等合作，发现了罗北凹地超大型钾盐矿床，资源储量 2.5 亿吨，是世界上最大的硫酸盐型卤水钾盐矿床，可以生产高附加值的硫酸钾产品，潜在经济价值人民币 5000 余亿元。这一成果被认为是 40 多年来我国找钾工作的重大突破。

5. 制碱灰岩地质勘探

20 世纪 80 年代，地质矿产部门在山东淄博、河北唐山、江苏铜山探明了几个大型制碱石灰岩产地。

6. 重晶石地质勘探

这一时期发现了贵州天柱大河边特大型重晶石矿，经勘查储量达 1 亿吨之多。

7. 膨润土地质勘探

20 世纪 80 年代，地质矿产部门在各省（自治区、直辖市）大力开展膨润土的普查工作，获得了重大突破，先后在浙江临安，江苏句容，吉林九台、刘房子，内蒙古兴和，河北宣化，河南信阳，新疆托克逊、夏子街，甘肃金昌，湖北武昌，广西宁明等地发现了一批优质大、中型膨润土矿，同时还在临安平山钙基膨润土矿之下发现了中国第一例钠基膨润土矿，经勘查探获储量 7000 万吨。与此同时，吉林刘房子与内蒙古兴和高庙子也发现了钠基膨润土。

（二）冶金辅助原料矿产地质勘探

1. 萤石地质勘探

这一时期重要的萤石矿发现有苏莫查干敖包萤石矿。1980 年，内蒙古自治区地质局发现了该矿床。1986—1987 年，该队对苏莫查干敖包萤石矿床进行了勘探，提交了萤石矿资源储量，规模为大型。为当时中国已知最大的萤石矿床。

2. 菱镁矿地质勘探

菱镁矿不仅是提炼镁金属的重要原料，更是制造高级绝缘材料、耐火材料的主要原料。主要分布在东北、华北以及新疆、西藏、四川等地区。成矿时代为太古宙和元古宙。已发现的矿床类型有三种：①沉积变质型。约占国内总储量的95%，主要分布于辽宁海城、营口一带。②热液型。多种中、小矿床，甘肃、青海、新疆、西藏均有分布。③风化淋滤型。见于内蒙古地区。中国菱镁矿资源远景约80亿吨，到1994年年底探明30余亿吨，年产量787.4万吨，约占世界总产量的30%。

（三）宝、玉石类矿产地质勘探

1. 金刚石地质勘探

20世纪80年代，地质矿产部门大力开展了天然金刚石矿产普查和金刚石成矿地质条件的深入调查研究工作。普查工作遍及山东、辽宁、贵州、山西、河北南部、河南北部、苏北、湖北、江西、陕北、川西、滇东、新疆巴楚等地区。并且还在最早发现金刚石的鲁西南、辽东和黔东预测有找矿前景的地区，与英国第比尔斯集团公司运用重砂普查和标志伴生矿物测定方法，合作勘查金刚石。虽然较深入地研究了这些地区金刚石生成的地质背景，但没有发现新的有工业价值的金刚石矿床。

2. 宝玉石地质勘探

20世纪80年代，地质矿产部门大力加强了宝玉石勘查研究工作，1983年组建了北京宝玉石鉴定研究室，有力地推进了宝玉石的鉴定与找矿工作。从而相继发现和勘查了一批宝玉石产地，重要成果有福建明溪蓝宝石、海南蓬莱蓝宝石、山东临朐－昌乐蓝宝石、云南元江红宝石、河北张北橄榄绿宝石、江苏东海镁铝榴石红宝石、新疆布尔津绿榴石宝石、内蒙古林西巴林石及西藏班戈银措大型紫水晶矿等。与此同时，地质矿产部门还查明了辽宁岫岩玉，河南南阳独山玉、密县玉，新疆和田玉的成矿条件和赋矿规律。扩大了湖北绿松石、辽宁凌源玛瑙石、浙江青田石、内蒙古昌化鸡血石、福建福州寿山石、山东莱州石、湖南浏阳菊花石、广东端砚石、安徽歙砚石等矿区的远景，找到了已经失传的古松砚石产地。

（四）建筑材料及其他非金属矿产地质勘探

1. 石墨地质勘探

1980—1984年，黑龙江省地矿局第一地质调查所通过4年多的普查勘探，查明了鸡西柳毛特大型晶质石墨矿床，从而使中国的石墨储量跃居世界前列。

2. 石膏地质勘探

中国东北地区一向缺少生产水泥和新型建筑材料必需的石膏矿。20世纪80年代，地质矿产部门从分析沉积岩相古地理入手，在吉林通化浑江和辽宁本溪火连寨的寒武纪地层中发现了具有工业价值的石膏矿。同时，建材地质部门也在辽宁辽阳荣官屯发现和探明了有工业价值的石膏矿，从而填补了该区的空白。

3. 水泥灰岩原料地质勘探

20世纪80年代，建材地质部门重点为安徽铜陵、江西瑞昌、山东邹县、广东云浮等大、中型水泥厂探明了资源。地质矿产部门在海南路千岭探明了大型水泥石灰岩及粘土矿床。

4. 石英砂矿地质勘探

1981—1983年，福建地质局闽南地质大队勘探查明了中国已知最大的优质滨海石英砂矿——福建东山山只砂矿，探获储量近2亿吨，为中国玻璃工业的发展提供了质优量大的原料。同时，建材地质部门也为辽宁凌源、山东沂南、甘肃兰州等大、中型玻璃厂探明了石英原料产地。

5. 硅藻土地质勘探

20世纪80年代，地质矿产部门和建材地质部门先后在许多省开展了硅藻土普查，并在吉林、浙江、广东、黑龙江、云南、四川、山东等省找到了许多矿床，其中重要的产地有吉林长白、山东临朐、浙江嵊县、云南寻甸及腾冲、广东徐闻等。

6. 珍珠岩地质勘探

1984年，河南省地质矿产勘查开发局第三地质队探明了信阳上天梯特大型优质珍珠岩矿，储量达4000万吨。

7. 硅灰石地质勘探

从1980年开始，地质矿产部门在吉林、江西、湖南、浙江、江苏、安徽、青海等省，找到和探明了一批重要的硅灰石矿。其中以吉林磐石长崴子、延吉（龙井市）细鳞河、梨树大顶山等地所产硅灰石质优量大，最具有代表性。

8. 高岭土地质勘探

20世纪80年代，地质矿产部门先后在广西合浦，湖南汨罗，广东茂名、潮州，福建龙岩东宫下、同安郭山，辽宁东沟，山西怀仁等地找到了一批大型优质高岭土矿，其中前三处均系优质涂布级高岭土，从而扭转了中国优质造纸填料紧缺的局面。

9. 累托石粘土地质勘探

1980 年，江西地质局九一六地质大队，湖南地质局四〇二地质队经过普查，发现了江西乐平、湖南浏阳地区产于二叠系灰岩中的海泡石粘土矿，随后开展普查评价，提交了矿石储量。与此同时，安徽地质局三一二地质队，江苏地质局第一地质队、区调队也分别对安徽嘉山、来安、天长，江苏六合、盱眙等地产于第三纪玄武岩风化壳中的凹凸棒石粘土矿开展了普查评价。

1983 年，湖北省地矿局实验室与鄂西地质队发现了钟祥杨榨大型累托石粘土矿，随后，湖北省地矿局八队又发现了南漳大坪中型累托石粘土矿。

10. 叶蜡石地质勘探

20 世纪 80 年代，福建省地质矿产勘查开发局接受联合国资助，与意大利合作勘查了福州峨嵋大型叶蜡石矿，储量达 600 万吨。

11. 刚玉地质勘探

1980 年，西藏地质局综合普查大队评价了曲水县娘规大型刚玉矿。

12. 绢英岩地质勘探

1980 年，陕西建材地质队，通过分析研究洛南县绢英岩，提供了新的节能陶瓷原料。

13. 大理石及花岗石地质勘探

1979 年以后，由于建筑市场蓬勃发展对饰面石材的迫切需要，中国以建材地质部门为首的各地质部门至少在 15 个省（自治区、直辖市）开展了大理石、花岗石的勘查工作，从而发现和查明了一大批优质建筑石材产地。如辽宁建材地质队在 1979 年探明的"丹东绿"；20 世纪 80 年代初浙江、湖南建材地质队发现的"杭灰""双峰黑"等。1986 年，湖南建材地质队探明的"水芙蓉"花岗石，吉林建材地质队探明的"磐石黑"花岗石。现今已知著名的大理石品种有北京房山玉、河北曲阳玉、山东掖县雪花白、辽宁丹东绿、四川宝兴白玉、江苏宜兴玉、浙江杭灰、广西桂林墨、湖南双峰黑、贵州晶墨玉、云南云石等。已知著名的花岗石品种有四川宝兴中国红、米易绿，山西贵妃红，山东济南青、莱芜黑，吉林磐石黑，广西岑溪红，湖南水芙蓉等。

第八节　地质找矿重大突破

在 20 世纪的后 20 年，是中国乃至全球地质找矿的萧条期。这一时期，我国的地质工作者持之以恒，攻坚克难，取得了多项在国内外有重要影响的找矿成果。

一、煤矿资源勘探新进展

20 世纪 80—90 年代，我国的煤炭资源勘查不断传来捷报。其中，东胜煤田即是典型的代表。该矿位于内蒙古自治区伊克昭盟境内，北起杭锦旗塔拉沟乡、达拉特旗高头窑乡，南到陕西省界，西始于东胜市漫赖乡、伊金霍洛旗新街镇一线，东至准格尔旗暖水乡、五字湾乡的延安组出露区。矿区南北长 100 千米，东西最宽 100 千米，面积为 8790 平方千米，所跨地域属一市四旗（东胜市、杭锦旗、达拉特旗、准格尔旗、伊金霍洛旗）。东胜煤田，东与准格尔煤田毗邻，向南延伸至陕西省榆林地区（神木、府谷），组成了中国最大煤－东胜－神府煤田。东胜煤田主要含煤地层为中下侏罗统延安组，含煤地层平均厚度为 206.56 米；可采煤层平均厚度为 15.64 米。在煤田东部，因受风、氧化和其他因素的影响，常常引起煤层自燃，形成了规模较大的"火烧区"。煤为特低灰—低灰、特低硫—低硫、特低磷—低磷、发热量较高的不粘结煤，局部为少量长焰煤。开采技术条件简单，适合大规模机械化开采。1950 年以后，石油、地矿、煤炭部门先后进入东胜煤田进行地质勘探工作，提交了五份地质报告。1985 年以后，内蒙古煤田勘探公司一五一队，内蒙古地质矿产局第一地质大队、一〇五地质队相继在东胜煤田开展勘查工作，先后提交了 20 多份地质报告，其中主要有：

（1）1983—1986 年，内蒙古地矿局第一地质大队对东胜煤田万利川勘探区进行了精查及外围普查工作，提交储量 22.12 亿吨。

（2）1986—1987 年，一〇五地质队提交《东胜煤田后石圪台井田详查地质报告和补充勘探报告（精查）》，获储量 2.41 亿吨。

（3）1988 年 6 月，一一七勘探队提交《东胜煤田铜匠川煤矿详查报告》，获储量 126.24 亿吨。

（4）1987—1989 年，内蒙古煤田勘探公司一五一队提交《东胜煤田补连区普查地质报告》，获得总储量 48.97 亿吨。

（5）1989 年 2 月，一一七勘探队提交《东胜煤田寸草塔一、二井（煤矿）勘探报告》，分别提交储量 2.61 亿吨和 2.94 亿吨。

（6）1989 年 8 月，内蒙古地质局第一地质大队提交《东胜煤田昌汉沟井田勘探地质报告（精查）》，获总储量 3.72 亿吨。

（7）1989 年，内蒙古地矿局一〇五地质队提交《东胜煤田准格尔召——新庙矿区详查地质报告》，获储量 42.57 亿吨。

（8）1988—1990年，一五一队陆续提交了东胜煤田霍洛湾、李家塔、马家塔、上湾、尔林兔、武家塔（露天）等井田的精查地质报告，总计获得储量35.42亿吨。

（9）1990年2月，一一七勘探队提交了《东胜煤田碾盘梁井田勘探精查地质报告》，获储量2.70亿吨。

（10）1988—1991年，一〇五队陆续提交了东胜煤田柳塔井田、转龙湾井田、满来梁井田、边家壕井田的地质勘探报告，获得储量17.07亿吨。至20世纪90年代初期，东胜煤田共施工钻孔1820个，钻探636610.83米，探明总储量为897.00亿吨。"八五"期间年产煤达3500万吨。煤质优良，在国际市场上有较强的竞争力，成为中国优质动力用煤和出口煤的重要基地。

二、石油勘探新进展

莺歌海的天然气，是由一位渔民1954年看到海上"冒泡泡"偶然发现的。接到群众报矿后，地质部和石油部相继派人调查，对莺歌海海域的地质构造进行研究。北京石油研究院成立了油气苗调查组，1958年，地质部门批复：可在莺歌海油气苗最近处的海边打井。共打了三口井，均未见到油气。油气苗调查组经过研究，撰写了一份报告，大胆预测："雷州半岛 – 海南岛"北部是一个新生界沉积盆地，莺歌海西南海域有另一个更大的沉积盆地，确定了油气勘探的方向。1960年，按照西南有更大盆地的推断，部署了三个海上钻孔，这是我国首次施工海上钻探。由于当时钻探技术有限，三个井打得并不成功，钻进到20多米就停钻了，但有两个井有油气显示。对新盆地的科学论断，是莺歌海油气勘探的理论基础。油气勘探重在发现新区、新盆地和新测层系，莺歌海油气勘探的启动域后来发现和勘探出我国最大的海上气田，从根本上讲，得益于这个理论判断。

莺歌海盆地底辟发育，是个超压盆地，成藏过程复杂。建立莺歌海的油气成藏模式，对油气勘探评价十分重要。我国的石油地质研究者对此展开了深入的研究。中海油谢玉洪研究团队将这个模式归结为："构建伸展 – 走滑型盆地重力流沉积模式，破解了在坳陷内寻找大型优质储层的重大难题；建立的底辟区'裂隙系统沟烃源、重力流扇体定储层、高压封盖定气柱'三元耦合成藏模式，指导了中深层天然气勘探方向，发现东方区3–12大气田，探明天然气储量1035亿立方米；创立的多机制超压成因的压力预监测技术，地层压力预测精度高达95%，打破了国外的技术垄断。"莺歌海是我国最大的天然气田，其发现和勘查评价得益于新区新盆地的科学论断和新的成藏模式的建立。

莺－琼盆地的勘探于 20 世纪 70 年代正式起步。1973 年，南海石油勘探筹备处成立。1977 年 3 月，"南海一号"所钻的莺 1 井，在井深 3071 米钻入变质岩完钻，在中新统海相砂岩中钻遇 3.8 米气层，在凝灰岩中见 10.5 米差油层。1979 年，钻莺 9 井，在井深 2850 米完钻，钻遇 15 米油层，经试日产油 37.64 立方米，这是该海域第一口发现井。

1979 年年初，中国石油天然气勘探开发公司分别与英国石油公司，美国阿科、圣太菲、莫比尔、德士古、埃克森等石油公司采用带风险性分段合作方式。签署了在中国南海、南黄海进行地球物理勘探的意向书和意向性备忘录。4 月，又与美国利普斯石油公司签署了在南海进行地球物理勘探的意向性备忘录。5 月，美国阿科公司首次在莺歌海盆地作业。

1982 年，中国海洋石油总公司与美国阿科公司、圣太菲公司签署《在中国南海莺歌海盆地部分海域合作进行石油和天然气的勘探、开发和生产》的合同，并于 1983 年开始钻井作业，同年 4 月开钻第二口预探井崖城 13–1–1 号，日产天然气 120 万立方米，从而发现崖城 13–1 大气田。

从对外合作以来，在莺－琼盆地共做地震测线 171560 千米，重力 17152 千米，磁力 17152 千米，打探井 39 口，评价井 24 口，钻探构造 36 个，发现油气井 31 口，油气显示井 14 口，干井 18 口，发现油气田 4 个，含油气构造 11 个，开发气田 1 个——崖城 13–1 气田。到 1997 年年底，共探明 4 个气田，落实天然（气层）气储量 2491.60 亿立方米、凝析油储量 376.9 万吨。

三、金矿勘查新发现

（一）小秦岭金矿

小秦岭地处秦、晋、豫交界处的渭水、黄河之南，秦岭北麓的华山山脉，东西跨陕西、河南两省。小秦岭金矿田以陕西潼关和河南灵宝两县所辖地域为主体，东西长约 70 千米，总面积约 1000 平方千米。矿体赋存于太古宇太华群中。

1. 河南部分

小秦岭金矿田河南部分位于河南省灵宝县，面积约 600 平方千米。至 20 世纪 90 年代，发现含金石英脉 600 余条，数十米至数千米不等，具有成群、成带、平行分布的特点，走向以北西西向为主，近南北向次之。矿体主要分布于石英脉中，呈脉状和透镜状产出，长 30~300 米不等，延深 100~500 米，矿体厚度一般为 0.3~2 米，金平均品位为 6~16 克/吨。矿床分为黄铁矿型和多金属硫化物型。金矿田在明代已有规模开采，区内留存"景泰二年（1451）六月二十日起开硐三百余眼"的石刻。1956—1957 年，秦岭区域地质测量大队在该区进行 1:20 万区域地质调查时测得重砂异常。1958 年，河南省地质局豫西综合队在该区进行铁铜普查，在金硐岔大金硐发现含多金属硫化物石英脉。1961 年，河南省地质局豫〇八队综合找矿时发现有金，后由豫〇一队于 1962 年编制成图。至 1964 年年初，河南省地质局综合研究队结合基础地质成果，认为灵宝小秦岭和嵩县一带是寻找金矿的有利地区，并发现小秦岭大金硐三块标本的金品位为 6~50 克/吨。与在灵宝从事水晶普查的豫十六队共同组成普查组，经过 3 个月的工作发现含金石英脉 30 余条，老硐 80 多个。河南省地质局立即组织了"会战"，至 1970 年共发现含金石英脉 500 余条。1967 年，提交了金硐岔矿区勘探报告，提交储量 10 余吨，平均品位为 17.10 克/吨。1970 年年底，提交了《小秦岭金矿田成矿地质条件及东部矿田矿床特征的初步总结》。1975 年年底，河南省地质局豫十六队和地质四队再上小秦岭，提交了杨寨峪东段勘探报告。1980 年以后，河南省的第一地质调查大队和第三、第四探矿工程队以及武警黄金九支队，以及河南省有色勘查局所属队继续在小秦岭地区开展金矿地质工作。1980—1983 年，第一地质调查队和成都地质学院二系共同承担了部属重点课题《小秦岭金矿成矿地质条件与富集规律的研究》。小秦岭金矿田经过近 30 年的发现和勘查，累计探明储量 179 吨。1989 年，获国家科学技术进步奖一等奖。至 1990 年，小秦岭金矿河南部分已有矿山 16 座。

2. 陕西部分

小秦岭金矿田陕西部分约占总面积的二分之一，地处潼关、华阴、洛南三县。矿床的形成主要受断裂构造的控制。至 20 世纪 90 年代初，区内已发现含金石英脉构造带 700 余条，其中进行过详查及勘探者数十条。矿体厚度一般数十厘米到 15 米，长度一般数十米到数百米。金多以自然金、银金矿产出。矿石中常见明金，主要分布在以黄铁矿为主的金属硫化物中，其产出状态有粒间金、裂隙金和包裹金，多为不规则的粒状、片状，粒径多在 0.05 毫米以上。矿石的自然类型多以金－黄铁矿－脉石英型和金－多金属硫化物－脉石英型为主，易采易选。据《潼关县志》记载，远在 1105 年前的北宋时代已在开采金矿，到明朝开采达到鼎盛时期，于清初逐渐停采。从 20 世纪 60 年代开始，在陕西小秦岭金矿田内参与金矿勘查的地质勘探单位先后有 9 个。首先发现并确定其工业远景的是西北地质局陕七队和陕西地质局第九普查队。1964 年，西北地质局根据河南地质局在小秦岭中段灵宝境内找到了金矿这一线索，组织陕七队在小秦岭内毗邻河南的潼关地区开展金矿普查。1965 年春，陕七队的二分队（后更名为陕西地质局第九普查队）做全面踏勘，共找到石英脉 164 条，其中含金量大于 1 克／吨者有 24 条，并于同年 12 月提交了《1965 年地质工作报告》，对全区及部分脉体的远景做了评价，所圈矿段品位为 7.02～10.34 克／吨，矿床规模在中型以上。1966 年，陕西地质局第六地质队在 4 年内提交了 401、505 两个中型金矿床，共探明黄金储量20.518 吨；提出有进一步工作价值的金矿脉 70 余条。1976 年和 1977 年，冶金部潼关金矿和东桐峪金矿相继建矿，并分别于 1979 年和 1982 年投产。1976 年，陕西省地矿局第六地质队重新开始金矿勘查，至 90 年代初在小秦岭地区先后提供了 4 个中型金矿、7 个小型金矿和 6 个金矿点，累计探明金储量 62.730 吨，并于 1989 年获得了国家科学技术进步奖一等奖。在此期间，相继有西北冶金（后改称有色）地质勘探公司七一二地质队、黄金第十四支队、核工业部西北地质勘探局二〇三所和二二四地质队、陕西省地矿局第十三地质队和第三地质队等单位进入小秦岭地区开展金矿地质勘查。其中七一二地质队在洛南县驾鹿葫芦沟发现了新类型金矿——构造蚀变岩型金矿，于 1990年提交了中间性勘探报告；核工业部西北地质勘探局二〇三所于 1986 年发现了蒲峪金矿，二二四地质队于 1991 年提交勘探报告，探明金储量 3.08 吨。武警黄金总队十四支队在洛南县胭脂河发现了 502 号金矿脉，经 1991 年勘探，提交金储量 2.032 吨。从20 世纪 60 年代中期至 90 年代初期，小秦岭金矿田陕西部分先后探明中、小型金矿床18 个，累计探明金储量 78 吨，并建成国营及集体矿山（选厂）近 40 个，成为国家重要的黄金生产基地。

（二）云桂黔金三角卡林型金矿

卡林型金矿是一种主要产于碳酸盐岩建造中的微细浸染型金矿床，于 20 世纪 80年代末被我国地质学家所重视。地处于中国西南部的右江盆地具有卡林型金矿成矿条件。因其位于云南、贵州和广西三省（自治区）的交界地带，被形象地称为"金三角"。1977 年以前，整个贵州探明金储量不足 1 吨，是我国金储量最贫乏的省份。但自 1978 年贵州板其卡林型金矿床的发现则彻底改变了贵州黄金资源贫乏的状况，贵州一跃成为我国新崛起的黄金资源基地之一。贵州省内已发现储量在 100 吨以上的超大型金矿床 2 个，储量在 20 吨以上的大型金矿床 8 个，中小型矿床或矿点 200 余处，共查明金资源储量在 700 吨以上，因此有"金三角"之称。

（三）紫金山金铜矿

早在 1960—1961 年，福建地质局第五地质大队 506 分队开展普查，提交了《福建上杭紫金山铜钼矿普查报告》。1965—1967 年，福建 315 地质队在紫金山东南开展铜矿检查，提交《福建上杭紫金山铜矿初查报告》，计算铜储量 1685 吨。1977—1979 年，福建地质一队开展铜矿普查，施工了硐探、槽探，并开展 1∶2 万土壤化探，圈定异常 70 余处，提交了《福建上杭紫金山铜矿初步地质报告》和《上杭紫金山铜矿化探工作报告》。1981—1983 年，闽西地质大队在紫金山地区开展 1∶5000 和 1∶2000 地质填图及自然重砂测量，圈定紫金山异常面积。旋即紫金山被列入省地质局突破黄金找矿重点，施工硐探，估计金储量 2 吨以上。之后，坑钻并探，1990 年提交普查报告，计算储量铜 63 万吨，金 7.46 吨。1993 年提交了铜矿详查报告，求得 C+D+E 级铜储量 129.37 万吨；1994 年提交了金矿详查报告，求得 C+D+E 级金储量 8383.93 千克。

紫金山矿床上部为金矿，下部为铜矿。在普查和详查阶段，地质勘探报告的金矿品位采用一般工业指标：边界品位 1g/t，最低工业品位 3g/t。这样圈出的金矿矿体连续性差，形态复杂。2000 年在矿山全部转入露采后，将边界品位调整为 0.5g/t，最低工业品位调整为 1g/t，C+D+E 级金储量由 8383.93 千克增加到 57701.18 千克，是详查储量的 6.88 倍，差不多是一矿变七矿。这种倍增效应，是费时、费钱、费力去寻找新矿床所不可比拟的。紫金山这种大胆的、大幅度降低边界品位的做法，在当时国内绝无仅有。边界品位下调后，矿体连续性好了，规模采矿的效益也能体现出来。但在边界品位降低的情况下要取得经济效益，就得对选冶有更高的技术要求，即提高回收率和降低选冶成本。国外的大型矿业公司善于开采低品位大储量的金矿床，通过规模开采和选冶技术创新取得经济效益，对此我国过去没有先例，是紫金山创造了这个先例。紫金山金矿提供了一个矿产勘查不因循守旧，大胆技术创新，追求经济效益的一个范例。

四、云南金顶铅锌矿取得新突破

金顶铅锌矿位于云南省西部兰坪县境内，矿区至滇西重镇大理市下关 250 千米，至成昆铁路广通站 490 千米，均有公路相通。矿区西北—东南宽约 2.5 千米，东北—西南长约 4.5 千米，面积约 12 平方千米。金顶铅锌矿床属"热卤水成矿为主的多成因层控式铅锌矿床"。矿区为一北北东向延长的穹隆构造，长轴约 4 千米，短轴约 2.5 千米。从穹隆核心向外，地层依次由"原地系统"的上白垩统、老第三系古新统和推覆倒转的"外来系统"下白垩统、中上侏罗统、上三叠统等组成，铅锌矿体产于上述第三系古新统云龙组灰岩角砾岩、砂质灰岩角岩和下白垩统景星组钙质石英砂岩层内。矿区由北厂、架崖山、蜂子山、西坡、南厂、白草坪、跑马坪等7个矿段组成。矿床于1959年被发现，1984年提交详勘报告。其中西坡矿段于1976年单独提交了勘探报告；架崖山矿段除提交详勘报告外，在1986年应开采、设计部门的要求，又单独提交了矿段开采前勘探说明书；跑马坪矿段1990年单独提交了详查报告；白草坪、南厂两矿段矿体延伸有限，只做了详查。全区共计探明和圈定铅锌矿体446个。矿区95%以上储量分布于北厂、架崖山、蜂子山、跑马坪四个矿段。铅锌金属储量大于200万吨的特大型矿体有1号、2号，大于50万吨的大型矿体有4个，探明和圈定共生黄铁矿体76个，天青石矿体100个，石膏矿体59个。

1984年，中国有色金属工业总公司昆明公司和昆明有色冶金设计研究院决定将架崖山矿段作为首采地段，第三地质大队经工作后于1986年9月编写了《架崖山矿段开发前期勘探说明书》，探求并经云南省矿产储量委员会批准铅锌金属储量297.41万吨，暂难利用的铅锌金属量14.69万吨。矿段开发前期勘探证实了详查阶段所圈定主矿体形态、产状变化不大，主断裂与原揭露结果基本一致。金顶铅锌矿床，是当时中国最大的特大型铅锌矿床，矿产开采技术条件良好，它必将成为中国重要的有色金属工业基地之一。国家为了表彰云南第一区调队和第十一地质队在找矿中的卓越贡献，曾于1980年授予"地质找矿特等奖"和"地质找矿功勋单位"的光荣称号。

五、钾盐勘查重大突破

1995年，在原地质矿产部定向基金项目的支持下，由中国地质科学院矿床地质研究所负责，由该所王弭力研究员任项目负责人，与新疆地矿局第三地质大队原地质矿产部遥感中心合作的科研调查组，首次对罗布泊东北部凹地"罗北凹地"进行野外地质调查，发现了埋藏于地下的第四系盐层中的卤水钾矿。

1996—2000年，由中国地质科学院矿床地质研究所负责，并由该所王弭力研究员任项目负责人，与中国地质大学（北京）、新疆地质矿产局第三地质大队，中国地质科学院水文地质工程地质研究所等合作，共同承担国家科学技术委员会305项目"罗布泊地区钾盐资源开发利用研究"专题研究和国家发展计划委员会调查项目（后者由新疆地质矿产局第三地质大队负责），继续在罗北凹地开展钾盐科研和找矿，揭示出潜卤层下部确实存在数个承压卤水矿层。找了整整 35 年"钾"的中国地质科学院王弭力教授带领科研人员，发展了钾盐成矿理论，跳出"三段式"传统成钾模式的束缚，创造性地提出了"两段式"成钾理论，并据此在新疆罗布泊找到了超大型钾盐矿床。该课题于 1994 年申请立项，至 2004 年荣获国家科学技术进步奖一等奖，整整 10 年。主要成果包括：

（1）发现了罗北凹地超大型钾盐矿床，资源储量 2.5 亿吨，是世界上最大的硫酸盐型卤水钾盐矿床，可以生产高附加值的硫酸钾产品，潜在经济价值人民币 5000 余亿元。

（2）提出"高山深盆迁移""两段式成钾论"及"含水墙"成钾模式新理论认识，丰富了陆相成钾理论。课题组在对柴达木和罗布泊盐湖的对比研究中发现，钾盐沉积受新构造运动控制，且随其迁移，主要在迁移后的次级深盆中聚集。因此，钾盐的形成需要高山深盆环境，更需要盆地的迁移。基于这一认识，提出"矿随盆移"的新概念和"高山深盆迁移"理论认识。跳出传统的"三段式"模式束缚，提出"两段式成钾"新模式。将这种成钾模式称为"含水墙"成钾模式。该理论扩大了盐湖找钾思路和方向，在罗布泊指导找到了新的钾盐资源。

（3）2000 年 9 月，新疆罗布泊钾盐有限责任公司成立。2004 年中国最大的投资控股公司——国家开发投资公司决定对罗布泊项目投资 80 亿元。若羌县，这个曾经的国家级贫困县彻底脱掉贫困的帽子，年财政收入由原来的 200 万元一跃为 2800 万元。

六、西藏羊八井地热田取得新拓展

西藏自治区羊八井地热田位于拉萨西北约 90 千米处的一个断陷盆地中。1974 年开始进行地质勘查，1977 年起用地热流体发电，建成南北两个地热电厂，共装机 25 兆瓦，发电 6 亿千瓦时以上，是我国大陆上最大的地热发电基地。

物探圈定的热田面积约 24 平方千米，大致以中尼公路为界分为南北两区。热田南区以第四系孔隙型热储为主，最大厚度超过 40 米，最高温度 161℃，热田北区以基岩裂隙型热储为主，已在 1850 米深处探测到近 330℃的高温。

1. 物化探方法的应用

物探工作的新任务是要探测热田深部 1000 米以下可能赋存的热储及其赋存形式和分布范围。根据对热田地质、物性条件已有的了解，预期深部热储可能赋存于花岗岩的基岩裂隙或断层破碎带中。因此，目标物最显著的物性差异是低电阻率、低密度和低磁性，同时，地热田的新构造运动和地热流体的活动必将导致地噪声异常和微地震的发生。为此，新选择的物探方法除已使用过的大极距直流电测深、重力和磁外，还应用了大地电磁测深（MT）、频率测深、微地震和地噪声测量等，并同时进行了土壤化探工作。此外，还用精密水准和高精度重力测量，定期对热田的开发动态进行监测。

20世纪80年代后期至90年代前期，通过综合研究：人们对羊八井热田的热源问题存在两种相反的评估。一种认为深部存在局部岩浆库，另一种认为不存在岩浆热源，而是由大气降水沿断裂下渗，经过深循环，按正常地热增温级使冷水升温。结合上述物探和其他勘探方法所获得的新成果判断，前一种认识可能更符合本区实际。从大地电磁测深和微地震成果看，这种局部岩浆房的上界埋深应不小于12千米。

2. 羊八井热储模式探讨

沈显杰等（1984）通过对羊八井热田浅层热储及下伏花岗岩基温度场的分析，阐明了热田南北两部分热储特性的差异性和热液补给的同源性，进一步得出：念青唐古拉山前断裂带和唐山山前断裂带是热田的边界控制构造，而热储内的第四系岩性分布则是热储特性的主要控制因素。依热田内深孔温度资料，建立了深及3.3千米的基岩区传热模式，应用非稳定热传导和热量平衡原理，粗略估算出最近一次热液侵入浅层热储的年代约为距今数万年，是青藏高原最新的深部热活动在近代构造应力作用下的地表显示。

第九节　地质成矿理论研究进展

一、地质成矿理论发展概述

地质调查与矿产资源的勘查依托于地质科学各个基础学科的科学与技术，特别是构造、矿物、岩石、矿床、地球物理、地球化学及勘探技术等学科。同样，地质调查与矿产勘查的过程与成果，又促进了各有关地质学科的发展。20世纪的最后20年，是中国地质矿产勘查理论大发展的重要时期，在成矿作用、成矿规律、成矿预测等重大成矿理论问题方面取得了重要成果，不但充分整合了中华人民共和国成立最初30年的成矿理论，也对新世纪成矿理论的发展产生了重要影响。

我国在成矿理论方面经历了一个演化和发展过程。在石油天然气领域，面对国际主导的海相成油理论，我国老一辈地质学家提出"陆相生油论"，认为"石油不仅来自海相地层，也能够来自淡水沉积物"，中华人民共和国成立后几十年的实践，建立了中国陆相石油地质理论。同时，确认我国海相成油条件的存在，具有保存海相古油藏的可能，进而探索海相、陆相油藏形成的地质要素的互相关系，进入建立由陆相叠置的陆海相综合成油理论。

在固体矿产领域成矿理论研究的发展与演化，大致经历了从岩浆成矿理论为主体，经同生层控成矿理论的发展，进入多期次、多种成因成矿叠置的成矿理论从研究单一矿床及其矿床成矿模式、找矿模型进入矿集区矿床组合的研究，探讨其内在联系、时空分布规律，建立区域成矿模式及区域找矿模型，进而从时空四维角度研究区域矿床的成矿规律，创立了矿床的成矿系列理论和成矿系统理论。开展了各类成矿系列、成矿系统的研究及建立不同尺度的成矿体系。

二、重要矿种成矿规律研究

（一）油气资源

1.油气成藏研究概述

陆相成油及海陆相叠合成油是我国油气成矿在理论上的重大创新，在这方面的重要进展是：

（1）陆相盆地烃源中心控制油气藏分布。中新生代以来，随着陆地不断增生，陆相沉积迅速扩展，陆相沉积主要是湖泊沉积。中国陆相盆地大多数存在着有机质堆积、保存和向烃类转化的良好条件，特别是生物活动的规模、氧的有效作用程度有限和快速的碎屑堆积速度，促使了烃源岩的形成，并占据着盆地的中心位置。而盆地规模相对较小，来自盆地边缘的物源较多，三角洲、水下扇、冲积扇体、河道砂体均指向盆地中心，各种类型砂体都与烃源岩镶嵌或与之交叉。虽然油气排出后的二次运移距离较短，但决定油运移规模最有意义的因素是烃源岩的泄油体积，因此盆地中心与沉积中心常常是吻合的，一个沉积中心往往也是一个烃原形成中心，烃源中心控制油气藏的有序分布。油盆地烃源中心或边缘一般分布断裂构造带，多形成与构造有关的油气藏，而盆地边部即稍远于烃源中心，多分布与地层岩性圈闭有关的油气藏，一般为沿烃源中心呈环状分布，或一侧为构造型圈闭为主，另一侧为地层岩性圈闭为主的油气藏分布模式。

（2）陆相盆地油气藏多形成和分布于复式油气藏聚集区带中。陆相盆地地质结构较为复杂，具有断裂发育、断裂构造带多、岩相岩性变化大、储集岩体类型多、油气藏类型多和含油气结构层多等特点，油气聚集不是在单一层系、单一油藏圈闭类型和统一的油气水系统组成的油气田中，而是由多个含油气层系、多种油气圈闭类型和多个油水系统组成，具有相同油气源、相同的油气运移过程和相同的地质成因联系的油气藏群体。这些群体由数十个至数百个油气藏组成，即为复式油气聚集带（区），这是陆相盆地油气聚集的一个显著特征和规律，一个区带聚集的油气储量常可达几亿或十几亿吨。

（3）陆海相叠合盆地、多为经历多期构造活动、多油源多二次油气聚集、多期构造再形成的油气藏。主要分布于具有古老克拉通残块的上覆叠合中新生代陆相沉积的盆地中，如塔里木、鄂尔多斯、四川、华北等盆地以及上中扬子的大中小盆地。中新生界区域沉积覆盖下的陆相、海相叠合的含油气体系是中国海相石油地质的显著特征。印支运动后，形成广阔的中国大陆，元古宙—古生代海相地层大面积出露地表，经历强烈风化剥蚀和间断，对原有油气藏和油气生成运移与重行聚集过程有一定的启动，也有一定的改造作用。同时陆相与海相烃源有一定的混源，经历多构造层系陆相、海相石油地质条件的重新匹配，油气再次运移聚集形成新的油气藏，由于多次运移和深埋对原油性质改变很大，大多数情况下烃类已裂解成天然气，因此古生界层系的天然气资源远景将优于石油。

（4）天然气聚集是以天然气区为主要特点。腐殖型Ⅲ型干酪根热解气区主要分布在中国海域，东海和南海北部莺歌海、琼东南和珠二等边缘海盆地（坳陷）。陆地主要有塔里木盆地库车坳陷的中生界气藏、松辽盆地侏罗—白垩系火山岩—火山碎屑岩为储层的三肇—长岭气区。古生界海相层系的天然气区多为烃源裂解气区，如塔里木、鄂尔多斯、四川以及准噶尔克拉通古生界层系形成的裂解气为气源的气区。另外天然气藏分布还与煤岩或油源岩演化过程产生的与成煤成油相关的天然气，它们多从属于煤或石油分布区，呈局部或过渡状态分布。

（5）在油气区域成矿规律研究方面提出了新生代裂谷系形成油气聚集区（带）的期律，裂谷盆地中每个断陷自成一个沉积单元、油气生成单元；总结了中生代年轻克拉通盆地形成油气聚集区的规律，提出了克拉通基底上发育断陷、坳陷和回运技期决定油气藏的空间分布；在塔里木、鄂尔多斯、四川盆地等处，发现了陆相盆地叠置的古生代海相油气聚集区，并得出中国古生代海相油气远景只是在陆相沉积分地的叠合覆盖下才有意义的认识。

2.油气地质研究进展

20世纪80—90年代，中国石油地质学的成就可归纳为六个方面的新进展。

（1）含油区构造及盆地研究。20世纪80年代初，朱夏吸收板块构造理论，认为控制中国沉积盆地发展的构造体制，在古生代受槽台构造体制控制，属克拉通盆地性质，而中生代、新生代盆地则受板块构造体制的控制（1986）。李德生将中国盆地简单分为三类，即中国东部含油气盆地——拉张型盆地、中国中部含油气盆地——过渡型盆地、中国西部含油气盆地——挤压型盆地（1981）。王尚文等依中国板块演化特点，提出了中国东部属扩张型大陆边缘活动带，西部则形成聚敛型大陆边缘活动带，中部属过渡性质（1983）。朱夏则分为古生代原型盆地（又分为五类）和中新生代原型盆地（又分七类）（1983）。田在艺按构造环境将沉积盆地划分为裂陷盆地（又细分五类）、聚敛盆地（又细分九类）、走滑断裂盆地、克拉通盆地等四大类盆地（1996）。近来，石油大学则将中国沉积盆地简化为三种类型前陆盆地、裂谷盆地和克拉通盆地。这一时期，沉积盆地的成因，成为国内外的研究热点。由于注意了盆/山关系，盆地原型和成盆动力学机制的研究，使人们对盆地性质和成烃、成藏条件有了更深入的了解。用走滑构造和伸展构造模式及克拉通与前陆盆地叠合、复合模式解释盆地的形成和演化，进一步认识了构造对油气藏形成与分布的控制作用。

（2）陆相生油理论研究的新进展。由于有机地球化学在石油地质领域中的应用，促进了石油有机地球化学的兴起和发展，并据此逐步揭示了包括陆相生油在内的生油机制，推动了中国陆相生油理论的发展。

自20世纪70年代末期以来，我国石油工作者在石油地质学、有机地球化学和有机岩石学的结合点上开展了大量的工作，各油田研究院（所）对我国各主要沉积盆地的烃源岩评价进行了系统总结，同时进行了理论探索。陆相生油研究的新进展，主要表现在以下5个方面：①陆相烃源岩形成地质条件、类型、有机组分及其丰度、烃源岩演化及成烃模式；②油源对比，基于生物标志物和同位素的分馏规律的研究，对石油及天然气与可能源岩之间有机母源输入成分之间的亲缘关系进行比较，以判识和追溯石油及天然气的可能来源；③未熟－低熟油的认识，这方面的进展不仅对蒂索（B.P.Tissot）的生油模式提出了疑义，进一步丰富了生烃机理研究，而且扩大了找油领域；④煤成烃研究近几年获得了重大进展，为西北一些盆地侏罗系找油的突破提供了理论基础，该理论是中国陆相生油理论的主要特色和重要组成部分；⑤烃源岩评价，包括生油量的定量评价以及区域地质－地球化学条件综合研究与评价。

傅家谟等较早地应用蒂索成烃模式，研究并提出了中国石油演化的机理与石油演化阶段（1975），1995 年又完成了《干酪根地球化学》，提出了干酪根热演化成烃模式。黄第藩对陆相生油理论作了系统研究，先后完成了《中国陆相油气生成》（1982）、《陆相有机质演化和成烃机理》（1984）、《陆相油气生成和成烃机理》（1991）、《未成熟石油及其地球化学意义》（1987）、《煤成油的形成和成烃机理》（1995）等研究成果。王铁冠在前人工作基础上提出了低成熟油"低温早熟"成因机制和生烃模式（1995）。程克明等（1995）对"烃源岩地球化学"进行了系统总结，特别是煤成烃研究，促进了吐哈油田的开发。

（3）天然气地质学。1979 年戴金星提出的"成煤作用中形成的天然气和石油"一般作为中国天然气地质学的开端。自此，经过 20 多年的勘探实践和理论探索，中国天然气地质学的理论框架已经形成。包茨（1988）、陈荣书率先编著了《天然气地质学》（1986），戴金星也著述了《天然气地质学概论》（1989）。90 年代初由戴金星等主编的《中国天然气地质学》（1992）问世。同时，冯福闾等也编著了《中国天然气地质学》（1995）。在第十五届世界石油大会（北京，1997）前后，为展示我国石油科技成就，出版了一批图书。如王涛主编的《中国天然气地质理论基础与实践》，概括总结了中国天然气地质理论。

经过努力，中国天然气地质学已成为一门独立的学科，指导着中国天然气工业的发展。概括起来，中国天然气地质学主要涵盖了以下五个问题：①天然气生成与分布的地质条件；②天然气地球化学，包括天然气成因机理、天然气成因类型及其判识、气源对比以及天然气稳定同位素地球化学等；③气源岩，包括有机岩石学、有机地球化学特征以及各类气源岩生烃潜力和成烃演化模式等；④天然气成藏机制，包括储层类型与评价、天然气盖层条件以及天然气运移、聚集及成藏机制与成藏模式；⑤天然气气田形成条件和分布规律。在上述这些领域中，我国学者论述颇多，并形成了中国的特色。煤成烃（气）、天然气成因、天然气源岩、天然气运聚动平衡与成藏模式、天然气聚集区带的划分等都很有建树。

此外，由于我国有丰富的煤炭资源，煤层气（甲烷）资源也是现实的天然气资源。经过几年的努力，对煤层气资源预测以及煤层气藏形成条件，高产富集因素和富集区带分布等亦有了基本认识。加上勘探开采技术的突破，这部分资源已具有开发利用条件。

（4）沉积相与储层评价研究。针对陆相沉积的多物源、窄相带、岩性岩相变化快和在时间和空间上多迁移变化的特点，中国学者系统地总结了陆相沉积体系相模式、相结合序列，研究了储层成岩作用和成岩演化序列，突出了次生空隙发育规律的研究。在这方面裴恃楠（1980,1982,1987），吴崇筠、薛叔浩（1988,1992），赵澄林（1988），田在艺等（1997）均有专著总结。层序地层学的引进，为发展陆相地层的层序地层学做了大量工作，成为沉积相研究的常规方法。地震地层学自20世纪80年代初传到我国，立即应用于油气勘探，发展了陆相地震相模式，为寻找新类型油气藏提供了理论依据。

（5）油气资源评价和中国油气远景。自1981年开始，开展了中国油气资源评价。当时的石油工业部组织了全国23个石油研究院（所）和石油勘探局等单位，从基础研究入手，在统一研究大纲和计划安排下，历经5年，完成了全国第一次大规模的油气资源评价工作，并出版了系列专题研究成果，包括含油气盆地构造（1989）、烃源岩评价（1989）、沉积相（1989）、煤成气（1987）、油气聚气与分布（1991）及油气资源评价方法（1988）。

在第一次油气资源评价完成之后，经过5年技术准备，自1991年起又进行了全国第二次油气资源评价。广泛地使用了盆地模拟技术，针对各油田实际情况引进和研制、开发了40余种方法，包括地质评价、资源量估算和经济评价3个方面，于1994年年底完成了第二次资源评价工作。油气资源评价，既促进了石油地质理论的发展，也证实了中国油气发展潜力巨大。

（6）油气藏（田）形成与分布规律研究及中国（或分区）石油地质特征的总结。20世纪80年代初期，胡朝元将60年代总结的"生油区控制油气田分布"的基本规律，概括为"源控论"（1982）。

由于物理模拟和油藏数字模拟的发展，以及同位素分析和包裹体分析研究的应用，使研究油气藏成藏过程，特别是成藏关键时刻的确定成为可能，进而对油气田成藏定量模式研究获得了重大突破式进展。

这一时期，对中国石油地质进行系统总结的论著陆续出版。如1985—1995年由翟光明主编《中国石油地质志》16卷，1991年胡见义、黄第藩等编著《中国陆相地质理论基础》一书，邱中建、龚再升主编《中国油气勘探》丛书（4种，1999），高瑞祺、赵政璋主编出版《中国油气新区勘探》丛书（7种，2001）。这既包括勘探历程、成果和经验总结，也概括了石油地质理论的发展。

为我国石油地质理论发展作出成就的老一辈地质学家，出版了他们关于石油地质方面的文集，是十分宝贵的历史文献。主要有：《黄汲清石油地质著作选集》（1993），《翁文波学术论文选集》（1994），《朱夏论中国含油气盆地构造》（1986），《孙健初地质论文选集》（1998），《李德生石油地质论文集》（1992），《田在艺石油地质论文选集》（1997），《胡朝元石油天然气地质文选》（1999），《张文昭石油勘探文学》（1995），《裴怿楠石油开发地质文集》（1997）等。

（二）煤炭资源

1.聚煤理论研究概述

经长期煤炭勘查与科研工作的实践，我国煤炭聚煤理论取得以下重要进展。

（1）确定了含煤地层及分布。我国聚煤作用较强的时期是早寒武世、早石炭世，晚石炭世—早二叠世，晚二叠世，晚三叠世，早、中侏罗世，早白垩世，古近纪及新近纪。这些时期含煤地层的空间分布形成了东北、西北、华北、西南、华南五大聚煤区。早寒武世、早石炭世含煤地层主要分布在华南；晚石炭世—早二叠世含煤地层主要分布于华北；晚二叠世、晚三叠世含煤地层主要分布于华南；早侏罗世、中侏罗世含煤地层主要分布于华北和西北；早白垩世含煤地层主要分布于东北；古近纪含煤地层主要分布于东北及华北东部，新近纪含煤地层则主要分布于华南西部及东部。

（2）总结了中国煤盆的分布规律。中国煤盆分布主要受构造控制，克拉通盆地聚煤广泛强烈。以华北板块为例，石炭–三叠纪含煤岩系分布范围与块体近似，聚煤广泛而丰富。各时代煤炭资源总潜化量达 55553 亿吨，高于世界其他块体资源总量。此类盆地含煤地层后期构造变形普遍强烈；陆间活动带，聚煤作用普遍微弱，如天山–兴安构造带的石发–二叠纪含煤岩系：分布于古生代造山带上的中生代"地台型"盆地（吐–哈盆地、海拉尔–二连盆地），聚煤丰富，后期变形微弱。

（3）总结了中国煤炭聚集规律。海西期和印支期的煤主要集中在以稳定地台为基底的大型陆表海坳陷盆地中，如华北石炭二叠纪聚煤助陷和华南扬子区晚二叠世聚煤划陷。物源区构造作用和区域性海水进退带的滨梅三角洲或三角洲–碎屑海岸体系是最重要的聚煤环境，也往往是富煤的中心部位；燕山早期重要的聚煤盆地是以稳定的古老地台或地块为基底的大陆内陆湖盆，如鄂尔多斯盆地和准噶尔盆地。湖盆大规模扩张期前后在盆缘地带的滨浅湖–湖泊三角洲体系和冲积扇–扇三角洲体系是最重要的聚煤环境，富煤带常与之相吻合；燕山中期至喜马拉雅期的煤主要聚集于和基底先存断裂有关的中型、小型内陆断陷湖盆和坳陷湖盆中。这些盆地常以含有巨厚–特厚煤层为特征，盆地面积小，但含煤率普遍较高；基底具有稳定沉降构道背景的拗拉槽、前陆坳陷、裂谷型含煤盆地，也可形成一定规模的富煤带；泥炭沼泽沉积与其上、下沉积物的成因过程截然不同，因此，泥炭沼泽化事件对煤层的煤岩、煤质参数产生了重要的影响。硫分与海水有关，形成于海陆交互相含煤岩系中的煤层硫分较高；灰分与泥炭沼泽的矿物质补给有关，形成于近源地带的煤层灰分较高；煤岩组分与泥炭沼泽的覆水程度有关，覆水较深时煤中镜质组含量较高，之丝质组含量较高。

（4）总结了煤质的变化规律。20世纪80年代末杨起等提出："中国煤的多阶段演化多热源叠加变质"观点和区域岩浆热变质作用类型，我国很大一部分煤是由中生代岩浆活动（主要是岩浆侵入）和其他热异常导致在深成变质煤基础上。叠加区域岩浆热变质为主的作用，经历了三个地质演化阶段：以煤的深成变质为主的第一演化阶段；以多热源叠加变质为特征的第二演化阶段；以奠定中国煤变格局为主的第三演化阶段。先后提出煤变质作用类型有热液变质作用、热水变质作用、对流型古地热变质作用、热流体变质作用、接触交代变质作用等。中国煤质的变化从总体上显示了从北向南煤的变质程度逐渐升高；东西方向则从中部向两端变质程度逐渐升高。

2. 煤田地质学研究新进展

改革开放以来，我国煤田地质事业大踏步前进。先后引进航测、遥感、物探等先进技术装备，地质勘探速度、精度大幅度提高。从1978年开始，对山西、豫西、兖州、神木等地开展会战。于1980—1996年分别由地质矿产部和煤炭部门进行了三次煤田预测，总资源量约为5.0万亿吨。1985年，由煤炭部、冶金部提出《中国煤炭分类》，将中国煤分为17类，其中褐煤2类、烟煤12类、无烟煤3类，作为强制性国家标准，在全国执行。

煤田地质研究领域除煤、煤层、煤系和煤田的成因、性质和分布规律外，为减少燃煤污染，20世纪80年代开展了煤中有毒微量元素及砷、氟、氯等的研究。同时，煤成气、煤层气、煤成油的研究也取得很大进展。煤炭科学研究总院西安分院于1973年创办《煤田地质与勘探》、中国煤田地质局于1989年主办《中国煤田地质》，加上不定期发行的《国外煤田地质》、各省办的《煤田地质》及各院校办的刊物，每年发表煤田地质文献均在数百篇，大大活跃了科研气氛。煤炭、地质等出版社先后出版了一批总结性的煤田地质专著，具很高学术价值。其中突出的有杨起、韩德馨主编的《中国煤田地质学》（1979），王竹泉主编的《华南晚二叠世煤田形成条件及分布规律》（1980），李思田主编的《断陷盆地分析与煤聚积规律》（1988）、《含能源盆地沉积体系》（1996），杨起主编的《煤地质学进展》（1987）、《中国煤变质作用》（1996），韩德馨主编的《中国煤岩学》（1996）、《中国煤炭工业百科全书：地质卷》（1996），童玉明著的《中国成煤大地构造》（1994）等。此外，1994年出版了《中国煤炭资源》丛书共七种，如《中国煤盆地构造》（莽东等编著）。还有一批区域性"煤田地质""沉积环境与聚煤规律""煤质特征"等方面的论著。煤层气资源研究有很大进展，如中国煤田地质总局著《中国煤层气资源》、孙茂远等编著《煤层气开发利用手册》（1998）等。

（三）金属矿产

早在中华人民共和国成立初期的十年间，随着大规模的矿产勘查工作开展、我国老一辈矿床学家谢家荣、程裕淇、孟宪民、冯景兰、侯德封、叶连俊、郭文魁等率年轻一代矿床地质工作者，根据已有资料及勘查工作所获得的新情况，对铁、铜、锰、铅、锌、钨、铀等矿床的类型、成因和分布规律进行了系统的总结，其中较重要的有《中国已知铁矿类型的特征、分布、生成地质条件及今后的普查找矿方向》《中国铅锌矿的工业类型及其发展方向》《中国铀矿工业类型》《中国铜矿的工业类型、分布规律及找矿方向》《中国锰矿床》《中国钨矿类型及其分布规律》以及岩浆成矿专属性等文章。这一时期，岩浆热液成矿理论起了主导作用，尤其是与中小型侵入岩体有关的矽卡岩型、气成热液型铁、铜矿床得到广泛重视，通过实践，确认了矽卡岩型铁、铜矿亦可形成大矿。

20 世纪 60—70 年代层控矿床及多成因矿床理论研究兴起。60 年代初，孟宪民等提出一些层状金属矿床铜、铁、铅锌、锑、汞、锡等是与围岩同时沉积而后再分泌形成的同生矿床，强调了《同生矿床》的重要意义，提出了"顺层找矿"的观点。涂光炽等系统研究与论述了我国层控矿床形成机制和地球化学特征，出版了《中国层控矿床地球化学》专著。常印佛等就铜陵地区矿床的研究提出了层控砂卡岩矿床的概念。1974 年，涂光炽提出，某些床具有"三多"特点，即成矿物质多来源、成矿作用多阶段和多种成矿作用的参与（多成因），并提出叠加成矿作用和再造成矿作用的概念。陈国达提出地洼成矿说及《多因复成矿床》概念。

花岗岩类成矿研究不断取得重要进展。20 世纪 60 年代对华南花岗岩分出了不同的侵入时代及其成矿的专属区，七八十年代又分出两个成因系列（同熔型、改造型）及其不同的成矿专属性和三个成因系列（同熔型、改造型和地幔型）。继谢家荣等 1936 年提出的与铁铜铅锌矿有关的"扬子式"花岗闪长岩及与锡铋钨钼铜铅锌锑汞矿有关的"香港式"花岗岩两个区域性系列，1989 年王联魁按物质来源，从锶、氧、钯、铌同位素特征划分出了沿深断裂分布的"深源的长江系列花岗岩"和大面积分布的"浅源的南岭系列花岗岩"区域性系列。对花岗岩的多种成因提出"断裂重熔""断裂变质作用"概念，用以解释两广地区云开隆起区断裂带中陆壳物质的变质—重熔—侵入活动，认为混合岩化花岗岩与河台金矿、银岩斑岩锡矿形成有关。陈毓川等（1989）根据燕山期不同成因花岗岩类把华南地区分出五个矿床成矿系列，都具有各自特有的矿床组合与成矿规律。1995 年，涂光炽对花岗岩的成矿作用又提出作为物源，经热水淋溶、叠加等步骤成矿和作为热源促使围岩中成矿组分活化富集而成矿。此后，对碱性花岗岩的成矿作用及花岗岩成矿的壳幔作用、地质构造环境有较多研究，已经初步总结了板内大陆环境及陆陆碰撞环境下斑岩及斑岩－矽卡岩型铜（钼、金）矿形成的规律。

20世纪70年代以来，中国加强了对金矿的勘查与研究，发现了一些重要的金矿类型，如构造破碎带蚀变岩型、微细浸染型（卡林型）、斑岩型、风化土型等。特别是构造破碎带蚀变岩型是我国山东省地矿局第六地质大队原创提出的，命名为焦家式构造破碎带蚀变岩型金矿，对指导全国寻找同类矿床起到了重要作用，并成为我国主要的金矿类型。对于金矿的成矿规律及理论总结已发表了大量的专著。

20世纪80年代以来，超大型矿床的研究受到重视，涂光炽研究团队探讨了中国超大型矿床的时空分布规律，总结了一些超大型矿床的形成机制。裴荣富等与国际合作进行了世界超大型矿床成矿规律的研究与总结，首次在国际上出版了1∶2500万世界大型超大型矿床成矿图。

在20世纪60年代，叶连俊等对中国铁、锰、铝矿床的成因研究，提出"陆原汲取成矿说"；袁见齐提出盐类矿床的"高山深盆说"。在此基础上，郑绵平等（1983）提出西藏新生代盐湖成矿物质源自深部，杜乐天（1996）提出幔源流体和碱交代作用对成矿具有重要意义，季克俭（1994）提出"矿源、水源、热源"的三源成矿说等。

火山成矿作用研究在中国有很大进展。特别是20世纪70年代对陆相火山岩矿床研究，建立了宁芜玢岩铁矿成矿模式，提出某些富铁矿是矿浆成因的观点。在铜、镍矿研究方面，汤中立提出深部熔离、矿浆上侵贯入和多次贯入的矿床成矿模式。铀矿研究方面，提出了"钾交代成矿""热液汲取""表生浸取""双混合"等成因模式对变质铁矿中的富矿提出了混合岩化、变质热液等多种成因观点。

至20世纪末，我国勘查、科研、教学单位的专家、学者对我国主要矿种进行了研究总结，出版了《中国矿床》（1989）和金矿、铁矿、锰矿、铬铁矿、铝土矿、汞矿、银矿、铜矿、磷、硫、高岭土、萤石、凹凸棒石等数十种单矿种矿床学专著及数百个有代表性矿床的专著，有的矿种，如累托石等，为我国所特有。矿床成矿模式的研究亦从20世纪60代开始，最早提出的代表性的矿床成矿模式是我国赣南黑钨矿石英脉型矿床的"五层楼成矿模式"，此模式至今具有寻找同类矿床的指导意义。至20世纪90年代已有多部汇总我国各类矿床成矿模式的专著出版。在此基础上，矿床找矿模型的研究亦得到很好的发展。这些方面的研究成果，对指导找矿起到了很好的作用。

在这一历史期，金矿床地质研究是固体矿产矿床研究的重点。20世纪70年代以来，与全球矿床勘查重点一致，中国重点加强了金矿地质勘查和科学研究，金矿储量和黄金产量有了大幅度增长。通过许多地质勘探部门的金矿勘查和多学科的金矿科技攻关，不仅发现了众多有价值的新类型金矿（蚀变岩型、微细侵染型、斑岩型、红土风化型等），开拓了新的黄金资源基地（如滇黔桂三角地带等），而且解决了生产和理论研究中的许多重大问题，与此相适应的是有关金矿的学术论著也大量问世。韦永福等《中国金矿床》（1994）一书，较系统地总结了中国金矿的成矿背景、矿床类型和时空分布特征。1996 年出版的《中国金矿床研究新进展》（三卷本）集中反映了中国科学院系统黄金科技研究成果。中国人民解放军武警部队黄金指挥部编制了《中国黄金矿产图集》，出版了《中国黄金地质丛书》，对东坪、东闯、哈德门沟等多个重要金矿床作了深入研究。胡受奚等对中国东部地区金矿床地质和地球化学，沈保丰等对华北绿岩型金矿均做过系统的研究工作。谢学锦等对中国大型金矿的地质背景和化探找金方法有系统探索，包括深穿透方法在寻找盲矿中的有效运用。蔡新平等在金矿预测工作中取得成效。在这个时期中，对各个主要金成矿区带的综合研究成果也大量问世。丰富的金矿地质研究成果表明，中国有较大的金矿资源潜力，金矿分布广，主要为中生代成矿，伴生金占较大比重，这些都与中国复杂的成矿地质背景有关。

（四）铀矿

铀矿床分类是铀矿床学的重要组成部分。我国学者 20 世纪 70 年代以来，根据我国已发现的主要铀矿床产出的围岩成分和分布规律，把铀矿床划分为 4 个大类、11 个亚类花岗岩型铀矿床（又分 3 亚类）、火山岩型铀矿床（又分 3 亚类）、碳硅泥岩型铀矿床（又分 3 亚类）、砂岩型铀矿床（又分 2 亚类）。这种以围岩成分为基础的铀矿床分类，基本上概括了我国主要铀矿床类型及其分布情况，有助于指导铀矿床的勘探工作，多年来已被生产、科研部门所采纳。

20 世纪 80 年代以来，对我国铀矿床进行了系统总结，主要著作有《火山岩与铀矿化》（北京铀矿地质研究所，1979）、《花岗岩型铀矿论文集》（杜乐天等，1982）、《中国花岗岩型铀矿床地质特征》（王从周等，1985）、《碳硅泥岩型铀矿床文集》（张待时等，1982）。此外，还有《中国铀矿物》（魏思华，1979）、《铀地球化学》（张祖还，1984）。

20 世纪 90 年代以来，随着核电站建设、卫星发射等核能和平利用领域的扩展，铀矿床理论也有新进展。突出表现是一批综合性更强的论著出版，如《铀成矿原理》（罗朝文、王剑峰，1990）、《中国铀矿构造与成矿演化》（刘德长等，1991）、《铀成矿预测学》（王有翔、张万林，1992）、《烃碱流体地球化学原理——重论热液作用和岩浆作用》（杜乐天，1996）。姚振凯等依陈国达"多因复成矿床"成矿原理对我国铀矿床进行了系统研究，编著了《多因复成铀矿床及其成矿演化》（1998）。

三、区域成矿规律研究与区域矿产预测

区域成矿规律研究是中国矿产地质工作者始终关注与探索的领域，并且不断取得重要研究进展。20世纪60年代初，郭文魁等领导了《全国区域成矿规律图》（1∶300万）的编制及湖南郴县1∶20万区域成矿规律研究。张炳熹等领导北京地质学院师生在南岭地区开展区域成矿规律研究。60年代以来，特别是1979—1983年、1992—1995年地质矿产部组织了两轮全国中、小比例尺成矿区划工作，按成矿区、带进行成矿规律综合研究及成矿预测，此项工作代表性的成果是《中国主要成矿区带矿产资源远景评价》（陈毓川等，1999），对指导普查找矿工作起到了很好的作用。近30年间，我国重要成矿区带成矿规律的研究有很大进展，如对三江（金沙江、澜沧江、怒江）成矿带、南岭成矿带、秦岭成矿带、长江中下游成矿带、阿尔泰成矿带、天山－北山成矿带、西南滇黔贵低温矿产成矿区、大兴安岭成矿带、华北地台北缘成矿带、东南沿海成矿带等的研究，另外，对大陆边缘构造带成矿及中国东部矿集区成矿规律研究，都总结出一些重要规律，出版了一系列专著，对指导找矿及发展区域成矿理论起到了重要作用。

区域成矿规律研究方面，在理论上的重要进展是原创性地提出矿床的成矿系列概念和矿床成矿系列、成矿系统的研究。区域内矿床及矿床类型间的时空与成因关系一直是矿床界探索的问题。1975年程裕淇等在系统研究铁矿地质及类型的基础上，提出"铁矿成矿系列"的概念，1972—1976年陈毓川、李文达等研究集体在研究长江中下游宁芜（南京—芜湖）和庐枞（庐江—枞阳）火山盆地成矿规律时，提出了区域性"宁芜玢岩铁矿成矿模式"，研究确定区域内与成矿火山旋回的火山－侵入活动有关形成的各类型矿床，时空分布上具有一定规律，成因上具有内在联系从而构成一个区域成矿模式，这也是我国提出的第一个区域成矿模式。1979年，在上述研究基础上，提出了矿床的成矿系列概念，1983年又对其进行了完善。成矿系列概念突破了矿床学研究中只从单一矿床成因类型进行研究的局限性，并将矿床类型间的内在联系与区域成矿地质构造环境及其时空演化相结合，这是矿床学学术思想和研究方法上的一个创新，对矿产勘查工作有广泛的应用意义。因此，被地质矿产部进行的全国第二轮成矿远景区划，确定为本项研究工作主要的地质理论基础。

成矿系列概念提出后的20年中，在我国重要成矿区带，如长江中下游成矿带、南岭成矿带、三江成矿带、秦岭成矿带，阿尔泰成矿带等和黑龙江、山西、河北、湖北、

浙江、内蒙古、新疆等省区都进行了矿床成矿系列的系统研究，出版了专著。陶维屏等（1994）研究出版了《中国非金属矿成矿系列》专著，翟裕生等（1996）研究出版了《成矿系列研究》专著，陈毓川等（1998）出版了《中国矿床成矿系列初论》。

20世纪90年代中后期，成矿系统的研究受到重视，谢人澍（1996）、於崇文（1992、1993）、翟裕生（1998、1999、2002）等在这方面进行了较多的研究，提出了较系统的观点及研究方法，并在一些重要成矿区带成矿规律研究工作中得到了应用。

在运用矿床地质理论和数学地质方法进行成矿预测方面，在20世纪70年代起步，进入80年代发展很快，并与计算机技术结合，得到广泛的应用。成矿预测成为矿产勘查工作的重要阶段。赵鹏大等将矿床地质、勘查地质与数学地质相结合，建立了大比例尺矿床统计预测理论与方法体系，并提出了成矿地质异常的概念。王世称等运用信息论方法，提出了综合信息成矿预测的理论和方法。这些理论与方法对全国及不同层次的成矿预测工作起到了保障作用。

四、成矿理论研究新方向

1. 区域成矿研究

20世纪80年代以来，对成矿区带的研究工作广泛开展，在大量矿产勘查和区域地质成矿研究的基础上，我国新发现或进一步确定了一些新的成矿区域，如三江（金沙江、澜沧江、怒江）成矿域、西南大面积低温热液成矿域、古亚洲或中亚成矿域等。还运用新技术、新方法和新理论，对中国的重要成矿区带作了不同比例尺的成矿规律和成矿预测研究，其中比较重要的有秦巴地区、南岭、长江中下游、华北地台北缘、三江等地的区域成矿规律研究取得重要成果新疆维吾尔自治区305项目取得重要进展中国各省（自治区、直辖市）地矿局都编著有区域地质志和成矿规律图，完成了各自的区域矿产总结。这些工作使得中国区域成矿的认识提高到一个新的水平，有关成矿规律的研究论文反映在各类地质矿床刊物中。完成了一批区域成矿研究的著作和图集，全国性的如《中国内生金属成矿图及说明书》（郭文魁等，1987）、《中国矿产资源图及说明书》（宋叔和主编，1992）、《中国黑色有色金属矿产图集》（刘兰笙等，1996）、《中国地壳演化与矿产分布图集》（蒋志主编，1996）、《中国主要成矿区带矿产资源远景评价》（陈毓川等，1999）等。区域性的如《华北陆块北缘及其邻区有色金属矿床地质》（芮宗瑶等，1994）、《中国新疆古生代地壳演化及成矿》（何国琦等，1994）、《秦巴岩石圈构造及成矿规律地球化学研究》（张本仁等，1994）、《秦巴金属矿床成矿概论》

（耿树方，1994）、《长江中下游铜铁成矿带》（常印佛等，1991）、《长江中下游地区铁铜（金）成矿规律》（翟裕生等，1992）、《华南元古宙基底演化和成矿作用》（涂光炽等，1993）等。

中国学者在区域成矿研究方面，逐步形成了一些学术观点，如"构造体系控矿""全球构造演化控制区域成矿""构造–成岩–成矿""区域成矿系统""边界、转换、耦合、叠加成矿"等，为进一步深入地研究打下了基础。代表性的综合性专著有《区域成矿学》（翟裕生等，1999）等。

2. 成矿系列研究

在矿床研究中，人们将具有成因联系的一套矿床组合称为成矿系列。1979年程裕淇等从地史演化和构造、岩浆、沉积、变质等各种成矿地质作用出发，综合概括提出了三大类19个矿床成矿系列，每个系列都有其独特的地质成矿条件。将矿床类型间的内在联系与区域成矿背景和演化相结合，无疑是矿床学学术思想和研究方法上的一个进步，对普查勘探工作有广泛的影响。翟裕生等（1980，1987，1992）研究了长江中下游、南岭等成矿区带成矿特征和主要成矿系列，提出了成矿系列结构概念，包括分带性、阶段性、过渡性、重叠性、互补性等结构型式，以表示一个成矿系列内部各矿床类型间的时、空、物质和成因联系。陈毓川、章崇真、夏宏远等研究了南岭与花岗岩有关的有色和稀有金属成矿系列。边效曾、沈永和、陶维屏等发表了有关成矿系列的著述。翟裕生等（1996）的《成矿系列研究》一书，较系统地论述了成矿系列研究的理论基础。陈毓川等（1998）以中国的区域成矿研究为基础，发表了《中国矿床成矿系列初论》。一些省（自治区、直辖市）地矿局也以成矿系列观点总结了所在区域的成矿规律。

随着系统科学观点向地质科学的渗透，在矿床学研究中也开始重视成矿系统分析。李人澍于1996年出版了《成矿系统分析的理论与实践》专著，於崇文（1994，1998，2000）从复杂性科学的角度探讨了成矿系统的动力学特征，关广岳等对成矿系统也发表了著述，翟裕生（1998）论述了古大陆边缘的构造演化和成矿系统（以华北陆块为例）并构建了区域成矿系统的理论与方法框架（1999，2001，2002），侯增谦（1998）等运用成矿系统观念分析了西南三江地区的成矿规律。成矿系统研究是矿床成矿系列研究的深入和拓宽，能带动成矿动力学的研究，是矿床学研究的一个前缘领域。

3. 矿田构造和成矿预测研究

陈国达（1978）著有《成矿构造研究法》；杨开庆（1982）提出"动力成岩成矿"学说；翟裕生（1984）主编了《矿田构造学概论》。至20世纪90年代，赵鹏大等建立了大比例尺矿床统计预测理论和方法体系；王世称等提出了综合信息成矿预测的观点和方法，对推动我国的成矿预测研究发挥了重要的引领作用。

4. 超大型矿床研究

因超大型矿床储量规模巨大、罕见且具有重大经济价值和科学研究意义，故寻找超大型矿床已成为许多国家和勘查公司的找矿目标。涂光炽自 20 世纪 80 年代起，倡导和组织了 "找寻超大型矿床的基础研究"（国家科学攀登计划），探讨了中国超大型矿床的时空分布规律，剖析了白云鄂博稀土－铌－铁矿、柿竹园钨－锡－多金属矿、大厂、金顶等多金属矿的形成机制，提出了同生构造、挥发分、碱金属、有机质、热水沉积等为关键控矿因素，并初步总结分析了多数超大型矿床产于大陆边缘构造地带的原因。涂光炽、裴荣富、翟裕生、赵振华等发表了有关超大型矿床地质和成因的论述。

5. 矿床地球化学和成矿实验研究

这期间在矿床地球化学和成矿实验研究方面已取得丰硕成果，稳定同位素、放射性同位素、微量或痕量元素、矿物包裹体、矿物组合热力学分析、成岩成矿模拟实验（包括水－岩反应和成矿关系的实验研究）以及各种成矿作用的数学模拟、计算机模拟和数学地质、遥感技术、分形理论等方法技术的广泛应用，极大地提高了矿床学研究水平，不仅推动了矿床研究由定性向定量发展，而且加深了对成矿理论基本问题的认识。矿床研究基本问题包括成矿物质来源、迁移、沉淀富集和后期改造等四方面内容，已能从系统角度加以整体研究。我国学者在多年探索的基础上，提出了 "成矿物质多来源" "上地幔元素丰度从根本上决定区域矿专属性" "壳幔物质再循环使矿质浓集" "超大型矿床成矿物质主要来自深部" 等学术观点。在成矿流体地球化学研究方面，张荣华等开展了超临界流体的动态模拟实验研究。赵斌等进行了高温高压下成矿元素在不同流体间分配特征研究。於崇文等（1987、1992、1993）应用耗散结构等理论，以云南个旧锡－多金属矿为例，进行了多孔介质中热液成矿和断裂裂隙中热液成矿的流体动力学实验。杜乐天（1996）强调了幔源流体和碱交代作用对成矿的重要意义。季克俭（1994）提出 "矿源、水源、热源" 的三源成矿说。翟裕生（1997）提出 "构造－流体－成矿系统" 等。刘丛强组织的地质流体与成矿作用的大型科研项目已取得新的成果。

1982 年起出版的《矿床地质》以及有关矿床地质的大量学术刊物，对矿床学学术交流起了很好的推动作用。1993 年出版的《中国矿床》（三卷本，宋叔和主编）全面总结了 20 世纪 90 年代以前中国矿床地质研究的主要成果。姚培慧主编的《中国铁矿志》，黄崇轲等的《中国铜矿床》（2001），陶维屏等的《中国非金属矿床成矿系列》（1994）等一批综合性著述，都是具有重要学术价值的矿床学文献。

第十六章
地质科学支撑的水工环地质工作成就

第一节　水工环地质工作部署

20 世纪 80 年代以后，在原有水文地质工程地质工作的基础上，形成了完整的水文地质、工程地质与环境地质（水工环）学科框架，支撑了这个时期及其之后的水工环地质调查和地质勘探工作。

为了适应改革开放的新形势，地质部于 1981 年印发了《关于调整加强水文地质工程地质工作的通知》，明确提出在"矿"与"水"的安排次序上，北京、天津、上海 3 个直辖市及宁夏回族自治区以"水"为主，把水文地质、工程地质、环境地质（简称水工环地质）工作摆在首位；北方各省、自治区、直辖市实行"水""矿"并重，把水工环地质工作摆在与重点矿产同等位置。到 1983 年，基本上查清了中国大部分地区的区域水文地质条件和地下水资源的分布概况。与此同时，工程地质的测试技术也日趋完善，物探、遥感技术在水文地质工程地质工作中也都得到了比较广泛的应用。在 40 多个城市开展了地下水污染调查和监测工作。地下水人工补给在各地也取得了成功的经验，并发展到利用含水层储能，推行"冬灌夏用"和"夏灌冬用"的储能技术。20 世纪 80 年代后期，水工环地质工作的重点也转向了为沿海开放城市建设、国家重大工程建设的服务上来。

第二节　水文地质工作成就

一、水文地质调查

（一）地下水监测预报

1977 年开始，全国地下水监测工作逐步得到恢复。其间，伴随 1∶20 万国际标准图幅区域水文地质普查工作的开展，全面推动了全国主要平原（盆地）地下水动态监测网的建设。1980 年，地质部成立了全国水文地质总站，对全国地下水监测网络实施了统一管理与优化部署，各省（自治区、直辖市）相继成立省级地下水动态监测管理机构，并在主要地下水开采区建立了地市级地下水动态监测分站，初步构建起了国家、省区、地市三级地下水监测体系。与此同时，在全国各地陆续建立了地下水均衡试验场。"六五""七五"期间，关于降水入渗机理及其与地表水、土壤水和地下水相互转换关系的理论研究方面，也获得了长足的进展。例如，在河南地区，历经 20 余年的努力，到 20 世纪 80 年代，先后建成了封丘、郑州、商丘 3 个均衡试验场。其中郑州、商丘 2 个试验场的地下水均衡研究，被列入"六五"国家重点科技攻关项目第 38 项子课题。80 年代中期，地下水监测预报研究工作快速发展。除了西藏外，其他省（自治区、直辖市）先后成立监测总站，在一些重点城市和地区还成立了分站。

截至 1990 年年底，地质矿产部系统有 27 个总站，1181 分站，形成了国家、地区、专门三类不同功能的地下水监测点网，拥有地下水多类长期监测点约 11000 个，其中水位监测点（含临时监测点）15411 个，水温监测点 5895 个，水质监测点 9272 个，水量监调点 7084 个。全国约有国家监测点 1048 个，建立了 5 个地下水均衡试验场和 3 个环境水文地质实验室等基本设施。20 世纪 90 年代，受市场经济与体制改革的影响，地下水监测工作一度处于萎缩状态，直至 21 世纪，基于可持续发展战略，地下水监测网的建设再次得到各级政府的重视。

除地质矿产部系统外，水利电力部系统从 20 世纪 70 年代开始，结合农灌开展地下水监测工作，主要分布在河南、安徽等 17 个省（自治区、直辖市）。80 年代开始对全国饮用地下水源进行监测。至 1990 年年底，拥有浅层地下水监测点 10000 余个，水质监测点 13300 余个。城乡建设和环境保护部门从 80 年代以来对北京、天津、沈阳、西安等城市水资源和水体环境质量进行了一定的监测研究。总之，"七五"期间，我国地下水监测点网络已基本形成。

截至 1990 年年底，北京、石家庄、呼和浩特、济南、沈阳等 31 个城市开展了地下水位预测预报；北京、石家庄、包头、银川等 18 个城市开展了地下水质预测预报；北京、上海、天津、西安等 10 余个城市开展了与地面沉降、地裂缝、海水入侵等有关的地下水情的预测预报。到 20 世纪 90 年代中期，全国总站和部分省（自治区、直辖市）总站地下水监测信息资料的保存、汇交、检索、处理、成品等初步实现了计算机化。

截至 20 世纪末，我国地下水动态监测取得的主要成绩包括：①为全国地下水资源评价提供技术数据。在 1980—1984 年的第一轮地下水资源评价中，仅黄淮海平原区就利用了 4900 多个地下水动态监测点、1800 多条地下水动态曲线、10 个地下水均衡试验场和综合试验点、20 多年地下水动态监测资料，分析总结出 2400 多个水文地质参数。极大提高了地下水资源计算评价精度。②为城市与工矿业供水提供要保障。全国有 400 多个城市以地下水为供水水源，占城市总数的三分之二。其中华北、西北地区城市中地下水供水所占比重高达 72% 和 66%，地下水监测在保障供水安全方面发挥了重要作用。③为饮水安全提供重要依据。全国地下淡水分布面积 810×10^4 平方千米，其中 63% 面积的地下水可供直接饮用，17% 经适当处理后可供饮用，12% 不宜直接饮用，另有不足 8% 的地下水不宜直接利用。监测评价对确立地下水用途，保障饮水安全与身体健康作出了重要贡献。④为农业发展提供科学依据。我国地下水开采量的 80% 用于农田灌溉，地下水灌溉面积占全国耕地总面积的 40%。20 世纪 70—80 年代，北方地区持续干旱，基于地下水监测研究，提出了黄淮海平原（华北平原）、松辽平原等重要农业区的农田灌溉规划，探讨了黄淮海平原区的土壤盐渍化改良与咸水改造利用，在山东、河南、安徽、河北等省取得显著成效，实现粮食增产 26.5%。⑤为改善生态环境、防治地质灾害提供了技术支撑。地下水监测为长江三角洲、华北平原、汾渭盆地的地面沉降防治提供了技术支撑。特别是在上海市，取得了十分显著的经济和社会效益。⑥为政府部门和社会公众提供了公益性服务。80 年代以来，各级地下水监测机构每年编制地下水动态监测年度报告，每五年编制地下水动态监测研究报告，提供给地矿、水利、建设、环保等相关政府部门使用。1997 年起，每年编制《我国主要城市和地区地下水水情通报》。2000 年开始，每年为编制《中国地质环境公报》提供客观、详尽的数据。

（二）农牧业水资源调查

1979 年，国家农委、国家科委、农业部、中国科学院联合召开"全国农业自然资源调查与农业区划会议"，并以 1979 年国科发字 363 号文安排部署进行全国水资源调查和评价工作。为此，地质部于 1981 年以地水（1981）631 号文下达各省（自治区、直辖市）开展全国地下水资源评价任务。地质部水文地质工程地质司主持制定编写了《全国地下水调查和评价工作要点》。在第一阶段（1981—1982），各省（自治区、直辖市）按照省内自然单元分别计算及评价了地下水资源，有些省（自治区、直辖市）按行政区划分别计算和评价。任务由各省（自治区、直辖市）地质矿产局组织水文地质队完成。西藏、台湾的成果由水文地质工程地质研究所提供资料。在第二阶段（1982—1983），按全国统一划分的 26 个计算区进行地下水资源计算评价。在第三阶段（1984—1985）组织验收各省（自治区、直辖市）的地下水资源评价成果，由地质矿产部水文地质工程地质研究所主持完成。成果显示：全国地下水天然资源为 8716×10^8 立方米／年，平原盆地及宜打井区富水地段等地下水开采资源 2940×10^8 立方米／年，同时汇总了全国水资源总量为 28000×10^8 立方米／年，并且编制了全国 1：400 万中国地下水资源分布图。向全国农业区划委员会提交了《中国地下水资源评价成果报告》，并获得 1985 年全国农业区划委员会科技成果一等奖。

（三）矿区水文地质调查

20 世纪 80 年代初期，围绕重点矿山开展了一系列的技术攻关，取得了可靠数据，建立了数学模型，及时对矿区水文地质条件和矿坑涌水量作出评价，取得了显著成效。在矿床水文地质方面，进行了"固体矿产水文地质勘探类型划分""大水矿床涌水量预测和治理方法"等项目研究（辛奎德、王锐、张振国、余霈、刘启仁、叶贵钧等）。地质部岩溶充水矿床水文地质类型研究组完成了"中国岩溶充水矿床水文地质勘探类型"项目研究，获 1983 年地质部地质科技成果二等奖。水文地质工程地质研究所编写出版了《中国固体矿床的水文地质特征与勘探评价方法》等著作。河北开滦矿务局等单位的"开滦矿务局特大透水灾害的治理"研究项目获 1985 年第一届国家科学技术进步一等奖。1982 年 8 月，地质矿产部颁发了《矿区水文地质工程地质普查勘探规范》。截至 1984 年，全国已有矿区水文地质专业技术人员 3753 人，分布在地矿、煤炭、冶金、有色、化工、核工、建材等部局。80 年代中期，地矿、煤炭、冶金等部门的专家协作，完成了《中国北方岩溶地下水资源及大水矿区岩溶水预测、利用与管理的研究》，对缓解我国北方某些地区工农业用水紧缺状况和对水害进行科学治理有重要价值。

（四）地热水调查

1977年9月，西藏羊八井地热电厂试验发电成功，至1991年完成总装机容量25.18兆瓦。1978年3月，中国科学院地质研究所设立地热研究室。1980年，福建省农科院地热农业利用研究所成立。1987年，在天津大学成立了天津地热研究培训中心。1989年，天津地热勘查开发设计院成立。这一时期，福州、北京、天津、丹东、西安等城市陆续开始实行地热资源管理，政府部门颁布了管理办法。联合国援助了我国北京、天津、西藏等地的地热项目，并在新西兰、冰岛、意大利、日本培训了中国地热技术人才。至1998年组建国土资源部前，全国矿产资源储量委员会共审批勘探了地热田103个，分布在15个省（自治区、直辖市），即北京3个、天津4个、河北17个、山西27个、辽宁2个、福建7个、江西2个、山东7个、湖南2个、广东13个、海南7个、云南4个、西藏2个、山西2个、青海4个。批准的可采地热资源量（B+C级）总计为每年33283.47×10^4立方米。另外，全国矿产资源储量委员会还审批了全国214个地热田的详查报告，批准C+D级可采地热资源量总计为每年约5×10^8立方米。拉动了周边地区发电、供暖、洗浴、医疗、种植、养殖等一列产业的发展。

二、水文地质编图

截至1995年，我国用40年的时间完成了全国陆地（台湾省除外）第一轮水文地质调查，基本比例尺为1：20万，个别高寒和沙漠地区采用比例尺1：50万或1：100万。其中1983—1995年完成了条件艰难的西南、西北和黑龙江的雪山、草地、森地、沙漠等地区，面积为290万平方千米的调查任务。20世纪80年代以后，加强了室内资料的综合整理与分析研究。除按行政区划编制省（自治区、直辖市）水文地质挂图或图系、图集之外，还根据专门目的编制了一些跨省的按大自然单元的专门性图件，如黄淮海平原、黄土高原、松嫩平原等地区的水文地质图系。此外，在积累大量资料的基础上，通过综合分析研究，产生了一批小比例尺的水文地质编图重要成果。"八五"期间还编制了1:600万的《中国温泉分布图及说明书》，收入"中国温泉名录"中不低于25℃的温泉总数达2796处。

（一）《中华人民共和国水文地质图集》

该图集由水文地质工程地质研究所负责编制，全国 29 个省（自治区、直辖市）地质局水文地质队、中国科学院《中国自然地理》编辑委员会、中国地质科学院地质研究所、国家地质总局沈阳地质研究所、南京大学地质系、中国地图出版社等 39 个单位协作完成。1979 年由中国地图出版社出版。该图集是中华人民共和国成立以来第一次编制的一部大型综合性水文地质专业图集。由全国图组、地区图组及分省图组 3 部分组成。全国性图件有中国地质图、中国降水量图、中国年径流深度图、中国水文地质图、中国地下水化学图、中国地下热水分布图。概括介绍了我国的疆域、政区和自然地理环境基本面貌，同时也反映了与水文地质条件密切相关的地质、气象、水文等因素。地区图共 9 幅。主要根据我国复杂的自然条件所形成的较大水文地质单元的特点，并考虑了国民经济建设的需要及水文地质研究程度，选编了黄河中游黄土、南方岩溶、松辽平原、黄淮海平原、三江平原、长江三角洲、西北干旱地区和青藏高原冻土等地区水文地质图。还有松辽平原农业水文地质区划图、东北地区地下热水分布图。分省图组共 37 幅。主要是根据各省（自治区、直辖市）范围内的水文地质条件编制的综合水文地质图。着重反映本省（自治区、直辖市）地下水的形成条件和区域分布概况、水质及富水程度。同时对水文地质研究程度较高或重要的国民经济建设地区，编制了一些比例尺较大的专门性图件，如内蒙古河套平原盐碱土改良水文地质图、广东雷琼自流盆地水文地质图、甘肃河西走廊水文地质图等。

（二）《中国水文地质图》（1∶400 万）

该图由中国地质科学院水文地质工程地质研究所焦淑琴、戴喜生编制，中国地图出版社 1987 年出版。主要反映我国大的自然单元地下水形成、分布的区域性规律和基本特征，综合反映地下水的含水介质、岩层富水程度、水质及埋藏条件等水文地质因素。在区域地下水分布规律中，揭示其埋藏状态和储存特征，按含水介质的不同，将地下水划分为 4 种基本类型：①松散沉积物孔源水；②基岩裂隙水；③碳酸盐岩裂隙水；④多年冻土冻结层上水。在每个基本类型中，根据地貌条件和含水层的分布、埋藏的差异，进一步划分了 16 个亚类型。

（三）《中国岩溶水文地质图》（1∶400 万）

该图由中国地质科学院岩溶地质研究所李国芬等编制，中国地图出版社 1992 年出版。以显示我国碳酸盐岩分布区岩溶地下水形成的自然地理和地质条件、岩溶水资源分布状况、岩溶水富集规律及区域岩溶水文地质总体特征为目的。表现了不同岩性、不同层结构碳酸盐岩的富水特性，大流量水点的展布特征，并按裸露型、覆盖型、埋藏型、冻结型对碳酸盐含水岩组进行了划分。

（四）《亚洲水文地质图》（1∶800万）

该图由中国地质科学院水文地质工程地质研究所焦淑琴等编制，地质出版社 1997 年出版。此图是一幅从洲际角度反映水文地质特征和规律并为大区域环境地学研究提供地下水信息的基础图件，主要反映地下水类型、含水层富水程度及地下水水质。地下水类型主要表示非固结沉积物中的孔隙水、固结和半固结岩类中的裂隙水和碳酸盐岩类中的岩溶水；对地下水第一个含水层按良好、较好、较差、差、很差 5 个级别划分富区水程度；地下水水质反映淡水、微咸水和咸水等。按地貌地形和气候条件，将亚洲陆域划分出 15 个大的水文地质分区。

第三节　工程地质工作成就

一、区域工程地质调查

1980—1986 年，广东省地质矿产部门完成了"1∶20 万广东省海岸带工程地质调查"。1982—1985 年，四川省水文地质工程地质队完成了"成都平原水文地质工程地质综合调查评价"。1982—1985 年，江苏省地矿局等水文地质工程地质单位完成了"1∶50 万长江三角洲地区水文地质工程地质综合勘查评价"。"六五"期间，黑龙江、吉林两省水文地质工程地质单位完成了"1∶20 万松嫩平原水文地质工程地质综合调查评价"。

1990 年，水文地质工程地质研究所任国林主编的《1∶400 万中国工程地质图》出版。该图以大地构造和大地貌为依据，在全国范围内划分出 37 个一级工程地质区。重点反映区域工程地质条件的分布规律。①岩石和土以及岩体和土体的类型及其工程地质特征。岩体类型主要依据岩石成因类型、强度特征及岩体结构类型来划分。②区域地壳稳定性。主要是从新构造运动以及岩浆活动、现今地壳运动方式和强度、地应力方向等进行评价。③外动力地质现象。主要表示滑坡、崩塌、泥石流、岩溶及冻土等分布范围。④水文地质条件。主要表示与区域工程地质条件密切相关的水文地质要素。⑤地貌条件。主要表示水系、山脉、山峰等。⑥人为工程地质现象。表示经济活动引起的工程地质现象，如大量抽汲地下水引起地面沉降、矿山塌陷、水库地震等。

二、水利水电工程地质调查

20 世纪末，全国的水利水电工程建设取得重大进展，其中工程地质工作提供了重要的技术支撑。典型工程体现在了长大流域的水电工程项目、南水北调项目等。

（一）长江三峡工程选址工程勘查

在计划经济时代长江三峡水利枢纽工程勘查的基础上，我国持续推进相关论证工作。1978 年 3 月，地质部三峡队提交了《长江三峡水利枢纽三斗坪坝段初步设计阶段工程地质勘查报告》，主要编写人为郭希哲、叶升安、钟荫乾等。1979 年 4 月，国务院召开会议，听取了有关三峡工作的汇报。同年 11 月，水利部向国务院提交了报告，推荐对三斗坪坝段（址）开展初步设计。1985 年 8 月 4—8 日，受国家计划委员会和国家科学技术委员会委托，地质矿产部在北京召开"长江三峡工程地质问题讨论会"，80 多位领导和专家参加了会议。1986 年 5 月 11—21 日，受国家科学技术委员会委托，地质矿产部水文地质工程地质司组织进行了"三峡工程库岸稳定性及城市搬迁环境地质问题重点考察"。参加考察的有 15 个单位 28 名专家，专家组组长为张倬元、胡海涛。1987 年 6 月，地质矿产部水文地质工程地质司提出《长江三峡工程前期论证阶段库岸稳定性研究报告》。报告反映，在库区已发现崩塌、滑坡和变形体 277 处，其中体积大于 1000×10^4 立方米的有 32 处。1988 年 12 月，三峡工程论证领导小组办公室在《三峡工程专题论证报告汇编》中作出的主要结论为："关于三峡工程的水位方案，综合 14 个专家组的意见，推荐坝顶高程 185 米，最终正常蓄水位 175 米"。主要结论还认为："三峡工程是难得的具有巨大综合效益的水利枢纽，经济效益是好的，建三峡工程的方案比不建三峡工程的方案好，早建比晚建有利。"1990 年 7 月，国务院成立以邹家华为主任的三峡工程审查委员会。1991 年 1 月，三峡工程审查委员会成员、地质矿产部部长朱训和国家地震局局长方樟顺，带领地质与地震问题预审专家组，在现场考察的基础上，对三峡工程可行性研究报告进行了预审。对报告中地质与地震内容的总评价是："经 1955 年以来 30 多年的大规模勘查研究，有关三峡工程的地质、地震条件的勘查研究成果资料可完全满足可行性报告的需要。"1992 年 4 月 3 日，全国人民代表大会七届五次会议审议并通过关于兴建三峡工程的议案。1994年12月14日，三峡工程举行开工典礼，三峡水利枢纽的建设正式开始。

（二）南水北调工程地质勘查

20世纪80年代中期启动的南水北调工程对解决我国北方缺水问题具有重要的意义。南水北调的线路有西、中、东线之分。引水和输水工程包括修筑高坝、开挖深长隧洞和挖宽河道等。西、中、东线的勘查，分别由黄河、长江、淮河水利委员会负责，中国科学院和沿线有关省（自治区、直辖市）地质矿产局、水电局等协作进行。南水北调各线路所处地质环境各具特点。总的说来，地基岩、土体稳定性，渗漏和渗透变形，崩塌、滑坡、泥石流和人工边坡稳定性，岩溶、风化和黄土、软土、胀缩土等的工程地质问题，新构造运动和地震，流水的冲刷和淤积，以及南水北调对环境的可能影响等，都需要深入研究、论证、勘查。为此，地质部门根据负责单位的委托和要求，进行了大量的工程地质工作。其中：对西线，地质部曾于1983年、1986年两次布置陕西省、青海省地矿局开展论证。1989—1993年，青海省地矿局对西线超前工作区域工程地质及区域稳定性的评价成果，获地质矿产部1996年地质勘查成果二等奖。对中线，河南省第一水文地质工程大队完成了黄河北岩—漳河段1:20万工程地质勘查；河北省工程地质勘查院完成了河北段1:5000工程地质测绘等。

三、铁路工程地质勘查

青藏铁路工程地质勘查。根据中央加快青藏建设的指示精神，国家地质总局于1975年责成青海省地质局负责，由中国地质科学研究院地质力学研究所和水文地质工程地质研究所参加协作，对青藏铁路沿线（格尔木—那曲车站）进行1:20万综合水文地质工程地质普查及有关科研工作。当年，上述3个单位完成了《青藏线"格尔木—拜多河口"1:20万综合水文地质工程地质普查报告》。次年，完成了《青藏线"拜多河口—那曲"1:20万综合水文地质工程地质普查报告》。在格尔木至安多段水文地质工程地质普查中，除上述3个单位外，还有"五三〇"（格尔木—拉萨输油管）工程指挥部、铁道部第一勘测设计院二总队、中国科学院冰川冻土沙漠研究所、地质科学院地质矿产研究所等单位参加了野外工作。参加人员最多时达305人，投入钻机5台。经过4年的连续奋战，共完成了1:20万综合性水文地质工程地质普查面积6360

平方千米，线路长度 600 余千米，地质钻探 9768.01 米。国家地质总局于 1978 年 12 月 5 日批复了《青藏线（格尔木—安多）水文地质工程地质调查研究报告》及《青藏线（拜多河—那曲车站）水文地质工程地质调查研究报告》。报告充分反映并评价了高原多年冻土地区铁路选线的水文地质工程地质条件。在世界罕见的高海拔多年冻土地区进行比较系统的以铁路建设为重点的综合性水文地质工程地质勘查，在世界上尚属首次。后来的青藏铁路就是根据这次勘查资料确定的。该报告于 1978 年获全国科学大会奖。

四、城镇建设工程地质勘查

1982 年 6 月，地质矿产部部长孙大光指出："城市工程地质工作，在国际上已很普遍，我们尚未开始，必须在各省、市建立城市（包括大工区）工程地质队伍，要把大比例尺的工程地质填图立即开展起来。"1983 年年初，地质矿产部召开了 14 个沿海开放城市水文地质工程地质座谈会，进一步明确了水工环地质工作的指导思想、业务方针和工作部署。1986 年 7 月，地质矿产部又联合城乡建设环境保护部，共同主持召开了全国城市地质工作会议，确定了城市地质工作的方针。20 世纪 80 年代末到 90 年代初，集成了各城市不同年代、不同部门的区域地质、水文地质、工程地质等方面的资料，有针对性地补充少量专门勘查，进行水工环地质的综合评价，以应对各城市特别是各省、区大城市和 4 个经济特区、14 个沿海开放城市及海南省海口市等 21 个城市编制总体规划的急需。至 1990 年前，大城市基本上都完成了水工环地质综合评价。例如，在深圳特区规划建设中，有观点认为，罗湖区域位于深圳断裂带及其周围，区域构造的活动性将直接影响和决定深圳规划建设布局的合理性和风险性。地质矿产部组织有关地勘、科研单位进行联合攻关，采用遥感、物探、化探等各种现代测试技术和方法，对深圳市的区域稳定性进行了系统的勘查和测量，并运用数学模拟与物理模拟，通过对现代应力场的有限单元分析，对区域稳定性作出了评价，说明罗湖区域地壳稳定性仍比较好，尚不具备发生中强地震的条件。再如，深圳大亚湾核电站对地壳稳定性要求特别高，经过工程地质专家论证，建议将大亚湾核电站的站址布设在大亚湾区域地质构造的"安全岛"上。针对沿海城市地处滨海地区，淤泥质土、粉细砂层分布十分广泛，需要开展特殊土的工程地质评价。再如，上海市地质勘查局提交了不同区域地基持力层的深度和厚度资料，为高层建筑或大型建筑提供了基础设计依据。

五、矿区工程地质勘查

1977—1978 年，由地质矿产部水文地质工程地质司组织领导，有 22 个省（自治区、直辖市）地矿局和 65 所高等院校参加，在冶金、煤炭、化工、建材等部门大力支持和有关矿山的密切协作下，选择全国具有一定代表性的 55 个重点岩溶充水矿山，开展了水文地质工程地质回访调查，为矿床工程地质类型划分、工作方法提供了基础资料，总结出版了《中国固体矿床地质勘探阶段的工程地质工作》一书。1982 年 2 月，国务院颁布了《矿山安全条例》和《矿山安全监察条例》，对地质勘探报告书必须为矿山设计提供矿区水文地质工程地质资料提出了具体要求。至 1983 年年底，全国已探明储量的 137 种矿产的 5750 个勘探矿区中，均相应地进行了不同程度的矿区水文地质工程地质工作，为全国县以上的 6000 多个已开发利用和正在建设的国有矿山提出了矿区水文地质工程地质资料。

六、重大工程项目环境地质调查评价

这一时期，具有代表性的项目有"南水北调西线工程超前期工作区域工程地质及区域稳定性评价"。为给南水北调西线工程规划研究提供区域性、基础性地质资料，地质矿产部 1983 年、1986 年先后两次要求陕西、青海地矿局对部署于巴颜喀拉山的南水北调西线方案进行地质论证。1989 年部署了为期 5 年的 1∶50 万南水北调西线工程超前期工作区域工程地质及区域稳定性评价和巴颜喀拉山主脊带 7 个 1∶20 万国际分幅图的区域地质调查任务。通过在重点部署区开展面积约 10×10^4 平方千米、比例尺为 1∶20 万的综合性工程地质、区域地质调查和中深部地壳结构探测以及面积约 30×10^4 平方千米、比例尺为 1∶50 万的区域地质构造、航磁重力地球物理场、遥感地质、构造应力形变场与地质构造现代活动模拟等专题的研究，认为西线调水在地质条件上是可能的，调水工程的地质条件的安全是有较好保障的，特别推荐和提出了多河一线联合调水方案作为开发西线的代表方案。

第四节　环境地质工作成就

一、环境地质编图

20世纪80—90年代，地质矿产部地质环境司基于组织开展的区域环境地质及大江大河、交通干线环境地质调查，编制综合性和专题性的环境地质图系，取得了丰硕的成果。

（一）区域环境地质编图

1.长江流域环境地质编图

地质矿产部组织长江流域各省（自治区、直辖市）地质矿产局及有关科研、教学单位编制了长江流域环境地质图系。对长江流域地质第四纪地质、新构造运动及地震等基础地质条件有了进一步认识，对流域的岩溶分布、山体稳定性、地下水污染程度与地方病分布进行了分区评价。按金沙江流域和长江上、中、下游4个区段分别计算了地下水天然补给量，以及平原区各区段地下水开采资源量。查明了长江流域天然建筑材料、旅游景观等资源的分布。结合整个流域经济发展规划，提出了开发和保护地质环境的建议。

《长江流域环境地质图系》是地质矿产部成都水文地质工程地质研究中心、四川省地质矿产局成都水文地质工程地质队、地质矿产部岩溶地质研究所、湖北省地质矿产局水文地质工程地质队、江西省地质矿产局水文地质工程地质队为主要完成单位，戴广秀、杜柏林、项式均为主要完成人的科研项目。

该图系通过16张图件和说明书，在全面系统地研究与区域地质、水文地质、工程地质、地貌与外动力地质、地震与区域稳定性等有关的地质环境要素特征和区域规律的基础上，综合反映了长江流域内人类活动与地质环境的相互关系。《水文地质系列图》在一般反映地下水特征与分布规律的基础上，突出反映了地下水资源的开发利用条件，地下水污染和地方病状况，提出了防治对策。《工程地质系列图》在系统研究区域构造和区域岩土体工程地质条件，合理划分出工程地质域、区、亚区；全面反映了碳酸盐岩地区岩溶发育特征与规律，岩溶塌陷发育强度、规模的影响因素、危害与防治对策；比较全面地反映了地质灾害、水土流失、河湖变迁规律和地区特征。图系范围涉及 18 个省市，全流域面积 180 万平方千米。该项成果不仅为长江流域规划的补充及修改提供了资料和依据，而且对今后的国土开发整治和环境保护也有重大的参考价值，对全国各大流域环境地质图系的编制有着指导意义。图系的编制吸收了国内外先进经验，在编图理论和方法上有所创新，这种小比例尺大流域的环境地质图系编制工作具世界水平。

2.黄河流域环境地质编图

地质矿产部组织黄河流域 9 个省（区）相关单位，编制了比例尺为 1∶200 万的《黄河流域环境地质图系》。进一步掌握了黄河流域地质、地貌、构造及地震等基础地质条件，对水土流失、黄土湿陷等环境地质问题进行了分区评价，分别按平原、高原、山区等不同地貌单元进行了地下水资源分布计算和开采现状调查。同时，对规划中的较大工程项目，如黄河中游西水东调、黄河上游水能开发等进行了环境地质评价和预测，并提出了改善地质环境、防治地质灾害的建议。同时对十大城市及能源基地的供水现状进行了评价，对发展趋势进行了预测。

《黄河流域环境地质图系（1∶200 万）》是由地质矿产部兰州水文地质工程地质中心担任第一完成单位，由余飞、陈云、秦学志、王景先、樊廷平为主要完成人的科研项目。

3.西北地区环境地质编图

西北地区环境地质图系是国家计划委员会国土局为编制国土规划纲要向地质矿产部提出的任务。1986 年 4 月 18—20 日，水文地质工程地质司在兰州召开了协调会议。该图系共 8 张，面积 326×10^4 平方千米，行政区包括新疆、青海、甘肃、宁夏和陕西5 省（区）及内蒙古西部地区。图系基于地质矿产部门及相关部门的大量资料，总结了西北地区水土资源概况、环境地质特征及其分布规律，以及人类工程—经济活动引起的环境地质问题，为国土资源开发和建设布局提供了基本的地质依据。

4.东北经济区环境地质编图

东北经济区在行政区划上包括黑龙江、吉林、辽宁全部范围和内蒙古呼伦贝尔盟、兴安盟、哲里木盟和赤峰市。全区面积 125.59×10^4 平方千米，占全国总面积的13.08%。由地质矿产部水文司组织，在已有水文地质、工程地质、环境地质资料基础上，于 1987 年 4 月完成了 1∶100 万东北经济区环境地质图系编制。该图系系统反映了东北经济区第四纪地质、地质构造及地震烈度、岩土体类型等基础地质概况，反映了区域地下水资源分布、水质、地下热矿水资源以及开发利用现状，为东北经济区制定中长期发展规划提供了资料依据。

　　《东北经济区环境地质图系》是由地质矿产部呼和浩特水文地质工程地质中心担任第一完成单位，由韩学礼、孙跃宇、王成林、张振全、崔永久担任主要完成人的科研项目。

　　《东北经济区环境地质图系》包括地下水资源分布图、地下水资源开发利用图、工境地质图、地下热矿水资源分布图、水文地质图、岩土体工程地质类型质图、地貌及外动力地质现象图等九种图件。其比例尺均为1∶100万。

　　5.《中国环境地质图系》(1∶600万)编制

　　该图系是在地质矿产部地质环境管理局组织领导和中国水文地质工程地质勘查院主持下，自1989年起开始编制，1992年由中国地质出版社出版。图系主编：段永侯。该图系主要宗旨是：全面系统地概括我国地质环境的主要特征、地质环境与人类工程－经济活动的相互关系，在自然和人为作用下存在的主要环境地质问题，综合评价我国不同地区的环境地质条件，进行环境地质分区，提出保护地质环境、合理开发地质资源的对策建议。该图系首批出版的图件有：①《中国滑坡崩塌类型及分布图》；②《中国泥石流灾害图》；③《中国岩溶塌陷图》；④《中国地下水诱发危害图》；⑤《中国环境地质分区图》；⑥《中国沙漠及土地沙漠化图》；⑦《中国土地盐渍化沼泽化图》；⑧《中国土壤侵蚀图》；⑨《中国特殊类土及危害图》；⑩《中国地质自然保护区图》；⑪《中国旅游地质资源图》。

　　《中国环境地质图系(1∶600万)》是中国水文地质工程地质勘查院、地质矿产部环境地质研究所、地质矿产部水文所为主要完成单位，段永侯、哈承祐、李京森、戴喜生为主要完成人的科研项目。

(二)专题环境地质编图

1.《中国黄土高原地貌类型图》(1∶50万)

　　该图由中国地质科学院水文地质工程地质研究所编制。主编：张宗祜。地质出版社1985年出版。此图主要反映黄河中游黄上高原水土流失发生发展的地貌背景条件，重点表示地貌的成因类型及地貌发展过程中的正负地形的形态组合类型。①侵蚀构造类型，包括基岩山地。②剥蚀构造类型，包括基岩浅山孤丘、山前带基岩低丘、基岩剥蚀丘陵山地。③剥蚀堆积类型，包括高梁沟谷、残梁沟谷、长梁沟谷、狭梁沟谷、宽梁沟谷、缓梁沟谷、缓峁沟谷、宽峁沟谷、低峁沟谷、残塬沟谷、宽塬沟谷、侵蚀坡地、低丘缓谷。④侵蚀冲积类型，包括河谷平原、河谷阶地、山前冲洪积扇、台塬。⑤堆积构造类型，包括断陷盆地、山间盆地。⑥风成堆积类型，包括沙地、沙丘。

该图为我国首次编制的一份内容全面的中比例尺（1∶50 万）黄土高原地貌图。它以揭示黄土高原各种地貌特征、分布规律及其与现代土壤侵蚀作用之间的关系为重点，按地貌成因与形态分类相结合的原则，划分了成因类型、地貌组合类型及形态组合类型。以地貌形态组合为主要制图单元。形态类型的区分，采用了统一的相对定量指标。对重要的个体地貌形态作了较详细的描绘，并进行了水土流失强度（侵蚀模量）的分区。图件的说明书既对图上反映的地貌分类系统进行了解释和说明，又总结和探讨了黄土高原的区域地貌特征和控制地貌发育的地质因素，以及现代土壤侵蚀作用发生发展的地质地貌背景、水土流失发生发展的区域性规律。该图具有重要的学术意义和实用价值，为黄土高原土地资源利用、环境保护、水土流失防治等方面的规划提供了基础资料。

2.《中国可溶岩类型图》（1∶400 万）编制

该图由中国地质科学院岩溶地质研究所李大通等编制，中国地图出版社于 1985年出版。主要表示碳酸盐类岩石的类型及其区域分布规律。类型划分为：①连续层型，连续厚度大于 200 米。②连续层型与间夹层型的复合型。③间夹层型，连续厚度20~200 米。④间夹层型与互层型的复合型。⑤互层型，连续厚度小于 20 米。岩性种类主要是灰岩、灰岩－白云岩、白云岩。硫酸盐与氯化物类岩石划分为：海相蒸发型、内陆湖相蒸发型。

《中国可溶岩类型图》是"全国重点科学技术项目规划"（1978 年）第 21 项中"岩溶发育规律及改造利用研究"内所提的 1∶400 万岩溶图系的组成部分。编图之目的是系统掌握和初步总结我国各种类型的可溶岩地层，在其形成时代和地域上的分布规律；评价我国各区域岩溶发育条件的差异；为揭示各区域在岩溶地貌、水文地质条件和工程地质条件相差殊异各具特色的内在联系提供资料。对裸露区的碳酸盐岩进行详细分类。本图的编制，也为编制岩溶地貌图、岩溶水文地质图和岩溶工程地质图等提供基础图件。说明书中的主要内容有编图现状、编制方案、中国碳酸盐岩的分布规律性、各区碳酸盐岩沉积特征、碳酸盐岩类型与岩溶发育条件、硫酸盐与氯化物等。

3.《中国岩溶——景观、类型、规律》图集

该图集由中国地质科学院水文地质工程地质研究所卢耀如主编，地质出版社 1986年出版。该图集是介绍中国岩溶发育特征并为工农业建设服务的大型综合性图集，共287 页，是以大量地质图表、照片、试验成果及文字论述相配合的图集，由 5 个部分组成。①岩溶类型及其特征。划分为碳酸盐岩裸露及半裸露岩溶类型、碳酸盐岩埋伏岩溶类型、裸露碳酸盐岩－硫酸盐岩－卤化物岩复合岩溶类型，共有 14 种成因类型。

②岩溶洞穴与有关现象。对岩溶洞穴水流特性及溶蚀和沉积现象的成因进行了分类。③岩溶作用过程及岩溶现象。主要介绍了岩面岩溶现象、岩溶地貌和岩溶洞穴发育过程、岩溶塌陷过程、岩溶水演变过程、岩溶沉积作用过程。④岩溶水文地质工程地质与成矿条件。主要反映了岩溶与供水、能源、矿源、交通、农业、工业民用建筑、岩溶水资源综合开发与治理等内容。⑤岩溶发育基本规律与分区。共划分出喜马拉雅极高山—青藏高原、天山山脉—内蒙古台地、兴安岭山地—辽东半岛、华北山地高原—黄淮海平原、云贵高原—华南盆地、华东南丘陵山地—长江下游平原、台湾岛域—四海领域共 7 个岩溶区和 62 个岩溶亚区。

《中国岩溶——景观·类型·规律》是由地科院水文所等担任第一完成单位,卢耀如、范磊、金宝源、何世芝担任主要完成人的科研项目。本图集主要内容有:岩溶作用过程与岩溶现象;岩溶洞穴与有关现象;岩溶类型及其特征;岩溶水文地质工程地质与成矿条件;岩溶发展基本规律与分区等。收集了彩色照片 519 幅(包括空中、地面景观照片、航空遥感、洞穴、显微及电镜、水下照片等),全国小比例尺插图 5 幅,区域性插图 14 幅,并编有十余万字的证明书。图集形象、生动地总结了我国岩溶学及其研究现状和发展,反映了我国不同自然景观条件下岩溶发展规律。

4.《京津唐地区国土整治环境图集》编制

该图集由国家环境保护局、地质矿产部水文地质工程地质司主持,中国环境科学研究院、河北省科学院地理研究所编制。编辑人员包括杨本津等。海洋出版社 1987 年出版。该图集从生态观点出发,宏观地反映了区域环境、生态问题的主要特征、发展变化及区域分异,内容包括区域环境条件与资源、工农业生产水平、主要环境生态问题和环境区划 4 个方面,共有 33 个图纸幅面,其中与地下水环境、资源有关的图件 15 幅、比例尺 1∶15 万~1∶160 万。

该图集以自然生态学的观点为指导,对该地区范围内的资源、环境、人口、经济发展、环境质量演变的相互关系进行了全面系统的研究,把环境质量研究、可再生资源保护研究同经济发展研究结合起来,把环境质量控制和生态环境保护结合起来,采用最新信息理论以客观的形式反映该地区的环境背景、质量状况、演变方向,建立了区域环境研究的分区原则和自然生态系统的评价指标,直接服务于环境管理、环境规划和经济建设。

5.《中华人民共和国及其毗邻海区第四纪地质图》(1∶250 万)编制

该图主编单位:中国地质科学院水文地质工程地质研究所,天津地质矿产研究所,中国地质科学院地质研究所,中国地质大学,甘肃、四川、安徽、江苏省地质矿产局,地质矿产部地质巡感中心，上海、广州海洋地质调查局，中国地质科学院海洋地质研究所。张宗祜主编。中国地图出版社 1990 年出版。该图覆盖了我国全部陆地及其毗邻海区。主要内容包括我国海陆第四纪堆积物成因类型、岩性、时代及不同高程的前第四纪基岩，新构造运动形迹和地貌形态，第四纪火山活动，以及物理地质现象等。并附有重要的第四纪地质及古人类化石研究地点表。图的主要特点是：①体现了我国第四纪地质历史发展特点。②对复杂的第四纪堆积物的成因类型，从陆地至深海盆地作了更为系统的概括和分类。对渤海湾、黄海、东海和南海广大海区的第四纪沉积底质进行了统一的岩性命名，并结合水下地貌及沉积物形成条件建立了海区成因类型系列。③在各地层区内建立了必需的标准地层剖面，进行了必要的专门的年代地层与岩石地层学的研究。④采用了空间 – 时间相结合的、以四维概念制图的原则。⑤侧重表示了成因类型及其物质组成、新构造运动形迹和重要的物理地质现象等内容。

该图范围覆盖中国全部领域，并包括毗邻海区。编图的主导思想：中国的第四纪地质特点是在新构造运动，特别是青藏高原不断上升，以及更新世以来全球性古气候波动变化影响下形成的。由于这两个主导的因素，决定了中国第四纪堆积物在时间和空间上的分布及演变，也导致了中国第四纪古气候和古地理环境的变化。

该图综合反映第四纪地质基本规律和特点，反映第四纪时期的主要地质事件，如多期的新构造运动、火山活动、冰川活动、海面变化、不同气候条件下形成的堆积物以及古人类活动遗迹等。对于第四纪时期形成的多种堆积物，从其成因上进行了分类，并建立了中国第四纪沉积物成因类型表特别是对其中的残坡积类型，按其形成的气候条件的不同作了更细的划分，以反映气候因素对第四纪沉积物的影响。

在充分研究、对比的基础上本图将中国及毗邻海域的第四纪地质地层划分为 9 个大的地层区，建立了全国第四纪地层对比表。以距今 2.5Ma 为第四纪下限，统一了全国第四纪地层的划分和对比，同时在 9 个大区内，又分别建立区内各亚区的地层对比表，更详细地反映各地第四纪地层情况。

该图由 12 个单位共同完成，是我国第一幅第四纪地质大型挂图，在图的内容、编图方法等方面有许多不同于以往国内外编制的第四纪地质图之处。在编图过程中，还针对专门性问题如全国第四纪地层统一对比问题、海区地层、岩性分类定名问题、西北和西南新构造活动问题以及特殊地质问题的制图设计问题等都分别组织专门的学术讨论会研究解决。同时对一些地层资料缺乏而又非常重要的地方，进行了专门的第四纪地质钻探以及大量的古地磁、同位素测年等工作。

6.《中国岩溶环境地质图》（1：500万）编制

该图由中国地质科学院岩溶地质研究所卢东华等编制，地质出版社1997年出版。此图主要反映岩溶发育地区的典型地质灾害、环境地质问题及主要岩溶现象、岩溶资源（矿产资源、水资源、洞穴资源）。依据碳酸盐岩地层沉积组合特征、岩性、地形地貌、岩溶发育程度。在全国范围内共划分出21个岩溶地质环境类型。表示了自然和人类活动引起的岩溶塌陷，岩溶陷落柱，岩溶突水矿点，岩溶区崩塌、滑坡、泥石流、地面开裂，岩溶渗漏大型水库、岩溶旱涝区及岩溶水污染等。

《中国岩溶环境地质图》（1：500万）是由地质矿产部岩溶地质研究所担任第一完成单位，由卢东华、王廷、龚自珍、钟英贤、陈阵担任主要完成人的科研项目。

《中国岩溶环境地质图》（1：500万）是地质矿产部为参加三十届国际地质大会而编制。该图是在对岩溶地区资料进行和整理的基础上编制而成的。图面上用21种颜色来反映我国岩溶地区不溶地质环境类型；用个体符号表示主要的岩溶现象、岩溶资源、岩溶地质境地质问题。同时，根据人类与岩溶地质环境这个客观实体的关系，即以及大气候、大构造对岩溶地质环境、岩溶地质灾害、岩溶环境地质问育规律的控制和影响，再结合区域岩溶地貌组合形态，进行了岩溶环境划分，共划分为4个大区、17个亚区。论述了各种岩溶地质环境类型的特征及与人类活动的关系。另外，对岩溶特征、岩溶资源的合理开发利用，岩溶地质灾害、岩溶环境地质问题的自然因素、人为因素的关系也从不同的角度进行了说明。对各岩溶环境，着重阐述其主要岩溶环境地质特征，所拥有的主要资源，存在的主要问题及易发生的岩溶地质灾害。指出了各种岩溶地质区、亚区在今后国岩溶资源开发时，可能出现哪些新的岩溶环境地质问题。

7.《长江三峡滑坡崩塌图集》编制

该图集由国家科学技术委员会和地质矿产部共同组织编辑，韩宗珊主编。香港大道文化有限公司1986年出版，地质出版社发行。该图集是根据航空遥感图像、地面摄影、工程地质勘查和试验的大量资料编辑而成，反映了长江三峡岸坡结构类型及特征，以及岸坡变形破坏类型、特征及岸坡变形破坏与人类工程活动的关系。精选了三峡地区大型滑坡、崩塌及变形体的照片220余幅，以地质图、地质剖面和简要文字阐述了它们所处的自然地质环境、形态结构特征和形成机制，并对其稳定性作出了评价。

8.《长江三峡工程库区大型滑坡崩塌图集》编制

该图集是在地质矿产部地质环境管理司和国家科学技术委员会工业科技司主持下，由四川省地质矿产局南江水文地质工程地质队和湖北省水文地质工程地质大队负责编制，李玉生、钟荫乾主编。广东旅游出版社1991年出版。该图集编入了长江三峡工程库区（重庆、三斗坪段）40个大型滑坡、崩塌勘查研究取得的平面图、剖面图、立体图、素描图及照片，简要论述了它们所处的地质环境、形态特征、结构特征、形成机制、演化过程及其危害。

9.《中国地质灾害类型图》（1∶500万）编制

该图由地质矿产部成都水文地质工程地质中心葛中远等编制，地质出版社1991年出版。此图是一幅区域性、综合性并具有评价预测性的图件，主要反映不同地质环境中自然和人为作用下形成的地质灾害类型、发育程度及分布规律，着重表示我国地震、崩塌、滑坡、泥石流、矿山地面塌陷、岩溶塌陷、突水突泥、地面沉降、地裂缝、水土流失、土地盐碱化、土地沙漠化、冻融、诱发地震、煤田自燃、沙土液化、土地沼泽化、淤积、土体胀缩变形、雪崩等近30种主要地质灾害类型。

该图反映了中国20种地质灾害类型，12组地质灾害组合类型的发育分布规律，突出害发育程度、形成地质灾害成因（自然或人为的）、规模、强度，据分布、成因、地质环境等条件进行了全国地质灾害区划；图的说明书对地质因素、条件、地质灾害发育分布规律、地质灾害属性、分区原则、特征展趋势、地质灾害的危害、地质灾害防治等进行了较详细的论述。

10.《中国地质灾害与防治图集》编制

该图集由地质矿产部、国家科学技术委员会和国家计划委员会共同组织编辑，郭希哲主编。地质出版社1991年出版。图集内容以反映地质灾害种类为主。图（地质类图件）、片（地面实景、实地像片、航天和航空像片）并重，并配以简要文字说明。分11篇章介绍了我国各种地质灾害的地质背景、成因、特征、危害程度和防治措施。介绍的地质灾害有地震、火山、地裂缝、砂土液化、地下热害、煤田自燃、煤和瓦斯突出、岩爆、崩塌、滑坡、泥石流、地面沉降、地面塌陷、渗透变形、突水突泥、可溶岩岩溶、黄土温陷、膨胀土和红粘土、湿胀干缩、淤泥变形破坏、冷浸田、土地盐渍化、土地沼泽化、土地沙漠化、水土流失、河湖变迁、海岸变迁、海底侵蚀与活动断层、海底滑坡、地下水污染、地方病等。

11.《中国分省地质灾害图集》编制

该图集是由国家计划委员会国土地区司和地质矿产部地质环境司共同组织，中国水文地质工程地质勘查院牵头，各省（自治区、直辖市）有关单位参加共同完成的，段永侯主编。中国地图出版社1996年出版。图集力求反映各省（自治区、直辖市）地质灾害的主要类型、区域分布特点、危害程度和发展趋势。对地质灾害产生的地质环境背景和条件如地形地貌、地质构造，特别是最新活动断裂、岩土体工程地质类型、水文地质条件等也作了概略反映。每个省（自治区、直辖市）的地质灾害分布图附有 2000 字左右的说明。

《中国分省地质灾害图集》是由中国水文地质工程地质勘查技术院担任第一完成单位，由段永侯、柳源、罗元华、谢章中、阙列东担任主要完成人的科研项目。

《中国分省地质灾害图集》是在进行全国地质灾害现状调查的基础上编制的。该图集力求反映各省（自治区、直辖市）地质灾害的主要类型、区域分布、危害程度及发展趋势，对地质灾害产生的地质环境背景和条件，如地地貌、地质构造、特别是第四纪以来最新活动断裂、岩土体工程地质类型、水文地质条件等也作了概略反映。根据各类地质灾害的发育程度（密度、频度、变形规模）及危害程度进行了区、亚区划分与评价。目的是为了我国减灾防灾、改善人类生存环境，促进社会、经济的可持续发展服务，促进各省、区地质灾害研究和技术交流；提高决策者和公众对地质灾害的认识；为"国际减轻自然灾害十年"作出贡献。编图目标是编制一套小比例尺的地质灾害图，建立地质灾害数据库及地理信息系统，同时以数据形式与传统方式出版成图及资料。

二、环境地质调查评价

（一）全国环境地质评价预测

为全面掌握全国各地的环境地质问题家底，"八五"期间，地质矿产部在浙江、山东、湖南、广东、云南和甘肃 6 个省开展了 1∶50 万环境地质调查，并制定了以地质灾害为主要内容的《省（自治区）环境地质调查基本要求（比例尺 1∶50 万试行）》。"九五"期间，继续部署完成了北京、河北、山西、辽宁、吉林、黑龙江、上海、江苏、安徽、福建、江西、河南、湖北、广西、海南、四川、贵州、陕西和宁夏 19 个省（自治区、直辖市）1∶50 万环境地质调查。此项工作延续至"十五"期间，最终完成了内蒙古、西藏、青海和新疆 4 个省（区）的相应工作。总共完成 29 个省（自治区、直辖市）环境地质调查，面积超 950×10^4 平方千米。各省（自治区、直辖市）进行了地面调查和遥感解译，查明了各种环境地质问题和地质灾害的发育情况、分布规律及其形成原因。29 个省（自治区、直辖市）分别完成了涵盖 23 种地质灾害和环境地质问题的《环境地质调查报告》《环境地质图》《地质灾害分布图》《地质灾害发育强度分区评价图》《地质灾害危险程度分区预测图》和《环境水文地质评价预测图》等成果。

（二）农业环境地质调查评价

20世纪80年代，地质部门技术员为农业部门提供更加深入的服务。根据地质体调整了种植布局，开展新型矿物肥料和矿物饲料的勘查与开发。90年代以后，进入农业生态地质阶段。1992年，中国地质学会成立了农业地学专业委员会，并在国际第30届地质大会上介绍了我国农业生态地质研究的最新成果。

（1）农田供水与盐碱地改良。改革开放以来，根据国家农业重点开发区需要，继续开展1∶10万~1∶5万农牧业水文地质勘查。为三江平原、吉林西部、江汉平原、洞庭湖平原、鄱阳湖平原等国家商品粮基地，为内蒙古呼伦贝尔草原，新疆富蕴、西藏拉萨河谷等重点牧农区，提供了水文地质勘查成果。地质矿产部从20世纪80年代初期开始，在河南、河北、安徽等省开展了综合治理旱涝盐碱的试验研究。针对南方一些平原和河流三角洲低洼地区，通过排水措施解决了地下水位高出作物生长的适宜水位问题。

（2）区域农业地质环境调查、评价与区划。"七五"期间，张宗祜院士等在对黄土高原土壤侵蚀的自然背景条件、类型分布特征及其规律进行综合评价的基础上提出"应该把黄土高原的治理放在首位"的观点。四川、广西、湖北、山东、河北、河南、江西、广东、安徽、江苏、吉林、浙江、云南、贵州、辽宁等省（区）进行了不同级别的农业生态地质区划。

（3）名优特农林作物的农业生态地质调查、评价与开发。20世纪80年代以后，积极开展了百余种名优特农林作物的农业生态地质调查与评价。主要有：四川柑橘，涪陵榨菜，广西沙田柚，浙江玉环文旦柚，山东肥城桃，新疆吐鲁番葡萄，河北沧州金丝小枣，广西荔枝，云南、贵州、河南、山东烟草，滇西、浙东茶叶，广西柳江甘蔗，南宁香蕉，山东泰山、河北迁安、北京昌平的板栗等，寻找或发现了多种新的农林优势区，扩大了种植，促进了地方经济的发展。

（4）农业地球化学研究与调查。地质矿产部物化探所利用1∶20万区域化探扫面资料研究了Zn、Cu、Co、Mo、B等的含量与作物产量的关系。中国地质科学院测试所主持开展了1∶20万区域地球化学调查资料在农业科学上的应用研究等。

（三）城市环境地质调查评价

1980年，国务院决定建立深圳、珠海、汕头、厦门4个经济特区，1984年决定进一步开放大连、秦皇岛、天津、烟台、青岛、连云港、南通、上海、宁波、温州、福州、广州、湛江、北海14个沿海城市，1988年决定海南省为经济特区，1989年决定划 140 个县、市为沿海经济开放区。从而使我国东部沿海开放地带涉及 288 个市、县、面积约 32.5×10^4 平方千米，人口约 1.6 亿。在此时代背景下，地质矿产部提出城市地质工作要积极、主动地为沿海开放城市的规划和建设管理提供服务。地质矿产部于 1984 年 4 月召开"十四个开放城市水文地质工程地质座谈会"，及时给沿海省（直辖市、自治区）地质矿产局作出部署，要求对 4 个经济特区、14 个开放城市进行"水资源和地质环境论证"。要求突出两方面的内容：一是开展"沿海开放城市的水资源及地质环境评价"，编写综合评价报告和编制环境地质图系；二是针对城市重大建设项目上马时可能碰到的地质疑难问题，有针对性地进行勘查研究，提供科学依据。具体工作包括：城市所处的地质环境背景、城市的水资源状况和 2000 年供水需求和保证程度预测，城市工程地质条件评价（包括区域构造稳定性和地基稳定性）、水土污染及废物堆弃对城市发展的影响，地热资源、景观资源、建材和非金属资源等对城市发展的影响，地面沉降、地裂缝、咸水内侵、海平面上升等对城市规划、建设的影响，河口和港区冲淤规律对航道、港口建设的影响等内容。1986 年 7 月 9—15 日，地质矿产部联合城乡建设环境保护部，在北京共同主持召开了"全国城市地质工作会议"，分析了城市地质工作的形势，交流了城市地质工作经验，研究了城市地质勘查工作的方针和任务，讨论了如何加强两部之间横向联系和合作以及促进城市地质工作的发展问题。这次城市地质工作会议所确定的工作方针、指导原则、工作内容和工作任务，直至 21 世纪初期仍具有黄强的现实指导意义。至 20 世纪末，主要开展的工作包括：

（1）全国主要城市水工环地质综合评价。从 20 世纪 80 年代末至 90 年代初，地质矿产部门通过对各城市地质资料系统的收集，并集成不同年代、不同部门取得的区域地质水文地质、工程地质等方面的资料，有针对性地补充少量的勘查工作，进行了水工环地质综合评价。据初步统计，在 1990 年前，大城市基本上都完成了水工环地质的综合评价工作。1990—1995 年相继开展中小城市的水工环综合评价作。其间，进行水工环地质综合评价或勘查的城市有广东的潮汕平原、珠江三角洲城市群区域以及深圳、东莞、湛江；湖南的长株潭地区、常德、衡阳、岳阳、张家界、郴州；广西的沿海经济开发区、凭祥、梧州、桂林；海南省；重庆市；四川省的宜宾、华蓥、万县、涪陵、自贡；贵州省的六盘水；云南的澜沧江流域路段中段开发区、玉溪、昭通、大理、宣威、河口；陕西的咸阳、华阴、华县、安康；青海省的格尔木河流域及察尔汗盐湖矿产开发区；宁夏的银川、石嘴山；新疆的奎屯博乐阿拉山口、哈密；吉林的珲春经济开发区；黑龙江的乌苏里—绥芬河边境地区、多宝山、哈尔滨、齐齐哈尔；浙江的三门湾地区、金华；安徽的阜阳、宿州、铜陵；福建的厦门、石狮、晋江、同安；江西的萍乡、樟树、赣州等地区。

（2）城市供水保障。在城市供水水文地质方面，累计对 1000 多处大中型水源地进行了勘探，对水文地质条件复杂者还进行了专题研究。至 20 世纪 90 年代中期，已开采的 900 处地下水水源地实际开采量 3055 万立方米 / 天，折合 115 亿立方米 / 年，对保证城市和工矿基地正常运转起了重要作用。例如，天津市、青岛市等城市发展都面临着水资源严重不足的难题，地质部门在提交给城市"水资源和地质环境论证"成果里，均提出了解决水资源的途径。对青岛市提出大沽河地下水采取疏干性开采的建议被市政府采纳。天津市地质矿产部门积极参与"引滦入津"工程线路的工程地质勘查，指出蓟县城关、大康庄、宝坻城关及西龙虎岭等浅埋岩溶区的岩溶水有一定的开发潜力，并在宝坻勘查评价出一个大型的岩溶地下水水源地。1986 年，济南发生 60 年未遇的大旱，地下水位严重降低，四大泉群第一次断流。山东省地矿局经过一个冬天的勘查，完成了 5×10^4 立方米 / 天的地下水供水勘查任务，同年在济南西部长清地区找到了一个 10×10^4 立方米 / 天的大型水源地。

（3）城市地质灾害调查评价。20 世纪 80—90 年代，在一些内陆城市，相继出现了地裂缝灾害，其中以西安市最为严重，10 余条活动地缝，分布面积达 150 平方千米，地裂缝长达 7～11 千米。从 1987 年开始，地质矿产部和陕西省地矿局对此组织了专门勘查研究，都步查明了地裂缝产生的原因，除自然因素外，大量开采深层地下水加剧了地裂缝的活动，提出了限制深层地下水开采量，设定地裂缝安全避让距离的建议。我国已有 200 多个市、县先后借鉴了西安地裂缝治理的成功经验。针对上海、天津、宁波等城市地面沉降灾害严重的实际情况，相继开展了地面沉降防治的专题勘查研究，并且，上海防治地面沉降的成功经验也在这些城市得到推广，取得了明显的经济、社会效益。

（4）城市地下水污染防治。自 20 世纪 70 年代以来，我国对大多数城市开展了地下水污染现状的调查，并在地下水动态检测系统中增加了对地下水污染进行检测的内容，同时开展了多项试验研究工作。例如，呼和浩特市地下水中硝酸盐氮污染机理和防治对策的研究、山东省济宁市地下水水质模拟及其污染趋势预测的试验研究。90 年代，地质矿产部水文地质工程地质研究所在北京市房山区牛口峪水库成功地进行了"地学－生态工程学技术"处理污水的试验研究。

（四）海洋与海岸带环境地质调查

从 1978 年到 1991 年，开展了全国范围的近海与海岸带调查、海岛调查和海湾调查。20 世纪 80—90 年代，先后在重要成矿带、重要基础地质区进行了 1：5 万区域地质调查。在平原区开展了各种方法不同比例尺的石油物探，对大地构造、地层结构、岩相古地理环境等进行了系统勘查研究。1985—1991 年，海洋、国土等部门开展了"全国海岸带和海涂资源综合调查"。从 1988 年开始，作为国家重点科技攻关项目的"全国海岛资源综合调查和开发试验"历时 6 年，初步查清海岛资源的类型、数量、质量及其发育演变规律，对海岛资源状况和环境条件作出了科学的分析评价，拟定了重点海岛的综合开发利用规划。"八五"期间，我国有关部门对河口三角洲、海岸带、陆架区和大洋深海区沉积物的物质组成、粒度类型及其分布特征、物质来源、沉积过程和海平面上升等进行了专题性调查研究，采集了数千个表层和上百个柱状沉积样品，为建立中国海区的现代沉积和三角沉积模式，打下了坚实的基础。20 世纪 90 年代中期，完成了区域性工程地质调查工作，在城市区或重点工程建设区结合规划展了 1∶10 万 ~1∶5 万工程地质勘查。1991—1997 年，中国有关海洋研究单位对近岸浅海和陆架区进行了海洋工程地质调在研究，对潜在的地质灾害类型与特征进行了识别。

三、重点地质环境治理工程

（一）长江三峡地质灾害防治

三峡库区是我国崩滑地质灾害的多发区。1982 年 7 月 17—18 日，重庆市云阳县城东长江左（北）岸的鸡扒子发生滑坡，滑坡土石量达 1800×10^4 立方米，不单毁坏房屋、农田，更是造成了断航碍航等重大损失。1985 年 6 月 12 日凌晨，湖北省秭归县长江左（北）岸的新滩大滑坡，3000×10^4 立方米土石高速下滑，其中 260×10^4 立方米土石高速滑入江中，摧毁了新滩古镇。虽因及时预报，居民得以安全转移，但高达 39 米的涌浪仍致 12 人死亡，长江断航一周。1987 年 9 月 1 日，长江支流大宁河岸边巫溪县南门湾崩塌，7000 立方米石块摧毁了崖下一旅店，造成 122 人死亡。据不完全统计，从 1982 年至 21 世纪初，库区两岸发生滑坡、崩塌、泥石流 70 多处，规模较大的 40 余处，致死约 400 余人。针对三峡库区地质灾害的防治，在 1980 年前为库区工程地质勘查阶段；1980—1992 年，为库区崩滑地质灾害调查评价阶段；1992 年以后，为库区崩滑地质灾害重点防治阶段。

1992 年 7 月，国务院批准三峡链子崖和黄腊石地质灾害防治项目，标志着三峡库区地质灾害进入重点防治阶段。链子崖危岩体是由 58 条宽大裂缝切割的基岩分离体，位于长江兵书宝剑峡出口的右（南）岸，有数百年的崩滑史。危岩体于 1964 年由地质部三峡队发现。黄腊石滑坡在巴东县老城下游 1.5 千米的长江左（北）岸，于 1973 年由地质部三续队发现。1988 年 3 月，国家科委、地质矿产部、交通部、中国科学院和湖北省政府联名上报国务院，提出了对两处地质灾害隐患进行防治研究的建议。1989年 1 月 23 日，国家批准进行链子崖和黄腊石两处地质灾害防治的可行性研究。1992年 7 月 29 日，国务院办公厅以国办函〔1992〕68 号文同意进行链子崖和黄腊石两处地质灾害防治，决定防治工程的实施由地质矿产部牵头。1993 年 3 月 23 日，国家计划委员会以计国地〔1993〕448 号文将链子崖和黄腊石两处地质灾害防治工程交地质矿产部实施，总投资 9000 万元。1993 年 4 月 28 日，地质矿产部决定成立链子崖和黄腊石地质灾害防治领导小组，小组组长为时任地质矿产部副部长张宏仁。指挥部设在宜昌市。专家组由各部门的 11 位专家组成。

　　黄腊石滑坡的防治目标是提高滑坡的稳定性。初步设计报告和施工图设计报告由湖北省地质灾害防治工程勘查设计院完成，工程施工单位为巴东县和湖北省水文地质工程地质大队、地质矿产部陕西地质工程总公司。防治工程于 1994 年 2 月 21 日开工，1996 年 7 月 30 日竣工。完成的主要工程量有：地表排水沟 15 条，总长度 6724 米；地下排水洞 1 条，总深度 417.36 米；排水井（孔）33 眼，总深度 1115.0 米。监测单位为湖北省水文地质工程地质大队。

　　链子崖危岩体的防治重点是提高危岩斜坡的稳定性。初步设计报告和施工图设计报告由中国水文地质工程地质勘查院完成，工程施工单位有四川 909 勘查施工公司、地质矿产部成都探矿工艺所、煤炭科学研究总院北京开采所、湖北省水文地质工程地质大队、秭归县屈原镇、湖北省岩崩滑坡研究所等。防治工程于 1995 年 3 月 2 日开工，1999 年 8 月 5 日竣工。完成的主要工程量有：裂缝危岩体的挂网锚喷 4300 平方米，锚索 151 束。监测单位为地质矿产部水文地质工程地质技术方法研究所、地质矿产部地质力学研究所、湖北省岩崩滑坡研究所等。

　　链子崖和黄腊石两处地质灾害防治工程，经领导小组组织专家现场验收、均被评为优质工程且经过了三峡水库 135 米、139 米和 156 米和蓄水考验。

（二）上海地面沉降监测治理

　　上海自 1860 年开始开凿深井抽取地下水，1921 年便开始出现地面沉降。至 1965年，上海中心城区平均下沉 1.69 米。20 世纪 80 年代末期以后，受大规模城市改造与工程建设影响，地面沉降明显增长，全市平均沉降速率每年增至 10 毫米左右。1979

年，上海市地质处提交了《1962—1976 年上海市地面沉降勘查研究报告》。1992 年，地质矿产部标准委员会审查通过了由上海有关部门主编的《地面沉降水准测量规范》。1995 年，上海市建设委员会出资 3500 万元实施"九五"地面沉降监测设施修建规划，引进了自动化监测技术和 GPS 监测技术。1996 年，上海市政府颁布《上海市地面沉降监测设施管理办法》。1999 年提交的《上海市 1∶20 万地面沉降调查报告》中首次提出，导致 20 世纪 90 年代以来中心城区地面沉降加剧的因素中，地下水开采占 70%，大规模城市建设占 30%。2000 年，国土资源部、中国地质调查局在上海召开长三角地区地面沉降调查工作会议，部署开展长江三角洲区域地面沉降调查工作。

四、重点环境地质专题研究

（一）长江三峡工程重大地质与地震问题研究

该项目是国家"七五"重点科技攻关项目"长江三峡工程重大科学技术问题研究"的组成部分。起止时间：1986—1990 年。负责主持单位：地质矿产部地质环境管理司，参加主持单位：水利部科技司和国家地震局科技监测司。负责或参加各专、子题研究工作的单位共 45 个。在研究工作过程中采用了地质调查测绘、钻探、硐探、地球物理勘探、航空遥感、数值物理模拟和同位素年龄测定等多种综合手段，完成的实物工作量主要有：库岸稳定性、断裂活动性、水库诱发地震地质背景及水库移民区环境地质条件等路线地质调查 9505 千米，船闸边坡稳定性、大型滑坡和移民新城址斜坡稳定性等各种比例尺工程地质测绘 1121 千米，崩滑体勘探及水文地质监测剖面钻探 349 孔 32547 米，硐探 3 个 1813 米，岩、土、水样测试 6080 组（件），深孔地应力测量 2 孔 1300 米，深部构造地震波探测剖面 4 条 712 千米，地质遥感探测 26000 平方千米，电算约 10000 台时，并建立了数据库。新的总体评价认为：三峡工程的地质与地震条件总的来说是优良的。工程的区域地壳稳定性好，坝区及坝址属弱震及微震环境，地震基本烈度定为 V 度，是合适的。坝址基岩坚硬完整，适合修建高坝及配套枢纽工程。水库诱发地震存在可能性，但预测影响到坝址的烈度不超过 V 度。库岸稳定性基本上是好的，现时和水库蓄水后都可能有些崩滑活动，但对枢纽工程不会造成大的影响。水库淹没及浸没地质资源损失不大，泥沙淤积问题可以解决。水库城镇搬迁及移民工程与地质环境之间的相互影响值得重视，但不影响工程决策。子、专题和课题研究报告先后于 1990 年和 1991 完成编写和评审验收，

1992 年 10 月以专著《长江三峡工程地质与地震问题研究》为载体公开出版，专著编写人员为刘广润等。

（二）三峡水库库岸稳定性研究及环境地质条件评价预测

该项目是国家"七五"重点科技攻关项目"长江三峡工程重大科学技术问题研究"中的组成部分，起止时间为 1986—1990 年，由地质矿产部水文地质工程局负责组织实施。参加研究的单位主要有：湖北省地矿局水文地质工程地质队、四川省地矿局南江水文地质工程地质队、地质矿产部物化探局遥感中心、地质矿产部成都水文地质工程地质中心、成都地质学院、中国地质大学、长春地质学院和西安地质学院。地质矿产部数十年来为论证三峡库岸稳定性问题已开展了大量的工作。在本轮研究过程中，结合航片解译和少量坑槽探与剥土，对 31 条较大支流长约 1615.30 千米的库岸进行了现场调查和研究；对长江干流长约 1380 千米库岸，尤其是规模较大或有争议的塌、滑坡进行了多次现场复查；对影响干、支流岸坡变形破坏的地质地理因素进行了系统的观测与研究。选择具典型意义的岸段，结合物探、岩相分析等多种手段进行重点解剖，探索了岩坡结构的时空演化与变形破坏规律。1988 年和 1990 年先后提出两份研究成果：①《长江三峡工程库岸稳定性研究》，编写人员为王兰生等；②《长江三峡工程库岸类型划分及其稳定性评价与预测》，编写人为陈喜昌等。通过研究可以认为，岸坡可能的破坏对三峡工程建设和运营无重大而难以预见的致命性威胁，但对航运和沿江城镇的影响应给予重视。

第五节　水工环境地质科技发展成就

改革开放以来，水文地质学与工程地质学的新进展可以概括为研究新问题，采用新手段，进行新的总结，并在大规模基础设施建设的背景下，使环境地质学科实现了长足发展。

一、水文地质学

在地下水资源计算和评价方面，中国地质学会多次召开地下水资源评价学术会议，对学科的发展起到推动作用。张宏仁等编译的《地下水水力学的发展》（1992）一书，在向国内同行介绍非稳定流理论的发展等问题起了很好的作用。国内一些大学的数学教授（如清华大学肖树铁、山东大学孙纳正等）介入地下水资源评价和矿坑涌水量的效值法计算，大大地提高了这一领域的学术水平。在分省、分自然单元计算的基础上，地质矿产部门在1985年完成了全国地下水天然资源和开采资源数据的汇总。全国地下水天然资源为8700亿立方米/年，全国地下水开采资源为2900亿立方米/年，及其分区的分布数据已为各级规划部门广泛使用。陈墨香等1994年对全国主要沉积盆地的地热资源进行了估算。曲焕林主编的《中国干旱、半干旱地区地下水资源评价》（1991）一书，汇总了20世纪七八十年代的研究成果。

"六五"和"七五"期间进行的黄淮海地下水资源研究，"八五"和"九五"期间进行的西北干旱区地下水资源研究，都取得了新进展。20世纪90年代初地质矿产部和国家计划委员会（国土司）共同组织了对我国重点地区和重要城市地下水资源保证程度的论证。在地下水开发利用大量实践经验的基础上，涌现了一批带总结性的著作。如《中国蓄水构造类型》（钱学溥，1990），《中国地下水资源开发利用》（王兆馨，1992）等。在一批城市开展地下水管理模型研究的基础上，出版了地下水管理问题的著作，如20世纪90年代出版的《地下水管理》（林学钰、廖资生，1995）和《地下水资源管理》（陈爱光、李慈君、苗剑锋，1991）。

在水文地球化学方面取得多项研究成果，地下水水质及其在各种因素影响下的演变的研究越来越引起人们的重视，除了医疗用矿水、提取工业原料的卤水（提取溴、碘、硼等）、地下热水外，各种固体废物、废水和废气对地下水污染的影响，已成为水文地球化学的重要研究课题，而且定量评价和预测日益发展，水质数学模型的研究和污染质在包气带和饱水带中的运移规律的研究取得了许多新成果。中国地质学会水文地质专业委员会张锡根等汇编的《水文地球化学理论和方法研究》（1963）、《环境水文地质理论及方法研究》（1984），对总结经验和推动水文地球化学的发展起了很好的作用。我国已对3500多处天然矿泉水点进行了勘查评价，已开发建厂的近900处，从化学分析组分来看，偏硅酸和锶是中国已发现的矿泉水中最常见的组分。四川盆地是我国地下卤水的研究工作做得最多和开发历史最久的地区，主要产卤层为三叠系，其次是二叠系，除进行了大量的水文地球化学研究外，李慈君、陈墨香等分别对卤水的资源量进行了估算。地下水同位素组分的研究取得了许多好成果，例如，张之淦、刘存富等对河北平原深层水的年龄进行了研究，对地下水形成历史和开发潜力得出了重要的结论。

包气带水（包括土壤水）一直是水文地质研究中的薄弱环节，但它对促进农业增产与建立节水型农业至关重要。地质矿产部水文地质工程地质研究所在执行"黄淮海浅层地下水资源评价"（联合国开发计划署资助）时，引进零通量面法（ZFP），根据用负压计测定的"水势"和用中子水分仪测得的"土壤体积含水量"的变化，计算包气带内在非饱和状态下的水分通量。通过开现场会和办培训班，使此法在全国 19 个地下水监测站中推广应用。1994 年水文地质工程地质研究所开放实验室出版了《土壤水分通量法实验研究》（荆恩春、费谨等），这些成果在农业和水利部门也得到应用。

二、工程地质学

1978 年以后，伴随大规模工程建设活动的展开，许多巨型工程和新型工程的修建对工程地质勘查和研究提出了新的课题。

（1）土体研究。在土体研究方面，我国在土的微观结构方面开展了广泛的研究，取得了较大进展，但是土的微观结构与土的物理力学性质间的关系研究还不够充分。海洋土的研究进展显著，其与陆相土的区别在于其中 Na^+、Mg^{2+} 氯化物含量较高，并具有絮凝蜂窝状结构，南海土中石英含量较少，而硅质和钙质沉淀物较多，因而其工程地质性质有所不同。膨胀土的研究成绩突出，对其分布范围、判别方法、土的干容重对膨胀性的影响等方面取得了新的认识。西北内陆盆地的盐渍土、黄土高原的黄土、华南的红土、沿海地区的淤泥软土的研究均取得了大量成果。用静力载荷试验、旁压试验、微型载荷试验等测试手段研究花岗岩风化残积土的地基承载力，扰动小，取得的数据可靠，对我国东南沿海广泛分布有这种土的地区的高层建筑经济效益显著。近年来提出发展"土体微结构力学"，作为土体工程地质研究的新领域。

（2）工程力学研究。在工程地质力学方面，20 世纪 70 年代谷德振等提出"岩体工程地质力学"新概念，他以地质历史的发展过程——建造与构造，运用地质力学观点，研究了岩体的工程地质特性及力学的成因问题，初步建立了工程地质力学的理论体系与研究方法。80 年代岩体工程地质力学进一步发展，产生了"岩体结构力学"新概念，它主要研究地质模型的力学效应，即把地质模型转化为力学模型，在此基础上进一步将力学模型与岩体变形破坏机制有关要素转为定量的数学语言表达，进行岩体稳定性的力学分析，作为工程设计的依据。工程地质力学的发展要求地质研究与工程高度结合，发展工程结构和地质结构的依存关系和相互作用理论。

（3）区域稳定性研究。在区域工程地质和区域稳定工程地质方面，《区域稳定工程地质》（刘国昌，1993）提出了区域稳定工程地质研究应包括以下内容地壳结构和组成、地壳的动力条件、现代地应力场、现代地壳升降活动、现代断层活动、地震活动、火山活动、区域性山体稳定与地表沉降变形、区域稳定性工程地质评价理论和方法研究等。在编制小比例尺工程地质图方面，任国林主持编制了 1 ：400 万《中国工程地质图及说明书》（1990）。按照大地构造和地貌划分 37 个工程地质区，又根据次级构造和地貌划分 83 个亚区，在说明书中附有一幅 1 ：2000 万的分区图。张咸恭、王思敬、张倬元等合编的《中国工程地质学》（2000）总结了我国工程地质学的理论体系：以工程地质条件的研究为基础，以工程地质问题的分析为核心，以工程地质评价为目的，以工程地质勘查为手段。该书的出版体现了我国工程地质学的特色。

（4）水动力学研究。基于黄河治理中的工程地质问题，张忠胤的遗著《关于地上悬河地质理论问题·关于结合水动力学问题》于 1980 年出版；20 世纪 70—80 年代姜达权发表了多篇关于黄河治理的论文，积极向国务院提出治理黄河方略的建议；90 年代胡海涛指导河南、山东两省地质工作者研究黄河中下游治理的水文地质工程地质问题；中国科学院地学部 1998 年 7 月组织两院院士（包括多名高级水文地质工程地质专家）对黄河中下游进行了实地考察，并提出了对策建议。

（5）工程地质监测技术研发。基于 1992 年开始实施的"长江西陵峡链子崖重大地质灾害防治工程"，是在详细的工程地质勘查和研究基础上实施的参与改造自然的项目。在理论上完善了以"灾害地质体"改造为核心的地质工程理论体系，在技术上采用了预应力工程、CAD 技术、全自动实时监测系统等高新技术，在 100 多米高的二叠纪灰岩危岩绝壁上成功地穿越宽达 5 米的两条裂缝带，安装了 3000kN 级大吨位超深度（62.5 米）预应力锚索，并实现了全自动化的实时监测预报。

（6）海洋地质学探索。海洋工程地质勘查是我国起步较晚的新领域。20 世纪 80 年代地质矿产部广州海洋地质局在联合国开发计划署（UNDP）的援助下，开展了珠江口外 6 幅 1 ：20 万的海洋工程地质图的图幅联测，引进了国外的海洋物探和海底工程地质取样等仪器设备，通过项目实施掌握了海洋工程地质勘查和制图技术。1989 年 12 月在广州由中国地质矿产部与联合国技术合作发展部联合召开了"发展中国家石油开发中的海洋工程地质勘查会议"。

三、环境地质学

环境地质问题既有在自然界早已长期存在的，也有人类活动引起的新现象。20 世纪 80 年代以后，我国环境地质学发展迅速，许多院校建立了环境地质教研室，开设了环境地质学的课程。环境地质勘查和研究的问题日益拓宽，取得了许多可喜的成果。

20 世纪 80 年代中期以来，地质矿产部先后组织编制了一批大自然单元的环境地质图系，如长江流域环境地质图系（戴广秀等）、黄河流域环境地质图系（岑嘉法等），以及地质灾害与防治图系，包括了各种综合性资料，并附有图表、照片、案例，具有很大的科学价值和实用价值。

在核安全方面，我国从 20 世纪 80 年代中期开始这方面的研究工作。针对核电站的选址及核废料的处置库选址问题，在广东大亚湾核电站选址中采用了三种评价方法：主要指标分级评价法、分区评价法、区域稳定专家系统及风险度评价法。最后提出相对稳定地块"安全岛"的识别标志以及从地表构造、深部构造和地震活动图像三方面与"地震空区"的主要区别。

在地方病区的地质条件研究方面，我国通过编制元素环境化学图、浅层地下水地球化学图、地方病区氟分布图、胃癌死亡率分布图等和对大量资料的分析研究。有力地证明了地方病与地质环境有密切关系。研究利用自然地球化学作用去除有关化学元素、调整环境条件，取得了可喜的成果。方鸿慈进行了多年的研究和探索，在 1986 年发表的总结性文章《论大骨节病克山病与水文地球化学的密切关系及其问题》中，提出了对于一个病区进行调查研究的预期目标：①查明病区的水文地质条件，特别是水文地球化学特征；②阐明致病水的水质特征（如有可能提出病因的预测性意见）；③探讨换水防病的可能性，并提出改水防病试点工作意。

在矿区环境地质方面，基于采矿引起的环境地质问题多种多样，如滑坡、崩塌、地面沉降、塌陷、诱发地震、大量突水、地热害等。矿区水文地质工程地质工作者做了大量勘查和研究工作，为矿山设计和施工提供了地质依据。一些新建矿山重视土地复垦和生态恢复，取得了宝贵的经验。例如内蒙古准格尔煤田的黑岱沟露天煤矿设计经验对 21 世纪西部大开发有现实借鉴意义。

在大气降水监测方面，基于国家、省、地区三级监测站共同管理的 2 万余个地下水监测点和 28 个各类地下水均衡场，取得了随时间和空间变化的长达 10 年的中国大气降水氢氧同位素背景值。研究了中国大气降水氢氧同位素浓度场和环境效应。

在生态环境地质方面，基于不合理的土地利用方式导致的土地沙漠化问题，水文地质学家提出，实行还草、还林，首先要还水，重新调整上、下游之间用水比例，重新建立地表水和地下水的联合调度体系。

第十七章
地质科学理论研究成就

20 世纪的最后 20 年，在改革开放的时代背景下，我国的地质科研工作全面与世界地学前沿接轨，取得了一大批备受国际地学界瞩目的重要成果。

第一节　古生物学与地层学研究成就

一、理论古生物学研究

20 世纪 60 年代以来，随着国际上地学、生物学和方法论的创新性发展，以及新技术、新方法的引用，古老的古生物学获得新的活力，新理论、新概念、新假说不断涌现且在热烈的争论中不断深入，理论古生物学发展成为重要的研究方向。中国古生物学界认识到这也正是中国古生物学研究的一个薄弱环节和重要差距。因而 1979 年的苏州会议提出必须在已经取得较丰富学术积累的基础上，加强基础理论研究，促进中国古生物学研究的深入发展。如前所述，自 80 年代以来，多位学者推介国际上的新进展、新方法，引领国内学科的发展，并逐步取得显著进展，受到国际学术界的重视。2000 年，由戎嘉余任首席科学家的国家"973"计划项目"重大地史时期生物的起源、辐射、灭绝和复苏"启动，组织多部门、多学科的专家协作，不仅在国内外发表了大量有影响的论文，还于 2004 年出版专著《生物大灭绝与复苏——来自华南古生代和三叠纪的证据》（上、下卷），以翔实的资料为基础，通过多门类生物综合研究，深入探讨古生代三次大灭绝及其后的复苏，是第一部既研究生物大灭绝又研究灭绝后生物复苏的学术论著。2006年又出版专著《生物的起源、辐射与多样性演变——华夏化石记录的启示》。这两部专著较系统地反映了中国学者在理论古生物学研究方面取得的重要进展，在此择要介绍几点。

（一）奥陶纪生物大辐射

奥陶纪生物大辐射是地质历史时期具有重要意义的生命进化事件，对显生宙地球海洋生命系统的发展至关重要。从20世纪70年代以来，国际学术界对其重要意义开始有所认识，并逐步开展研究。中国的奥陶纪古生物与地层研究，既有资源的优势，又有相当丰厚的学术积累，自20年代以来经过几代学者的努力，建立了良好的基础。特别是自90年代以来，陈旭、戎嘉余等组织多门类综合研究课题，参与包括国际地质对比计划IGCP410项目"奥陶纪重大生物多样化事件"在内的国际合作，有计划地开展深入研究，通过对华南上百条剖面的详细考察、采集和研究，使得在该地区以笔石生物地层为依据的奥陶纪，特别是早、中奥世剖面的生物生物多样性研究达到百万年精度，达到世界领先水平。在高分辨率生物地层学和扎实的系统古生物学研究的基础上，对主要门类三叶虫、笔石、腕足类等的丰富资料进行深入分析，在大辐射模式、不同门类生物多样性演变形式、大辐射与环境背景的关系等方面取得多项新观点、新进展，受到国际学术界的重视，为奥陶纪大辐射的深入研究作出了重要贡献。

（二）生物大灭绝与复苏

显生宙的生物界，由于外部环境在相对短暂的地史时期内发生重大变化，产生了多次大的灭绝事件，不仅导致大量物种的消亡，也造成大灭绝后生物的进化分异、生态重建和生物地理区系重组，在生物演化进程中意义重大，自20世纪80年代以来受到国际学术界的重视，国内也逐步展开了研究，特别是金玉玕、沈树忠、王玥、曹长群、王伟、尚庆华等组成的团队和殷鸿福、张克信、童金南、冯庆来等组成的团队关于二叠纪末生物大灭绝的研究，取得重要成果，受到国际学术界的强烈关注。大灭绝后生物的复苏问题则是到90年代中期才开始引起国际学术界的关注，中国学者也及时开展了相关研究。以往国内外对大灭绝的研究，相当多的注意力是集中在寻找灭绝的原因和机制方面，对复苏的研究则大多限于理念层面上的探讨，应用翔实的材料做具体分析的成果并不多见。"973"项目团队以华南丰富、多样的化石材料和连续、完整的地层资源为依据，以发生在同一板块古生代三次（奥陶纪末、晚泥盆世弗拉—法门期、二叠纪末）大灭绝事件的生物演化背景、环境变化的表现特征和生态系变化为切入点，探讨大灭绝的起因，并从古生物宏演化的角度出发，结合非生物界的因素，将华南作为研究全球生命演化史的一个窗口，探视大灭绝事件前后多样性大幅度变化的过程，确立了各次事件的年代及国际对比新方案，恢复了主要生物门类灭绝、残存和复苏的过程、特征及差异用大量的生物地层、地化数据和定量方法，对宜昌王家湾奥陶—志留系界线地层和长兴煤山二叠—三叠系界线地层的深入研究，取得的原创性成果，已成为全球对比的标准首次对华南古生代三大灭绝事件及其后的复苏进行纵向对比分析，比较其异同，探讨造成差异的原因，取得了一系列有创见的新认识，颇受国际学界的重视。

（三）华南海洋生物多样性演变

项目首次组织近 50 位专家创建华南前寒武纪以来海洋生物化石数据库（含 32 门、1431 目级、4438 科级和 10525 属级产出记录），并据此完成"华南埃迪卡拉纪至三叠纪末期海洋生物属、科、目级多样性曲线图"等，探讨重大地史时期生物多样性变化的特征和形式。研究表明，在埃迪卡拉纪至三叠纪末的 4.3 亿年里，华南海洋生物多样性演变既与全球同步，又具有与全球框架不同的区域特色，共识别 6 次多样性峰值，包括 3 次大辐射事件（寒武纪早期、奥陶纪早中期和中三叠世）和 3 次正常辐射事件（志留纪 Llandovery 世中晚期、早泥盆世晚期—中泥盆世和二叠纪中晚期）对华南新元古代末期到中生代早期海洋生物多样性变化，以 6 大时间段作了详细分析和总结。华南地史时期海洋生物多样性的变化规律将为进一步了解地球生命史提供重要的实际资料，也是中国古生物学者的一项重要贡献。

二、元古代生物进化

发生在元古代（距今 25 亿年～5.4 亿年）的两项生物重大进化事件：一是早元古代（距今 25 亿年～16 亿年）真核生物的起源及其早期辐射；二是新元古代（距今 10 亿年～5.4 亿年）多细胞生物的起源和早期演化，都是 20 世纪后期国际古生物学界一直高度关注、共同探究的重大生物演化事件。研究工作的最大困难是在古老岩层中发现和获取可靠的化石资料。我国华北地区既保存有太古宙地层，也有层序连续、出露很好的古、中元古代地层；华南则有发育完整、基本没有变质的新元古代地层，为研究工作提供了有利条件。自 20 世纪 50 年代后期以来，大力加强前寒武纪地质古生物研究一直是我国地学界的重要目标，研究力量不断成长和发展。邢裕盛、曹瑞骥、梁玉左、朱士兴、尹磊明、陈孟莪、杜汝霖、张禄易、薛耀松、张昀、邱树玉、丁莲芳、孙卫国、袁训来、周传明、肖书海、朱茂炎、尹崇玉、阎永奎、华洪、郑文武等许多学者通过艰苦努力，取得了多项重要进展和成果。

20世纪70年代末以后，关于华北中元古代至新元古代早期生物化石证据的重要发现有多项报道，如蓟县系雾迷山组硅质岩层中的菌藻类微体化石，蓟县长城系微古植物及遗迹化石，河北怀来地区发现的龙凤山藻类化石群，安徽淮南群刘老碑组的淮南生物群，对蓟县剖面叠层石的系统总结，华北元古宙叠层石序列的建立等，都受到广泛关注。近年来又接连取得重要突破，诸如山西永济地区中元古代汝阳群白草坪组、北大尖组中发现以具刺疑源类为代表的多种真核生物化石，是距今15亿年～10亿年前真核生物演化面貌的最好纪录之一；对天津蓟县中元古界长城系串岭沟组页岩中的疑源类用多种方法研究，确定其为可靠的真核生物化石，并证明在距今17亿年前真核单细胞藻类就已有一定的形态分化；山西五台山地区太古宙至古元古代的变质杂岩中，分离出丰富的石墨颗粒，被认为是世界上首例从太古宙碎屑岩中分离出的生物遗迹等，都深受学界关注。

中国南方新元古代埃迪卡拉系陡山沱组为广泛分布的台地相碳酸盐岩沉积，变质程度低，出露层序清晰，比澳大利亚等地的埃迪卡拉系更有利于对生物演化和古环境演变的研究，改革开放后30年，中国学者取得了一批有重大突破的成果。20世纪70年代后期，在灯影组中部发现文德带藻（Vendotaenia）、陡山沱组发现丰富的大型具刺状突起的疑源类等，为具有重要地层对比意义的化石。80年代以来，先后发现一系列在世界上独一无二的、特殊埋藏的多细胞真核生物化石库，一是以贵州瓮安生物群为代表的磷酸盐化多细胞微体生物化石库，二是以湖北三峡庙河生物群和皖南蓝田生物群为代表的页岩相宏体藻类化石群，三是以陕西宁强高家山生物群为代表的具矿化骨骼的生物化石群，以及在灯影组灰岩中发现的三维保存的埃迪卡拉型生物化石。这些生物群包含了绿藻、红藻、褐藻、大型带刺疑源类、后生动物、动物胚胎和骨骼化的动物化石等，内容丰富，不仅具有重要的地层对比意义，而且是地球早期生命多细胞化、组织化和生物多样性化的重要实证，这些重要发现使人们对埃迪卡拉纪生命演化阶段有了许多新认识，国际学术界对此高度重视。

本阶段一系列新发现和新成果，使中国成为国际学术界公认的地球早期生命研究领域进展最多且最富潜力的地区之一，备受各国专家的关注。

三、古生物群研究

（一）澄江动物群

澄江动物群是中国科学院南京地质古生物研究所研究员侯先光于 1984 年 7 月在澄江帽天山西坡首先发现的。继后，南京、西安、昆明、北京等地的古生物学家先后对澄江动物群进行了多次大规模的采集。至 2000 年，对已采到的达三万余块澄江动物化石进行了多学科综合性研究后，取得了一系列举世瞩目的成果。1985 年，张文堂和侯先光在《古生物学报》上发表《Naraoia 在亚洲大陆的发现》一文，立即引起国内外学术界的关注。1987 年，张文堂发表《澄江动物群及其中的三叶虫》一文，正式命名"澄江动物群"；同时发表的侯先光、孙卫国等的一组论文，进一步揭开了澄江动物群神秘面纱的一角，在国际上引起了强烈反响。经过陈均远、侯先光、舒德干等领导的团队 20 余年的发掘和研究，澄江动物群已发现 20 多个门和亚门一级的动物类别，相当于纲一级的动物类别有近 50 个，已经研究的种超过 220 个，首次生动地再现了约 5.2 亿年前海洋动物世界的真实面貌，充分展示了"寒武纪大爆发"的规模、作用和影响，以及由此产生的生物多样性和复杂生态系，国际评论称其为"20 世纪最惊人的科学发现之一"。一系列具有重大科学价值和国际影响的成果，将"寒武纪大爆发"研究推向了前所未有的高潮。1995 年、1999 年两次由中国科学家组织召开以"寒武纪大爆发"为主题的国际学术研讨会，并开展了多种形式的国际合作。研究表明，"寒武纪大爆发"是生物史上最重大的演化辐射事件，现代动物多样性的基本框架，即门一级的动物分类在"寒武纪大爆发"过程中就已基本形成，几乎所有现生动物门类都是由寒武纪早期就已出现的部分类群演化而来，极大地丰富了人们对地球早期生命演化历史的了解，为生物进化理论的发展和完善作出了重要贡献。陈均远、侯先光、舒德干作为研究群体的代表，荣获 2003 年度国家自然科学奖一等奖。第 36 届世界遗产大会投票将其列入《世界遗产名录》。

（二）热河生物群

自葛利普 1923 年创建"热河系"、1928 年又提出"热河动物群"一名，以辽宁西部为主要产地的中生代古生物和地层就受到关注。1962 年，顾知微将东方叶肢介—三尾类蜉蝣—狼鳍鱼为代表的化石群命名为"热河生物群"，其地质年代和对比就更为学界重视，既多有研究，又颇具争议。令人欣喜的是 20 世纪 80 年代末以来的系列突破性发现和重大进展，给世人带来石破天惊的巨大震撼，书写出中生代生命演化的新篇章。热河生物群包含了植物、微体古生物、无脊椎动物和脊椎动物的近 20 个门类，大量保存精美的各类化石，构成名副其实的世界级化石宝库。特别是由于一系列新发现涉及鸟类、哺乳类、被子植物的起源以及鸟类羽毛和飞行起源等生命演化史的重要问题，在令人惊喜和赞叹的同时，更引起国内外同行间不同观点的热烈讨论。其中，古脊椎动物的许多新发现和研究尤为引人注目。一系列重大发现和原创性研究成果，为进一步研究该生物群所代表的生物辐射事件、恢复早白垩世地球陆相生态系统提供了重要依据，周忠和（2003）提出热河生物群的分布区可能是许多重要生物类群进化的摇篮和扩散中心的假说，对国外专家的"孑遗生物避难所"假说提出了质疑。丰硕的研究成果不仅改变了我们对许多重大生物学理论问题的固有认识，而且为我国古生物学研究走向世界，占领国际学术前沿领域，起到了一定的推动作用。这些研究因其具有重大的进化生物学意义，在国际学术界产生了震撼性的影响，也在国内外公众中引起了广泛的兴趣。热河生物群不仅是当今我国地球科学最具特色和活力的研究领域之一，也成为我国基础科学研究在国际舞台上的一大亮点。

在这一时期，中华龙鸟的发现格外引人瞩目。1996 年 5 月 12 日，中国地质博物馆接收了一位辽西农民的化石标本，自此揭开了人们对于中华龙鸟研究的序幕。针对这次发现，时任中国地质博物馆馆长季强和古生物学家姬书安在《中国地质》杂志刊登了论文《中国最早鸟类化石的发现及鸟类的起源》，并在文章中把此次发现的物种称为中华龙鸟（Sinosauropteryx）。正式的拉丁学名是由"sino"（中华，意为"中国"）、"saur"（龙，意为"蜥蜴"，常见于恐龙命名），和"pteryx"（鸟，意为"翅膀"，与始祖鸟 Archaeopteryx 后半部分相同），意义在于说明这是一种介于典型的恐龙和鸟类之间的过渡物种。与此同时，中国科学院南京地质古生物研究所也获得了中华龙鸟标本，开着对鸟类起源的研究。中华龙鸟生活在距今 1.25 亿年的白垩纪早期，处于演化树比较基干位置的物种。它的发现对于鸟类来源于小型兽脚类恐龙说法是一个有力的支撑，中华龙鸟等重要化石的发现为处理世界上争辩已久、悬而未决的鸟类来源问题提供了强有力的证据。中华龙鸟的发现震惊了世界，时任美国总统克林顿在《国家地理》杂志创刊 110 周年庆祝大会上，手持封面印有尾羽鸟复原图的最新一期《国家地理》杂志，称赞中华龙鸟、原始祖鸟和尾羽鸟是最重要的科学发现之一。

（三）瓮安生物群

瓮安生物群是主要分布于贵州省瓮安地区新元古代晚期的陡山沱组磷块岩中的生物群化石。1993 年，中国科学院南京地质古生物研究所袁训来在论文中首次提到"瓮安生物群"。随后几年更多古生物研究者来此研究，在瓮安生物群中发现一种独特的"具细胞结构的海绵动物化石及后生动物胚胎化石"。论文发表在 *Science* 和 *Nature* 上。多细胞藻类大多具有假薄壁组织，由紧密排列的细胞丝构成；而早期动物胚胎化石由正处于分裂状态的细胞组成，具早期卵裂的特征。很可能代表两侧对称的无脊椎动物，瓮安生物群为研究多细胞生物的早期演化提供了重要的化石证据。在瓮安生物群中发现的动物胚胎化石作为迄今最古老的后生动物化石记录，为研究动物在寒武纪大爆发之前的起源和早期演化历程提供了独一无二的实证材料，受到全球科学界的极大关注。

四、地层学研究

1979 年，地质部、中国科学院等单位在北京召开了第二届全国地层会议。会议成果在会后陆续出版：一是中国地质科学院组织编纂了中南、东北、西南等大区地层表；由项礼文等组织编著出版了 15 卷《中国地层》，建立了中国统一的地层分类和各地区的地层划分对比系统。二是南京地质古生物研究所的《中国各纪地层对比表及说明书》和《中国各系界线研究》（包括英文版）。

进入 20 世纪 80 年代，中国地层学恢复和发展了国际协作和交流，研究的范围不断拓宽，与相邻学科融会交叉，出现了新的分支学科，呈现了百花齐放的局面。中国学者自 80 年代初就提出将元古宙分为古（早）、中、新（晚）三个代，并以 1800Ma 为中元古代的下界。新的研究结果，包括全球研究的趋向，都说明 1800Ma 是陆壳成长、岩浆热变质事件以及壳幔分异的集中期，具有普遍的意义。经过长期研究，中一新元古界的生物地层层序已经基本上建立起来。1980—1985 年，中国地质科学院，武汉地质学院，中国科学院和云南，吉林、四川、湖北、浙江地质矿产局等单位，结合国际地质对比计划项目，开展了若干时代地层界线研究。提交了一批可供国际地层学组织考察的候选剖面。张宗祜、周慕林等重新修订了全国第四纪地层分区，统一了以 240 万年为第三纪和第四纪的界限。"事件地层学"的研究也已取得一定的进展。1989 年，第二届全国地层委员会向国家科委和地质矿产部提交了《编写〈中国地层典〉的立项建议》，同时建议修订《中国地层指南及中国地层指南说明书》。

1991 年，在原国家科委和地质矿产部的联合资助下正式立项，被确定为原国家科委"八五"期间的重点资助专项，并被列入原地质矿产部"八五"期间"重要基础性研究计划"中一个重要项目，由全国地层委员会负责组织实施。成立了以武衡、王鸿祯、卢衍豪为顾问，程裕淇为主编，杨遵仪、王泽九、王勇、叶天竺、赵逊为副主编，44 名委员组成的编委会。根据具体编典任务，按地质时期划分了 15 个断代编典组和两个专题组。参与本项编典工作的总计有 84 位具高级职称的专家，他们分别来自中国地质科学院地质研究所、沈阳地质矿产研究所、天津地质矿产研究所、宜昌地质矿产研究所、成都地质矿产研究所、西安地质矿产研究所，中国科学院南京地质古生物研究所、古脊椎动物与古人类研究所、地质研究所，中国地质大学（北京），以及地矿、石油、煤炭等部门的 18 个单位。至 20 世纪 90 年代末，编纂工作基本完成，并开始以中、英两种文字出版。

（一）金钉子剖面研究

地层剖面是研究区域地质的基础，为此要求地层剖面有很强的对比性。"金钉子"是一个全球地层剖面的概念，是全球年代地层单位界线层型剖面和点位（GSSP）的俗称。金钉子是国际地层委员会和地科联，以正式公布的形式所指定的年代地层单位界线的典型或标准。是为定义和区别全球不同年代（时代）所形成的地层的全球唯一标准或样板，并在一个特定的地点和特定的岩层序列中标出，作为确定和识别全球两个时代地层之间的界线的唯一标志。对"金钉子"剖面要求的条件是：第一，地层出露完好，连续不间断，岩性单一，构造简单，能够永久性保存；第二，岩层中化石种类丰富，可以用于全球的对比和研究；第三，交通便利，能够方便国内外专家自由出入参观。我国是世界上金钉子剖面最多的国家，已先后确立了 11 个金钉子剖面。其中前两处金钉子剖面于 20 世纪 90 年代完成了研究。

第一枚"金钉子"——奥陶系达瑞威尔阶"金钉子"。国际地层委员会奥陶系分会、国际地层委员会在 1996 年，国际地质科学联合会在 1997 年先后通过了以笔石带的底界作为中奥陶统达瑞威尔阶的底界，并以中国浙江常山黄泥塘剖面作为该阶全球界线层型剖面和点位的提案。我国浙江常山黄泥塘剖面遂成为中奥陶统达瑞威尔阶的全球界线层型剖面和点位（GSSP）（即金钉子）。1998 年《地层学杂志》第 22 卷第 1 期刊载了陈旭、王志浩、张元动撰写的《中国第一个"金钉子"剖面的建立》，详细介绍了黄泥塘剖面，界线位于宁国组中部、顶界之下 22 米处（化石层 AEP183 / 184 之间）。

第二枚"金钉子"——三叠系印度阶"金钉子"。1993年4月以殷鸿福为首的中国二叠—三叠系界线工作组正式提出以长兴煤山剖面作为全球二叠系—三叠系界线层型剖面，中国专家集中力量对煤山剖面进行包括古地磁、层序地层、同位素年龄、沉积相、古生态群落、生物扰动等多学科的研究。1996年多国科学家联名发表文章推荐长兴剖面，将界线定在煤山D剖面27 c层之底。在排除非学术因素的干扰后，国际二叠系—三叠系界线工作组在1999年10月推荐中国浙江长兴煤山D剖面为全球二叠系—三叠系界线层型剖面和点位。国际地质科学联合会于2001年3月正式批准中国长兴煤山D剖面为全球二叠系—三叠系界线的GSSP。这是我国获得的第二颗"金钉子"。2002年"全球二叠系—三叠系界线层型研究"获得国家自然科学奖二等奖。

（二）中国前寒武纪地质研究

20世纪70年代末期，大陆板块构造研究的兴起，新理论、新技术、新方法的不断引入，前寒武纪地质学进入了运用多学科的综合性研究阶段。在此期间，中国地质学会前寒武纪地质专业委员会成立。1982年，程裕淇等对中国的下前寒武系做了总结。1983年9月4—8日，国际前寒武纪地壳演化讨论会在北京举行。中外代表140人，论文99篇。9月13—15日，国际晚前寒武纪地质讨论会在天津举行。中外代表100人，论文59篇。1985年，组成由程裕淇、王鸿祯、董申保为名誉主编的《前寒武纪地质》编辑委员会，出版了《前寒武纪地质》不定期专业刊物。1989年，由杨遵仪、程裕淇、王鸿祯合著的《中国地质学》出版，该书以较大篇幅对全国前寒武纪地质进了系统精辟的论述。90年代以来，出版了一系列探讨前寒武纪地质演化的论著，主要有：《中国前寒武纪地壳演化》（白瑾，1996）、《中朝准地台前寒武纪地壳演化》（赵宗溥等，1993）、《恒山早前寒武纪地壳演化》（李江海、钱祥麟，1994）等。与此同时，具有我国特色的前寒武纪地质学分支学科应运而生，如前寒武纪古生物学、前寒武纪同位素地质年代学、前寒武纪地层学、前寒武纪岩石学、前寒武纪地球化学及前寒武纪构造学等相应建立并逐步发展。在第30届国际地质大会上报告和展示这些成果时，受到国内外同行高度的赞扬与评价。

（三）中国第四纪地质研究

1979年，中国第四纪研究委员会正式加入国际第四纪研究联合会。1991年8月2—9日，第13届国际第四纪研讨会大会在北京举行。刘东生当选为主席。会议主题是

"第四纪时期的人类与全球变化"。来自 41 个国家和地区的 1000 余人出席大会，其中国外代表 543 人。论文摘要 1786 篇。近 400 名外宾和中国台湾地区代表参加了会前、会后 27 条路线的考察。至 20 世纪 90 年代末，中国科学院、地质矿产部和其他教育部门陆续建立了与第四纪研究有关的机构。其中包括水文地质与工程地质研究所（正定）、沙漠研究所（兰州）、冰川冻土研究所（兰州）、生态地理研究所（乌鲁木齐）、地理与沼泽研究所（长春）、地理与湖泊研究所（南京）、岩溶研究所（桂林）、山地灾害与环境研究所（成都）、黄土与第四纪研究室（西安）、第四纪地球化学研究室（广州）、环境地球化学研究室（贵阳）等。

第二节　沉积学与古地理学研究成就

沉积学发展成为具有系统的理论和方法的学科是在 20 世纪 60 年代。我国学者自 20 世纪 70 年代开始应用新的观点与方法进行沉积建造、沉积环境、沉积成矿以及沉积盆地的研究。1978 年，何起祥出版了专著《沉积岩与沉积矿床》。1980 年，叶连俊、孙枢首先提出了盆地分类问题。刘宝珺、曾允孚等在沉积学和沉积古地理学概念方法上做了不少奠基性的工作。1979 年，中国沉积学会成立。《岩相古地理》和《沉积学报》分别于 1981 年和 1982 年先后创刊，四年一度的沉积学与古地理学会议推动了学科的发展，以及反映国际学术动向的一批沉积古地理学教材的出版等，标志着我国新一轮古地理研究高潮的到来。在结合矿产资源工作的古地理研究领域，卢衍豪结合寒武纪沉积矿产，于 1979 年提出了生物环境控制论；业治铮、何起祥等于 1985 年发表《西沙石岛晚更新世风成生物砂屑灰岩的沉积构造和相模式》，开拓了一个新的方向；孟祥化于 1979 年论述了沉积建造与共生矿床的关系。叶连俊于 1983 年概述了华北地台的沉积建造。孙枢对豫陕坳拉槽和地台区张裂盆地沉积取得了系列成果（1981，1982，1987，1992）。曾鼎乾等（1988，1994）回顾了地质史中生物礁的发育。李思田等将沉积研究应用于海盆和油气盆地的分析，发表了一系列专著（1989，1992，1996，1998）。古生态学和遗迹化石的研究在中国得到了较快的发展，并较广泛地用于古地理再造和沉积环境分析，以及古气候学和古全球变化的研究。在群落古生态研究方面，殷鸿福等于 1996 年、陈源仁等于 1988 年出版了专著。杨式溥于 1990 年在遗迹化石方面出版了专著。此外，这一时期还出版有《中国古生物地理区系》及《中国古生物地理学》等专集。

20 世纪 80—90 年代是中国古地理研究和编图的兴盛时期。关士聪等于 1984 年总结了中华人民共和国成立以来的油气地质资料，编制了全国性沉积相和古地理图集，在油气勘探方面起了重要的指导作用。曾允孚于 1985 年总结了大、中比例尺岩相古地理图编制方法和研究实例。1980 年，王鸿祯等组织了全国古地理编图工作，组织了中国地质研究院和武汉地质学院为主体的 34 位专家参加编图工作，于 1985 年出版了《中国古地理图集》，该图集系统收集了 20 世纪 50 年代晚期以来全国规模区域地质调查和多学科研究成果，反映了自中元古代至第四纪的中国古地理和古构造演变史，包括沉积、生物、构造和岩浆活动等多种图幅，受到国内外的注意，还在 1996 年出版了生态地层学专著。冯增昭在 80—90 年代出版了大量古地理学专著和大区及全国断代岩相古地理图。新疆和云南也编制出版了系统的古地理图册。

20 世纪 80 年代后期起，古地理学的发展进入了多分支创立及相互补充的新阶段。1999 年，《古地理学报》创刊，为研究成果的发表提供了新的平台。①岩相古地理研究。这一时期的创新特色是岩相古地理图的内容和形式更趋成熟，与油气、矿产地质的结合日臻完善。刘宝珺、许效松于 1994 年发表了《中国南方岩相古地理图集》，总结了 70 年代以来区调工作和沉积相研究的成果，用"阶（期）"作为编图的时限单位，作了沉积古地理、构造古地理和沉积成矿的总结，是一项系统的重要研究成果，在我国大区域古地理图集编制方面具有里程碑意义。本阶段内，以新疆、贵州和云南省（区）为编制单位的系统古地理图集分别于 1988 年、1992 年和 1995 年先后出版，反映了全国范围古地理综合研究水平的总体提高。②高分辨率古地理图和层序地层学。为了提高精度和保持图件的等时性，杜远生、龚一鸣等于 1994 年按泥盆系划分的三级层序试编了以层序和体系域为单位的岩相古地理图。岩相古地理研究和编图单位的精细化一直困扰古地理的研究，对此中国许多学者进行了探索和尝试。方法之一是选择瞬时性"事件层"作为等时界面。方法之二是提高露头尺度可识别的地层划分和对比精度。③从二维岩相古地理研究到三维沉积盆地分析。在鄂尔多斯盆地（李思田，1996）、塔里木盆地等（顾家裕等，1997）含油气盆地中按沉积体系编图，获得显著成效，提高了预测富煤区和油气储层的作用，并有较系统的专著文集出版。④生物古地理研究。我国学者在 80 年代早期开始重视古生物地理与板块构造关系的研究，以古生物基础理论丛书编委会及王鸿祯等和殷鸿福等为代表。统计的古生物属种达到 12468 种，对大多数时代进行了定量研究。⑤从构造古地理到古海洋、古大陆再造。这一时期，由国家自然科学基金会和各部门组织的滇川西部三江带、秦岭带、北疆至内蒙古带等重大科研项目为此分支课题研究创造了有利条件。不但确认了不同造山带中古海洋的存在，而且认识到多岛洋构造古地理格局是中国造山带的共同特征。我国学者在 80 年代早期已重视生物古地理与板块构造关系的研究（王鸿桢，1981；刘本培等，1983；王乃文，1984）。系统的研究成果以殷鸿福等（1988）和王鸿祯等（1989）的专著为代表，都含有全球生物古地理再造图。殷鸿福的专著在 90 年代补充了资料，在英国出版了英文版。王鸿祯等（1989、1992）发表的全球古大陆图中对于我国的板块位置做了重要修改，并在第 30 届国际地质大会（1996）上展示了较系统的图件。⑥古地理学研究新领域的开拓。基于人类社会可持续发展研究的需要，古地理学面临进一步加强第四纪和最近 0.15Ma 以来的全球变化研究的任务。研究对象也由传统的地表露头、岩心扩展到深海钻孔、极地冰心和湖泊纹泥等新类型，突发性古气候波动事件的研究受到更多重视。此外，对地史上著名的生物集群灭绝和地内、外不同圈层灾害群发期的自然地理环境演变规律，也被重新赋以新的研究意义。

在古地理研究的技术手段方面，从 20 世纪 50 年代末开始进行古地磁学研究。至 80 年代中期，地质矿产部、中国科学院等先后建立了 19 个古地磁实验室（站），在古地理、古气候、古构造、考古学及地层时代对比、层位确定等方面发挥的作用。1984 年，中国与澳大利亚古地磁专家合作，对中国晚二叠世岩石做了古地磁测定，提出"元谋人"的地质年代距今约 170 万年。

第三节　构造地质、岩石圈与大陆动力学研究成就

一、构造地质研究

（一）构造的定量研究

构造分析从定性到定量，是现代构造地质学的重大进展，定量化表现在下列诸方面有限应变测量、应力测量和构造应力场分析。郑亚东等于 1985 年出版了《岩石有限应变测量及韧性剪切带》，韩玉英于 1990 年发表了论文《地壳岩石非均匀有限应变场分析》，宋鸿林于 1993 年发表了论文《应变量的测定》。曾佐勋等于 1999 年利用反向轮法，分别获得界面两侧岩石的应变差，进而获得两种岩石的黏度比，据此在北京西山和川西北地区进行应变测量，获得初步成功。地质力学研究所地应力测量实验室，

到 80 年代中期已形成应力解除、空心包体、水压致裂、压磁、钻孔崩落、震源机制解法、声发射等一系列测量地应力的方法。我国学者对一些区域性的现代应力场的特点及其与周边大陆动力学关系等有很好的讨论，如曾秋生、孙叶等。1978 年，刘瑞珣出版了《应力矿物概念》一书，尔后，我国很多学者广泛开展显微构造研究，进行古应力分析，对许多断层和地区测得了一批位错密度和古差应力值。1991 年，丁原辰发现凯塞效应具有抹录不净现象，说明岩石能记录多次应力作用。万天丰的《古构造应力场》（1988）、《中国东部中、新生代板内变形构造应力场及其应用》（1993）是古构造应力场研究的代表性成果。

活动断裂定量测量。由于活动断裂与地震具有生成关系而备受关注。20 世纪 80 年代开始了活动断裂的定量研究，1983—1987 年出版了《中国活动断层图集》。又先后出版了中国活动断裂专辑，1∶5 万活动构造带地质图和活动断裂研究文集多册。

隆升与沉降幅度和速度的研究。大规模的隆升与沉降是我国中新生代以来的显著特征，定量测定其速率对资源环境分析有重要意义。朱照宇于 1992 年，陈俊勇和王文颖于 1995 年根据构造 – 地貌分析和重复水准测量，研究了青藏地区的隆升幅度和速度。应绍奋等于 1986 年编制了中国现代地壳垂直形变速率图。丁国瑜等于 1991 年根据新近纪夷平面变形抬升幅度及断褶带两侧断裂逆冲速率的资料，大体估算了中国西部各地体和断褶带的新构造形迹及隆升速率。闵隆瑞等于 1995 年总结了中国大陆第四纪新构造运动的幅度和速率。从第四纪初至今，平原盆地视构造沉降速率随时间越来越大，呈指数增长，若扣除沉积物压实等方面的影响，也存在 1～2 个数量级的差别（张人权等，1998；杨巍然等，1997）。

平衡剖面和平面平衡问题的研究。平衡剖面已成为区域构造定量研究的必要手段，成为衡量地质剖面及其解释是否正确的可靠标志。它已在石油普查与勘探中普遍采用，取得了重大进展和良好效果。此外，平面平衡问题——构造应变的相容性也受到重视，并争取能做到三维的平衡，这样便可提高构造定量分析的质量和可信度。

（二）韧性剪切带研究

20 世纪 80 年代以来，我国发现一系列各种类型的不同尺度的韧性剪切带（张家声等，1988；许志琴等，1988；吴海威等，1989；刘喜山等，1992；马宝林等，1993；何绍勋等，1996）。刘德良等于 1996 年、刘忠明等于 1997 年通过大量韧性剪切带的研究，将剪切带中体积变化和构造化学作用研究推向了一个新高潮（李树勋等，1988；张秋生等，1991；钟增球，1995；何绍勋等，1996；翟裕生等，1997）。

（三）构造体制、构造体系研究

《逆冲推覆构造》（朱志澄，1989，1991）一书，总结了我国 20 世纪 80 年代以来逆冲构造的研究成果。中蒙边界的特大型推覆构造，推覆距离可能长达 120 千米以上，堪称世界大型推覆构造之一（郑亚东，1990）。此外，还有内蒙古大青山、色尔腾山（王建平等，1986；朱绅玉等，1997）、燕山（张长厚等，1996）、秦岭（吴正文等，1991）、大别山北麓（刘文灿等，1999）、宁镇山脉（薛虎等，1985；葛肖虹，1987）等中生代的逆冲推覆构造的研究。

伸展构造的研究在我国始于马杏垣的《论伸展构造》（1982）一文。20 世纪 80 年代末，有少量的论文发表，如马杏垣的《中国新生代的伸展构造》（1988）、宋鸿林等的《剥离断层、板内近水平的剪切带与伸展构造》（1987）、郑亚东的《云蒙山热隆引起的滑覆—推覆构造》（1988）。此后，大量有关伸展构造和变质核杂岩的研究成果陆续发表（单文琅等，1991；傅昭仁等，1992；郑亚东等，1993；颜丹平等，1997；侯立玮等，1996；宋鸿林，1994，1995，1999）。

走滑构造的研究也取得了很大的进展。如徐嘉炜等经过对郯庐断裂带近 40 年的研究，对其几何学、运动学和动力学及其对我国以至东亚地区中、新生代构造演化的意义，作了精辟的论述。万天丰（1996）和王小凤（1996）等的研究，对郯庐断裂带的形成、演化及详细的构造特征有了进一步的认识。其他如对哀牢山断裂带的走滑性质的厘定、对阿尔金断裂的研究、对秦岭—大别造山带中生代走滑构造的认识等都取得了显著的成果。

20 世纪 70 年代以来，作为地质力学理论体系核心内容的构造体系的研究，也有很大的进展。

（四）构造过程及形成机制的研究

进行构造过程和形成机制的动态研究是现代构造学的显著特点。

对盆地构造过程和形成机制进行了研究。如葛肖虹等于 1995 年对吐鲁番—哈密背驮式盆地的演化过程作了细致的描述，邓起东等于 1999 年对乌鲁木齐山前坳陷逆断裂—褶皱带的形成过程进行了定量的研究，卢华复等于 1999 年对库车新生代构造的演化过程作了很好的研究。

对造山带的构造演化过程和形成机制进行了研究。如王清晨等于 1992 年、张泽明等于 1995 年、简平等于 1997 年、徐备等于 2000 年分别按自己的观点描述了大别高压超高压变质带俯冲和折返过程，王国灿等于 1998 年对大别造山带核部的罗田顶托式穹隆的演化过程作了深入研究，杨巍然于 1996 年系统地论述了构造年代学的概念、理论体系和研究方法。《大别造山带构造年代学》（杨巍然等，2000）是运用它们解决实际问题的实例。

构造模拟包括物理模拟和数学模拟。曾佐勋于 1992 年出版的《构造模拟》一书，对它们的研究原理、方法和应用作了全面介绍。在力学分析基础上进行构造物理模拟在我国一直受到重视，20 世纪 80 年代以来又有很大发展，如李东旭（1981）、王成金（1984）、钟嘉猷（1998）、曾佐勋（1990）等的论著。同时还出版了一些综合性的论著，如张文佑等的《构造物理模拟实验图册》（1985），王成金等的《全球构造应力场理论与应用》（1994），钟嘉猷的《实验构造地质学及其应用》（1998）。特别值得提出的是，地质力学所运用构造模拟研究油气运移取得可喜成果，如沈淑敏等（1998）、黄庆华等（2000）的成果。

20 世纪 80—90 年代由于计算机的高度发展，使得数学模拟技术飞速发展并日趋成熟，我国在这方面起步稍晚，但发展很快，北京大学、中国科学技术大学、石油大学、中国地质大学、吉林大学、中国地震局地质研究所、石油规划研究院、地质部地质力学研究所等单位都有良好的从事构造数学模拟的条件和人才，并已开展了多方面的研究工作，取得了长足发展。如林畅松等于 1997 年通过对中国东部中、新生代裂陷盆地的热背景模拟，取得了一些有益的认识。

（五）构造研究思路和方法的更新

马杏垣于 1983 年指出，先进的构造方法学和构造观，能够提高地质工作者认识构造现象的能力，包括观察、分辨、分析和处理的能力。为此，他结合其多年的实践，提出了解析构造学这门新的分支学科。马杏垣在《嵩山构造变形——重力构造、构造解析》（1981）一书中，首次明确提出了构造解析的含义和方法。1983 年他在《解析构造学刍议》一文中，系统阐明了构造解析的八项基本原则。在《中国前寒武纪构造格架及研究方法》（马杏垣等，1987）中，进一步阐明了解析构造学的地球动力观。解析构造学的形成和发展，把我国地质构造研究推到一个以辩证唯物的活动地球观为指导的，以现代系统科学方法为特点的多尺度、多层次、多体制和多世代的构造全方位动态分析的新领域。

二、岩石圈研究

1981 年成立国际岩石圈委员会，中国于 1982 年参加并成立了中国岩石圈委员会。我国围绕这一计划开展了多方面的工作。首先参与了全球地学断面（GGT）计划，在 1989 年第 28 届国际地质大会上展出的 50 条地学断面中，我国占 11 条；1991 年 GGT 在国际大地测量、地球物理联合会第 20 次大会上展出的 6 条断面中我国占 2 条（亚东—格尔木断面和响水—满都拉断面）。到 20 世纪 90 年代末，我国完成了 11 条地学断面，遍及我国各地区。其中具代表性的是格尔木—额济纳旗地学断面、响水—满都拉地学断面和满洲里—绥芬河地学断面等。这些地学断面的成果，大大丰富了我国岩石圈研究内容，提高了研究质量，也使我国 GGT 研究，位居世界前列。除 GGT 研究外，还选择典型地区对岩石圈进行了深入研究。在此期间还出版了一批有关岩石圈的基础研究和综合性成果，如马杏垣主编的 1∶400 万《中国及邻区海域岩石圈动力学图及说明书》、《中国岩石圈动力学纲要》（1987）和《中国岩石圈动力学地图集》（1989），丁国瑜等的《中国岩石圈动力学概论》（1991），国家地震局主编的《中国大陆深部构造的研究与进展》（1988），刘光鼎等编的《中国海区及邻区地质—地球物理系列图》（1992）等。它们从大陆到海洋、从地表到深部，阐述了我国岩石圈的基本特征，得出了一些规律性认识。为了及时将上述成果用于教学中，1985 年由杨森楠、杨巍然主编出版了《中国区域大地构造学》。杨遵仪、程裕淇、王鸿祯分别在英国和中国出版了《中国地质学》（英文版，1986）和《中国地质学》（中文版，1989）。

三、大陆动力学研究

20 世纪 90 年代开始，固体地球科学将大陆动力学作为跨世纪的研究目标，美国制定了"1990—2020 年大陆动力学计划"，使大陆构造及动力学的研究进入高潮。我国的研究状况可以概括为四个方面。

一是造山带的研究。代表岩石圈热学和力学变化最强烈的造山带自然成为研究重点，国家自然科学基金设立了"八五"重大项目"秦岭造山带岩石圈结构、演化及成矿背景"，原地质矿产部也安排了"八五"重大基础项目"昆仑—秦岭—大别造山带构造特征及形成机制""燕山地区中新生代陆内造山作用研究"等专题。在新疆实施国家 305 攻关项目的过程中，对阿尔泰造山带、天山造山带等做了大量工作，取得很大进展。

二是青藏高原的研究。号称地球第三极的青藏高原成为国际研究大陆动力学最热门地区。20世纪80年代以来，我国分别与法、美、德等国进行了合作研究。1992年启动的国家攀登计划"青藏高原形成演化、环境变化与生态系统研究"是一个包括大陆动力学在内的综合研究。地质矿产部设立了"八五"重大基础项目"青藏高原岩石圈结构、隆升及其对大陆变形影响""青藏高原的后造山期变形和隆升机制"和"九五"重大基础项目"青藏高原隆升的地质记录及机制"等研究项目。青藏高原构造研究的进展和存在的争论集中表现在形成机制和隆升过程两个问题上。有关形成机制问题，90年代以来多数学者强调高原隆升的分块断性、多阶段性、多因素控制的特点。提出的模式有斯潘塞（Spencer，1996）的"垮塌褶皱模式"，威利特（Willett）等（1994）的"亚洲大陆以缓倾长距离向高原俯冲模式"，许志琴等（1999）的"腹地地幔底辟及周缘陆内俯冲模式"，潘裕生（1999）的"叠加压扁热动力模式"等。有关隆升过程，许多学者分别从不同角度研究青藏高原隆升历史：卡佐（Kazuo）等（1992）、汉森（Harnson）等（1992）根据孟加拉扇沉积物研究，认为喜马拉雅脉动性隆升从2000万年前开始；钟大赉等（1996）根据构造热事件提出高原隆升分为4个阶段；崔之久等（1996）利用古岩溶夷平面重建，提出高原经历了3次隆升和2次夷平；吴浩若等（1996）通过黄土高原黄土、古土壤系列分析，提出青藏高原从晚中新世以来至少有5个隆升阶段；肖序常等（1998）综合有关资料半定量地给出了不同阶段的隆升速率。上述青藏高原隆升的种种机制虽然有较大差别，但都承认来自南面印度板块的俯冲与挤压是青藏高原隆升的基本动因。

三是中国东部中、新生代构造盆地和构造岩浆带的研究。原地质矿产部设置了"八五"重大基础项目"中国东部濒太平洋地区地质构造、岩浆演化及成矿作用"。通过研究划分了14种火山岩组合和9种侵入岩组合，指出白云母/白云母花岗岩类是陆内俯冲的岩石记录，岩石圈根的形成及其随后的去根作用是中新生代以来东部大陆"活化"的深部原因。原地质矿产部还设立了"八五"重大基础项目"中国东部环太平洋带中新生代盆地演化及地球动力学背景"，计算了中国东部伸展盆地的岩石圈拉伸系数和软流圈顶面隆起高度，揭示了中国东部盆地深部控制因素对7个代表性盆地沉积史、热史、岩石圈伸展及软流圈隆起状况等进行了动态模拟。邓晋福等于1986年提出"大陆根-柱构造"是研究大陆动力学的钥匙。高山等于1999年和2000年从地球化学角度论证了中国东部中新生代发生过岩石圈的拆沉作用。

四是大陆与大洋边界关系的研究。滕吉文等于1994年对东南陆缘地带的岩石圈结构进行了专门研究，得出地壳和上地幔均为成层结构，地壳厚度变化较大，显示由大陆型地壳向海洋型地壳过渡的典型特征。姚伯初等于1994年发现作为被动大陆边缘的南海北部陆缘区从陆架、陆坡到深海平原，地壳厚度不断成阶梯状减薄，有4级阶梯，反映发生过4次幕式拉张。近年来，我国应用自行开发的合成孔径剖面（SAP）技术、扩展排列剖面（ESP）技术、海底地震仪（OBS）观测技术和地震层析成像技术，初步探测出东海陆架与海槽的地壳深部结构，以及太平洋板块在东海之下的俯冲状态（金翔龙，2000）。我国台湾学者对台湾构造进行了深入研究，认为台湾是一个具有地槽和岛弧双重地质背景的岛屿，与太平洋西岸的其他俯冲岛弧活动带不同，它是弧陆碰撞活动带。1995年在台北专门召开了"台湾活动碰撞"国际学术讨论会，毕庆昌在埃尔德里奇·M. 穆尔斯（Eldridge M.Moores）等主编的1997年出版的《欧亚区域地质全书》中对台湾地质构造作了系统介绍。陈雅芳等于1995年应用奥伊勒原理，对弧陆碰撞之路径及速率进行模拟，说明菲律宾海板块与北吕宋板块之间还有相对运动。

在20世纪90年代，还出版了一批中国大陆构造研究的综合成果，其中有代表性的是任纪舜等完成的新一代《中国及邻区大地构造图（1：500万）》及简要说明《从全球看中国大地构造》（1999），着重从空间上总结了中国大陆构造特点及形成机制。王鸿祯、莫宣学于1995年着重从时间上总结中国大陆演化规律。许靖华、孙枢、李继亮等提出多岛海和弧后盆地的构造模式，1998年出版了《1：400万中国大地构造相图》。在此期间，我国有关大陆构造与动力学的学术讨论会接连召开。1989年由国家地震局、中国地质大学联合发起在武汉召开了"大陆构造及成矿作用"学术讨论会，1992年出版了会议论文集《中国大陆构造》构造专业委员会于1994年和1995年分别召开了"大陆构造"学术讨论会，1996年以英文出版了会议论文集《中国大陆构造》1996年在中国北京召开的第30届国际地质大会，其主旋律也是大陆地质及大陆动力学。在国家自然科学基金委员会资助下，中国地质大学1998年在武汉召开了"中央造山带国际学术讨论会"。

第四节　矿物学研究成就

改革开放以来，矿物学新概念、新分支、新领域不断出现。1985年，国际冶金界提出具五次对称的骤冷凝聚铝锰（Al-Mn）合金，彭志忠不失时机地开展了准晶态的研究，提出了二十面体原理、黄金中值原理及分数维模型，并对五方晶系、十方晶系准晶进行研究。这些成果在当时国际矿物学界处于领先地位。不幸他因病过早去世，未竟的事业由他的学生们继承。马喆生等于1988年发现了晶体中两类无公度调制现象，施倪承于1992年对八方和十二方准晶进行了研究等。同时，叶大年于1988年提出拓扑体积可加性及地球圈层氧平均体积守恒性。此外，这一时期对超微结构、超显微双晶也进行了研究。随着我国测试技术的进步，新矿物的研究水平日益提高。截至1989年经国际新矿物委员会审定认可的我国新矿物已达57种，1998年骤增至83种。与此同时，形成了各类分支学科。

（1）系统矿物学。20世纪80年代，潘兆橹主编并多次再版了《结晶学及矿物学》教材。1982—1987年，王濮等完成了《系统矿物学》三卷本的编纂，按照矿物结构体系，收集国内外系统的矿物学资料，是一部极具参考价值的著作。郭宗山、黄蕴慧等于1997年系统收集了1981—1994年国际上新发现的852个新矿物数据资料，按照矿物系列归类整理成册，建立了相应的矿物数据库。此外，在粘土矿物、铌钽、铀、金、盐类等方面都有了系统的研究，还出版了多种有关的专著。

（2）矿物形态学。陈光远等于1982年对动力变质带板状磁铁矿双晶进行了深入研究。80—90年代，王文魁在晶体形貌研究方面做了系统的工作，建立了中国地质大学（武汉）矿物晶体生长和形貌实验室，编著《矿物晶体微形貌学概论》（1984）、《晶体测量学简明教程》（1992）等，利用石英环带最大韵律数为参数在胶东金矿区进行了矿物学填图。彭志忠于1985年和1986年提出准晶态20面体原理、黄金中值原理及分数维结构模型。叶大年等于1988年提出拓扑体积可加性及地球圈层氧平均体积守恒性。马喆生等于1988—1991年发现了晶体中两类无公度调制现象。

（3）矿物物理学。我国起步较晚，20世纪70年代以来，我国在矿物学中研究中大量引入近代固体物理和原子物理的理论和技术，研究内容涉及了矿物的光学、电学、磁学、声学、热学、力学和放射性、挥发性、吸收性、弹塑性等物理性质，同时开展了基础理论、计算方法和测试手段的探索。何作霖、蒋溶、郭宗山、王德滋、陈正、王曙等出版了一系列偏光和反光光性矿物学教材、专著和鉴定表册。应育浦等于1977年出版的《穆斯堡尔效应在矿物学中的应用》，对辉石、角闪石等铁镁矿物中铁价态研究起着重要的作用。80年代以来，代表性论著有：《矿物物理学》（王裕先，1985）、《金属矿物的旋转性研究》（徐国风，1985）、《结构光性矿物学》（叶大年，1988）、《矿物红外光谱学》（闻辂，1989）、《硼酸盐矿物物理学》（谢先德、查福标，1993）、《量子矿物学概论》（李高山，1994）。90年代出现《矿物物理学概论》（陈丰、林传易、张蕙芬等，1995）、《地学中的激光喇曼光谱学》（徐培苍等，1997）等系统性的论著。

引进的激光拉曼光谱，已成为研究流体包裹体、微粒包裹物的重要手段。陈光远、邵伟、孙岱生等将穆斯堡尔谱、顺磁共振谱、载流子参数等矿物物理学的理论和方法应用于胶东金矿矿物的标型研究，解决了许多找矿中的问题。

（4）成因矿物学。20世纪80年代先后召开过5次全国性的矿床矿物学、成因矿物学与找矿矿物学学术会议，促进了学科知识的普及与提高。10年中组织过4次全国性成因矿物学找矿矿物学短训班，参加人数近500人，起到了培养人才提高素质的作用。在此时期各大专院校纷纷开设了成因矿物学、找矿矿物学课程，培养了一批硕士、博士研究生。在这期间，成因矿物学、找矿矿物学成果广泛运用于铁、铬、镍、铂、金、银、铜、铅、锌、稀土、放射性元素和金刚石等10几种矿产的找矿和勘探，深受广大地质同行的欢迎。

20世纪80年代以来，该学科在我国得到迅猛发展。出版了一系列的成因矿物学教材（陈光远等，1980；薛君治、陈武、白学让，1984、1989；靳是琴、李鸿超，1984）。同时还出版了大量成因矿物学的专著，诸如《应力矿物学概论》（王嘉荫，1978）、《构造矿物学》（郭宝罗、钟增球，1986）、《成因矿物学与找矿矿物学》（陈光远、孙岱生、殷辉安，1987、1988）、《地球与宇宙成因矿物学》（王奎仁，1989）、《铬 – 铝云母亚族成因矿物学》（鲁安怀、陈光远，1995）等。这一时期，我国引进先进的现代测试技术方法，促使传统的宏观成因矿物学向现代的微观成因矿物学转化，其中80年代中期开始的矿物学填图工作是一次有力的推动。本轮填图使矿物标型现象研究实现了定性化、定量化、定位化、定向化，从零星到系统，从点到线、面、体，做精确的数理统计。例如，在胶东金矿区就应用12种参数对10个金矿床进行了几十幅矿物学填图（陈光远等，1986、1987、1988、1989；任英忱、1986）。与此同时，陈光远、孙岱生（1988、1989、1990、1995）总结提出了矿物标型的普遍性、特殊性、相应性、变化性、继承性和分带性等6条普遍规律。期间，成因矿区学的理论被广泛、直接地应用到了地质找矿，实现了理论与实践的双丰收。代表性著作有:《金矿找矿矿物学》（邵洁涟，1988）、《金矿重砂工作方法》（徐海江、孟祥本，1988）、《胶东金矿成因矿物学与找矿》（陈光远、邵伟、孙岱生，1989）。

20世纪90年代成因矿物学持续发展，建立了金矿找矿标志，针对不同地质条件开展了系统的成因矿物学研究，成因矿物学的人工实验也有了新的进展。矿物学的填图参数进一步增加，从矿床矿物学填图发展为区域矿物学填图。1996年第30届国际地质大会上，提交的《中国胶东金矿物学填图图册》（英文版），受到国际同行的普遍关注。90年代以后的主要著作有:《佳木斯地块金矿找矿矿物学》（靳是琴等，1994）、

《胶东金矿省矿物学填图图册》（英文版，陈光远、孙岱生、邵伟等，1996）。这一时期，找矿矿物标型学和矿物学填图方法学发展尤为迅速。陈光远、孙岱生、邵伟、李胜荣等开发了 10 多种矿物找矿标型，运用矿物学填图进行找矿取得巨大经济效益。

（5）高压矿物学。现代微束分析技术的迅猛发展促进了地幔超高压矿物学和冲击变质领域的研究。谢先德以研究冲击石英的微结构为基础，1991 年起对天然受强烈冲击陨石开展了深入的微观和超微矿物学研究，发表论文 30 多篇，提出"动态高压矿物学"这一矿物学的新发展方向。1989 年江苏寺巷口陨落了一个受强烈冲击变质的低铁球粒陨石，其冲击时部分熔融脉体中发现具氯磷灰石成分的新相。该相呈重结晶的多晶集合体产出，与林伍德石、镁铁榴石、镁方铁矿等共存于冲击脉体之内，它们是天然产出的地幔超高压矿物组合的代表。此外，在苏鲁—大别山区超高压变质带内也找到柯石英、金刚石、富铝榍石、羟黄玉等超高压变质矿物，获得了陆壳岩石深俯冲的信息。

（6）包裹体矿物学。改革开放以来有了很大发展。李秉伦、谢奕汉于 1983 年和 1989 年应用包裹体研究查明宁芜玢岩铁矿的形成条件。李兆麟、李秉伦开展的矿物包裹体成矿动力学信息，施继锡、侯增谦等对有机包裹体的研究，夏林圻、李院生关于熔融包体研究，何知礼、徐久华关于幔源包裹体的研究等，都有了显著的进展。20 年来主要研究方向包括：①多种成岩成矿物化条件的研究；②温压地球化学找矿的研究；③包裹体测试设备的改进；④包裹体本身的实验研究。在利用包裹体水盐体系相平衡资料求解物化参数和包裹体的 Rb-Sr、U-Pb、Sm-Nd 同位素研究与定年等方面，也都取得一定的进展。

（7）实验矿物学。中国科学院贵阳地球化学研究所赵斌等对硅酸盐矿物进行了多年的实验研究，自行设计制造了大腔体高温、高压实验装置（谢鸿森等），进行了水热体系中的矿物合成、矿物溶解、蚀变作用、贵金属和硅酸盐体系相平衡实验（吴学益等）。在自行设计的高温、高压设备支持下，进行了幔源矿物岩石的相转变实验（郑海飞等）。对稠油储层注入蒸汽后，蒙脱石、高岭石、伊利石和石英性状变化进行了模拟（朱自尊，1994）。中国地质科学院李九玲等于 1994—1998 年对大厂锡矿多种硫盐矿物进行人工合成实验及稳定性条件的研究，成功阐明了硫盐形成的物质来源。

（8）工艺矿物学。随着量子理论在矿物学中的应用，矿物谱学及微束分析技术的应用，人们能够有效地查明有用组分的成分、结构、键性及其与工艺性能之间的关系，从而改进选冶工艺，提高经济技术指标，并解决废料利用和环境保护问题。由于魔角自旋核磁共振（MASNMR）的运用，深化了长石、粘土矿物、硅藻土等各种矿物材料的基础研究，改善了矿物材料的性能，推动了高新技术的发展。同步辐射 X 射线吸收光谱对硅酸盐结构的研究，可以查明 Al 在硅酸盐矿物中的配位，Al—O 键的键长键角及其与矿物的密度、黏度、扩散系数之间的关系，为进一步利用打下基础。

（9）岩矿测试技术。矿物学、岩石学重大进展是与测试技术的进步分不开的。国家质量监督局所属全国探针分析标准化技术委员会制定了国家标准，制备了 1000 余种探针标样，其中 28 种已被国际标准化组织列入其目录，通报各会员国。如今，微束分析已在地质科学许多领域应用和发展。近年来发表的新矿物和罕见矿物，其化学组成 85% 是用电子探针、扫描电镜附 X 射线能谱或波谱仪测定的。

第五节　岩石学研究成就

一、岩浆岩研究

改革开放以来，岩浆岩岩石学产生了新的飞跃，岩石物理化学理论和方法已系统地运用于岩浆岩岩石学，池际尚、苏良赫以及邓晋福等对此有重要贡献。实验岩石学也有一定的发展，赵斌、谢鸿森等自行设计制造的大腔体超高温高压实验装置，能够进行硅酸盐体系相平衡的研究，为实验岩石学的开展创造了条件。

（1）岩浆岩地质研究。由于板块构造理论的引入，岩浆系列、组合及其构造环境方面的研究日益加强，岩浆物理、岩浆动力学的研究已经兴起。动态地研究构造—岩浆间的相互作用，重建构造岩浆事件的时空格局，已得到较充分的发展。在岩浆传输过程流体动力学、火山喷发动力学、岩浆房过程、岩石流变学等方面已进行不少有意义的工作。正如董申保所指出，岩浆岩的研究"已从 20 世纪早期纯描述的岩相学研究走向一个有着完善的地质环境沿革为背景，以近代测试为手段并基于重熔实验为依据的综合研究方向"。由于我国大陆及边缘海地质构造、岩浆作用与成矿的复杂性与多样性，岩浆岩的地质研究，已经取得一批好的成果。从事中国东部中、新生代濒太平洋岩浆岩与成矿的科学家包括徐克勤、王德滋之于华南花岗岩，常印佛、翟裕生之于扬子江中下游的岩浆与成矿规律，邓晋福之于中国大陆的根柱构造和他多次强调的中国东部岩石圈减薄，莫柱孙之于东南沿海的花岗岩，邱家骧、李兆乃和周新民之于中国东部的火山活动等。从事秦岭—大别山造山带构造岩浆研究的科学家有张本仁、张国伟、丛柏林，从事青藏、"三江"造山带岩浆与成矿研究的有张旗、邓万明、莫宣学、迟效国等，从事昆仑山—祁连山、天山以及兴蒙造山带火山岩、蛇绿岩研究的有肖序常、何国琦、张旗、夏林圻和穆克敏等。

中国濒太平洋的岩浆作用与成矿，同美洲西部的濒太平洋带相比，既有共同性，也有重大的差别，此一认识，对于阐明太平洋板块的运动学与动力学是十分重要的。陆壳增生是地球科学最重要的问题之一。我国北方以 ε_{Nd} 正值为特征的巨大古生代花岗岩带的发现，为显生宙地壳增生过程中有大量地幔物质的引入提供了重要的依据。青藏高原北部、南部及东缘许多地区高钾火山岩的发现，揭示了印度与欧亚板块的碰撞和碰撞后的过程。通过火成岩的时空分布，提出高原北缘地块对于青藏高原主动俯冲的可能性。此外，在"三江"及西部许多造山带中，在俯冲碰撞过程结束之后，才有"安第斯"型的弧火山岩和斑岩等岩浆活动，并伴随有经济价值的矿床，可称"滞后型"弧火山活动，反映了大陆构造—岩浆—成矿的复杂性。所有这些新发现、新资料都说明了我国岩浆岩岩石学正在不断创新、走向成熟。

（2）地幔岩石学。我国地幔岩石的研究是从新生代玄武岩中的地幔捕虏体及高压巨晶开始的。20世纪80年代以来，深化了东部如河北汉诺坝、广东麒麟等地的包体研究，并扩大到西部如甘肃礼县、湖南宁远及滇西。经研究，提供了东部各典型地区的上地幔岩石剖面，建立起中国东部新生代上地幔组成、结构及热状态的总体框架，发表和出版了不少论文和专著。池际尚主编的《中国东部新生代玄武岩及上地幔研究（附金伯利岩）》（1988），在国内外产生了强烈影响；刘若新、鄂莫岚、邓晋福、路凤香等也相继出版专著。90年代，发展了为东部岩石圈四维填图和动态综合的深部作用过程的研究。金振民于1994年用实验论证了在塑性变形的条件下，橄榄岩部分熔融的熔体拓扑结构对上地幔流变强度、深部物质波速、导电率等岩石物理性质有明显的制约，同时对元素的溶解度也有直接的影响。近年来地幔温压计研究也有一定的进展。徐义刚（1993）研制了适用于地幔的地质温压计，支霞臣于1996年运用质子探针测定橄榄石中的含Ca量，选用了两种二辉石温度计和压力计计算了扬子地块东段的岩石圈地幔的热状态。金刚石的找矿查明华北地块和扬子地块在古生代时岩石圈地幔的厚度都超过200千米，我国东部中新生代的岩石圈根受到侵蚀和减薄，被热的、亏损程度低的地幔所代替，这就控制了我国东部中新生代的岩浆作用和成矿作用。

（3）蛇绿岩带。1980—1982年开展的中法喜马拉雅合作研究和1985—1986年中英青藏高原地质考察，大大地推动了中国蛇绿岩及相关领域的研究。我国蛇绿岩分布之广、时代跨度之大、类型之复杂，是世界各国所少见的。王希斌于1987年出版的

《西藏蛇绿岩》系统总结了雅鲁藏布江和班公湖—怒江一带蛇绿岩的特征。此后西准噶尔、天山、内蒙古、秦岭、横断山等地均报道有蛇绿岩。近20年来的研究，渐渐形成一种看法，认为中国是由小的板块拼合而成，蛇绿岩自然是板块边界最好的标志。研究成果表明，中国的蛇绿岩形成环境是多样的，包括岛弧、弧前、弧后及陆间洋盆等。中国的蛇绿岩大多以蛇绿混杂岩的形式出现，混杂岩的基质主要由变质沉积岩组成，而蛇绿岩则是混杂岩中的块体。中国蛇绿岩是多时代的，时代越古老的造山带，受后来构造作用的叠加和改造也越强烈，造山带中的蛇绿岩也越易于受到构造的再造，所以中国的中生代蛇绿岩较之古生代的蛇绿岩保存相对要完整些。扩张的速率、洋盆的规模、蛇绿岩套的地球化学等还都有待详细的研究。

（4）火山岩。1980年11月中国地质学会岩石专业委员会在杭州召开火山岩及火山岩分类命名学术交流会，宣读论文121篇，以火山岩的分类命名为中心兼顾火山地质和火山作用。中国火山学会刘若新等，联合中国地质大学等单位，从环境保护和减灾的角度对长白山、五大连池等休眠火山进行了火山学、火山喷发动力学、火山物质岩石学与地球化学等多方面的研究，获得显著的进展。还有一些学者，从壳—幔之间、岩石圈—软流圈之间物质能量交换的角度研究更长时间尺度的环境效应，虽然仍处于起步阶段，却很有研究前景。

二、沉积岩研究

20世纪70年代初，引进了国外福克等人于1965年和1974年提出的碳酸盐岩新分类和沉积模式，极大地改变了传统的对碳酸盐岩成因的认识。1983年10月在成都召开的全国成岩作用学术讨论会，交流了海南、西沙群岛现代碳酸盐岩沉积物成岩作用的研究成果，此后普遍开展了碳酸盐岩成岩环境与成岩序列的研究。研究成果推广应用于四川盆地、华北地区的碳酸盐岩储集层的成岩环境和成岩序列的分析，取得了比较显著的成绩。出于油气资源勘探的需要，普遍重视碎屑沉积和碎屑岩的粒度分布、孔隙类型及成岩作用的研究，采用扫描电镜研究砂岩的成岩作用等。在指相矿物方面，何镜宇等于1982年对渤海湾地区第三纪沉积相的研究发现黄骅盆地北部古近纪的海绿石河流相、三角洲相沙体的非均质性及其与油田注水动态关系的研究，提高了石油的采收率，效果显著。粘土岩和粘土矿物的研究有许多新的发现扬子地台的黑色页岩受到关注，范德廉和张爱云于1987年先后论述了它们的地球化学特征，集中反映了这种特殊的沉积环境下的岩石组合河北中—新元古界中发现的沉积海泡石粘土，被认为是世界首例华北地区石炭—二叠纪煤系地层硬质高岭石中和其他一些地区的砂岩中都发现了地开石，提高了对硬质高岭石的成岩作用、有机质作用和有序化过程的认识。沉积岩中伊利石结晶度与成岩作用的关系，可以用于碳氢保存程度的预测，已在一些油田开始应用。改革开放以来，重视了钾盐矿床的找矿，张瑞锡等在研究南方红层盆地时提出岩溶角砾岩并讨论其成因。80 年代中期，开始引进风暴岩的概念，发展迅速，我国陆续发现风暴岩的产地，主要是砂质风暴岩（孙枢等，1987、1988），逐渐扩展到钙质风暴岩（孟祥化等，1986）、磷质风暴岩（刘宝珺，1987），研究了风暴沉积机理及其对岩石和矿床形成的意义。

沉积相与沉积环境。从 20 世纪 70 年代后期起，引进国外的理论和方法，沉积相与沉积环境的研究进入了飞跃发展的时期。我国南方，特别是西南地区碳酸盐岩分布极广，面积达 150 多万平方千米，时代跨度大，从新元古代至中生代，是主要的含矿层位及储集层。在"六五""七五"国家攻关科研项目中，对南方碳酸盐岩有适当的投入，取得了一定的成果，提出了具有我国特色的海相沉积模式。如油气方面，关士聪等的《中国新元古代至三叠纪海陆分布、变迁及海域沉积相图》提出中国古海域沉积环境的综合模式，吴崇筠总结了中国东部含油盆地的湖泊相和三角洲相，都是很有意义的成果。

1980 年 10 月，中国地质学会沉积专业委员会在陕西长庆油田召开第一届全国碳酸盐岩学术会议，会议对中华人民共和国成立以来碳酸盐岩研究工作进行了总结。

其他沉积相模式方面的成果如前寒武纪陆源碎屑潮汐沉积（孙枢等，1981），以浅水台地与深水盆地相交替的陆棚碳酸盐岩模式（曾允孚，1986），单因素分析综合作图法（冯增昭，1982），碳酸盐与陆源碎屑混合沉积模式等，极大地补充了国外引进模式的不足。碳酸盐岩中的生物礁，以其潜在的油气储集体而受到广泛的重视，其中川东、鄂西二叠纪海绵礁内产出工业油气藏，而广西南丹大厂泥盆纪层孔虫珊瑚礁则蕴藏着多金属矿床。

沉积建造和沉积大地构造。一般认为，沉积建造是指一定大地构造和古气候背景下的岩石共生。19 世纪中期，地槽学说的发展认识到前造山期发育前复理石沉积建造、造山期发育复理石建造、后造山期发育磨拉石建造。自板块构造学说引入以来，人们开始探索新的建造分析方法，孟祥化于 1996 年出版了专著《沉积盆地与建造层序》，提出按照板块构造不同的环境，建立不同的盆地类型与不同建造类型分布的关系。

现代沉积方面，因其与环境科学的发展关系极大，已成为沉积岩石学中的前沿领域。中国科学院地质与地球物理研究所沙庆安对现代生物礁环境及现代碳酸盐沉积的研究，中国科学院青岛海洋研究所及南海海洋研究所对海洋沉积环境的研究，中国科学院南京地理与湖泊研究所对现代湖泊沉积环境的研究，中国科学院兰州地质研究所对新疆及西北地区现代沉积相的研究，中国科学院青海盐湖研究所对西北地区盐湖沉积的研究等，都取得了丰硕的成果。严钦尚、张国栋对现代长江和现代海岸沉积的研究也富有创见。近10年来对西北地区的黄土、青藏高原古里雅冰帽的冰芯、火山口（玛珥）湖沉积和岩溶石笋等高分辨率的地质记录研究，采用了先进的碳十四专用加速器质谱仪（AMS^{14}C）测年技术，已经使我国在这方面走向世界。

总之，20世纪70年代以来我国在沉积岩研究已经达到有严格科学逻辑推理和有完整的系统理论为指导，有科学实验为检验的现代化的沉积岩石学水准。它以密切结合我国实际为特色，按照新的观点编出了中大比例尺区域岩相古地理图，显示出良好效果。1982年我国首次组团参加在加拿大召开的第11届国际沉积学大会，叶连俊当选为国际沉积学家协会理事。此后，业治铮、孙枢、刘宝珺、李任伟先后在国际沉积学家协会等组织任职，我国沉积岩石学和沉积学研究已在国际上受到重视。

三、变质岩研究

20世纪80年代以来，通过大范围的1∶5万区域地质调查，加深了对区域变质岩的认识。许多早前寒武纪变质岩分布区内的片麻岩，过去均划归表壳岩，按地层处理。1∶5万区域地质调查发现75%～80%的这些片麻岩，属于变质的深成岩体，而真正的表壳岩仅占15%～20%。变质岩构造研究得到加强，从而对古老变质地体的演化，有了更新的认识。同位素定年技术不断改进，一些重点地区，如冀东、中条山、五台、太行都建立起前寒武纪地质事件年代表。在程裕淇指导下，董申保、沈其韩、孙大中和卢良兆组织编制了全国1∶400万变质地质图，1986年正式出版。变质地质图将全国划分为10个一级单元，详细研究了各个单元的变质岩系、岩石组合、原岩建造、变质时代和序列，划分出变质相系和相组，对变质作用的类型、构造变形和区域变质有关的花岗岩浆作用也作了系统总结和理论探讨。这是我国第一次完整的变质岩和变质作用的总结，受到国际地质学界的广泛关注。

前寒武纪高级变质岩主要研究成果表现为：①识别出一批绿岩带，例如山东西部新太雁领关、河南鲁山舞阳绿岩带等；②确定了一批TTG杂岩区并在其中分出部分花岗岩类，它们代表陆壳重熔的产物，为分析地壳演化提供信息；③获得了一批可靠的同位素年代学资料，辽宁鞍山和冀东曹庄出现了3800Ma的年龄，说明太古宙陆核物质的存在；④麻粒岩、孔兹岩等高级变质岩得到了系统的研究。在冀西北、恒山等地

发现变质压力 1.0×10^9 帕以上的高压麻粒岩类。此外，我国青年科学家已涉足于南极高级变质岩的研究。

20 世纪 90 年代以来，变质地质学者逐步认识到变质作用是一个动态过程。一些总结性的专著已经问世。沈其韩等 1992 年出版的《中国早前寒武纪麻粒岩》，总结了中国各个主要麻粒岩变质地区的地质和岩石特征，包括流体在麻粒岩相变质中的作用；卢良兆等 1996 年出版的《中国北方早前寒武纪孔兹岩系》研究了中国北部（含湖北黄陵）出露的孔兹岩系区域地质、岩石组合，探讨了孔兹岩系的成因类型、大地构造背景和地球动力学过程；翟明国等 1996 年出版的《华北太古代克拉通麻粒岩与下部地壳》以冀西北、晋北和内蒙古边界地区太古宇麻粒岩的岩石学、地球化学、构造学和同位素年代学为研究对象，运用板块构造观点解析了怀安陆块与恒山陆块间的拼合问题。

造山带变质作用"七五""八五"期间，在地质矿产部重点攻关项目和自然科学基金重大项目的资助下，在秦岭、大别山、桐柏山、祁连山、三江地区、川西、浙闽及新疆阿尔泰等地都开展了造山带变质作用的研究。20 世纪 80 年代后期以来，与造山带有关的变质作用受到国际的普遍关注。1993 年国际《变质地质学杂志》出版了《中国的变质作用》专刊，主要反映大陆前寒武纪克拉通之间的各个造山带的变质作用，它们记录了亚洲大陆拼合过程中的变质与变形，以及克拉通块体的后继运动。该专刊发表了董申保、卢良兆等中国学者的论文共计 10 篇。在造山带变质地质的研究中已广泛运用变质 p–T–t 轨迹以揭示造山作用过程的地球动力学。石耀霖于 1987 年成功地进行了逆冲推覆地体区域变质的 p–T–t 轨迹的二维热模拟，并已将此项技术运用于青藏高原等地区。90 年代初，运用岩石中的矿物成分环带，借助于 A.Spear 微分热力学的方法，反演了豫西秦岭群两期变质作用的 p–T–t 轨迹，有了一个初步的尝试。

20 世纪 80 年代以来，我国学者在大别—苏鲁变质带中相继发现柯石英、金刚石等超高压变质矿物，同时在超高压变质岩石学、地球化学和构造学等方面都有创见，一直受到国际关注。这一地区已成为世界上研究超高压变质和碰撞造山带的典型地区，1995 年国际榴辉岩野外会议在大别山召开，中国科学院地质研究所和中国地质科学院地质研究所等单位的工作在国际上有重要影响。

同时，以苏鲁超高压变质带及深部地质构造为科学目标，由中国地质科学院许志琴为首席科学家的中国大陆科学钻探，获得国际岩石圈委员会的资助，被批准列为国家重大科学工程项目，于 2002 年 6 月开钻，2005 年 3 月终孔，历时 1353 天，进尺 5156 米。500 多米的岩心揭示了 50 多种类型的岩石，发现 1600～2000 米深、400 米厚的新的金红石矿层首次在世界上超高压变质岩区建立了深入地下 5 千米的精细的

"金柱子"，为建立三维物质成分、构造、物理状态及超高压变质岩石形成与折返机理提供了研究基础，在结晶岩地区提供了精细地震和地质构造解释结果及波速模型，首次在国内验证了结晶岩地区强反射层与韧性剪切带和岩性界面有关。

四、工艺岩石学研究

作为岩石学的应用研究方向，苏良赫和他的学生们发展起来的工业（艺）岩石学，在冶金、建材、陶瓷等行业发挥着重要的作用，引入工艺矿物学的新理论、新技术，发展了矿物岩石材料应用与开发研究的新方向。这门应用学科不仅在选、冶、加工等方面得到应用，而且在矿物材料、宝（玉）石矿物、农业、环保研究方面都有一定进展。

第六节　地球化学研究成就

20世纪后期，随着地球化学迅速发展，与相邻学科的交叉融合，形成了约30多个分支学科，概括起来可划分三大领域。

一、理论地球化学研究

指地球化学与基础理论学科相结合的领域，包括同位素地球化学、化学地球动力学有机地球化学、天体化学、地球化学热力学、量子地球化学和实验地球化学等。

（1）同位素地球化学。这是地球化学中发展迅速的分支。我国同位素地质研究水平有了很大的提高，最重要的成果有发现华北地块存在老于38亿年古老陆核；南方峄岭群中测得28亿年的年龄；诸广山、云开混合岩中发现了25亿年左右的残留锆石；闽北建瓯群则获22亿年Sm-Nd年龄，说明华南也应有古元古代，甚至太古宙的基底对于一些年代不清或长期争议的变质单元，如五台群下部、中条涑水杂岩，秦岭地区的鱼洞子群、秦岭群、宽坪群、陶湾群，广西、湖南等省（区）四堡群、冷家溪群，粤西云开群，海南抱板群等，均已测出可信度高的年龄。此外，还界定了一些显生宙的地层界限，尤其是围绕黄土所开展的第四纪同位素年代学研究，在国际上有重要的影响。青藏高原、秦岭、大别山等地区提供了详细的地质事件年表。在大别—苏鲁超高压变质带进行了详细的同位素定年，除了Sm-Nd、Ar-Ar等方法之外，锆石的 U–Pb 体系定年得到广泛的应用。丸山茂德、简平、刘敦一还作了锆石的离子探针（SHRIMP）测定。大致说来，碰撞造山年龄即超高压变质的时限，可能有三期晋宁期（875Ma）、加里东期（335～424Ma）、印支期（平均 210Ma）。如何认识这些年龄，还有不少争议。

（2）化学地球动力学。把地球视为一个完整的动力学系统，通过地球各个圈层化学结构和圈层间的相互作用的研究，来认识发生在地球内部的各种地质作用。在我国，化学地球动力学在郑永飞等的努力下，获重要进展。详细研究了大别山和苏鲁超高压榴辉岩中石榴子石、绿辉石的810，多硅白云母中氢（H）同位素组成，不仅为超高压变质提供了温度范围，而且根据其中仍保存着的原岩与大气降水进行 H、O 同位素交换的特征，因而提出了超高压榴辉岩在地幔深处停留时间很短，以至它们的 H、O 同位素体系都来不及调整的科学论断，深化了对这一超高压变质带的地球动力学演化的认识。

（3）有机地球化学。在傅家谟等的努力下，成立了全国性的学术组织。出版了一系列高水平的有机地球化学、石油地球化学专著，在油气勘探评价中发挥了明显的作用。出现了一些新的研究领域，如分子有机地球化学、煤成烃地球化学、陆相生油理论、层控矿床有机地球化学等，在能源地质研究中占有重要地位。以煤成气地球化学为例，我国煤成气的研究已有 20 年，探明的煤成气储量从开始时仅占气层气的 9% 至发稿时的 40%，与油型气一起构成我国天然气的主要部分。戴金星等自 90 年代以来对煤成气地球化学的研究发现：成熟阶段的煤成气普遍是湿气，含重烃最高达 34%，大多数为 5%～20%；煤成气富含汞蒸气碳同位素的研究可用于查明煤成甲烷和其源岩成熟度的关系；煤成气中 C_{5-8} 轻烃单体系列同位素组成，可用于鉴别煤成气与油型气。

（4）天体化学。与地球物质科学关系密切。①在太阳系小天体（陨石、宇宙尘）方面，吉林陨石雨的多学科综合研究，开创了我国宇宙化学研究的新阶段。鉴定出 41 种矿物，包括自然铜、不同结构类型的铬铁矿—尖晶石变种、白色高硅包体等，依据其系统完整的复杂矿物组合和球粒结构类型，提出太阳星云凝聚的过程及其演化模式。在各时代的沉积岩、变质岩以及华南、华北、西北地区的花岗岩体中发现了古代陨石消融型宇宙尘，并进行了深入研究，划分了宇宙尘的类型，提出了宇宙尘的识别判据。②在月岩和比较行星地质学方面，1978 年美国政府赠送月岩样品，我国学者用 0.5 克样，开展了系统的岩石学矿物学研究，查明其来源于月海玄武岩。在比较行星学方面主要进展是查明了行星大气的化学组成，行星表层特征对比，类行星的形成环境，类地行星的地质演化。③在地球物质演化的能源、地球非均一组成与非均变演化方面，早在 60 年代侯德封等就指出核转变能是地球内部物质演化的主要能源。基于长期的研究，欧阳自远提出"地球非均一组成与非均变演化"的地球观，认为地球早期的星云域内，原行星吸积了不同成分的星子，构成了不均一的原始地球模式丰度，用以解释古陆核的形成，根据地球内部热演化的阶段性，指出 16 亿年～18 亿年前后地球的发展极不相同，较好地说明了 18 亿年～20 亿年以来板块构造发育的过程。

二、地质地球化学研究

涉及地质作用的各个方面，今选择变质作用、流体作用和低温地球化学作一回顾。

（1）变质作用的地球化学。以往的变质作用研究，多集中于矿物学和岩石学方面。20 世纪 80 年代以来，在元素地球化学方面，运用变质岩的常量元素、微量元素和同位素来恢复深变质岩的源岩，判别它们生成的构造环境的工作逐渐多了起来。至 90 年代，国外这方面的方法已多达 120 余种，许多图表被广泛使用。但有些原岩恢复结果常常出现矛盾，这与深变质作用（尤其麻粒岩相变质）对活动元素的影响有关。据现有资料，华北克拉通的高级区变质岩的源岩主要是拉斑玄武岩、长英质火山岩及火山碎屑岩、硬砂岩、半泥质岩和碳酸盐岩等表壳岩系和基性长英质侵入体等（孙大中，1984；钱祥麟，1985；周世泰，1987；伍家善，1989；王仁民，1994）。

孙大中于 1989 年指出这些岩石的变质产物比世界上其他古老克拉通同类型岩石相对富钾和其他大离子亲石元素，并认为这是华北克拉通地壳成熟度高的表现之一。开展的大别—苏鲁超高压变质带的研究，涉及深俯冲作用的地球化学。据江博明于 2000 年开展的 Sm–Nd 同位素示踪研究，大别山和欧洲加里东造山带的超高压变质岩具有负的 $\varepsilon_{Nd}(T)$ 值，说明属于大陆来源，也就是说这些镁铁超镁铁岩石有长期居留于陆壳的历史而所有的阿尔卑斯、海西和泛非带上的高压和超高压岩石普遍存在正的 $\varepsilon_{Nd}(T)$ 值（= 变质的初始 $^{143}Nd/^{144}Nd$ 值），说明是洋壳俯冲受榴辉岩相变质，然后在大陆碰撞过程中构造折返于造山带的。此外，H、O、C 同位素的研究也证明了大别—苏鲁超高压变质岩的源岩属于陆壳的岩石。

（2）流体作用地质地球化学。板块俯冲带流体作用的研究是最活跃的课题之一。在秦岭—大别碰撞造山带超高压变质岩的研究中，张泽明、韩郁菁于 1996 年研究榴辉岩及其围岩中的包裹体，发现不仅有气液包裹体，而且有熔融包裹体。对国内一些火山区泉水中气体地球化学研究，已取得一些重要的资料。戴金星于 1992 年和 1994 年研究了五大连池、长白山天池及云南腾冲 3 个火山区泉水中天然气和碳、氧同位素成分，查明五大连池火山区冷泉含 CO_2 达 84%～99.4%，$\delta^{13}C$ 和 $^3He/^4He$ 的测量，均认为有来自地幔的气体。王先彬于 1993 年报道了腾冲火山区温泉气体中 $\delta^{13}C$ 和 $^3He/\,^4He$，并强调温泉中能不断测定出 CH_4，因而必有深部岩浆房的 CH_4 的补给。上官志冠于 1977 年研究了长白山天池火山区泉水逸出气体及 C、H、O、He、Ar、Ne 等的同位素组成，证明具有幔源气体组分。有关海底热水沉积的研究，我国起步较晚。1988 年中德合作进行了马里亚纳海槽的热水活动调查，对所采的硅质"烟囱"样品产状、矿物和化学成分进行了系统研究，探讨了其成因。1992 年我国首次独立组织开展了冲绳海槽的热水沉积调查，查明作为弧后盆地，冲绳海槽热水沉积富集的元素组合是 Pb、Au、Ag、Hg 等，Hg 的异常可作为热水效应的地球化学标志。

（3）低温地球化学。1991—1997 年，国家自然科学基金设立"低温地球化学"重点项目，涂光炽为项目的负责人。在他的学术思想带动下，该课题在总结中国低温金、银成矿作用及低温水—岩相互作用、退变质作用、低温吸附实验等方面均取得了进展。在这项工作之前，涂光炽已提出了中国西南大面积低温热液成矿域的概念，探讨了这一成矿域的形成机制和地质背景。他还多次强调煤、石油、天然气、金属矿床、非金属矿床、盐类矿床等在形成机制上是有机联系的。煤成气、煤成油、盐类矿床与金属矿床，某些天然气与汞，油气与低温热液矿床等，都揭示着这种有机联系。

三、应用地球化学研究

在区域地球化学方面，於崇文等在成矿作用时空结构的理论观点和动力学思想的指导下，1983—1987 年对南岭地区进行了区域地球化学研究，在粤北地区圈定出 21 个成矿远景区。80 年代中期以来，张本仁以历史地球化学的观点，及构造运动与地球化学运动相互制约和转化的思想，对秦巴地区区域岩石圈构造与成矿规律进行了地球化学研究，揭示了这一造山带构造发展、岩石圈演化及地球化学分区。

在勘查地球化学方面，谢学锦指导的全国水系沉积物地球化学测量和他所建立的地球化学块体理论与方法对我国勘查地球化学作出重要贡献。20 世纪 80 年代起，运用"地气"所携带的金属物质微粒，作为矿产勘查的手段，可称"地气法"测量。胶东、川北、安徽等地区区域性地气法测量实验结果证明，测区内的大型矿床在地气异常中都有反映，同时，还发现了一些新的异常，表明覆盖区的区域稀网度地气测量，有可能成为寻找隐伏和深部矿床的有效方法。

环境地球化学是地球化学和生命科学的交叉学科。20 多年来，我国环境地球化学家和医学工作者密切合作，开展了几种主要地方病的环境病因和病区环境地质行为的研究，取得一批重要成果。郑宝山在大骨节病等地方性疾病的研究中，证明自由基能引起软骨细胞损害及心肌中某些酶的活性下降，出现血管微循环障碍。但正常机体内也存在自由基的清除防御系统，如维生素 E、维生素 C、β－胡萝卜素和硒等，它们能及时清除自由基，保护机体不受损伤。在阐明环境中致病物质与疾病关系问题上，环境地球化学将发挥重要的作用。

第七节　数学地质研究成就

我国的数学地质研究和应用起步于 20 世纪 50 年代末期，最初在地质勘探和基础地质的一些个别领域应用了单变量及早期多变量的统计分析方法，并应用概率模型模拟地质勘探过程。70 年代中期，将多变量统计分析及计算机方法应用于分析地质控矿因素及进行成矿远景区定量预测，并与解决地质勘探中的实际问题紧密结合。当时，在地矿、冶金、有色、黄金、石油、煤炭、核工、化工、建材等部门都涌现了一批从事数学地质研究的人员。从 1980 年开始，地质部在全国范围内结合成矿区划工作开展了对铂、铜、铁、石灰 4 种矿产的资源总量预测工作，并设立了部重点科研项目"矿产资源总量预测方法研究"。这项工作的开展，大大推动了数学地质理论和方法在矿产预测工作中的应用，不仅获取了有实际应用价值的预测评价结果，而且丰富了矿床统计预测的理论和方法。原冶金部、有色金属总公司等工业部门则结合生产矿山的矿床储量计算及储量动态管理工作重点开展了地质统计学理论及方法研究；原石油工业部重点开展了地质数据库、盆地模拟及油气资源量评价；原煤碳工业部进行了地质勘探成果计算机成图等方面的研究。从而使我国数学地质学的发展从一开始就具有生产、教学和科研三结合的形式。1981 年，我国成立了中国地质学会数学地质专业委员会。至 90 年代末，已举办了 5 次全国数学地质学术讨论会（1978，杭州；1981，长沙；1986，宜昌；1990，成都；1995，东营），此外，几乎每年都举行由数学地质专业委员会与有关专业委员会联合举办的带有专题特色的全国性学术讨论会。在此期间，出版《中国数学地质》专集及数学地质系列丛书。1978 年，在我国高等地质院校中首先开设了"数学地质"课程并开始招收硕士研究生。1986 年，建立了我国第一个数学地质博士点。

与此同时，我国学者也积极参加国际数学地质社团组织的有关研讨与工作。刘承祚、李裕伟、赵鹏大等担任了国际数学地质学会刊物《数学地质》《计算机与地球科学》《不可再生资源》等杂志的通信编委及顾问。赵鹏大荣获了 1992 年度克伦宾奖（国际数学地质最高奖）。

我国数学地质的发展主要围绕潜在的矿产资源评价、地质统计学储量计算、地质数据库建设三个主要发展方向进行。20 世纪 70 年代末到 80 年代初，矿产资源总量预测在我国兴起，地质、石油、冶金、煤炭、核工业等部门相继使用数学地质方法开展资源总量预测（又称矿产资源潜力评价）。之后评价被常态化。地质统计学是数学地质的主要内容之一，经过 40 余年的努力，已成为我国矿产储量计算的现代方法。20 世纪 80 年代初，地质数据库建设起步，已遍及所有地质工作环节，数学地质对其起到推动作用。

第八节　海洋地质研究成就

一、海洋地质研究进展

中国系统的海洋地质工作起步于 20 世纪 50 年代后期。1958—1960 年，国家科学技术委员会组织了大规模的综合性海洋调查，在渤海、黄海、东海和南海近岸水深 200 米以内地区进行海洋物理、化学、地质、生物以及气象等多学科的断面调查。其中海洋地质部分包括用测深以获取海底地形资料，用柱状取样和拖网取样以采集海底沉积物样品。了解其空间布，并通过室内化验分析，探索海底沉积物的成因类型。1963 年，秦蕴珊发表了《中国海陆棚沉积类型分布图》。

从 20 世纪 80 年代初起，中国启动近海第四纪地层学研究。1983 年，地质矿产部上海海洋综合研究大队建立了第四纪东海群。与此同时通过钻井获取岩心，建立了中国近海第四系地层层序。实现了中国近海第四纪地层学可以进行全球对比。90 年代，先后在南海、南黄海、东海发现距今 1.1 万年以来的短期降温事件和海平面下降，以及冲绳海槽于末次冰期的突然升温事件，南黄海于 9000 年前和 5000 年前的升温期和高温期的突然降温事件等，为全球环境变化研究提供了重要证据。

从 20 世纪 70 年代中期开始，中国进行了太平洋多金属结核的研究。80 年代后期。多次去太平洋中部和东部 200 万平方千米范围内开展多金属结核的实地调查，在数据与样品采集、处理与分析之后，向联合国申请"先驱投资者"，得到批准并获得 15 万平方千米的开辟区。

根据《联合国海洋法公约》，国家科学技术委员会于 20 世纪 90 年代初再次组织全国有关单位联合进行中国海的地质地球物理综合调查，要求在近 30 年国内外调查研究中国海的资料与成果的基础上，启动了"大陆架及邻近海域勘查和资源远景评价研究"项目。该项目于 1995 年完成，建立了中国大陆架及邻近海域的信息库，其中包括海洋环境、海洋资源和海洋基础图件等数据分库，并编绘出一批有关中国海的地质地球物理图件。

1996 年，中国启动了"海洋 863"计划，其中海洋地质探查与资源开发技术主题是以莺琼盆地大气田的探测与开发技术为重点，积极开展高分辨率地震、多波多分量以及大位移井等关键技术研究，为新世纪以后取得具有显示度成果奠定了基础。

二、大洋矿产资源调查

大洋矿产资源是指国家管辖范围以外洋底的矿产资源，是人类共同的财产。为维护大洋矿产资源为人类开发利用的平等、合理性以及我国的权益，1983 年 5 月我国开始对太平洋中部进行洋底多金属结核矿产资源的调查。"七五"期间由国家海洋局和地质矿产部在东太平洋地区有计划地开展多金属结核的调查。1990 年 4 月国务院批准同意"以中国大洋矿产资源研究开发协会（简称中国大洋协会）名义申请矿区登记，并将大洋多金属结核资源研究开发作为国家长远发展项目，给以专项投资"。1991 年 3 月联合国国际海底管理局筹备委员会批准我国以中国大洋协会名义提交的先驱投资者申请书，在东太平洋赤道附近地区获得了 15 万平方千米的多金属结核开辟区，使我国成为继苏联、日本、法国、印度之后的第五个先驱投资者。1990 年 4 月中国大洋协会成立。在中国大洋协会领导下，1991—2000 年，围绕向国际海底管理局申请多金属结核资源区域，进行了多航次的多金属结核资源调查，同时开始了多金属结核开采技术、加工利用技术和多金属结核调查区的环境影响评价等研究。2001 年，中国大洋协会与国际海底管理局签订了多金属结核资源勘探合同，使我国首次在国家管辖范围以外区域，得到了 7.5 万平方千米具有专属勘探权和优先开采权的战略资源区域，该矿区内约有 4.2 亿吨干结核、11175 万吨锰、514 万吨镍、406 万吨钴。

对多金属结核的研究，不仅系统地分析了结核的矿物、元素组分及其地球化学特征，对其成矿作用的物理化学过程进行模拟实验，提出"生物岩"与"生物—化学"二元成矿说，而且对其形成环境、分布规律和成矿模式进行了探讨，提出结核的"构造层""振荡式生长"和"事件沉积物"等概念。

第十八章
勘探技术方法与创新

20 世纪的最后 20 年间，是我国乃至全球科学技术发展的重要加速期。我国的地质科技工作者以地质找矿为需求导向，积极将科学技术的最新成果引进地质科学领域，从而使我国的地质勘探技术实现了跨越式的发展。

第一节 地球物理勘探技术发展成就

改革开放以后，我国地质部门重新加强了物探工作的规划和管理。物探工作者多次对美国、加拿大、法国、联邦德国、罗马尼亚、南斯拉夫、日本、苏联、瑞典、澳大利亚、意大利等国进行考察，参加了各种国际学术会议，并从国外引进先进设备和技术。到 20 世纪 80 年代中期，在地质矿产、石油、煤炭、冶金、有色金属、核工业、建材、化工、水电、铁道、交通、地震、中国科学院地球物理研究所等近 20 个部门或系统及各省（自治区、直辖市）已建有一支包括勘查、科研、教学和仪器制造各方面在内的物探专业队伍。总人数超过 10 万人，其中地质矿产部门的物探专业职工约有 5 万人。有 5 所地质学院及 4 所中等专业学校设有物探专业；有 2 个专业物探研究所分别从事综合物探及石油物探研究工作；有 4 个地质仪器厂及有关研究所、院校及一些综合物探队，从事物探仪器的设计及制造工作。

一、地震勘探

在油气勘查上，为应对急需先后引进了 20 多种型号 300 多台数字地震仪，包括最新的 24 位 A/D 转换超多道遥测数字地震采集系统，还先后引进 DSF–V–120 型（1985）及 SN388 型（1996）多道数字地震仪生产线，试生产了一批仪器。自己开发了大型油气地震数据处理软件系统（东方地球物理公司），摆脱了外国公司软件的使用限制，不仅推动了我国高分辨率地震勘探，突破了国内如新疆大沙漠，天山、大巴山等前陆盆地复杂构造，以及岩性油气藏的勘查问题，也使我国地震勘查进入国外油气勘查市场，并获得很大的市场份额。

这一时期，由于国家有关部门规定了必须做高分辨率地震以查明小断层、陷落柱后，才允许进入矿山采矿设计阶段，大大推动了我国煤矿二维、三维高分辨率地震勘查技术提高，取得很好成效，据统计到 1997 年年底煤炭部门在 60 对生产矿井，共查明断层 2259 条，其中落差大于 5 米的有 1431 条，小于 5 米的有 828 条；此外还查明陷落柱 95 个等。可分辨的煤层厚度已达深度的 0.006 倍左右。我国煤矿高分辨率地震勘查技术已进入了国际先进行列。

二、航空物探

最突出的有：1979 年首次应用了自己研制的 GQ–30 和 GQ–A 氦光泵航空磁力仪，灵敏度达到 0.10 ~ 0.25mT。到世纪之交已可生产多种型号氦光泵航磁仪，2002 年仪器灵敏度达到 0.0003nT，居于国际领先水平，技术已出口到美国。结合飞机磁干扰补偿技术的提高，补偿精度已从 15 ~ 25nT 提高到优于 1nT，加上利用全球定位系统使我国的导航定位精度从 300 ~ 500 米提高到 10 ~ 20 米。使我国的航磁测量高质量地完成了缺地物标志的南海海域和塔里木大沙漠的小比例尺、长测线的大面积测量。还可以进行 1:5 万比例尺测量。此外，还研制了双轴水平磁梯度仪和三轴磁梯度航磁仪并投入试用。1979—1987 年我国各部门还先后从北美进口了九套航空物探综合站（磁、放射性和电法仪器）。研制了第二代的综合站。

核能原料普查主要用航空多道伽马能谱仪及磁力仪，主要靠引进技术，自主开发的车载 GP–106 伽马能谱测量系统、地面伽马能谱仪和氡系测量技术均已投入应用，发挥了很好的作用。

三、地面物探

1. 磁法

1960 年我国开始成批生产了悬丝式磁力仪，包括石英刃口式仪器先后有近十种型号投产，后研制电子式磁力仪不成功，未批量投产推广应用。1983 年鉴定投产了一种质子磁力仪 1987—1988 年国内又分别引进了 IGS-2/MP-4 和 G856A 型微机化质子磁力仪，并批量投产，其分辨率为 0.1nT/字。90 年代我国自行研制了地面氦光泵磁力仪，分辨率为 0.05nT/字，已用于野外生产。

2. 重力仪及重力法研究

这类仪器研制难度大，早期都是利用引进的德国、匈牙利、苏联产的扭秤和瑞典、德国、美国、加拿大的石英重力仪（读数精度为 0.01 毫伽）开展工作，到 1975 年北京地质仪器厂批量生产了 ZSM-III 型重力仪，到 20 世纪 80 年代末已生产 5 种型号的 ZSM 仪器近千台（读数精度为 0.01 毫伽）。80 年代开始又大批引进美国、加拿大的微伽级重力仪约百台。建立了全国重力基点网，重力格值标定场，提出了地形改正新方法，编制和出版了全国 1∶400 万、1∶250 万和 1∶20 万重力图。在重力改正、重力数据反演、划分不同深度密度分布以及复杂异常分解方面做了大量研究，达到很高水平。

3. 电法仪器及方法研究

电法仪器类型较多，主要有自然电场法、人工源电磁法与激发极化法三类，用于找水、找油气和含煤构造，找金属矿与控矿构造。方法使用上多是综合性的，不仅电法要综合，而且还要有非电法的综合其中激发极化法使用效果好、推广规模大，在技术上创新也多。如继 20 世纪 60 年代直流脉冲激发极化法之后，70 年代引进频域激电方法技术（又称"复电阻率法"），并创造了双频道幅频观测方法，90 年代何继善、张有山等提出伪随机三频及多频方法，以及相对相位参数测量等，为提高方法的效率与效果开辟了新途径。此外，我国也探索了用天然场源的激发极化法；还在高密度电阻率法的基础上探索了高密度激发极化法的作用；开展了广泛的激发极化法异常产生机理和其非线性特性，贡献很多。激发极化法找水机理的研究，发展了多种衰减时方法，成为中国物探工作的特色之一，很有意义。我国对自然电场产生机理和分辨矿与非矿异常的可能性做了很多研究研究和应用高精度自然电场法找油气远景地区试验取得好效果，也成为中国物探的一个特色。关于电阻率法，我国先后引进和发展了多种电阻率法，大力开发了高密度电阻率法的仪器设备及方法技术，并获较大应用，已居国际领先水平地位。

我国大量应用的大地电磁测深和人工源频率测深技术，从高频到超低频不同频段有不同应用。我国煤炭、地质矿产部门先后研制和生产了模拟式和数字式（20世纪80—90年代）十余个型号的频率测深仪器，基本上可取代直流电法，满足了国内中浅深度探测的需要。这种方法干扰大，反演求地下电性结构困难，我国做了大量研究，取得一些较好结果，但是还需要做大的改进。大功率的电磁频率测深（包括瞬变电磁频率测深仪）和低频大地电磁测深仪器设备（探测几十千米以下大深度的电性结构）则主要还是靠引进，国内尚未过关。

4. 浅层地震仪

20世纪80年代以来我国引进了约20种型号的浅层地震仪，国内有30多家研制和生产了几十种地震仪器，90年代不少型号已达到国际先进水平，先后生产了几百台以应国内需要，并已开始向国外出口。我国也深化了数据反演和解释的方法和软件系统。

四、矿井物探

由于我国煤田地质条件复杂，煤矿机械化生产对地质构造的预测精度要求高，在矿井生产过程中实现对地质构造的准确预测是十分重要的。由于矿井环境复杂，探测装备除地面探测装备要求的技术指标外，还必须防爆、屏蔽、抗干扰强、体积小，因此适合矿井探测的装备研制难度大，一些物探技术由于所处空间位置不同，探测方法和资料处理方法也与地面勘探方法有很大差异。为此，煤矿地质工作者在引进消化国外先进技术装备和积极研制两方面同时并举，在矿井物探技术与装备研究方面取得显著成效，一批适用于矿井作业的防爆仪器——包括矿井多波地震仪、矿井地质雷达、数字防爆坑道无线电波透视仪、数字防爆直流电法仪、防爆瑞利波仪、钻孔防爆直流电法仪、钻孔防爆测斜仪以及坑道全液压钻机系列等问世，为探测采煤工作面内地质异常体提供了条件。

五、井中物探

20世纪80年代以来，又生产出了适于小口径钻孔的井中三分量磁力仪、井中无线电波透视仪、高精度井温仪与井温梯度仪，以及X射线荧光测井仪等数字化或微机化井中物探仪器和微机控制的综合数字测井站。

六、深部地球物理探测

在国家"改革、开放"方针指导下，1976 年唐山大地震后，国家地震局加强了华北等地的深部调查，先后完成了约 10000 千米剖面；1980 年中法合作开展了青藏高原与喜马拉雅的深部探测；1983 年华东石油地质局完成了一条 500 千米长的深反射地震等综合剖面调查，研究海相碳酸盐岩盆地构造；1985 年地质矿产部开展了亚东到格尔木地学大断面计划；1987 年，中国岩石圈委员会成立了由多家单位组成的中国地球科学断面协调委员会，提出包括有 11 条剖面的全国地学大断面计划列入全球地学大断面计划；1992 年中国、美国、德国、加拿大联合开展了青藏高原以深地震反射法和宽频大地电磁法为主的综合方法深剖面计划，获得国际同行的高度评价。探测的目的是从地壳上地幔的角度研究中国地壳和上地幔构造活动对成矿和油气分布的控制作用，指导找矿和预防地震地质灾害。这方面工作推开后，形成向深部进军的大好局面，先后完成了几千千米（深反射地震）和几万千米（深地震测深）的剖面，取得广泛的成果，深化了地质认识，为国内地学界所肯定。但是调查研究的宽频地震仪还是主要靠进口，野外调查和数据处理的质量和水平尚需提高，存在单科论道的现象。

第二节　地球化学勘探技术发展成就

一、地球化学勘探技术

主要是通过采水系沉积物、土壤、岩石或水样品，分析其中有指导找矿意义的元素含量，采样方法和高灵敏度分析技术是关键。

（1）地质矿产部于 1978 年开始推行"全国化探扫面计划"。制定了统一的采样方法制定了以 X 荧光光谱分析、原子吸收分光光度计或等离子体发射光谱分析为主体的分析系统以及全国质量控制办法，一举解决了 39 个元素的低检出限（低于地壳丰度值）和高精度的问题，改变过去多年半定量低灵敏度的分析；到 2000 年已完成 650 万平方千米，将我国化探技术提高到历史新高度，居国际领先地位。如研制了 26 种地球化学标准物质以控制全国范围的分析质量；制定了低山丘陵区、高寒山区、干旱荒漠区、半干旱荒漠草原区、岩溶区、热带雨林区、黄土覆盖区、森林沼泽区等不同景观区的采样方法技术等；发展了不同表生环境下异常筛选评价与查证方法技术。由于金元素分析检出限可以达到 $(0.5 \sim 0.2) \times 10^{-9}$，比过去提高了 50 倍，发现了大量金的矿化或矿体。1996 年统计发现了金矿床共 421 处，为我国金生产大增长立了大功。后来又进一步开发了一些野外简易快速金的测定方法，活动态金和不同价态金的测定方法以及水溶性金的测定方法等，大大扩大了找金的能力，形成世界找矿史上里程碑式的成果。但是，其他矿产的找矿效果，还有待深化挖掘。

（2）进入 20 世纪 90 年代，科技部立项"找寻隐伏及难识别大矿富矿新战略新方法新技术的基础性研究"，进一步推动化探找深部矿的方法研究。提出"深穿透地球化学"的概念，发展了"地球气纳微米金属量测量"和"金属活动态测量"方法，在奥林匹克坝巨型矿床上试验已取的肯定结果，还需要扩大试验工作。提出了"地球化学块体"的概念，但是还需进一步从理论上加以论证说明。

二、地球化学勘探的应用

到了 20 世纪 70 年代后期和 80 年代前期，出现了一批全新的微量元素定量分析方法，能可靠地测定岩石、土壤、水系沉积物及生物体中低至 $10^{-10} \sim 10^{-6}$ 的超低含量，并应用了数理统计方法，较好地进行了异常解译和评价。在地质系统，在谢学锦、孙焕振等人的大力倡导下，国家地质总局决定开展第二代 1:20 万全国区域化探扫面工作。为此，地质部对工作规范提出了统一、严格的要求，要求测定 39 种元素，建立永久性样品库，保持原始资料的完整性。与此同时，在有色金属和冶金系统，欧阳宗圻、刘泉清等人倡导开展了 1:5 万成矿区带化探普查，覆盖了数十万平方千米的面积。这项工作尽管规模不大，但其找矿效果却是十分突出。这轮全国性和区域性的大面积系统地球化学勘查，圈定了数以万计的地球化学异常，提供了数以千计的勘探后备基地，发现了数以百计的矿产地或工业矿床，有效地缓解了勘探基地不足的局面。到 1997 年年底，我国已完成 1:20 万及 1:50 万区域地球化学调查 575 万平方千米，占可调查面积的 90% 以上。积累各种地球化学分析数据 6000 余万个，发现异常 52090 个，初步筛选后检查了 13653 个异常。其中有 2968 个评价较好的异常经过包括钻探在内的验证，导致 789 个工业矿床被发现，其中达到大型、中型规模的有 312 处。按矿种分布：贵金属 489 处，有色金属 227 处，黑色金属 30 处，非金属 29 处，稀有金属 14 处。创造潜在价值在万亿元以上。其中对金矿勘查的效果最为突出。由于广泛地使用了直接测定金的方法，其下限达到 10^{-10}，使金的低背景区、高背景区、区域性异常及异常浓集中心表现得十分清晰，为区域评价和直接找矿提供了明确的目标。1986 年以后，伴随第二轮全国区域化探扫面计划任务的大部分完成，庞大的化探队伍面临着一次新的抉择。开始走出单纯的固体矿产勘查的圈子，向多目标、多指标的地球化学制图等新领域拓展。与此同时，国际交流日益活跃。1993 年，在北京成功地举办了第 16 届国际地球化学勘查学术讨论会，标志着我国的动勘查地球化学学术水平已跻身于世界先进行列。在此期间，勘查地球化学的发展也促进了地球化学学科体系建设。

第三节　探矿工程技术发展成就

一、发展历程

"六五"（1981—1985）期间，是我国探矿工程领域"打基础""上水平"的重要起步期。探矿工程的效率不断提升，质量持续提高。地质系统总共完成钻探工作量 1367 万米。推广了多项新工艺、新方法、新设备、新仪器和新材料。钻探机械形成系列，其中人造金刚石和金刚石钻头、绳索取心、液动冲击回转、定向钻探技术、新型泥浆材料、岩心钻机、水文水井钻机、工程钻机、砂矿钻机、小断面坑探设备、钻参仪表、测井仪器等被推广使用。水文、水井、地热、工程钻机的服务领域全面拓宽。冲洗液与护孔、堵漏技术取得重要进展。五年内，探矿工程专业所、探矿厂、高等院校等单位共取得钻探专业 130 多项科研成果，80% 以上形成了生产力。省局探矿科研机构五年共取得 70 余项成果，获奖 19 项。钻探技术的进步被概括为：①五大转变——钻探磨料向以金刚石及其镶嵌体为主的转变；钻探设备从老系列向第三代高速金刚石钻机、变量泵、轻便管塔的转变；钻进液从高固相向低固相与无粘土相的转变；钻进工艺从单一工艺向多种钻探工艺的转变；坑探从简单的手工劳动向综合机械化的转变。②五大配套——金刚石钻探、绳索取心钻探、冲击回转钻探、定向钻探、坑探机械化从钻头、钎头、管材、工具、设备、仪器都配了套。③六大系列——探矿设备中的岩心钻、取样钻、工程地质钻、水文水井钻、大口径施工钻与砂钻都基本形成了完整系列。④七项接近或达到国际先进水平——人造金刚石钻探、电镀钻头与机理、小口径定向钻探与随钻测量、不提钻换钻头、坚硬致密"打滑"岩层钻进方法、小口径泥浆流变学、漏失层分类与对策。1982 年以后，金刚石钻探的经济效益逐步得到公认。

1985 年 11 月，在江苏省无锡市召开的"联合国亚太地区钻探、取样、测井研讨会"，我国专家学者在大会上宣读论文 23 篇，33 家单位提供地质机械仪器展品 489 项。到 1985 年年底，全国已全面推广了以绳索取心为主体的金刚石钻探，开动钻机的数量已接近固体矿产钻机总数的近 60%。至 80 年代中期，中国已培育和发展成了一只掌握现代钻探技术的探矿队伍。地质、冶金、煤炭等 10 余个工业部门和基建部门都进行钻探工作。至 1985 年，仅地质部门钻探总进尺即达 8922 万米，当年开动钻机 4214 台。1985 年 1 月，山东三队钻孔深度达 2505 米的深孔。其间，水文、地热钻探等技术也取得长足发展。1977—1982 年，在西藏羊八井高温地热蒸气田钻成了 20 几口地热井，最大井深达 1726.41 米。水井钻探的井深和井径越来越大，至 80 年代中期，西安已打成直径 500 毫米、深 500 米以上的深水井。地热钻探在全国 16 个省（自治区、直辖市）展开了工作，最深的井达到 2000 多米。

"七五"（1986—1990 年）期间，地矿系统的探矿工作得到进一步加强。1986 年，地质矿产部颁发了《地质矿产部加强探矿工程工作的若干规定》。确定了"多工艺空气钻探技术"和"人造金刚石超硬复合材料及其钻头"两个部级科技攻关项目。五年间登记成果 200 余项。其中获得国家级发明奖和技术进步奖，以及地质矿产部科技成果一等奖、二等奖共 35 项。各省局、队都有一名主管生产的副局长、副队长领导探矿工程生产。五年间，完成钻探工作量 970 万米。岩心钻探平均台月效率 369 米，优质孔率平均达到 89.7%，分别比"六五"提高 7% 和 5.2 个百分点。其中：金刚石钻探完成工量 426 万米，占固体矿产工作量的 68%；绳索取心钻探工作量完成 129.3 万米，占金刚石钻探工作量的 30%；冲击回转钻探共完成工作量 29 万余米；受控定向钻探共完成 5 万余米，施工 120 个钻孔。多工艺空气钻探技术迅速推广。期间，技术进步为地质找矿重大突破作出了贡献。安徽铜陵冬瓜山铜矿区应用受控定向钻探技术钻成了深达 1150 米的 6 个分支集束孔。反循环中心连续取样钻进新方法在山东招远和宁夏金场子—二人山干旱地层金矿钻探中取得了良好成效。山东地矿局运用压力平衡钻探原理全面推广金刚石钻探，解决了断裂带型金矿钻探一系列工艺难题，获得金储量 137 吨。

二、关键技术

（1）金刚石钻探。1978 年，颁布了地质岩心钻探金刚石钻头、扩孔器标准。1978 年和 1979 年，冶金地质部门的钻探科技人员，使用新研制成功的钻石 –600 型全液压钻机和人造金刚石钻探绳索取心技术，两次参加我国地下核爆炸试验，取样速度和质量都达到了国际先进水平。1979 年，使用冶金地质部门自主研制与生产的 1500 米转盘钻机和高压变量泵，运用人造金刚石绳索取心工艺，由冶金东北地勘局在鞍山弓长岭矿区，钻出 1825.6 米地质勘查小口径取心钻孔，创出当时全国使用国产钻机钻出最深的小口径取心钻孔纪录，人造金刚石岩心钻探被拍成了彩色纪录电影片，在国内公开发行和放映。

进入 20 世纪 80 年代，地质、冶金、煤炭、机械、石油、核工业等部门 30 多个单位进行了人造金刚石及金刚石钻头的研制。1985 年，地质矿产部刘广志、赵国隆、耿瑞伦，冶金部吴棣华，核工业部韩军智等组织开展的金刚石钻探及配套技术的研究、设计和应用，集体荣获国家科学技术进步奖一等奖。这个时期，全国已有 27 个单位从事金刚石钻头的设计和制造。在此期间，充分调动和发挥了广大钻探职工的群众性发明和创造激情，在磨料、钻头、管材、工具、设备、仪器、工艺、理论等各个环节的小发明、创造对钻探技术大发展起到了积极的促进作用。

总之，人造金刚石钻探技术曾经是全行业亟待突破的"瓶颈"项目。1960—1980 年，先后被曾有五次列为地质部、国家经济委员会及"六五"期间国家重点新技术推广项目。在行业管理部门的统一组织下，发挥了钻探管理、科研、院校、工厂几个方面的积极作用，围绕金刚石钻探的新设备、新技术、新工艺、新管材、新钻头和基础理论等进行了深入的科研与实验工作。据不完全统计，到"六五"计划末已获得科研成果 224 项。其中，获奖项目 154 项。在仅仅二十多年的时间里，就已经接近世界上的先进技术水平。至 1993 年，全国已有 400 多家从事人造金刚石的生产厂家。连同科研院所和装备材料配套企业，总数已近 600 余家，金刚石产量突破 2 亿克拉。到 1998 年，金刚石产量已达到 4 亿~5 亿克拉，居世界首位，成为人造金刚石生产的第一大国。人造金刚石钻头制造的工艺方法也在不断完善和齐全，品种、口径、胎体、唇面形成了系列化、标准化。质检方法成熟，生产工艺稳定，并完全摆脱了进口的依赖。

人造金刚石钻探的科技进步，加速实现了我国地质钻探工程基本实现了金刚石化。1966—1988 年，全国累计完成金刚石钻探工作量约 1313 万米，完成钻孔约 44000 个。其中硬岩全部采用金刚石钻探，约占总工作量 70%。在金刚石钻头生产技术不断提升的同时，金刚石绳索取心钻探工艺的推广也提到议事日程。1976 年，提出以金刚石绳索取心为主体的发展方针，经过十多年努力，绳索取心钻探设备形成了系列。1976—1988 年，钻进 200×10^4 米。1988 年，开动 186 套，占金刚石钻机的 30.0%，全国平均台月效率高达 481.64 米，超过 600 米 / 台月的有辽宁等五个省局。创下了全国绳索取心最深钻孔 2505 米的纪录。用 28 年（1960—1988）的时间，赶超了国外 135 年（1862—1997）的发展历程。跻身到了国际钻探技术的先进行列。

（2）定向钻探技术。1982 年初，地勘行业管理部门将"螺杆钻受控定向配套器具与施工工艺"作为"六五"重点科技攻关项目，组织勘探技术研究所牵头，探矿工程研究所、探矿工艺研究所、无锡钻探工具厂、电子工业部第四十九研究所以及安徽省地质局 337 地质队、江西省地质局 912 地质队的科技人员进行系统的研究与开发。历时三年多的时间，在钻孔弯曲规律与防治、定向钻孔、设计、计算、制备、微机应用，造斜工具、定向仪器、造斜金刚石钻头，以及一整套施工工艺等方面都取得了突破性的进展。1985 年年底完成研究与试验任务，1986 年 2 月 23 日在北京通过技术鉴定。此后，在国内数十个矿山上千个钻孔中，成功地运用了单孔底、多孔底、集束孔、对接孔以及特殊工程孔的等方法，并在地下核爆井底 24 小时内取出样品获得成功等。从而使我国地质定向钻探技术水平已进入先进国家行列。

（3）开发了多种新材料，除高强度人造金刚石外，还要超硬镶嵌体及其钻头、高质量的硬质合金钎头系列、高强度管材系列、井管和滤水管、坑道内燃机尾气净化催化剂、新型爆破材料、各类泥浆材料和处理剂等。

（4）开发了多种优质钻井液和护孔堵漏技术，形成了低固相、无固相钻井液和空气泡沫、泡沫泥浆等多种类型钻井液，适应多种钻进工艺的需要；发展了钻井液流变学、压力平衡钻进、井眼稳定、漏失层分类等理论，促进了探矿生产和新工艺的发展。

（5）以坑探综合机械化和"新奥法"为主体的掘进技术，使我国探矿工程技术发生了根本性的变革。已能开凿 100 平方米以内各种隧洞，开凿出的最大隧洞断面达到 23.5 平方米。

（6）我国开始了科学深钻工程，包括江苏东海县 5000 米深的科钻 1 井。东海县科钻 1 井是 2001 年 6 月 25 日在硬度大各向异性强的高压变质地层上钻进，采用双井法（打一先导孔），顺自然井斜面打井，用了 1353 天钻进了 5158 米，取芯 4290 米，取芯率达到 85.7%，平均钻速达 1.01 米 / 小时，终孔井斜和位移在允许范围之内。钻进利用了我国自主研发的井底螺杆马达和液动锤驱动单动双管带动孕镶金刚石钻头进行取芯钻进技术，可以大大改善钻井工作的井底状态，可以从岩芯了解钻具在井底的工作状况。我国石油部门也从 1971 年开始了 6000 米以深的石油深钻工程。在技术上主要解决了地温高的问题（地温高达 171℃），用三磺钻井液和硅酸盐矿渣水泥，解决了钻井及固井时抗高温的难题。

三、探矿装备

1. 岩心钻探设备

20世纪末，国内岩心钻机的基本技术模式为立轴式液压给进，分别为地矿系统的 XY 系列、冶金系统的 YL 系列、有色系统的 CS 系列、煤炭系统的 TK 系列和核工业系统的 HXY 系列。这五大系列均属同一类型，在总体布局、结构特征、传动方案上均是基于为"六五"以后推广的金刚石和金刚石绳索取心钻探技术，其共同的特点是：机械传动、多挡变速（6~8挡）、立轴回转、液压给进、行星式绞车，可滑移式底座等。

2. 坑探设备

20世纪80年代，由于液压技术水平不断提高，有色及煤炭系统又先后研制成功了 ZS 和 MK 系列动力头式全液压坑道钻机。至此，我国的坑道钻机已形成完整的 DK（地矿）、ZS（有色）、MK（煤炭）3个系列，基本能满足矿山勘探的要求。在钻机结构和性能方面，也缩短了与先进国家的差距，其中 MK 系列达到了国际先进水平。国内专门生产坑探设备的工厂先后研制成功的坑探设备及凿岩工具有电动凿岩机、内燃凿岩机、内燃通风机、内燃装运机、电动潜水泵、浅井提升机、10米和50米取样钻、液压凿岩台车、装岩机、梭式矿车、内燃牵引车、新型钎头、小型液压锻钎机、磨钎机等十多种产品。天津探矿厂组建了生产取样钻的封闭车间；辽宁探矿厂以生产内燃凿岩机为主导产品；北京探矿厂定点生产坑道钻；成都探矿厂形成了以生产凿岩工具及修磨设备为主的坑探工具厂。30年间，地矿系统的坑探综合机械化程度达30%。

3. 工程地质钻探装备

1983年制成的 G-2 型50米卡车装动力头工程钻机，具有冲击、回转钻进、自动拧卸钻杆、机械起落桅杆等功能。1984年，北京和无锡探矿机械厂分别制成可以整体拖动的 50米 GJD2 型和 G-2A 型工程地质钻机，具振动、静压、回转和冲击四种功能。

4. 海上石油钻探装备

（1）石油部门。1980年我国海洋石油勘探开发实行对外合作。渤海、黄海和南海均划出区块招标勘探（东海至1992年对外招标）。外国石油公司开始在我国海域投资钻探。1982年年初，国务院颁布《中华人民共和国对外合作开采海洋石油资源条例》，规定："对外合作开采海洋石油的业务由中国海洋石油总公司全面负责。"中国海洋石油总公司以塘沽、湛江基地为基础，于1982年2月成立。1995年，钻井专业队伍从地区公司分离出来，成为独立的中海石油北方钻井公司和南方钻井公司，共拥有海上钻井平台 13 条，各有千人左右的钻井队伍。另外，80 年代初，胜利油田也成立了浅海石油公司，先后用 8 条坐底式和自升式平台，在水深 10 米以内的浅海钻井，至 90 年代后期，平台编号已到"胜利 8 号"。

（2）地质矿产部门。1977 年 4 月，海洋地质调查局从新加坡进口了一条自升式钻井平台——"勘探二号"。钻深可达 6000 米，工作水深 90 米。其先后在南海、东海和渤海钻井，并首次在南海和东海钻获工业油气流。1984 年 6 月，由地质矿产部海洋地质调查局装备设计室与上海船厂、六机部七〇八所配合协作，自行设计，建成半潜式平台"勘探三号"。最大钻深 6000 米，工作水深 200 米。从 1974 年至 1995 年的 22 年间，"勘探一号""勘探二号"和"勘探三号"三条钻井装置共钻井 57 口，总进尺约 184000 米，最大井深 5001 米，最大水深 110 米。钻探工区遍及黄海、南海、东海和渤海。其中以东海为主，发现了一批油气田。

第四节　遥感地质技术发展成就

20 世纪 70 年代后期至 80 年代前期，是我国地质遥感的起步期。1977 年，中国科学院和国家地质总局共同在新疆哈密鄯善铁矿普查区，进行了多种航空遥感方法的试验。1978—1979 年，以中国科学院协同有关部委，在云南省腾冲地区进行了多学科、多方法的航空遥感方法试验。同年，地质部门从国外引进了传感仪器设备和技术。1979 年，中国科学院长春分院主持了长春净月潭综合航空遥感试验。同年，地质部航空物探大队三中队使用从国外引进的航空遥感仪器设备，先后在北京、天津和新疆地区进行了试验性生产飞行。随后，充实引进了双通道定量红外扫描仪、多光谱扫描仪，以及预处理系统、数字图像处理系统、自动化洗印设备和地物波谱测试仪器等现代化遥感配套设备。此外，地质部还独立研发了机载红外扫描系统、微机图像处理系统，建立了多方法、多目标的地质遥感工作。此后开展了彩色红外和彩色摄影、热红外扫描、多光谱扫描、侧视雷达等航空遥感飞行。

与此同时，图像处理技术也在不断进步。1977 年前后，美国"陆地卫星"1 号、2 号的多波段摄影和扫描图片（MSS）传入我国。1978 年，地质矿产部地勘司委托武汉地质学院（北京）成立课题组，对美国陆地卫星 MSS 计算机兼容磁带（CCT）进行解密和处理研究。在缺乏技术资料和专用设备的情况下，使用通用计算机实现了成功处理，人的视野由可见光拓宽到近红外，为研究构造、识别岩性、判断地层以及与矿床相关的蚀变现象提供了可能，揭开了我国卫星遥感数字图像处理的序幕。1979年，武汉地质学院北京研究生部成立了"遥感技术应用研究室"。同年，地质矿产部教育司邀请美国斯坦福大学遥感实验室专家来我国讲学，分别在武汉地质学院（北京）和北京大学进行了交流，并出版了《遥感分类技术讲座》（1979）。1980年，地质矿产部从美国引进两套IPOS101中大型遥感图像处理系统，分别在北京和成都建立遥感中心，同年，中国科学院在长春主持召开了第一届全国遥感图像分析学术会议，出版了《全国遥感图像分析会议论文集》。1982年，中国地质学会遥感地质专业委员会与联合国亚太经社会合作在北京召开了第二届遥感地质国际讨论会。这一时期出版的专业图集有：《地球资源卫星像片集》（1：100万，1978）、遥感地质专业的著作有：《中国活动构造典型卫星影像集》（国家地震局地震研究所编，1982）、《中国陆地卫星假彩色影像图集》（1：50万，1983）。

20世纪70年代末期起，相关的组织机构开始陆续建立和健全。1979年，在地质部原航空物探大队的基础上组建了地质部地质遥感中心。1981年，国家科学技术委员会在北京成立了国家遥感中心。与此同时，全国各省（自治区、直辖市）地矿局先后设立遥感地质站。其间，煤炭部、冶金部、核工业部、水电工业部也相继建立了遥感中心；石油工业部建立了遥感地质研究所；铁道部、国家地震局等部门也都设立了遥感地质机构。到80年代末，地质矿产部门从事遥感地质的专业技术人员达1600人。

遥感地质的科研工作相继展开。1980年4月，成立了中国地质学会遥感地质专业委员会。1989年9月创办了《国土资源遥感》刊物。80年代中后期，庄培仁、丰茂森、邝生爱等人开展了"地质应用遥感数字图像处理最佳方案和控制因素研究"，提出了地质应用中存在最佳图像处理方案。杨文久、刘心季等在处理多幅卫星图像拼接、色调均匀化和TM图像立体相对制作上取得重要成果。王润生、杨文久、刘心季等开展了"遥感信息与其他地学数据综合图像处理技术及应用研究"，并且形成了一个软件包。地质矿产部计算中心实现了全国1：50万地形图数字化。

遥感地质的教育也在积极跟进。1981年，武汉地质学院北京研究生部率先获得高教部批准建立了遥感地质学硕士点并招生。其间，武汉地质学院北京研究生部成立了遥感地质培训部。长春地质学院、成都地质学院、北京大学、南京大学、浙江大学等相关的院所先后办起了短训班。其间，在部分综合大学及地质院校组建了遥感地质教研室和遥感地质应用研究室，设置了遥感或遥感地质专业。中国地质大学和地质矿产部航遥中心联合于 1995 年获国家教委和国务院学科委员会批准建立博士点并招生。这一时期的主要专业著作有《遥感地质学》（陈华慧，1984）、《遥感技术及地质应用研究》（庄培仁，1986）、《航空航天遥感技术地学应用研究》（张雍，1993）、《遥感地质学》（朱亮璞，1994）等。

1984—1995 年，我国遥感地质学进入大发展时期。这期间，国内开展了大量遥感地质应用和理论研究，尤其是我国资源卫星的发射、卫星遥感地面接收站的建立，以国际上遥感技术的日新月异，地理信息系统（GIS）、全球定位系统（GPS）与遥感（RS）的联合应用，带动了遥感地质技术的发展。截至 1998 年，航空遥感累计完成覆盖面积约 300 万平方千米。其间，地质矿产部将遥感地质作为地质科技发展的重要方向。据地质矿产部不完全统计，"六五"和"七五"10 年间完成的主要项目达 300 多项，5 项获国家级成果奖，98 项获部（省）级成果奖，26 项获局级奖。应用范围有基础地质、普查找矿、水工环地质、国土资源和城市综合调查及考古等领域。应用成果水平总体上达到国际水平，在某些领域，处于国际领先地位。总之，到 20 世纪 90 年代后期，中国的遥感地质工作取得了长足的发展，主要成果如下：

（1）在区域地质调查和地质构造研究中的应用。在 20 世纪 80 年代，中国在区域地质调查中已普遍地应用了遥感地质方法。借助于遥感图像资料进行中小比例尺的区域地质填图，修编现有地质图件，不但缩短了成图周期，降低了工作成本，而且还提高了填制地质图件的精度和质量。其中，使用航空多光谱扫描图像或航空红外扫描图像资料，在划分局部地区不同期次的侵入体和区分同一地质年代不同时代的地层或沉积物方面，解译结果相对较好。例如，依据北京地区航空多光谱扫描图像的影像特征，可以圈出侵入于震旦系的燕山早期石英二长岩体中的燕山晚期花岗岩。对一系列长期未能取得一致意见的地质现象，也均较容易地得出了结论。尤其是在地质构造研究方面，取得了重要进展。例如，中国地质科学院矿床所遥感组通过解译陆地卫星像片编制出了 1∶400 万中国陆地卫星像片线性构造解译略图，划分出了 14 个巨型、89 个大型的线性构造带，识别了 59 个大型和许多中小型的环形构造。中国地质科学院地质力学所编制了 1∶800 万中国陆地卫星象片构造解译略图，以解译线性构造为主，结合地质力学观点，划分构造体系，概略地表示出中国地质构造展布的某些总体特征。

（2）在矿产普查中的应用。利用遥感资料，通过研究控矿、容矿的地质条件，寻找与矿产赋存有关的标志，在许多地区达到了间接找矿的目的。湖南省水口山铅锌矿是个百年老矿，历来认为矽卡岩型铅锌矿床，矿体只赋存于花岗闪长岩与灰岩的接触带中，多年找矿未取得新突破。根据陆地卫星象片的地质解译资料，分析构造，研究控岩、控矿规律，并结合物探、化探方法，最终找到了康家湾新矿田。利用遥感资料寻找石油的效果更为突出，因为从陆地卫星象片上发现一些已知油田呈现环形影像云雾状异常和色调异常等视像。例如，在柴达木地区已知的 140 个构造中，可以从陆地卫星像片解译出 131 个，同时还发现了 29 个环形影像异常，其中 12 个与现有的物探资料解释结果相吻合。煤炭部门根据陆地卫星影像特征圈定含煤系构造，同样成效明显。到 20 世纪 90 年代后期，遥感技术在能源、多金属、非金属的调查中均取得了一系列的重要发现。

（3）在水文、工程、环境地质中的应用。应用遥感图像资料配合以常规的地面水文地质调查，能加快水文地质调查的速度，并提高地质调查的质量。利用计算机数字图像处理系统对进行图像增强、自动分类，编制的成都平原卫星图像水文地质解译略图，估算出了整个平原的可开采水资源总量。遥感技术对评价重大工程建设地基的地质构造稳定性，能起重要的佐证作用。其中，在评价长江三峡水利枢纽工程及电站坝区构造稳定性时，发现活动的仙女山断裂以东 8~9 千米处，可能存在一与其近似平行的较大的狮子口断裂束。利用陆地卫星多光谱扫描 7 波段图像资料，成功地圈定出了洞庭湖湖水的淹没范围、湖水体积和芦苇储量。此外，航空遥感在地质灾害调查和预测中效率较高、效果较好。国家地震局有关单位利用卫星图像资料编制了 1∶100 万全国地震构造图。

（4）在城市综合调查中的应用。1983 年，地质矿产部与北京市人民政府和城乡建设环境保护部共同组织开展了"北京市航空遥感综合调查"（代号 8301 工程）。确立了农业、林业、水利、城市环境、城市规划、地质矿产、生态环境和影像地图等 41 个研究课题，其中有 23 个项目填补了北京基础资料的空白。主要成果有：编制了 1∶10 万、1∶5 万、1∶2.5 万、1∶1 万、1∶5000、1∶2000 六种比例尺黑白或彩色系列影像地图；促进了北京区、县农业的科学生产和管理；查明了北京市热场分布规律；圈定了砂石矿区，成功地圈定出 24 个砂石矿区，其中 16 个为新发现，获得解译储量和远景储量约 60 亿立方米；查明了北京地区长城类型及其空间分布格局，首次量算出北京地区长城的总长度为 629 千米。该成果获得了国家科技奖一等奖。调查成果和经验在全国推广后，至 90 年代末已有 100 多个大中小城市进行了航空遥感飞行，其中在上海、广州、沈阳、武汉等大城市在推广中又多有创新，受到了地方政府的欢迎和重视。

（5）国土调查。地质矿产部门参加了京津唐地区、黄河三角洲地区的国土资源和环境调查，进行了水资源、土地资源、森林资源、劣质土退化地、自然环境变迁、地壳稳定性、铁路选线、固体矿产资源、城市环境与规划、旅游风景资源、海岸带状况等调查。20 世纪 90 年代，组织开展了省级国土资源遥感综合调查及系列图件编制。至 1998 年，在全国 21 个省（自治区、直辖市）启动了省级国土资源遥感综合调查项目，内容包括基础地质、环境地质、灾害地质、城市地质、矿产资源、土地资源、生物资源、旅游资源的调查与评价，以及重大工程建设项目选址等。

（6）灾害调查。从"七五"开始，地质矿产部、煤炭部共同采用热红外遥感技术在宁夏、山西、内蒙古、辽宁等省区的一些著名煤田开展煤层火灾的探测。1987 年，大兴安岭特大森林火灾发生后，地质遥感中心及时利用航空热红外扫描技术，为灭火指挥部提供了准确可靠的火情实时资料，受到国务院森林防火指挥部的高度评价和嘉奖。

第五节　地质测绘技术发展成就

"文化大革命"期间，国家测绘总局曾被撤销。1975 年，地质部在河北廊坊召开了全国地质测绘工作会议。1979 年，地质部成立区域地质调查测绘局，下设测绘处，负责各省（自治区、直辖市）地质局的测绘技术管理工作。1982 年，地质矿产部成立，区调测绘局撤销，测绘处划归地质矿产司。1985 年年底，各省（自治区、直辖市）地质局已建立专业测绘队 25 个，测绘人员总数 2.2 万多人，先后引进了 1.5 万余台（件）技术装备，形成了从航空摄影测量到制图、印刷、出版的完整生产体系。为 6000 多个矿区进行了大地地形测量和勘探工程测量，为上万个地质报告提供了图件。主要工作成果包括：①大地测量。大地测量包括平面控制测量和高程控制测量两个部分。1954年，地质部大地测量队在西部、北部地区进行了一、二等三角锁（网）测量和二等补充网的测量工作，还为普查勘探矿区进行了大面积控制测量工作。20 世纪 70 年代后，地质测绘队普遍采用了光电测距。至 1985 年年底，累计完成一等水准测量 1.4 万千米；二等水准测量 1179 千米；三、四等水准测量 20.3 万千米。②平板仪地形测量。1953年前，主要采用小平板配合经纬仪施测地形图。1954 年后，主要采用大平板仪测量。③航空摄影测量。航空摄影测量机构于 1955 年开始筹建，并在南京、西安、重庆等地质学校开办了航空摄影测量专业。1956 年以后，曾在中国西部、北部地区采用航空摄影测量方法测制大面积的 1∶5 万和 1∶10 万地形图。1972 年起，各省（自治区、直辖市）地质局陆续建立摄影测量队，先后引进了德意志民主共和国和瑞士的立体测图仪。1980 年，地质部在湖北、福建、陕西、四川、湖南、黑龙江等地质局的测绘队开始利用小比例尺航摄资料测制大比例尺地形图。④地质勘探工程测绘。至1985年，地质勘探工程测绘为30余万个钻孔作了定位测量，完成了200余万千米的地质剖面测量、300余万千米的物探网测量和重力勘查测量。⑤制图与印刷。至80年代中期，地质人员和测绘人员密切配合，为1∶20万区域地质调查和水文普查提供了地形底图；1∶5万区域地质调查所需的地形底图。1984年7月，地质矿产部在青岛召开测绘工作会议，会上提出：地质测绘工作积极推广新技术新方法，研究地形图的新品种，进一步缩短成图周期，提高社会经济效益。

第十九章
对外交流合作

中国地质科技的发展，一直与世界地质科学的发展有着深度的交流与合作。其主要形式包括国际援助、科技协作、商业投资、学术交流等。截至 1992 年年底，我国同世界上 124 个国家和地区在地质工作方面建立了交往关系，与近 40 个国家签订了 50 多个双边合作协议，加入了 28 个国际学术组织，与 13 个联合国下属机构保持经常性联系。1996 年 8 月，承办了第三十届国际地质大会。

第一节　国际援助

以改革开放为标志，中国对外合作的重心发生了变化，地质对外交流合作也不例外。改革开放以后，中国的对外地质交流合作从面向苏东国家及第三世界国家转向了主要是接受联合国等国际组织的援助。

一、接受联合国援助

1979—1985 年，先后接受联合国技术援助项目 12 个。其中包括：北京、天津、西藏等地区地热资源的技术评价和开发；贵州南部碳酸盐岩沉积地区石油地球物理勘查；黄淮海平原地下水资源评价；卫星照片地质解释；岩矿测试和深井测量；等等，并培养了一批人才。1983 年，联合国开发计划署与意大利政府援助我国京、津、藏地热勘探开发利用项目在北京签字，援助金额达 1100 万美元。通过项目实施，完成了天津王兰店和西藏羊八井两个地热田的勘探评价。基于合作项目的成功，意大利政府又给予西藏地热第二期（1987—1989）援款 200 万美元，用于继续进行羊八井的回灌试验和热田监测系统的建设。

二、参与联合国外援

援助摩洛哥。1983—1984 年，派往摩洛哥的 3 名水文地质专家作为联合国志愿人员，完成了该国一个平原的综合研究和编图工作。

第二节　双边合作

中国地质界对外交流恢复于 20 世纪 70 年代前期，加快于 70 年代后期，与法国、联邦德国、美国、澳大利亚、日本、加拿大、英国、葡萄牙、意大利、希腊、比利时、民主德国等国的地学部门签订了长期的地质科技合作协议，建立了稳定的双边交往关系。改革开放后的主要合作项目如下。

（1）中德地质科技合作。1979 年，中国与联邦德国签订了两国关于开展地质科技合作的协议。至 80 年代中期双方落实了几十个合作项目。其中，在湖南望湘地区和广东广宁地区进行了铌、钽、锡矿普查勘探合作取得了较好的合作成果。

（2）中法地质科技合作。1979 年 12 月，地质部和法国总理府科研国务秘书处关于开展地质科学技术合作的协定在北京签字，在双边合作协议的此框架内开展了多个地质领域的科技合作项目。1980—1983 年，法国地质矿产调查局和中国地质部及中国科学院开展了"喜马拉雅山地质构造和地壳上地幔的形成和演化"的研究。法方 68 人，中方 146 人。对地球的第三极——喜马拉雅山脉的北坡进行了地质调查、人工地震探测、大地电磁测深和天然地震活动性观测，在地质构造、地层古生物、岩石、地球化学、古地磁和新构造运动等领域取得了大量新的资料和认识。通过对喜马拉雅山构造和地壳上地幔的形成和滚动研究，取得了东西准噶尔地幔岩的发现等方面的成果。不仅有助于对我国大陆岩石圈的认识，也深化了对全球岩石圈的认识。在水工环地质领域，我国派出了多个考察组，也有多位法国专家为执行合作项目来华工作。1986—1991 年，与法国蒙波列埃朗格多克科学院共同开展了中国桂林岩溶水文地质研究，共建了桂林岩溶试验场。1987—1988 年，中法合作开展了天津市山岭子地热田开发可行性研究。

（3）中日地质科技合作。1980年，中国地质科学院与日本地质调查所签订了与火山岩—侵入岩有关的金属矿床成因合作研究项目的协议。此后，地质部门领导人曾三次访日，就中、日在石油和天然气方面的合作进行了会谈，达成了关于在中国内蒙古鄂尔多斯盆地中日联合进行普查探勘石油和天然气的协议。其主要目的是为选定勘探基地提供基础资料。中、日两国共同组成的石油地质技术合作队，从1983年开始，招展了包括卫星影像的地质解译、盆地北部的地震勘查以及钻井等活动，进一步获得了有关盆地含油气远景的资料。其中"合参井"的油气发现，较大地促进了鄂尔多斯盆地北部油气工作的进程。在吸收日本先进技术的基础上，国产改性钠膨润土完全满足了国内石油勘探对钻井泥浆的需求，改变了长期依靠进口的局面。1984年5月起，铀矿地质系统同日本动力堆核燃料开发事业团签订第一个《铀矿资源区域普查协议书》。1987年，有色地质系统开始与日本合作开展广东西南沿海稀有金属综合开发调查项目，在东里、湛江等地发现了大型至特大型的海滨砂矿及浅海砂矿远景区，并探获了钛铁矿、金红石、锆英石、独居石、磷钇矿等混合矿物量数百万吨。

（4）中澳地质科技合作。1976年，在悉尼召开第二十五届国际地质大会时，中国代表团结识了更多的澳大利亚业界同仁。1983年，两国签署了中澳地学合作谅解备忘录。

（5）中美地质科技合作。1978年7月，美国总统科学顾问普雷斯率代表团访华，中美双方就地学领域内的合作交换了意见。1979年4月，孙大光率代表团访美，与美国地质调查局局长梅纳德就两国地学科技合作进行了会谈。1979年开始，中国和美国哥伦比亚大学拉蒙特－多尔蒂地质观测所联合调查南海海洋地质，取得了测深、重力、磁力、地震、声呐浮标、拖网取样、热流测量等项目的大量资料，发现了在南海北部陆架、陆坡上的珊瑚礁，为寻找新的油气田提供了新的靶区。1980年1月，中美科技合作联合委员会在北京召开第一次会议，在此期间签署了地学科技合作议定书。1980年6月至1981年12月，中美联合开展海洋沉积作用过程研究（中美长江口联合调查），调查内容以海洋地质、生物、化学、地球物理、水文等为主，国家海洋局5艘调查船和地质矿产部"奋斗1号"以及美方"海洋学家号"科学考察船参加了调查。1984年，赴美国进行卡林型金矿考察后，先后在山西、甘肃、贵州、广西、安徽、四川、湖南取得了该类型金矿的突破。中美化探合作找金项目扩大了新疆阿克塔斯岩体的含金远景。在美国及加拿大等国的技术帮助下，低品位金矿堆浸技术在我国推广获得成功。

1991 年 10 月，中美双方签订了"喜马拉雅和青藏高原深地震反射剖面可行性试验"协议，共同研究了有关造山带形成和高原隆升过程以及大陆物质的深部迁移，并探讨对资源生成、环境变迁的影响。第一阶段野外工作共完成了 100 千米的剖面试验；第二阶段的合作中，德国、加拿大等国家也积极参与进来，由最初的中美合作发展成中国、美国、德国、加拿大四国合作，共执行了 4 个阶段的工作计划。

随着中国在国际地质科学界地位的不断提升，中国参与或牵头的国际地学项目越来越多。截至 1999 年，在国际地质对比计划项目中，由中国担任负责人的共有 20 项，其中担任第一负责人的共 7 项。国际地球化学填图计划和全球地球化学基准分别于 1988 年和 1993 年启动，我国是发起者之一，先后为南美和亚洲 40 多个国家举办了 5 次地球化学填图培训班，制订了技术标准。

（6）中新地质科技合作。新西兰是世界上实现地热发电最早的国家之一。为了解决西藏羊八井地热电站建设中的技术难题，国家地质总局于 1978 年 4 月 10 日至 5 月 7 日派出由 10 人组成的考察组赴新西兰考察地热地质勘探和开发利用。该组在新西兰首都惠灵顿访问了科学技术研究部所属的地质调查所、地球物理所、化学所、核科学所、应用数学所和工业加工处理所；实地考察了怀拉开地热电站和多个地热田。根据考察组在新西兰了解的情况和学到的经验，考察组有效推进了西藏羊八井地热地质勘探工作，打成了一批地热深井，对热储潜力作出评价，为地热电站建设提供了可靠的地质资料。此外，联合国大学在新西兰的地热培训班也为我国培训了多名地热地质的专业人员。

（7）中冰地质科技合作。冰岛是世界上地热能十分丰富的国家，冰岛的地热采暖占全国房屋面积的 86%，首都雷克雅未克市全部、全年采用地热采暖。联合国大学在冰岛的地热培训班也是世界上重要的地热人员培训中心之一。1979 年 7 月，联合国大学邀请我国的辛奎德和黄尚瑶对冰岛地热培训班进行考察和交流。该培训班根据不同专业安排学习时间 24～32 周，培训方法是理论教学和实际操作相结合，培训费由联合国大学支付。从 1979 年开始的 15 年中，为我国培训了地热科技人员 50 多人。1987 年，朱训部长率团访问冰岛，进一步促进了两国间地热领域的交流。1991 年，全国矿产储量委员会又派出考察组赴冰岛进行了地热考察。

（8）中墨、中秘地质科技交流。对墨西哥、秘鲁两国斑岩铜矿找矿条件及找矿方法的借鉴，使我国江西城门山铜矿床的储量成倍增长。借鉴匈牙利铜矿的赋存条件及找矿经验，在福建省上杭县发现了火山岩型铜矿及紫金山铜金矿床。

第三节 对外交流、地质工程承包与矿业投资

一、对外交流不断扩大

中共十一届三中全会以后，我国地质工作进入了全方位对外开放的新时期。1988年4月2—6日，地质矿产部在北京召开了对外开放会议。地质矿产部门的对外开放，开始从单一的科技交流向既有科技交流又有经济合作的方向发展；从单个项目交流逐步向与若干国家建立比较长期稳定的合作关系方向努力；从侧重与某些国家交流到与较多国家交往的多方位对外开放的方向发展。1983年2月，中国地质工程公司正式注册成立。当年即实施了索马里、尼日利亚、阿尔及利亚3个国家的多项合同。工作的对外开放程度不断提升。地质矿产部门逐步构建起了对外合作的新格局，到1988年，地质矿产部已与70多个国家和地区建立起了交流、协作关系，与15个国家签订了29个双边合作协议，先后加入了23个国际学术组经。20世纪90年代，到1992年，地质矿产部与124个国家和地区建立了交流、协作关系，与近40个国家签订了50多个双边合作协议，加入了28个国际学术组织。

1992年7月1—8日，地质矿产部在广东召开各省（自治区、直辖市）地矿局（厅）、各大区石油地质海洋地质局和部属研究所、院校、直属单位以及部机关司局负责人参加的座谈会，组织与会人员赴东莞、深圳、珠海、顺德、佛山五市进行了考察、学习。会后地质矿产部印发《关于进一步扩大对外开放的意见》，明确了90年代地质矿产部门对外开放的7项具体目标和10项有利政策。截至1992年年底，地质矿产部已与世界上124个国家和地区建立了交往关系，与近40个国家签订了50多个双边合作协议，加入了28个国际学术组织，与13个联合国机构保持着经常性联系。

改革开放以来至20世纪末，地质矿产部门所属的单位与俄罗斯、缅甸、印度尼西亚、马来西亚、澳大利亚、巴基斯坦、伊朗、菲律宾、加纳、吉尔吉斯斯坦、老挝、加拿大、荷兰、哈萨克斯坦、蒙古、比利时、西班牙17个国家合作开展了30多项地质勘查和矿产普查项目。其中，境外勘查项目20个，涉及煤、石油、金刚石、金、锡、钾盐等多种矿产。

二、地勘队伍"走出去"

自改革开放到 20 世纪末，地质矿产部门积极发挥本行业的专业技术特长对外开拓国际市场。主要国家和项目有：

（1）莫桑比克。1980—1981 年，北京地质局完成了莫桑比克城镇供水工程（第一期经援项目）。1986—1988 年，江苏地矿局完成了首都马普托市工程（第二期经援项目），打出深 216 米的水井，出水量 900 立方米／天，使 8 万人受益。

（2）秘鲁。1981 年，地质部承担了"援秘打井技术指导和设备销售项目"，向秘鲁农业部出售两台水井钻机，并派出 5 人技术指导小组。1985 年，秘鲁农业部派代表团来华考察并洽谈时告知我方"1981 年中国提供的两台钻机已打成了 40 多眼水井"。1986 年，中秘双方正式签订新项目文件，内容包括中方提供 3 台 300 型车装水井钻机、1 台 600 型车装水井钻机及管材和配套设备等，中方分批派各工种的技术人员 28 人进行培训和技术指导。该项目由河南地矿局承担并顺利完成。

（3）斯里兰卡。1984 年 9 月由中斯双方签约波隆纳鲁瓦、奇劳、普特兰三城镇的供水项目。其中：在波隆纳鲁瓦是利用已建成的水库中的水作为水源而修建供水工程；在奇劳和普特兰则先进行地下水源勘探，后实施打井工程。该项目于 1985—1988 年由湖南地矿局组织实施，效果良好。

（4）玻利维亚。1992—1994 年，北京地矿局在该国的塔里哈省承担了供水打井任务。中方派出 21 人，完成水文地质调查 14000 平方千米，打井施工 23 个月，成井 61 眼，钻探总进尺 7879 米。解决了当地的人畜饮水问题。

（5）俄罗斯。1992 年 10 月，华东石油地质局组建了一支 27 人的专业队伍，进入俄罗斯秋明油田，和俄方人员共同进行油气勘探，俄方以现金和实物补偿方式支付中方项目费用。

（6）纳米比亚。1994 年 3 月至 1995 年 6 月，江苏地质工程勘查院完成了援纳米比亚打井供水工程 30 眼井，经验收被评为"对外援助项目优秀工程"。

在此期间，浙江地质矿产厅赴伊朗进行坝址工程地质勘查和城市找水勘查，到菲律宾棉兰老岛进行了铬、铜、金、锰等矿产勘探的前期工作；江西地质矿产局承担了伊朗 1∶10 万区域地球化学扫面填图；上海地质矿产局赴日本参加油气勘查及工程地质勘查；内蒙古地质矿产局与蒙古能源矿产地质部达成了为蒙古开展氢气找水、编制边境邻区 1∶50 万航磁图及 1∶100 万地质系列图的协议；云南地质矿产局派出考察组到老挝研究合作开发钾盐；云南地质矿产局和山东地质矿产局派出专家赴印度尼西亚进行金矿勘查，在苏门答腊找到了几处具有经济前景的金矿床。

三、国外投资"请进来"

（一）对外合作勘探开发油气

1978 年 7 月 25 日至 8 月 15 日，国家地质总局在北京召开石油地质工作会议，国务院副总理康世恩和地质总局局长孙大光在会上作了重要讲话。1979 年 2 月 6 日，国家地质总局石油普查勘探局和海洋地质司成立。1979 年年初，石油工业部根据国务院的对外开放政策，决定在海上石油勘探开发领域进行对外合作，并派出考察团赴美国、巴西等国考察海上油气勘查对外合作的做法和经验。经过与美国、日本、英国、法国等国的石油公司进行谈判，在我国的南海、南黄海、渤海签订了 9 个地球物理勘探合同；与法国、日本签订了 3 个在渤海勘探开发合同。1979 年 11 月，地质部同联邦德国研究技术部签订了《关于在中国东海西部利用同位素地球化学方法合作寻找碳氢化合物的议定书》。从 1981 年开始，开发大陆架油气第一轮招标区块合同开始陆续签订。1982 年 1 月 30 日，国务院发布《中华人民共和国对外合作开采海洋石油资源条例》。同年 2 月 15 日，中国海洋石油总公司成立。1985 年以后，我国又进行了第二轮、第三轮开发大陆架油气招标。截至 1997 年年底，先后签订石油合同、协议 131 个，利用外资 31.3 亿美元，分布范围为渤海、南黄海、珠江口、莺歌海和北部湾海域，合同伙伴有美国、英国、法国、日本、意大利、澳大利亚等 18 个国家的 67 家公司，投入勘探开发经费 53 亿美元。在对外合作过程中，实现了管理体制与国际惯例的基本接轨。此外，在准噶尔、鄂尔多斯、塔里木、贵州、广东、四川等陆相油气盆地，也与美国、日本、法国、澳大利亚的公司以及联合国开发计划署进行了合作。

（二）金刚石风险勘查

1988 年 8 月 22 日，辽宁省地质矿产局副局长兼总工程师刘永春与英国奇切斯特金刚石服务有限公司总裁道奥在伦敦签订了《关于在辽宁省合作开展金刚石普查勘探的协议书》，并决定组建辽宁局中英合作地质队，在辽宁省东部地区开展金刚石原生矿的普查勘探工作。中英合作队的编制为 66 人，其中英方地质专家 4 名。丛安东任中英合作队队长。合作勘查历时 3 年多，虽然没有实现寻找具有开采价值金刚石原生矿床的主要宗旨，但在大连、辽阳、铁岭、锦西等地区发现了一些金刚石的伴生矿物，圈出了若干有意义的重砂异常区，建立了指示矿物数据库，为下步找矿提供了靶区；三年合作培养了一批人才，在学习英方的找矿理论方法及电子计算机应用等方面都取得了较好的效果；通过合作还吸收了 80 多万美元的外汇，为后来的招商引资奠定了基础。

1997 年 4 月 29 日，地质矿产部辽宁地质矿产勘查局局长齐玉兴与澳大利亚光塔资源有限公司总裁大卫特瑞德，在沈阳签订了《中国辽宁金刚石原生矿合作合同》，并决定组建中澳合作地质队（为非法人式中外合作企业），合作勘查辽宁省金刚石原生矿工作。编制为 39 人，队部设在辽宁省普兰店市。合同期限 20 年，其中勘查阶段 3 年。在省内总工作面积 4.1 万平方千米的范围内，开展了密度为每 10 平方千米 1 个样品的水系重砂扫面调查，其中主要成果是在辽西葫芦岛地区发现了金伯利岩体。3 年后，由于在继续合作投入规模上意见不一，于 2000 年 8 月终止合作。

第四节　学术交流

改革开放以后，中国地学界进一步加大了国际多边合作，相继参加了各种官方和民间的国际地学组织。1979 年起，中国开始参加和承办国际地学领域的各类学术会议，派人出国考察和技术培训，邀请高级专家来华讲学和举办培训班，接受地学项目资助等等。至 1985 年，中国共参加了 22 个与地学有关的国际组织，其中官方 5 个，民间 17 个。其中的民间组织，主要是国际地质科学联合会（简称地科联）及其直属组织和附属协会；官方组织中，主要是联合国附属的各地学机构。参加的主要活动包括：1979 年，中国参加了联合国亚洲及太平洋经社委员会的自然资源委员会，并参加了有关的区域组织——亚洲近海矿产资源联合勘测协调委员会和区域矿产资源开发中心。1980 年，加入了国际地质对比计划，成立了由程裕淇为主任的"中国国际地质对比计划全国委员会"，参加了 24 个对比项目。同年，与联合国大学建立了合作关系，主要形式是对方有计划地接收中国专业人员前往联合国大学冰岛地热培训班学习。1979—1985 年，我国邀请了来自美国、法国、荷兰、比利时、瑞士、冰岛、加拿大、日本、澳大利亚、奥地利、英国、新西兰、挪威等 15 个国家和地区的地学专家开展短期咨询服务、科研、教学，内容涉及基础地质、矿产勘查以及物探、化探、岩矿测试、探矿机械、地质仪器等学科，此外还通过贸易途径，邀请外国厂方派技术专家前来主办新设备、新仪器的操作培训及产品展览。同期，向国外派出留学、进修、培训、科研、考察人员 123 批 516 人次，分别到法国、挪威、加拿大、阿尔巴尼亚、朝鲜、罗马尼亚、秘鲁、澳大利亚、美国、联邦德国、日本、扎伊尔（1997 年改国名为刚果民主共和国）、墨西哥、新西兰、南斯拉夫、奥地利、冰岛、荷兰、泰国、新加坡、意大利、瑞典、瑞士、丹麦、比利时、英国等国学习考察区域地质、矿产地质、石油地质、海洋地质、水文地质、工程地质、物探、化探、遥感、钻探以及同位素、古地磁、地应力、分析测试和地质管理等方面的知识、技能和管理经验。

自 1976 年中国在国际地质科学联合会中的合法席位得到恢复后，便积极组织代表团参加国际地质大会。①第 26 届国际地质大会。1980 年，中国组织一个规模宏大的代表团参加在法国巴黎举行的第 26 届国际地质大会，以中国地质学会理事长黄汲清为团长，团员由中国科学院、煤炭部、第二机械工业部、石油部、冶金部、教育部、地质部和国家地震局的地质学家 40 人组成，提交论文 120 篇。②第 27 届国际地质大会。该次会议于 1984 年 8 月 4—14 日在苏联莫斯科召开，来自 100 多个国家的 5000 多名代表参加，中国派出以朱训为团长的 70 人代表团参加。③第 28 届国际地质大会。该次会议于 1989 年 7 月 9—19 日在美国华盛顿召开，来自 100 多个国家的 5786 名代表参加了大会。中国代表团正式成员 60 人，团长为程裕淇。④第 29 届国际地质大会。该次会议于 1992 年 8 月 24 日至 9 月 13 日在日本京都召开，来自 85 个国家的 4245 名代表参加。我国代表团团长为朱训。向大会提交论文摘要 352 篇，87 人在会上宣读论文。⑤第 30 届国际地质大会。该次会议于 1996 年 8 月 4—14 日在北京召开。⑥第 31 届国际地质大会。该次会议于 2000 年 8 月 6—17 日在巴西里约热内卢召开，到会代表 3700 名。中国代表 180 人，其中官方代表团 80 人，其余为来自北美和西欧的留学生和访问学者。

第 30 届国际地质大会由我国承办。1996 年 8 月 4 日，第 30 届国际地质大会在人民大会堂隆重开幕。大会由中国地质学会、地质矿产部联合煤炭部、冶金部、化工部、中国科学院、中国工程院、国家建筑材料工业局、国家地震局、中国核工业总公司、中国石油天然气总公司、中国有色金属工业总公司、冶金部黄金指挥部共同主办。来自世界 102 个国家和地区的 6180 位地质学家和地质工作者参加。会议主题是："大陆地质，特别是与大陆地质相关的地质构造、能源矿产、矿产资源、环境保护、地质减灾以及它们与人类生存和可持续发展的关系"。收到国内外论文 8310 篇。大会荣誉主席、国务院总理李鹏致开幕词。国际地质科学联合会主席法伊弗、第 29 届国际地质大会主席佐藤正、北京市市长李其炎和第 30 届大会主席、地质矿产部部长宋瑞祥也分别致词。部分党和国家领导人出席了开幕式。8月4日上午，科学展览会开幕。来自6大洲24个国家的179家机构参展，展览总面积7500余平方米。科学展览会共吸引观众3万多人次。8月6日，中国地质学会青年工作委员会主持召开了中外青年地学家21世纪地学讨论会。8月7日，中国国家主席江泽民会见了出席大会的中外地质学界知名人士，并指出："地质科学的根本任务在于认识地球，并利用这种认识去保证人类生存和发展所需要的自然资源，保护和改善人类的居住环境。从这个意义上说，地质科学负有重大历史责任，是大有前途的科学，地质学家肩负的使命艰巨而又光荣。"在大会期间，国际地质科学联合会理事会选举美国的罗宾伯利特为主席，中国的刘敦一连任副主席，投票确定了第31届国际地质大会在巴西里约热内卢召开。大会共安排了79条地质旅行路线，会前14条，会间23条，会后42条。大会还组织青少年大会暨中国青少年地学夏令营活动，来自美国、加拿大、日本、西班牙等国的青少年与我国青少年一起，参观了地质博物馆，考察了"北京猿人"遗址，游览了八达岭长城。8月14日，第30届国际地质大会胜利闭幕。

此外，我国还承办了其他国际地学会议。1980年，在北京承办了石油地质国际会议及青藏高原科学研讨会。1981年，在南昌承办了钨矿地质国际研讨会。1982年，在昆明承办了第五届国际磷块岩研讨会。1984年，在南宁承办了国际锡矿讨论会。1984年，在桂林承办了青藏高原地质科学研讨会。1987年，在北京承办的第11届国际石炭纪地层和地质大会。1988年，在桂林承办了国际水文地质学家协会第21届大会。1990年，在北京承办了第15届国际矿物学大会。1993年，在北京承办了第16届国际地球化学勘查学术研讨会、第11届国际洞穴联合会大会。1994年，在北京承办了第6届国际盐湖学术讨论会、第9届国际矿床成因科学讨论会。1996年，中国地质学会地层古生物专业委员会与比利时地质调查所共同组织的国际石碳纪地层委员会杜内—维宪统工作组野外会议，在桂林和柳州举行。1997年，岩溶作用与碳循环国际研讨会在广西荔浦举行。1998年，第9届国际地质年代学、宇宙年代学与同位素地质学大会在北京举行；岩溶作用与碳循环国际讨论会在桂林举行。1999年，海峡两岸暨香港、台湾地质科学讨论会和世界华人地质科学讨论会同时在北京举行。

主要参考文献

［1］王鸿祯.中国地质科学五十年［M］.武汉：中国地质大学出版社，1999.

［2］朱训，陈洲其.中华人民共和国地质矿产史（1949—2000）［M］.北京：地质出版社，2003.

［3］中国地质环境监测院，中国地质科学院水文地质环境地质研究所，中国地质调查局水文地质环境地质部，等.与时代同行——全国水文地质工程地质环境地质事业发展历程（1949—2006）［M］.北京：地质出版社，2021.

［4］中国地质学会21世纪中国地质研究分会，中国地质图书馆.中国地质工作发展历程及主要经验［M］.北京：地质出版社，2016.

［5］当代中国丛书编辑委员会.当代中国的地质事业［M］.北京：中国社会科学出版社，1990.

［6］宋瑞祥.中国金刚石矿床专论——中国金刚石矿找矿与开发［M］.北京：地质出版社，2013.

［7］刘广志.中国钻探科学技术史［M］.北京：地质出版社，1998.

［8］《中国矿床发现史·综合卷》编委会.中国矿床发现史·综合卷［M］.北京：地质出版社，2001.

［9］《中国矿床发现史·物化探卷》编委会.中国矿床发现史·物化探卷［M］.北京：地质出版社，2002.

［10］姚培慧.中国铁矿志［M］.北京：地质出版社，1993.

［11］杜祥琬.20世纪中国知名科学家学术成就概览·能源与矿业工程卷·地质资源科学技术与工程分册［M］.北京：科学出版社，2015.

[12] 杜祥琬. 20 世纪中国知名科学家学术成就概览·能源与矿业工程卷·矿业科学技术与工程分册 [M]. 北京：科学出版社，2013.

[13] 孙鸿烈. 20 世纪中国知名科学家学术成就概览·地学卷·地球物理学分册 [M]. 北京：科学出版社，2010.

[14] 孙鸿烈. 20 世纪中国知名科学家学术成就概览·地学卷·地质学分册 [M]. 北京：科学出版社，2013.

[15] 曲福生. 松辽盆地石油和天然气勘查史 [M]. 北京：地质出版社，1992.

[16] 汪民. 中国地热大事记 [M]. 北京：地质出版社，2010.

[17] 中化地质矿山总局. 中化地质矿山总局 65 年发展简史 [M]. 北京：化学工业出版社，2018.

[18] 王文杰，甄鹏，刘振军. 简明中国石油史 [M]. 北京：石油大学出版社，1990.

[19] 中国核工业地质局. 中国核工业地质局 60 年大事记 [M]. 北京：中国原子能出版社，2013.

[20] 张金带. 进入新世纪以来铀矿地质工作的探索与实践 [M]. 北京：中国原子能出版社，2013.

[21] 陈其慎，于汶加，张艳飞，等. 点石——未来 20 年全球矿产资源产业发展研究 [M]. 北京：科学出版社，2016.

[22] 中国地质学会. 中国地质学学科史 [M]. 北京：科学出版社，2010.

[23]《中国煤炭化工地质勘探志》编纂委员会. 中国煤炭化工地质勘探志（1953—2017）[M]. 北京：出版者不详，2018.

[24] 中国煤田地质总局. 中国煤田地质勘探史 [M]. 北京：煤炭工业出版社，1993.

[25] 陈宝国，其日和格，庄育勋，等. 中国区域地质调查史大事记 [M]. 北京：地质出版社，2011.

[26] 贾福海，夏其发，等. 黄河三门峡水利枢纽工程地质勘查史 [M]. 北京：地质出版社，2007.

[27] 赵国隆，刘广志. 中国勘探工程技术发展史集 [M]. 北京：中国物价出版社，2003.

[28] 中国地质博物馆地学史组. 中华人民共和国成立四十周年地矿工作成就展览 [M]. 北京：地质出版社，1992.

[29] 王圆圆. 中国公益性地质调查事业发展史 [D]. 中国地质大学（北京），2013.

[30] 张恒. 全球矿业周期嵌套模型与我国矿业发展对策研究 [D]. 中国地质大学（北

京），2019.

[31] 张恒，王训练，袁帅.中国地质勘查周期及成因分析［J］.地质与勘探，2020，56（3）：182-194.

[32] 杜其良.中国区域地质调查史之探议［J］.成都理工学院学报，1997，24（4）：3.

[33] 刘云.白云鄂博铁铌稀土矿勘查及研究史［M］.北京：地质出版社，2019.

[34] 白仟，张寿庭，袁俊宏.中国钾盐产业——发展环境与发展战略［M］.北京：地质出版社，2017.

[35] 宋明春，李三忠，伊丕厚，等.中国胶东焦家式金矿类型及其成矿理论［J］.吉林大学学报（地球科学版），2014，44（1）：87-104.

[36] 王珊珊，徐忠华，高书剑.胶东地区金矿类型特征及其分布规律［J］.世界有色金属，2018，（9）：3.

[37] 曾凡玉.卡林型金矿床的构造和矿床特征分析［J］.世界有色金属，2018，（22）：2.

[38] 王登红，唐菊兴，应立娟，等."五层楼+地下室"找矿模型的适用性及其对深部找矿的意义［J］.吉林大学学报（地球科学版），2010，40（4）：733-738.

[39] 许建祥，曾载淋，王登红，等.赣南钨矿新类型及"五层楼+地下室"找矿模型［J］.地质学报，2008，082（7）：880-887.

[40] 关德范.论海相生油与陆相生油［J］.中外能源，2014，（10）：1-12.

[41] 孙卫国.澄江动物群和寒武纪大爆发［J］.生物进化，2007，（2）：33-36.

[42] 沈显杰，王自瑞.西藏羊八井热田的热储模式分析［J］.中国科学，1984，14（10）：941-949.

[43] 吴钦.西藏羊八井地热田物探新成果研究［J］.物探与化探，1996，20（2）：131-140.

[44] 李钟模.罗布泊超大型钾盐矿床的发现记略——罗布泊找钾简史［J］.化工矿产地质，2009，31（4）：237-241，250.

[45] 季强.中华龙鸟与鸟类起源——鸟类的昨天、今天和明天［J］.国土资源，2002（8）：41-43.

[46] 田原.中华龙鸟（Sinosauropteryx）与鸟类起源［J］.辽宁地质，1999，（2）：82.

[47] 李思宇，吴忠良.海城地震预报作为一个科学史事件［J］.自然辩证法通讯，2019，41（10）：68-72.

［48］付海涛，万方来，蒋丽丽，等.辽宁瓦房店金刚石矿田金伯利岩地质特征［J］.地球学报，2021，42（6）：859-867.

［49］齐玉兴，施中爽，韩柱国.辽宁金刚石矿找矿与勘查［J］.辽宁地质，1998（2）：111-125.

［50］郭虎科，苗爱生.内蒙古鄂尔多斯市大营铀矿床勘查进展［J］.地质论评,59(z1)：863-864.

［51］李思宇，吴忠良.海城地震预报作为一个科学史事件［J］.自然辩证法通讯，2019，41（10）：64-68.